DIANLI XITONG JIDIAN BAOHU YANJIU——WENJI

电力系统继电保护研究

——文集

陈德树◎著

华中科技大学出版社
http://www.hustp.com
中国·武汉

图书在版编目(CIP)数据

电力系统继电保护研究——文集/陈德树 著.—武汉：华中科技大学出版社，2011.9

ISBN 978-7-5609-7146-9

Ⅰ.电… Ⅱ.陈… Ⅲ.电力系统-继电保护-文集 Ⅳ.TM77-53

中国版本图书馆 CIP 数据核字(2011)第 102741 号

电力系统继电保护研究——文集 陈德树 著

责任编辑：田 密
封面设计：潘 群
责任校对：朱 玢
责任监印：张正林
出版发行：华中科技大学出版社(中国·武汉)
武昌喻家山 邮编：430074 电话：(027)87557437
录 排：武汉佳年华科技有限公司
印 刷：华中科技大学印刷厂
开 本：710mm×1000mm 1/16
印 张：20
字 数：435 千字
版 次：2011 年 9 月第 1 版第 1 次印刷
定 价：55.00 元

本书若有印装质量问题，请向出版社营销中心调换
全国免费服务热线：400-6679-118 竭诚为您服务

前　言

电力作为当今社会的主要能源，对国民经济的发展和人民生活水平的提高起着极其重要的作用。

自1901年第一代机电型感应式过流继电器在电力系统应用以来，继电保护已经经历了一个多世纪的发展，经历了机电式、整流式、晶体管式、集成电路式、微处理机式等不同的发展阶段。尽管其研究工作不断发展和完善，但是继电保护的基本原理并没有变，至今仍然应用于电力系统继电保护领域中。

我国对电力系统保护的研究开始于20世纪50年代初期。本书的作者也是从这个时候开始一直从事电力系统继电保护的研究与教学工作。本书是作者50年来在电力系统继电保护领域研究工作的集大成，也反映了我国继电保护研究及发展的一个侧面。它涉及继电保护各个主要领域的基本问题，包括其基本概念、基本分析方法、基本特性、新的解决方案以及对技术发展方向的探讨等。虽然有些问题是多年前提出的，但由于是基本概念、基本理论和方法，对现在以及未来仍有其现实意义。

本书收集了迄至2010年5月为止，作者数十年来在电力系统继电保护方面研究的基础上执笔并发表的34篇文章。其内容包含10个方面，分别为电流、电压保护篇，距离保护篇，电流差动（包括变压器差动）保护篇，微机保护篇，发电机保护篇，自适应保护篇，继电保护算法篇，继电保护运行统计评价方法篇，电力系统安全稳定控制篇，特高压输电保护篇。本书提出以支接阻抗和支接电阻概念代替短路阻抗分析保护性能，用振荡阻抗特性分析系统振荡对保护的影响，区分差动保护灵敏度的两种概念，分析了现有统计分析评价继电保护方法的不确切性，提出了自适应保护的概念和应用，在接地阻抗继电器方面进行了系统的研究，提出采样值差动、虚拟三次谐波制动等保护技术。

回过头来审阅自己自20世纪50年代至今在电力系统继电保护方面执笔撰写过的30余篇文章，发现虽然在某些具体技术上有些过时，但在其基本概念、原理、方法方面还是能对今后从事这方面工作的人员具有一定的参考价值。

所录文章，皆是一孔之见，限于水平，错误在所难免，恳请指正。

作　者

2011年5月于喻园

目　　录

第1章 电流、电压保护

1.1 电力网络中电流、电压保护的应用[①]

电力系统由于自然的或人为的原因，可能发生故障或事故。设法使事故引起的损失减少到最低限度，以至消灭这些损失，这就是继电保护的主要任务。因此，保证高度的可靠性是考虑继电保护装置问题中一个极重要的原则。

目前电力系统继电保护装置的动作情况表明，在电力系统的事故中有一部分是人为的。其中不少的部分是由于继电保护装置的维护、试验、整定不当所引起的。提高继电保护可靠性的主要措施是提高运行维护人员的技术水平和责任心，以及尽可能地利用最简单的保护。

因此，继电保护导则第八节明确规定："继电保护装置应当满足动作可靠性的要求，但这个要求应当使用最少数量的继电器、回路及接触点构成的简单结线系统来保证……"

为了尽可能地提高可靠性，减少维护、试验时的困难，还应该尽可能地利用简单的继电器来实现保护。

在各种保护原理中最简单的是电流保护，其次是电压保护。因此在电力系统的运行机关和设计机关采用了各种办法以提高电流、电压保护的效能和扩大其应用范围。

本文的目的是探讨电流、电压保护各种保护方式的效能。

1 电流、电压速切保护的种类

按保护原理，电流、电压速切保护主要有以下三种。

(1) 电流速切保护。过电流继电器按被保护对象末端故障时，流过继电器的最大短路电流整定，继电器在这种情况下不动作以保证选择性。

(2) 电压速切保护。低电压继电器按被保护对象末端故障时，加于低电压继电器上的电压整定，继电器在这种情况下不动作以保证选择性。

(3) 电流闭锁电压速切保护。它是使过电流继电器和低电压继电器的接点串接，互相闭锁来实现保护的。它的整定原则是：被保护对象末端故障时，最低限度有

---

① 本文发表于1957年华中工学院学术报告会。

一个继电器(过电流或低电压继电器)不动作,以保证选择性。

除上述三种主要的保护方式外,还有一些综合使用的方式,一种是同时使用电流速切保护和低电压速切保护(称为伏安速切),二者接点并接,二者各自单独保证选择性。或者是电流速切保护和电流闭锁电压速切保护同时应用,或低电压速切保护与电流闭锁电压速切保护同时并用。按理论上说,还可以同时应用电流速切保护、低电压速切保护和电流闭锁电压速切保护,它们的接点都并接。应该说明,最后一种方式由于它的复杂性,实际没有得到应用。

2 电流速切保护的保护范围

继电保护导则规定,在计算保护的整定值时,短路电流可采用 $t=0$ 时的瞬时值。此时系统等值电势标幺值可采用1。当不考虑分支系数时,电流速切的启动值(标幺值,以下同)为

$$I_{\text{op}}=K_{s.i}I_{f.\max} \tag{1}$$

式中,$K_{s.i}$——电流速切保护所用的可靠系数,对于输电线路,采用1.15～1.25;

$I_{f.\max}$——被保护对象末端故障时的最大次过渡电流。

在辐射网络中以系统阻抗表示时,式(1)变为

$$I_{\text{op}}=K_{s.i}\frac{1}{Z'_{\text{sys}.i}+Z_l} \tag{2}$$

式中,$Z'_{\text{sys}.i}$——对该线路而言,考虑电流速切保护时所采用的系统最大运行方式下的系统等值阻抗标幺值(数值最小);

Z_l——被保护线段的阻抗标幺值。

电流速切最小保护范围是在系统最小运行方式(对该保护而言)下,两相短路时的保护范围。单相短路不予考虑,它将由接地保护装置保护。此时,若在保护范围末端短路,则有

$$I_{f.p}^{(2)}\approx\frac{\sqrt{3}}{2}I_{f.p}^{(3)}=\frac{\sqrt{3}}{2}\frac{1}{Z''_{\text{sys}.i}+Z_p} \tag{3}$$

式中,$I_{f.p}^{(2)}$——保护范围末端金属性两相短路时的短路电流;

Z_p——最小保护范围的阻抗标幺值;

$Z''_{\text{sys}.i}$——对该线路而言,考虑电流速切保护时所采用的系统最小运行方式下的系统等值阻抗标幺值(数值最大)。

在系统最小运行方式下,保护范围末端两相短路时,应该有 $I_{f.p}^{(2)}=I_{\text{op}}$。由式(2)及式(3)得

$$K_{s.i}\frac{1}{Z'_{\text{sys}.i}+Z_l}=\frac{0.866}{Z_p+Z''_{\text{sys}.i}}$$

简化得

$$L_{p.i}^{(2)}=\frac{Z_p}{Z_l}=\frac{0.866}{K_{s.i}}-\frac{Z'_{\text{sys}.i}}{Z_l}\left(\frac{Z''_{\text{sys}.i}}{Z'_{\text{sys}.i}}-\frac{0.866}{K_{s.i}}\right)$$

或

$$L_{p.i}^{(2)}=\frac{0.866}{K_{s.i}}-Z'_{\text{sys}.i*}\left(n_{\text{sys}.i}-\frac{0.866}{K_{s.i}}\right) \tag{4}$$

或写成
$$L_{p.i}^{(2)}=\frac{0.866}{K_{s.i}}(1+Z'_{sys.i*})-Z'_{sys.i*}n_{sys.i} \tag{5}$$

式中，$Z'_{sys.i*}=\dfrac{Z'_{sys.i}}{Z_l}$——最大运行方式下系统阻抗与线路阻抗之比值；

$L_{p.i}^{(2)}$——两相短路时保护范围的相对值；

$n_{sys.i}=\dfrac{Z''_{sys.i}}{Z'_{sys.i}}$——考虑电流速切保护时采用的系统阻抗最大值与最小值之比值。

从式(4)及式(5)可见，当 $n_{sys.i}$ 为常数时，$L_{p.i}^{(2)}=f(Z'_{sys.i*})$ 为一直线，当 $Z'_{sys.i*}$ 为常数时，则 $L_{p.i}^{(2)}=f(n_{sys.i})$ 为一直线(见图1及图2)。

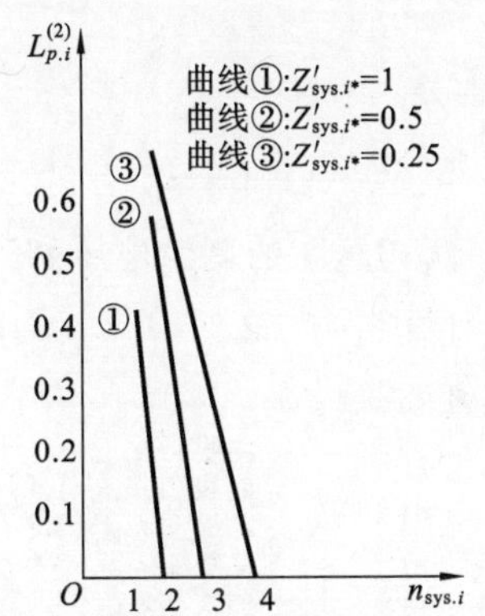

图1 $K_{s.i}=1.2$ 时，各个 $Z'_{sys.i*}$ 值下的 $L_{p.i}^{(2)}=f(n_{sys.i})$ 特性

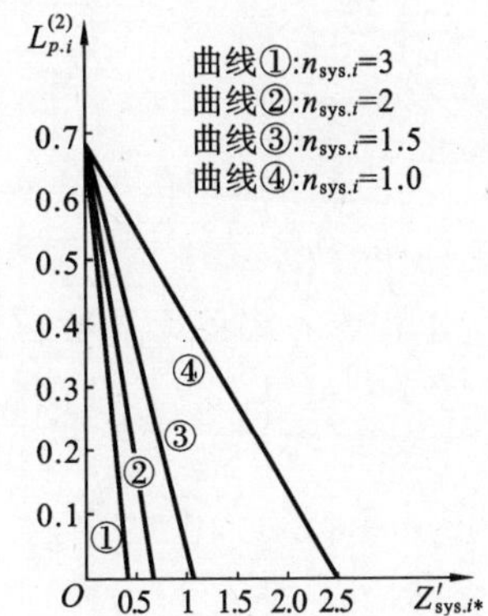

图2 $K_{s.i}=1.2$ 时，各个 $n_{sys.i}$ 值下的 $L_{p.i}^{(2)}=f(Z'_{sys.i*})$ 特性

由图1及图2可见：电流速切两相短路极限的最小保护范围是72%，这只在无穷大母线上，即 $Z'_{sys.i*}=0$ 时才存在。$Z'_{sys.i*}$ 值越大，即系统电源越小或线路越短，则保护范围越短。同样，$n_{sys.i}$ 值越大，即运行方式变化越大，则保护范围也越小。$Z'_{sys.i*}$ 和 $n_{sys.i}$ 中，一个已经决定后，另一个超过某一定数值，则保护范围为零。

3 电压速切保护的保护范围

与电流速切的整定情况相似，为了保证选择性，低电压速切的整定方法如下。

$$U_{op}=K_{s.u}u_{r.\min}=K_{s.u}\sqrt{3}I_{f.\min}^{(3)}Z_l \tag{6}$$

或
$$U_{op}=K_{s.u}\sqrt{3}\frac{Z_l}{Z_l+Z''_{sys.u}} \tag{7}$$

式中，$Z''_{sys.u}$——考虑电压速切保护时，对该线路而言，系统最小运行方式下的系统等值阻抗标幺值；

U_{op}——保护对象末端短路时的母线最小剩余线电压标幺值；

$I_{f.\min}^{(3)}$——同上，最小运行方式下的三相短路电流标幺值；

$K_{s.u}$——电压速切保护所用的可靠系数，小于1。

下面，我们进一步研究低电压速切保护的保护范围。对低电压保护而言，最大运行方式时，其保护范围最小。因此，在保护范围末端三相短路时，有

$$U_{op}=U_f=\frac{\sqrt{3}Z_p}{Z_p+Z'_{sys.u}} \tag{8}$$

式中，Z_p——保护范围最小值；

$Z'_{sys.u}$——对该线路而言，考虑电压速切时所采用的系统最大运行方式下的系统等值阻抗标幺值；

U_{op}——最大运行方式下，保护范围末端三相短路时母线的剩余线电压。

比较式(7)和式(8)，得

$$K_{s.u}\sqrt{3}\frac{Z_l}{Z_l+Z'_{sys.u}}=\frac{\sqrt{3}Z_p}{Z_p+Z'_{sys.u}}$$

化简得

$$L_{p.u}=\frac{Z_p}{Z_l}=\frac{K_{s.u}Z'_{sys.u*}}{(1-K_{s.u})+Z'_{sys.u*}n_{sys.u}} \tag{9}$$

式中，$L_{p.u}$——低压速切保护的最小保护范围。

不难证明，当系统中正序阻抗等于负序阻抗时，两相短路的剩余电压和三相短路的剩余电压相等。因此无须考虑两相短路时的保护范围。

根据式(9)可得出保护范围特性如图3及图4所示。

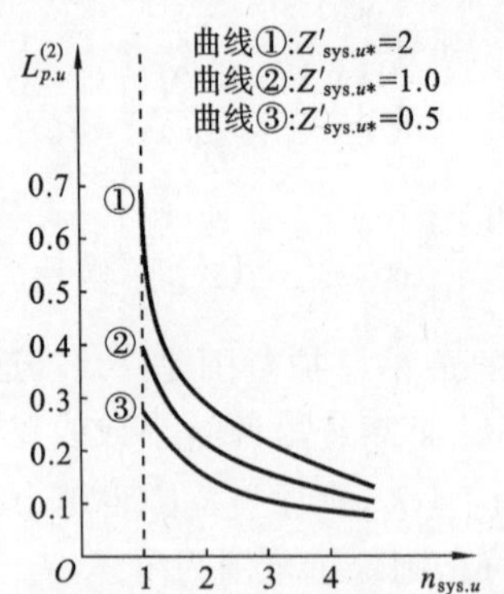

图3 $K_{s.u}=0.75$时，各个$Z'_{sys.u*}$值下的$L^{(2)}_{p.u}=f(n_{sys.u})$特性

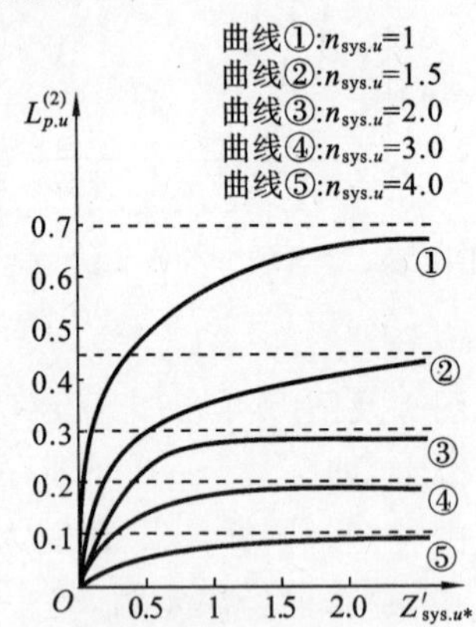

图4 $K_{s.u}=0.75$时，各个$n_{sys.u}$值下的$L^{(2)}_{p.u}=f(Z_{sys.u*})$特性

由图3及图4可见，低电压速切，对于一种运行方式，或运行方式变化很小的线路，有很好的灵敏度。但运行方式改变增大时，灵敏度急剧减小。另一方面，系统阻抗越大，灵敏度越高，这恰和电流速切相反。应该说明，系统发生短路时，电压是会衰减的。因而电压速切保护的保护范围将比计算值增大一些。

4 电流闭锁电压速切保护的保护范围

电流闭锁电压速切保护的工作原理是使电流继电器和电压继电器的接点串接，互相闭锁。其整定条件是使保护对象末端故障时最低限度有一个接点不闭合。当被保护对象末端及其外部短路时，若短路电流已使电流继电器动作，则应保证此时低电压继电器不动作，即剩余电压高于继电器的动作电压，以公式表示如下：

$$U_{op}=\frac{\sqrt{3}I_{op}Z_l}{K_{s.b}} \tag{10}$$

式中，I_{op}——电流继电器动作电流；

Z_l——被保护线段阻抗；

$K_{s.b}$——可靠系数。

式(10)是保证选择性的必要条件。要决定 I_{op} 及 U_{op} 还必须考虑另一条件，这就是灵敏度的条件。一种整定方法是首先保证过电流继电器的灵敏度，即 $I_{op}\leqslant I_{f.\min}^{(2)}$。这是目前设计部门所采用的整定方法。另一种整定方法是所谓按“最好条件”整定，即在最大运行方式下由低电压继电器来保证选择性，即由它来决定保护范围的方法。相反，在最小运行方式下则由电流继电器决定保护范围。并且令这两个保护范围大小相等(见附录B)。

现进一步分析一下按“最好条件”整定电流闭锁电压速切时，它的保护范围与网络参数的关系。

令 Z_p 为“最好条件”整定时的保护范围，则在此保护范围末端故障时有下列关系：

$$U_p=U_{op}=\frac{\sqrt{3}Z_p}{Z_p+Z'_{sys}} \tag{11}$$

$$I_p^{(2)}=I_{op}=\frac{\sqrt{3}}{2}\frac{1}{Z_p+Z''_{sys}} \tag{12}$$

式中，U_p——最大运行方式下，保护范围末端故障时的剩余电压；

$I_p^{(2)}$——最小运行方式下，保护范围末端两相短路时的短路电流。

将式(11)、式(12)代入式(10)得

$$\frac{Z_p}{Z_p+Z'_{sys}}=\frac{Z_l}{K_{s.b}}\cdot\frac{0.866}{Z_p+Z''_{sys}}$$

令 $L_{p.b}=\dfrac{Z_p}{Z_l}$，将上式化简后得

$$L_{p.b}^2+\left(Z'_{sys.b*}n_{sys.b}-\frac{0.866}{K_{s.b}}\right)L_{p.b}-\frac{0.866}{K_{s.b}}Z'_{sys.b*}=0 \tag{13}$$

当 $n_{sys.b}=1$ 时，式(13)可写成

$$\left(L_{p.b}-\frac{0.866}{K_{s.b}}\right)(L_{p.b}+Z'_{sys.b*})=0$$

即保护范围与 Z_l 无关，并等于$\dfrac{0.866}{K_{s.b}}$。当 $n_{sys.b}>1$ 时，$Z'_{sys.b*}$ 越小，则 $L_{p.b}$越大。在系统运行在较大运行方式和线路较长时，电流闭锁电压速切保护的保护范围可能达到50%以上(见图5)。

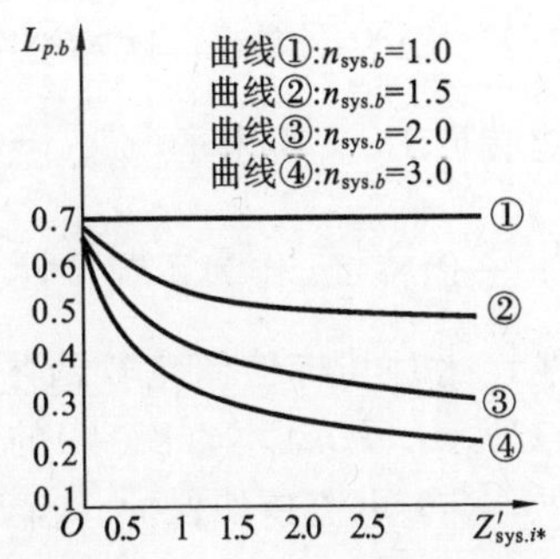

图5　$K_{s.b}=1.2$ 时，各个 $n_{sys.b}$ 值下的 $L_{p.b}=f(Z'_{sys.b})$ 特性

前面的分析证明，当保护对象末端短路，且 $I_f < I_{op}$ 时，按"最好条件"整定的电流闭锁电压速切的灵敏度是增加的。但此时电流元件及低电压元件的可靠系数下降。整套保护的可靠系数最低值(见附录B)为

$$K_{s.b.\min} = \frac{K_{s.b}-1}{2} + 1 = \frac{1+K_{s.b}}{2} \tag{14}$$

目前设计部门采用按 $I_{op} \leqslant I_{f.\min}$ 的条件整定，似乎可以避免上述可靠系数下降的情况。但进一步分析证明，如果按 $I_{op} = I_{f.\min}$ 这一条件整定，则可靠系数下降的情况同样不一定能避免。因为考虑到短路过程中短路电流的衰减，则 $I_f < I_{op}$ 的情况仍是存在的。

当 $K_{s.b}$ 采用 1.2 时，由式(14)得 $K_{s.b.\min} = 1.1$。

若考虑电流衰减，电流继电器返回系数为 0.85，采用 $K_{s.b} = 1.3$，则 $K_{s.b.\min} = 1.15$。此时很明显，保护是能保证选择性的。

5 各种速切保护的应用范围

速切保护的应用范围问题即在怎样的系统情况下，采用哪一种速切保护的问题。要解决这个问题，首先得解决如下两个问题：第一个问题是达到怎样的质量水平保护才可以采用，以什么指标为判断根据比较恰当？第二个问题是以什么函数来表征系统特性最恰当(这里研究的主要是开式网络)。速切保护质量水平无疑最恰当以被保护元件的相对保护范围 L_p 来表示。此外，也应当考虑两个辅助指标，即在被保护元件始端故障时的最小灵敏系数 $K_{sen.\min}$，以及始端故障时的容许最大过渡电阻值 R_n。

与速切保护有关的系统参数有三个：Z_l、Z'_{sys}、Z''_{sys}。若以其中之一作为参考值，则其他两参数可以其相对值来表示。这样，系统参数就变为两个，这将使系统特性可以两个变数的关系式来表示。

Z_l、Z'_{sys}、Z''_{sys} 都可以作为参考值，但其中以 Z_l 为参考值最恰当，因 Z_l 在以后发展中是不变的，而 Z'_{sys}、Z''_{sys} 是会改变的。因此系统特性可以 $Z'_{sys*} = \frac{Z'_{sys}}{Z_l}$ 及 $Z''_{sys*} = \frac{Z''_{sys}}{Z_l}$ 来表示。下述的分析表明，当 $L_{p.\min}$ 为一不变值时，可得出各种速切的 $Z''_{sys*} = f(Z'_{sys*})$ 为一直线。这对绘图及计算有最大的助益。但下述分析亦表明，以图表示能满足 $L_{p.\min}$ 要求的 $Z''_{sys*} = f(Z'_{sys*})$ 特性曲线是不够清晰的。若以 $n_{sys} = \frac{Z''_{sys}}{Z'_{sys}} = \frac{Z''_{sys*}}{Z'_{sys*}}$ 代替 Z_{sys} 作为系统特性指标，则可得在 $L_{p.\min}$ 不变时 $n_{sys} = f(Z'_{sys*})$ 为一倒数曲线。此时其特性图比较清晰易看。下面将以 $L_{p.\min}$ 不变，进行各种速切的 $Z''_{sys*} = f(Z'_{sys*})$ 及 $n_{sys} = f(Z'_{sys*})$ 的特性分析，并加以统一比较。

(1) 电流速切保护。当 L_p 不变时，由式(5)得

$$n_{sys.i} \leqslant \frac{\sqrt{3}}{2K_{s.i}} + \frac{\frac{\sqrt{3}}{2K_{s.i}} - L_{p.\min}^{(2)}}{Z'_{sys.i*}} = \alpha_i + \frac{\beta_i}{Z'_{sys.i*}} \tag{15}$$

或 $$Z''_{\text{sys.}i*} \leqslant \frac{\sqrt{3}}{2K_{s.i}}(1+Z'_{\text{sys.}i*})-L_{p.\min}^{(2)} \tag{16}$$

此处，$\beta_i=\alpha_i-L_{p.\min}^{(2)}$，按定义有 $n_{\text{sys}} \geqslant 1, Z''_{\text{sys}*} > Z'_{\text{sys}*}$。式(15)相应的特性如图6所示，当 $Z'_{\text{sys}*} \to \infty$ 时须 $n_{\text{sys}} \leqslant \frac{\sqrt{3}}{2K_{s.i}}$，但因 $n_{\text{sys}} \geqslant 1$，故只在 $n_{\text{sys}} \geqslant 1$ 或 $Z'_{\text{sys.}i*} \leqslant Z'_{\text{sys.}i*(1)}$ 的情况下才有可能采用电流速切保护。按式(15)，当 $n_{\text{sys.}i}=1$ 时，有

$$Z'_{\text{sys.}i*}=Z'_{\text{sys.}i*(1)}=\frac{\dfrac{\sqrt{3}}{2K_{s.i}}-L_{p.\min}^{(2)}}{1-\dfrac{\sqrt{3}}{2K_{s.i}}} \tag{17}$$

$L_{p.\min}^{(2)}$越大，容许的 $Z'_{\text{sys.}i*(1)}$ 值越小，即系统容量要大(见图6)，而 $L_{p.\min}^{(2)}$ 最大值为$\frac{\sqrt{3}}{2K_{s.i}}$。

(2) 电压速切保护。当 L_p 不变时，由式(9)得

$$1 \leqslant n_{\text{sys.}u}=\frac{K_{s.u}}{L_{p.\min}}-\frac{1-K_{s.u}}{Z'_{\text{sys.}u*}}=\alpha_u+\frac{\beta_u}{Z'_{\text{sys.}u*}} \tag{18}$$

或 $$Z'_{\text{sys.}u*} \leqslant Z'_{\text{sys.}u*}=\frac{K_{s.u}}{L_{p.\min}} \cdot Z'_{\text{sys.}u*}-(1-K_{s.u}) \tag{19}$$

令 $\alpha_u=\frac{K_{s.u}}{L_{p.\min}}$，则

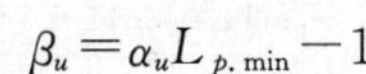

$$\beta_u=\alpha_u L_{p.\min}-1$$

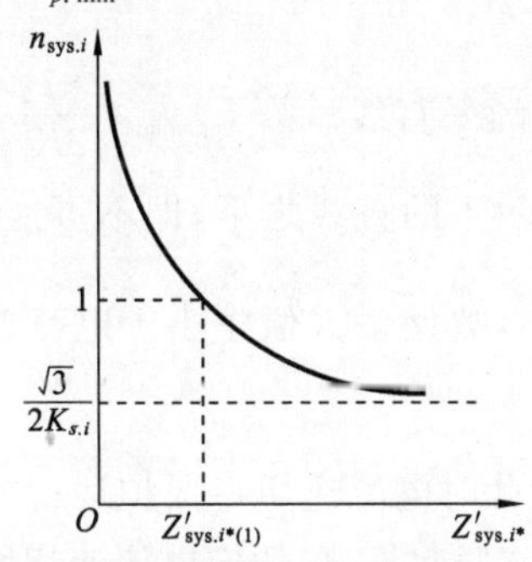

图6 $n_{\text{sys.}i}=f(Z'_{\text{sys.}i*})$的特性图

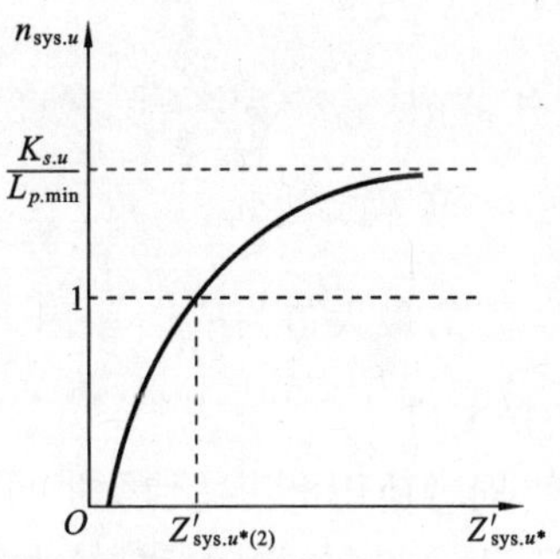

图7 $n_{\text{sys.}u}=f(Z'_{\text{sys.}u*})$的特性图

$n_{\text{sys.}u}=f(Z'_{\text{sys.}u*})$的特性如图7所示。当 $Z'_{\text{sys.}u*} \to \infty$ 时，$n_{\text{sys.}u} \approx \frac{K_{s.u}}{L_{p.\min}}$。因要求 $n_{\text{sys.}u} \geqslant 1$，故只有 $L_{p.u} \leqslant K_{s.u}$，才能采用低电压速切保护。

当$\frac{K_{s.u}}{L_{p.\min}}>1$时，由图7可见，必须使 $Z'_{\text{sys.}u*} > Z_{\text{sys.}u*(2)}$ 才能满足 $L_{p.\min}$ 的要求。当 $n_{\text{sys.}u}=1$ 时，有

$$Z_{\text{sys.}u*(2)}=\frac{1-K_{s.u}}{K_{s.u}-L_{p.\min}} \cdot L_{p.\min} \tag{20}$$

与电流速切相反，当 $L_{p.\min}$ 越大时，$Z_{\text{sys.}u*(2)}$ 值将迅速增大，即电压速切保护的适用范

围迅速减小。当 $L_{p.\min}\to K_{s.u}$ 时，$Z_{\text{sys.}u*(2)}\to\infty$，即不能采用。当 $K_{s.u}$ 减小时亦有同样结果。换言之，$L_{p.\min}$ 的最大值为 $K_{s.u}$。

(3) 电流闭锁电压速切保护。当 L_p 不变时，由式(13)得

$$1\leqslant n_{\text{sys.}b}=\frac{\sqrt{3}}{2K_{s.b}L_{p.\min}}\cdot\frac{\dfrac{\sqrt{3}}{2K_{s.b}}-L_{p.\min}}{Z'_{\text{sys.}b*}}=\alpha_b+\frac{\beta_b}{Z'_{\text{sys.}b*}} \tag{21}$$

或

$$Z'_{\text{sys.}b*}\leqslant Z''_{\text{sys.}b*}=\frac{\sqrt{3}}{2K_{s.b}L_{p.\min}}\cdot Z'_{\text{sys.}b*}+\frac{\sqrt{3}}{2K_{s.b}}-L_{p.\min} \tag{22}$$

$$\beta_b=(\alpha_b-1)L_{p.\min}$$

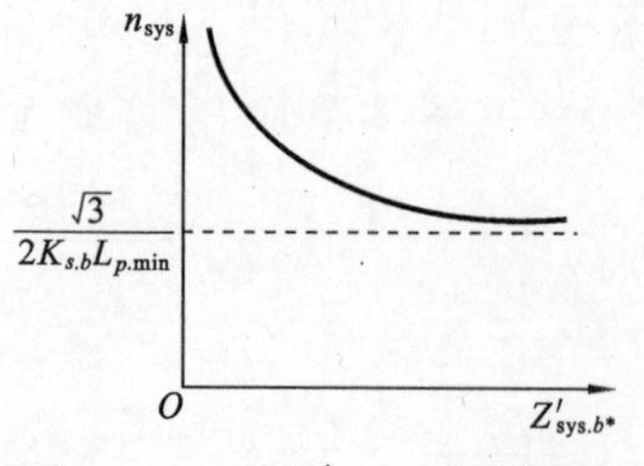

图 8 $n_{\text{sys}}=f(Z'_{\text{sys.}b*})$ 的特性图

当 $Z'_{\text{sys.}b*}\to\infty$ 时，须 $n_{\text{sys.}b}\approx\dfrac{\sqrt{3}}{2K_{s.b}L_{p.\min}}$。比较式(15)和式(21)或比较图 6 和图 8 可见，电流速切保护的 $n_{\text{sys.}i}$ 下限值与电流闭锁电压速切保护的 $n_{\text{sys.}b}$ 下限值之比为

$$\frac{n_{\text{sys.}i}}{n_{\text{sys.}b}}=\frac{K_{s.b}L_{p.\min}}{K_{s.i}}$$

因 $K_{s.b}\leqslant\dfrac{K_{s.i}}{K_b}$，而 K_b 一般大于 0.85，当 $L_{p.\min}\leqslant K_b$ 时，$K_{s.i}>K_{s.b}L_{p.\min}$，即在各种系统特性情况下 $n_{\text{sys.}b}\geqslant n_{\text{sys.}i}$，即电流闭锁电压速切保护的应用范围都大于电流速切保护的。

此外，当 $L_{p.\min}=\dfrac{\sqrt{3}}{2K_{s.b}}$ 时，式(21)变成 $n_{\text{sys.}b}=1$ 的一直线。当 $L_{p.\min}>\dfrac{\sqrt{3}}{2K_{s.b}}$ 时，$\alpha_b<1$，β_b 为一负数。故 $n_{\text{sys}}=f(Z'_{\text{sys}*})$ 的特性在 $n_{\text{sys.}b}=1$ 的直线之下，即不可能存在。因此，$L_{p.\min}$ 的最大值为 $\dfrac{\sqrt{3}}{2K_{s.b}}$。因 $K_{s.b}$ 一般大于 $K_{s.i}$，故此最大值将小于电流速切之 $L_{p.\min}$ 的最大值。

(4) 同时使用电压速切保护与电流速切保护。此时电流速切将保护运行方式中较大的情况，电压速切则保护较小的情况。为分析方便起见，可假定电流速切所保护的运行情况中的最小运行情况等于电压速切保护所保护的运行方式中的最大运行情况，即令

$$Z''_{\text{sys.}i*}=Z'_{\text{sys.}u*}$$

然而应指出，在实际系统中，运行情况的变化不是连续的。此时可令 $Z''_{\text{sys.}i*}<Z'_{\text{sys.}u*}$，即表示在 $Z''_{\text{sys.}i*}$ 与 $Z'_{\text{sys.}u}$ 之间的运行情况不可能出现，固而可不予考虑。这样所达的保护应用范围将较以 $Z''_{\text{sys.}i*}=Z'_{\text{sys.}u*}$ 的保护应用范围为大。在以后分析几种速切保护同时应用的特性时，也将以运行方式是连续变化的这一前提出发进行分析。

由式(9)可得

$$Z''_{sys.u*}=Z'_{sys.u*}n_{sys.u}=\frac{K_{s.u}Z'_{sys.u*}}{L_{p.min}}-(1-K_{s.u})$$

因为

$$Z'_{sys.u*}=Z''_{sys.i*}$$

又由式(5)得

$$Z''_{sys.i*}=\frac{\sqrt{3}}{2K_{s.i}}(1+Z'_{sys.i*})-L_{p.min}$$

故得

$$Z''_{sys.u*}=(1+Z'_{sys.i*})\frac{\sqrt{3}}{2K_{s.i}}\cdot\frac{K_{s.u}}{L_{p.min}}-1$$

同时使用电压速切保护与电流速切保护时，其 $n_{sys}=f(Z_{sys*})$ 特性为

$$n_{sys(i+u)}\leqslant\frac{Z''_{sys.u*}}{Z'_{sys.i*}}=\frac{\sqrt{3}}{2K_{s.i}}\frac{K_{s.u}}{L_{p.min}}+\left(\frac{\sqrt{3}}{2K_{s.i}}\frac{K_{s.u}}{L_{p.min}}-1\right)\frac{1}{Z'_{sys.i*}}=\alpha_{(i+u)}+\frac{\beta_{(i+u)}}{Z'_{sys.i*}} \tag{23}$$

将式(23)与式(15)、式(21)相比较，有 $\alpha_{i+u}=\frac{K_{s.u}}{L_{p.min}}\alpha_i=\frac{K_{s.u}}{K_{s.i}}K_{s.b}\alpha_b$。一般而言，$\alpha_{i+u}<\alpha_b$，与 α_i 相较则 $\alpha_{(i+u)}$ 取决于$\frac{K_{s.u}}{L_{p.min}}$大于或小于1。

此外，当 $\beta_{(i+u)}<0$，即 $L_{p.min}>\frac{\sqrt{3}}{2K_{s.i}}K_{s.u}$时，不能同时使用电压速切保护与电流速切保护。

按式(23)有

$$\beta_{(i+u)}=\alpha_{(i+u)}-1$$

(5) 同时使用电流闭锁电压速切保护与电压速切保护。此时电流闭锁电压速切保护将保护运行方式中较大的情况，电压速切保护则保护较小的运行情况。假定运行方式的变化是连续的，此时

$$Z''_{sys.b*}=Z'_{sys.u}$$

同上，由式(9)及式(13)得

$$n_{sys(b+u)}\leqslant\frac{\sqrt{3}}{2K_{s.b}}\cdot\frac{K_{s.u}}{L^2_{p.min}}+\frac{\frac{\sqrt{3}}{2K_{s.b}}\cdot\frac{K_{s.u}}{L_{p.min}}-1}{Z'_{sys.b*}}=\alpha_{(b+u)}+\frac{\beta_{(b+u)}}{Z'_{sys.b*}} \tag{24}$$

$$\beta_{(b+u)}=\alpha_{(b+u)}L_{p.min}-1$$

(6) 同时使用电流闭锁电压速切保护与电流速切保护。此时前者将保护较小的运行情况，而后者保护较大的运行情况。同样假定运行方式的变化是连续的，此时

$$Z'_{sys.b*}=Z''_{sys.i*}$$

由式(13)及式(5)可得

$$n_{sys(b+i)}\leqslant\frac{3}{4K_{s.b}K_{s.i}L_{p.min}}+\left(\frac{3}{4K_{s.b}K_{s.i}L_{p.min}}-L_{p.min}\right)\frac{1}{Z'_{sys.i*}}=\alpha_{(b+i)}+\frac{\beta_{(b+i)}}{Z'_{sys.i*}} \tag{25}$$

$$\beta_{(b+i)}=\alpha_{(b+i)}-L_{p.min}$$

(7) 同时使用电流闭锁电压速切保护、电流速切保护与电压速切保护。此时以

电流速切保护较大的运行情况，电压速切保护较小的运行情况，而电流闭锁电压速切则保护二者之间的运行情况。同样亦假定运行方式的变化是连续的，此时

$$Z'_{\text{sys}(b+u)*}=Z''_{\text{sys}.i*} \quad 或 \quad Z''_{\text{sys}(b+i)*}=Z'_{\text{sys}.u*}$$

由式(15)、式(18)、式(24)、式(25)可求得

$$n_{\text{sys}(i+b+u)}\leqslant\frac{3K_{s.u}}{4K_{s.b}K_{s.i}L^2_{p.\min}}+\left(\frac{3K_{s.u}}{4K_{s.b}K_{s.i}L^2_{p.\min}}-1\right)\frac{1}{Z'_{\text{sys}.i*}}=\alpha_{(u+b+i)}+\frac{\beta_{(u+b+i)}}{Z'_{\text{sys}.i*}} \quad (26)$$

$$\beta_{(u+b+i)}=\alpha_{(u+b+i)}-1$$

(8) 在采用电压元件的保护方式中还要考虑一个限制条件，即动作电压不能过低，整定电压过低时一方面很难得到这种继电器，另一方面考虑到电弧的影响，也不能采用过低的动作电压。因此，亦可利用上述原理，根据电压继电器的整定公式，得出在什么系统情况下才能采用电压元件。因为电流闭锁电压速切中电压元件的动作值必定大于电压速切的动作电压(否则其灵敏度较电压速切为低时必不会采用)。因此可只根据电压速切的整定公式考虑。由此可得

$$U_{\text{op}}=K_{s.u}\frac{Z_l}{Z''_{\text{sys}.r*}+Z_l}\geqslant U_{\text{op.min}} \quad (27)$$

由此，可得

$$Z''_{\text{sys}.r*}=\frac{Z''_{\text{sys}.r}}{Z_l}\leqslant\frac{(K_{s.u}-U_{\text{op.min}})}{U_{\text{op.min}}}$$

或

$$n_{\text{sys}.r}=\frac{Z''_{\text{sys}.r*}}{Z'_{\text{sys}.r*}}=\frac{(K_{s.u}-U_{\text{op.min}})}{U_{\text{op.min}}}\frac{1}{Z'_{\text{sys}.r*}}=\alpha_{\text{r}}+\frac{\beta_{\text{r}}}{Z'_{\text{sys}.r*}} \quad (28)$$

式中

$$\alpha_{\text{r}}=0,\quad \beta_{\text{r}}=\frac{K_{s.u}}{U_{\text{op.min}}}-1$$

其中，下标“r”表示“继电器”。

从上述分析可见，要保证一定的保护范围时，系统必须满足 $n_{\text{sys}}\leqslant f(Z'_{\text{sys}*})$ 或 $Z''_{\text{sys}*}\leqslant f(Z'_{\text{sys}*})$ 特性曲线的要求，而且各种速切的特性曲线都有共通的形式

$$n_{\text{sys}}=\alpha+\frac{\beta}{Z'_{\text{sys}*}} \quad (29)$$

与

$$Z''_{\text{sys}*}=\alpha Z'_{\text{sys}*}+\beta \quad (30)$$

式(29)对应的特性曲线为一倒数曲线，其渐近线为一水平线与一铅直线。垂轴渐近线为 $Z'_{\text{sys}*}=0$，即坐标的纵轴。而水平渐近线则为 $n_{\text{sys}}=\alpha$，即平行于横轴的一直线。α、β 值越大则 n_{sys} 值越大，即速切的适用范围越大。分析式(30)亦有同样的结果，只是式(30)转换了一个函数变成直线而已。按定义，$n_{\text{sys}}\geqslant 1$ 为有效，否则无意义。

α、β 是 $K_{s.u}$、$K_{s.i}$、$K_{s.b}$、$L_{p.\min}$ 等的函数。当 $K_{s.u}$ 等参数为已知时，α、β 值是一常数，与系统无关。但 α、β 值视不同的速切保护方式而异(见表 1)。从表 1 亦可见，$\beta=f(\alpha)$ 为一扩散的函数，β 随 α 增大而增大。

表1 不同的速切保护方式对应的 α、β 值

速切保护方式	α 值	β 值
i	$\dfrac{\sqrt{3}}{2K_{s.i}}$	$\dfrac{\sqrt{3}}{2K_{s.i}}-L_{p.\min}=\alpha_i-L_{p.\min}$
u	$\dfrac{K_{s.u}}{L_{p.\min}}$	$K_{s.u}-1=\alpha_u L_{p.\min}-1$
δ	$\dfrac{\sqrt{3}}{2K_{s.b}L_{p.\min}}$	$\dfrac{\sqrt{3}}{2K_{s.b}}-L_{p.\min}=(\alpha_b-1)L_{p.\min}$
$i+u$	$\dfrac{\sqrt{3}}{2K_{s.i}}\dfrac{k_{s.u}}{L_{p.\min}}=\alpha_i\alpha_u$	$\dfrac{\sqrt{3}}{2K_{s.i}}\dfrac{k_{s.u}}{L_{p.\min}}-1=\alpha_{(i+u)}-1$
$b+u$	$\dfrac{\sqrt{3}}{2K_{s.b}}\dfrac{k_{s.u}}{L^2_{p.\min}}=\alpha_b\alpha_u$	$\dfrac{\sqrt{3}}{2K_{s.b}}\dfrac{k_{s.u}}{L^2_{p.\min}}-1=\alpha_{(i+u)}L_{p.\min}-1$
$b+i$	$\dfrac{3}{4K_{s.b}K_{s.i}L_{p.\min}}=\alpha_b\alpha_i$	$\dfrac{3}{4K_{s.b}K_{s.i}L_{p.\min}}-L_{p.\min}=\alpha_{(b+i)}-L_{p.\min}$
$u+b+i$	$\dfrac{3K_{s.u}}{4K_{s.b}K_{s.i}L^2_{p.\min}}=\alpha_b\alpha_i\alpha_u$	$\dfrac{3K_{s.u}}{4K_{s.b}K_{s.i}L^2_{p.\min}}-1=\alpha_{(b+i+u)}-1$
低电压下限要求的系统特性	0	$\dfrac{K_{s.u}}{U_{\text{op.}\min}}-1$

注：表中所用符号 i 表示电流速切；u 表示电压速切；b 表示电流闭锁电压速切；"+"号表示同时应用，即相加之各保护方式的接点并联。

当取 $K_{s.i}=1.2$；$K_{s.u}=0.7$；$K_b=1.3$；$L_{p.\min}=0.4$ 时，各种速切的 α、β 值见表2。

又 $L_{p.\min}=0.5$；$L_{p.\min}=0.7$；$L_{p.\min}=0.6$ 时，各种速切的 α、β 值见表3、表4及表5。

表2 $K_{s.i}=1.2$；$K_{s.u}=0.7$；$K_b=1.3$；$L_{p.\min}=0.4$ 时的 α、β 值

	i	u	b	$i+u$	$b+u$	$b+i$	$b+i+u$
α	0.72	1.75	2.06	1.26	3.6	1.48	2.6
β	0.32	−0.30	0.424	0.25	0.44	1.08	1.6

表3 $K_{s.i}=1.2$；$K_{s.u}=0.7$；$K_b=1.3$；$L_{p.\min}=0.5$ 时的 α、β 值

	i	u	b	$i+u$	$b+u$	$b+i$	$b+i+u$
α	0.72	1.4	1.34	1.01	1.86	0.96	1.34
β	0.22	−0.30	0.17	0.01	−0.07	0.46	0.34

表4 $K_{s.i}=1.2$；$K_{s.u}=0.7$；$K_b=1.3$；$L_{p.\min}=0.7$ 时的 α、β 值

	i	u	b	$i+u$	$b+u$	$b+i$	$b+i+u$
α	0.72	1 *	0.95 *	0.27 *	0.95 *	0.685 *	0.685 *
β	0.02	−0.30	−0.035	−0.28	−0.335	−0.015	−0.315

表5 $K_{s.i}=1.2$；$K_{s.u}=0.7$；$K_b=1.3$；$L_{p.\min}=0.6$ 时的 α、β 值

	i	u	b	$i+u$	$b+u$	$b+i$	$b+i+u$
α	0.72	1.17	1.055	0.84 *	1.23	0.76	0.88 *
β	0.12	−0.30	0.033	−0.16	−0.262	0.16	−0.12

注：有“ * ”符号者为不可能采用的。

将上列各表数值代入式(28)可得图9、附图1、附图2所示的特性曲线。由此可见，在采用上述可靠系数值时最小保护范围不可能达到70%以上(仅电流速切保护只考虑一种运行情况在特定的 α、β 值时才有可能)。在很多情况下，满足 $L_{p.\min}\geqslant 0.4$ 是可能的，有些情况下满足 $L_{p.\min}\geqslant 0.5$ 也是可能的。要 $L_{p.\min}\geqslant 0.6$ 是很难实现的。

6 使用速切保护时的一些问题

(1) 系统发生短路时，电流、电压的暂态过程对保护装置的影响。

短路电流中的非周期分量衰减很快，虽然非周期分量使电流有效值增大，但因时间短促，在现在整定保护时所采用的可靠系数的条件下电流保护是不会误动作的。对电压速切而言，由于在初瞬间的1～2个周波的时间内，暂态分量可能使母线剩余电压较稳态量稍大，保护范围可能缩小一些，即影响保护延时1～2个周波动作。

暂态过程中，电流的周期分量由 $t=0$ 时的瞬时值开始衰减，当有自动调节励磁及强行励磁时，电流衰减到某一程度后会重新增加，直至短路电流达到稳定值为止。此稳定值可能比初瞬值还大一些，也可能小一些。

(2) 电压的变化过程。

令 $\frac{I_{t=0}}{I_t}=\gamma$，$\gamma$ 值的变化对瞬时的电流速切影响不大。因为电流继电器动作时间在 $t=0.01''\sim0.02''$ 间。在电流继电器已动作后，要等短路电流衰减到小于返回电流，继电器才返回。一般此时开关已跳闸了。对延时电流速切而言，此种影响稍为大一些。此时在保护范围末端短路时继电器可能返回，使保护范围缩小一些。但不会缩小很多，这是因为 $\gamma>\frac{1}{K_b}=\frac{1}{0.85/0.9}$ 的情况不会很多。对电压速切而言，电压的衰减会使保护范围变大。

对电流闭锁电压速切而言，过渡过程中电流元件的灵敏度变化不大(因继电器在 $0.04''\sim0.08''$ 内已动作了)，但对于电压元件则灵敏度增加。故如按“最好条件”整定，则电压元件规定的保护范围(最小运行情况)将比电流元件规定的保护范围大些，但不会如前所述二者相等。故整定时可考虑使电流元件规定的保护范围较电压元件保护范围大些，这可使实际的综合的保护范围更大一些。

如前所述，电流闭锁电压速切在暂态过程中是保证选择性的。

(3) 可靠系数。

电流速切的可靠系数按规定为1.15～1.25。运行经验证明是能保证选择性的。

决定低电压速切的可靠系数 $K_{s.u}$ 是一个困难问题。在电力系统中，短路电流是利用次暂态电抗，假定电势标幺值为一，不考虑电阻，不考虑各电源间的角度差。这些假定对电流保护而言是合理的，除采用的电势值比实际值稍小外，其余的假定都使计算电流较实际电流小些，这不会引起不选择性动作（当然会减低一些灵敏度）。

但对电压保护而言，情况恰相反，短路电流的减小将导致母线电压比计算值小，这将会引起保护不选择性动作。

对于典型的带自动电压调整器的汽轮机，当运算阻抗 $x_{calc}=0.3$ 时，$\frac{I_{t=0.2''}}{I''}=\frac{1}{\gamma_{0.2}}=0.755$；$\frac{I_{t=0.5''}}{I''}=\frac{1}{\gamma_{0.5}}=0.69$。当运算阻抗 $x_{calc}=0.2$ 时，$\frac{I_{t=0.2''}}{I''}=\frac{1}{\gamma_{0.2}}=0.7$；$\frac{I_{t=0.5''}}{I''}=\frac{1}{\gamma_{0.5}}=0.6$。当没有自动电压调整器时，这些数值将更低一些。

当母线是由几个电源供电时，这几个电源电势间的角度差可能比较大，特别是在系统振荡时。如果此母线较接近振荡中心，则母线电压将降至相当低的数值，因而可能引起保护的误动作。因此在采用低电压速切保护时，单靠降低可靠系数的办法是不可能实现的。单端供电线路可以用过流保护作为启动元件以避免误动。两端供电线路则应考虑振荡闭锁问题。

不考虑电源电势间的角度差，决定可靠系数值时必须考虑上面所提出的短路电流衰减。在35～220 kV的网络中，x_{calc} 一般在0.3以上，如前一线段装有快动保护，则在其出口处的故障可考虑在0.2″以内切除，此时采用 $K_{s.u}=0.7/0.75$ 是恰当的。但是采用低电压速切时应慎重地分析本系统的特点，如自动调压装置，有关的继电保护情况、网络结构等。

电流闭锁电压速切所用的可靠系数，以前是用电流速切的可靠系数。最近考虑了短路时系统电压的衰减，要求在保护内部的动作互相配合，以保证在衰减的过程中不致误动，即保证在电流元件返回以前，电压元件不会动作。或当电压上升时，电压元件未返回前，电流元件不会误动。因此电流、电压相互闭锁的关系应为

$$U_{op}=\frac{\sqrt{3}I_{op}Z_l}{K_{s.i}}K_{res.i}$$

或在先决定电压元件动作值后，

$$I_{op}=K_{s.i}\frac{U_{op}}{\sqrt{3}Z_l}K_{res.u}$$

式中，$K_{res.i}$、$K_{res.u}$——返回系数，$K_{res.i}<1$，$K_{res.u}>1$。

实际上电磁型继电器保证 $K_{res.i}>0.85$；$K_{res.u}>1.1$。

考虑接线图内部配合时，$K_{s.i}$ 考虑为1.1已足够。此时可以 $K_{res.i}=\frac{K_{s.i}}{K_{s.b}}$ 代替之。这样，$K_{s.b}>1.3$ 已足够了。

(4) 以速切作为第二段保护。

如前所述，速切保护的保护范围一般在40%～60%之间。这给第二段保护带来很大困难。例如，两段线路的阻抗相等，并令第一段线路阻抗为1，则前一线路第一段保护范围 $L'_{p.2}\approx 0.5$，而后一线路的第二段只有约 $L''_{p.1}\approx 0.5\times(1+0.5)=0.75$，不能保护全段。因此往往不得不采用重合闸校正不选择性动作或提高时限，这使保护质量恶化。

当第二段线路比较长，或分支系数比较大时，第二段保护的灵敏度稍为好些。由于第二段灵敏度不足，有时不能不采用复杂保护。

当各段线路采用不同形式的速切保护时，前后两保护间的选择性的配合问题相当复杂。下面将简单地分析前后两保护装置的配合方法和结果。

图9所示的为典型的开式网络。在配合方面产生的问题是保护"1"如何整定，以便与保护"2"取得选择性。其中，Z_{sys2} 为助增电源的阻抗，Z_f 为故障线路自保护"2"至故障点间的阻抗，并假定此时保护"2"刚好动作。

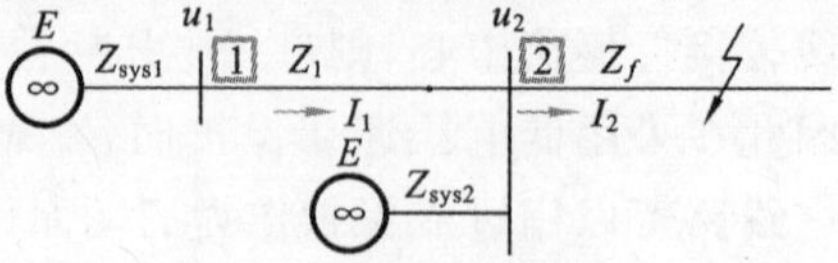

图9　典型的开式网络

此时，假定各电源电势相位相同，大小相等。

在此网络中，电流、电压分别为

$$I_1=\frac{I_2}{K_{br}} \tag{31}$$

$$U_1=\frac{(E-U_2)Z_1}{Z'_{sys1}+Z_1} \quad 或 \quad U_1=E-I_1Z'_{sys1} \tag{32}$$

前后两保护各可能为电流速切(i)、电压速切(u)或距离保护(Z)，也可以是电流闭锁电压速切(b)及其他的组合。分析证明，有些组合方式实际上是不存在的，因为它的灵敏度比更简单一些的保护方式差。利用式(31)、式(32)可得出 i、u、Z 各种组合的整定配合公式，其结果列于表6。

表6　i、u、Z 各种组合的整定配合公式

	本线段第二段保护方式	下一线段第一段保护方式	本线段整定配合公式	配合条件
1	i_1	i_2	$I_{op1}=K''_{s.i}\frac{I_{op2}}{K_{br.min}}$	
2	i_1	u_2	$I_{op1}=K''_{s.i}\frac{E-U_{op2}}{Z'_{sys}+Z_1}$	
3	i_1	Z_2	$I_{op1}=K''_{s.i}\frac{E}{Z'_{sys}+Z_1+K_{br.min}Z'_{op2}}$	

续表

	本线段第二段保护方式	下一线段第一段保护方式	本线段整定配合公式	配合条件
4	u_1	i_2	$U_{op1}=K''_{s.u}\left[E-\dfrac{I_{op2}Z''_{sys}}{K''_{br}}\right]$	
5	u_1	u_2	$U_{op1}=K''_{s.u}\left[U_{op2}+\left(\dfrac{E-U_{op2}}{Z''_{sys}+Z_1}\cdot Z_1\right)\right]$	
6	u_1	Z_2	$U_{op1}=K''_{s.u}\sqrt{3}\dfrac{Z_1+K_{br.min}Z_{op2}}{Z_1+K_{br.min}Z_{op2}+Z''_{sys}}$	
7	Z_1	i_2	$Z_{op1}=K''_{s.Z}\left(K''_{br}\dfrac{0.866E}{I_{op2}}-Z''_{sys}\right)$	
8	Z_1	u_2	$Z_{op1}=K''_{s.Z}\left[Z_1+\dfrac{U_{op2}(Z'_{sys}+Z_1)}{E-U_{op2}}\right]$	
9	b_1	b_2	$I_{op1}=K''_{s.i}\dfrac{I_{op2}}{K_{br.min}}$ $U_{op1}=K''_{s.u}\left[U_{op2}+\left(\dfrac{E-U_{op2}}{Z''_{sys}+Z_1}\cdot Z_1\right)\right]$	电流与电流配合，电压与电压配合 *
10	b_1	b_2+i_2	$I_{op1}=K''_{s.i}\dfrac{I_{op2}}{K_{br.min}}$ $U_{op1}=K''_{s.u}\left[U_{op2}+\left(\dfrac{E-U_{op2}}{Z''_{sys}+Z_1}\cdot Z_1\right)\right]$	同上闭锁保护与闭锁保护配合 *
11	b_1	b_2+u_2	$I_{op1}=K''_{s.i}\dfrac{I_{op2}}{K_{br.min}}$ $U_{op1}=K''_{s.u}\left[U_{op2}+\left(\dfrac{E-U_{op2}}{Z''_{sys}+Z_1}\cdot Z_1\right)\right]$	同上 *
12	b_1	Z_2	$U_{op1}=\left[\dfrac{\sqrt{3}I_{op2}(Z_1+K_{br.min}Z_{op2})}{K''_{Hb}}\right]$	
13	i_1	b_2	$I_{op1}=K''_{s.i}\dfrac{E-U_{op2}}{Z'_{sys}+Z_1}$	与闭锁保护的电压元件配合 *

注：有“*”符号者其证明参考附录C。

表6中，
$$K_{br}=\frac{Z_{sys}+Z_1+Z_{sys.n}}{Z''_{sys}}=\frac{Z'_{sys}+Z_1}{Z''_{sys}}+1$$

式中，$K_{br.min}$——Z'_{sys}最小且Z''_{sys}最大时的分支系数；

$K_{br.max}$——Z_{sys}最大且Z''_{sys}最小时的分支系数；

K'_{br}——Z'_{sys}最小且Z''_{sys}最小时的分支系数；

K''_{br}——Z'_{sys}最大且Z''_{sys}最大时的分支系数。

(5) 两端供电线路速切保护的应用。

两端供电线路的保护主要困难在于获得方向的选择性。采用电流速切时,有些情况下可以利用两方向短路电流大小的差别来获得选择性。电流闭锁电压速切也是如此。但电压速切则必须加方向元件。采用方向元件将使保护复杂化。此外,“死区”的存在,也使速切的保护范围减小。

用时间的增长来获得方向选择性在一些重要性较低的网络中有时可以采用。但很明显,这样会使保护质量降低。

(6) 环状网络速切保护应用的特点。

环状网络短路电流电压特性的变化比辐射网络的大得多,因此在使用电流电压保护时会遇到较辐射网络更多的困难。环状网络的电流电压特性有下列特点。

① 纵续动作时电流会大增,电压升高也大。

② 电压不是随短路点距离加长而不断上升,而是到某一定地点后,母线剩余电压会重新下降。

纵续动作时,电流保护的保护范围变大,电压保护的则大为缩小。因此有时可以利用纵续动作提高电流保护的灵敏度。对于电流闭锁电压速切,按其动作原理,同样可取得方向性。经验证明,即使在环状网络中,当与重合闸很好地配合时有时也可以完全不采用距离保护,而获得较好的动作时间和灵敏度。

(7) 过渡电阻对速切保护的影响。

过渡电阻的存在将使保护范围缩小。

过渡电阻对电流保护的影响比较小,因为电流的减小取决于过渡电阻值与整个系统的等值阻抗的比值。但母线剩余电压的增大与否则取决于过渡电阻值与故障点至保护装设地点间的线路阻抗的值的比值的大小。显然后一比值远比前一比值大,特别是线路阻抗很小时影响更严重。

电弧电压约为 1 kV/m。在短路初瞬间电弧长度可由导线间距离决定,因此在各种电压网络短路初瞬间的电弧电压如表 7 所示。当整定电压低于表列数值的两倍时,可以认为已不能保证对电弧的足够的灵敏度了。因此,线路长度小于某一数值时已不适宜用电压保护。但要说明,在上述电压情况下继电器也可能难以满足所提出的整定范围的要求。因一般低电压继电器最低动作电压为 15 V,相当于额定电压的 15%。

表 7　各种电压网络短路初瞬间的电弧电压

网络电压/kV	线间距离/m	电弧电压/kV (t=0 时)	由电弧限制保护使用的线路最小距离/km
10	0.8～2.25	1.5(75%u_n)	0.6
35	1～4.5	3(5%u_n)	2
110	3.25～5.25	4(4%u_n)	10
220	3.75～5.50	5(2%u_n)	20

按保护原理而言，电流闭锁电压速切的电压元件的动作电压一般较电压速切的动作电压大，因而其对电弧的灵敏度较高。

7　结束语

(1) 可利用 Z'_{sys*}、Z''_{sys*} 或 n_{sys}、K_{br} 表示开式网络特性。

(2) 利用本文所提出的方法得出的曲线可以迅速地找出适当的保护。

(3) 尽可能不采用单独的低电压保护作为第一段保护，在闭式网络中更应该注意在环内各点故障的电压特性并避免可能发生误动作。

(4) 有两个方面的办法可以增大电流电压保护的应用范围。其一是缩小被考虑运行方式的变化范围，即减小计算的 n_{sys} 值。一些稀有的运行方式应允许不予考虑（出现该种运行方式时，允许不选择性动作和以后备保护作主保护，必要时可改变整定值）。其二是减小 $Z'_{sys*}=Z'_{sys}/Z_l$ 值，换言之，使 Z_l 增大，即使第一段的保护对象伸长至下一元件。此时的不选择性可以用重合闸补救。

(5) 可考虑推广采用顺序重合闸和二次重合闸（第一次允许与下段同时瞬时重合，第二次按顺序重合闸整定）。其好处有以下几点。

① 保护可不考虑第一段的选择性，因而增大计算的 Z_l 值即增加采用电流电压保护的可能性，相应地也大大减轻第二段保护中采用电流电压保护的困难。

② 保护动作速度可大为提高。

③ 按统计资料，采用二次重合闸时可增加5%～15%的重合成功率（使用二次重合应考虑主开关的遮断能力和规程的规定）。

(6) 各种保护的可靠系数值需进一步自运行经验中研究降低（向“1”靠近）的可能性，这可增加采用电流电压保护的可能性。

(7) 闭式网络也可不采用复杂保护，而只用电流电压保护，但其应用范围特性的系统分析还待进一步研究。

(8) 电流电压保护最人的缺点是当系统特性变更时，有可能要更换保护方式或改变整定值，但实际上是不容易发生这种情况的。

附录A　解　析　法

因为

$$u_{f,\max}=\frac{Z_f}{X''_{sys}+Z_f}$$

$$I^{(2)}_{f.\min}=\frac{\sqrt{3}}{2}\cdot\frac{1}{Z'_{sys}+Z_f}$$

所以

$$Z_f=\frac{\sqrt{3}}{2}\cdot\frac{1}{I^{(2)}_{f.\min}}-Z'_{sys}$$

代入上式得

$$u_{f.\max}=\frac{\sqrt{3}-2I^{(2)}_{f.\min}Z'_{sys}}{\sqrt{3}-2I^{(2)}_{f.\min}(Z'_{sys}-Z''_{sys})}$$

又因
$$u_{op}=\frac{\sqrt{3}I_{op}Z_l}{K_{s.b}}$$
而此时
$$u_{f.\max}=u_{op},\quad I_{f.\min}^{(2)}=I_{op}$$
故有
$$\frac{\sqrt{3}I_{op}Z_l}{K_{s.b}}=\frac{\sqrt{3}-2I_{op}Z'_{sys}}{\sqrt{3}-I_{op}(Z'_{sys}-Z''_{sys})}$$
解得
$$2\sqrt{3}Z_l(Z'_{sys}-Z''_{sys})I_{op}^2-(2K_{s.b}Z'_{sys}+3Z_l)I_{op}+\sqrt{3}K_{s.b}=0$$
$$I_{op}=\frac{2K_{s.b}Z'_{sys}+3Z_l-\sqrt{(2K_{s.b}Z'_{sys}+3Z_l)^2-24K_{s.b}(Z'_{sys}-Z''_{sys})}}{4\sqrt{3}Z_l(Z'_{sys}-Z''_{sys})}$$

附录 B 按“最好条件”整定电流闭锁电压速切的方法

将最大运行方式下的剩余电压特性及最小运行方式下线路上各点的 $I_{f.\min}^{(2)}$ 标于同一坐标上(见附图 1(a))。测得线路上每一点的 $U_{f.\max}$ 及 $I_{f.\min}^{(2)}$，即可给出 $U_{f.\max}=I_{f.\min}^{(2)}$ 特性(见附图 1(b))。在同一图上同时绘出 $U_{op}=\frac{\sqrt{3}I_{op}Z_l}{K_{s.b}}$ 特性。此两特性的交点既满足选择性条件，即整定条件，又满足在最大最小运行方式下有同等保护范围的所谓“最好条件”。

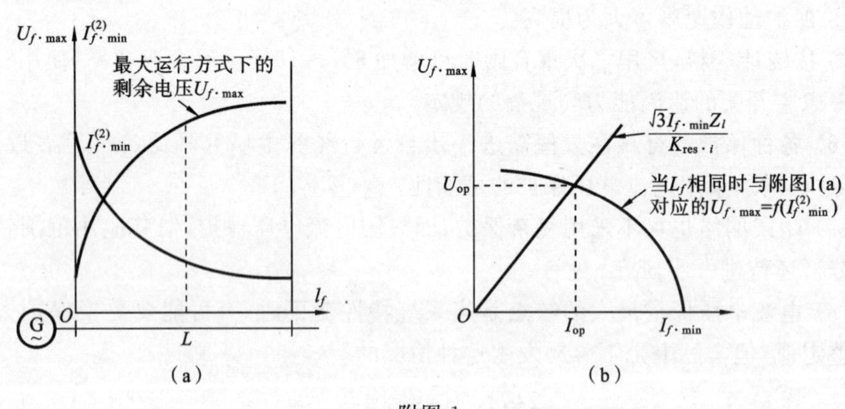

附图 1

按“最好条件”整定时的最小可靠系数为 $K_{s.b.\min}$。

在按“最好条件”整定的特性图上，绘出在线路末端短路时剩余电压特性(见附图 2)。

因
$$U_f=f(I_f)=\sqrt{3}I_f\cdot Z_l$$
当 $I_{op}=I_f$ 时，电压元件动作电压取
$$U_{op}=\frac{\sqrt{3}I_{op}\cdot Z_l}{K_{s.b}}$$
故当线路末端短路取 $I_{op}=I_f$ 时，对电流元件而言，处于临界动作状态，即
$$K_{s.b.i}=1$$

此时 $$K_{s.b.u}=\frac{U_f}{U_{\text{op}}}=\frac{aa'}{ca'}=K_{s.b}$$

当短路电流电压下降，达到

$$U_{\text{op}}=U_f,\quad \text{即}\quad K_{s.b.u}=1$$

此时，如令可靠系数相同，即

$$K_{s.b.i}=\frac{I_f}{I_{\text{op}}}=\frac{cb'}{bb'}=K_{s.b}$$

显然，如 $ca'=1,bb'=1$，则有

$$aa'=cb'=K_{s.b},\quad ac=bc=K_{s.b}-1$$

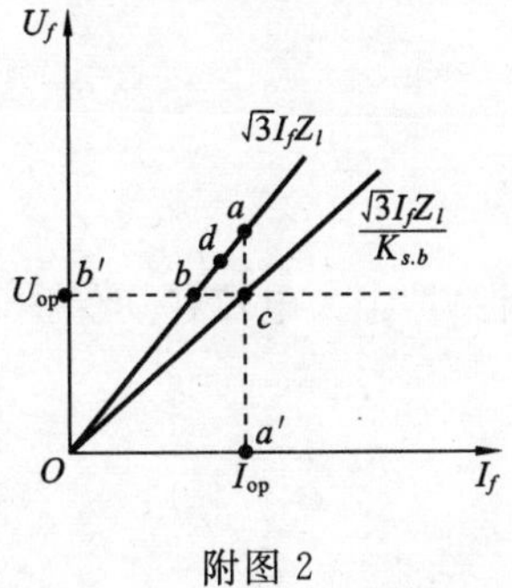

附图 2

因电流闭锁电压速切的可靠系数是以电流或电压继电器中较高的一个而定的，故对整定套保护而言，$K_{s.b.\min}$对应的应是二者可靠系数相等的情况，即 d 点情况，此时

$$K_{s.b.u}=K_{s.b.i}$$

故 $$K_{s.b.\min}=1+\frac{K_{s.b}-1}{2}=\frac{K_{s.b}+1}{2}$$

附录C　先后两保护装置的配合特性

将图 9 中典型开式网络阻抗参数换成 a、b、c、d 表示，如附图 3 所示，以便于书写运算。

式(31)、式(32)换写成以下形式：

$$I_1=\frac{I_2}{k_{\text{br}}}\tag{33}$$

$$U_1=\frac{(E-U_2)b}{a+b}\tag{34}$$

式中，$k_{\text{br}}=\dfrac{c}{a+b+c}$——分支系数。需要得出的是，当 b、c 为定值，且保护②刚启动时 $d=f(a)$的关系，和同一 b、c 值，保护①刚启动时 $d=f(a)$的关系。

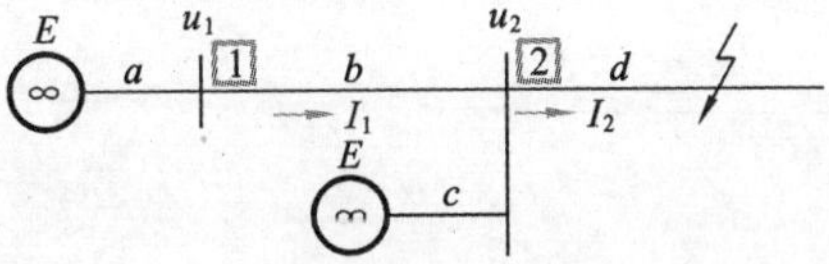

附图 3

当保护②为电流速切保护时，则在其启动的临界条件下，有

$$I_2=I_{\text{op2}}=\frac{0.866E(a+b+c)}{(a+b)c+(a+b+c)}$$

得 $$d_{2i}=\frac{0.866E(a+b+c)-(a+b)cI_{\text{op2}}}{(a+b+c)I_{\text{op2}}}=\frac{0.866E}{I_{\text{op2}}}-\frac{(a+b)c}{a+b+c}\tag{35}$$

当保护②为电压速切保护时，在其启动的临界条件下，并考虑

$$u_2=\frac{I_2}{0.866}d=u_{op2}$$

得

$$d_{2u}=\frac{(a+b)cu_{op2}}{(E-u_{op2})(a+b+c)} \tag{36}$$

当保护①为电流速切保护时，有

$$I_1=I_{op1}=\frac{Ec}{(a+b)c+(a+b+c)d}$$

$$d_{1i}=\frac{Ec-(a+b)cI_{op1}}{(a+b+c)I_{op1}} \tag{37}$$

保护①为电压速切保护时，有

$$u_1=u_{op1}=u_2+I_1b=E\frac{(a+b+c)d+b}{(a+b)c+(a+b+c)d}$$

$$d_{1u}=\frac{(a+b)cu_{op1}-Ebc}{(E-u_{op1})(a+b+c)} \tag{38}$$

第2章 距离保护

2.1 简化距离保护装置研究[①]

1 前言

本研究项目是1958年国家科学研究项目之一，我院为该项目协作单位。近年来我国各高等学校、设计机关、水电部技术改进局、各中心试验所都进行了该项研究工作。1958年10月底全国继电保护专业会议上重新强调该项研究工作对我国继电保护工作的重要性，并号召各单位进一步研究。会上技改局提出一篇报告，北京电力设计分院也提出一篇关于利用磁元件作为距离测量元件的研究工作报告。1959年5月，北京电力设计分院又提出一篇关于“整流型距离保护装置”的报告。

我院在1958年初正式接受该项任务，随即进行了初步研究。至1958年10月间在教师、学生共同努力下，开始大规模展开工作，后来选定了采用整流型并以电子管代替极化继电器的以бреслер型原理为基础的方案，至1958年年底初步得出结果，但其特性还不够完善，1959年初工作未继续进行，至1959年5、6月开始陆续作补充研究和改进工作，并作进一步的分析工作，现初步告一段落，提出报告于后。

2 简化距离保护几个原则问题

(1) 以方向阻抗继电器接成三系统式结线还是用бреслер型继电器作单系统式结线问题。

简化继电保护的方法有减少接点数目、减少元件数目、采用结构简单的元件、减少和简化调节部分、简化结构图(减少接线回路)。此外为了简化保护装置还根据不同线路降低对继电保护装置的次要要求：110 kV以上线路不考虑三相短路，小电流接地系统不考虑两点接地，35 kV以下线路不考虑振荡闭锁等。

方向阻抗继电器的主要优点是在结构上比бреслер型继电器的简单，调整容易些。东北北部154 kV系统长期采用以方向继电器改制的“姆欧(mho)元件”，运行试验良好。其缺点是距离元件数目多，如一、二段间不切换，则需6个测量元件，如一、二段要切换，则需3个测量元件和7对切换接点(包括出口回路1对接点在内)，测量元件本身也要3对或6对接点。

① 本文发表于1960年华中工学院学报第2卷第1期。

当不考虑三相短路时，бреслер 型继电器的优点是可以只用 1 个测量元件(即只有 1 对接点)。其缺点是调整时必须充分注意其电路中参数的对称性，否则特性很易变坏，因而产生不同的两相短路时动作参数不一致。最近北京电力设计院研究的整流型距离保护装置在保证对称性方面取得一些良好的结果。

当必须考虑三相短路时，бреслер 型继电器经简单的切换后也能正确反映故障与距离(见附录 A)，此时测量元件仍是 1 个(因而接点也只有 1 对)。但包括启动元件 1 至 3 对接点在内，要增加 2 至 4 对切换点。从接点数目比较来看，这不会比三系统式保护有利，但比一般单系统保护则简单得多。

бреслер 型距离继电器的另一优点是两相短路时无死区，受振荡的影响比方向阻抗继电器的小些。

我们认为，两个方案都应进行研究，以克服原来的缺点。我院和国内其他一些高等学校曾经企图寻找一个不切换而又同时能反映三相短路和各种两相短路故障距离的方案，但迄今尚未获得令人满意的结果。有一些方案过于复杂，有一些方案特性不好。研究工作证明，这样的要求是应该可以达到的，但有待于进一步研究。

我院比较集中地进行以 бреслер 型继电器为基础的简化研究工作。目的是研究在这个方面使距离保护装置简化的可能性和存在的问题。

(2) 关于继电器结构问题。

感应型继电器的主要优点是能够直接进行电的综合和比较，结构比较牢固，动作速度比较快，主要缺点是消耗功率大，比较笨重。

整流型继电器的主要优点是消耗功率小，采用极化继电器配合时结构也轻便，只有扭动，没有转动部分。在这方面北京电力设计院已做了很多工作，但是目前我国尚没有正式生产高灵敏度的极化继电器。我们现在采用一级真空管(6H1П)放大，供一个普通电码继电器的办法代替极化继电器。这样做的优点是设备材料容易得到，因为 6H1П 是一种极普通的真空管，任何一个电业局都可购到，电讯用的电码继电器也很容易找到。另一个重大优点是消耗功率比极化继电器还小很多，可以使电路元件的体积更加减小，也可减小对电压互感器、电流互感器的功率消耗，动作时间很短。

但采用电子管后会带来几个困难，包括灯丝电源的供给问题，电子管寿命问题，电子管衰老对动作特性的影响问题，操作电源即屏压改变时对动作特性的影响问题。

我们用串联电阻接入直流操作电源的办法，即恒定电流法解决灯丝电源供给的问题。对 110 V 直流操作电源采用 6H1П 时约消耗直流功率 60 W。这是一个缺点，但一般直流电源是能供给得了的。

真空管寿命问题是妨碍电子管在继电保护中应用的一个重要因素，主要是可靠性因而降低。真空管寿命厂家保证 800 h，在此时间内保证电子管参数保持在允许范围以内，分析证明如降低灯丝电压约 10%则寿命约增加 1 倍，事实上一般真空管的寿命都大于 1000 h，有的已到达 10000 h。此外，继电保护回路中真空管通屏流的时间是很短的，在正常运转时一年中通屏流的时间一般不会超过几小时。其余时间真空管没有屏压，或是处于截止状态，因而没有屏流，阳极不会发热，阴极本身也不会发热，唯一热源是灯丝。这样，真空管阳极的工作温度比额定工作温度低，因而可延长寿命。实际运行中的高周波保护的收发报机也是采用电子管的，运行中没有发现有很大降低可靠性的事实。由此，我们认为采用电子管作为测量元件是允许的，特别是在极化继电器和半导体三极管不能正式生产时更是这样。所以我们采用了电子管。

操作电源变化时对电子管的参数有两方面的影响：第一，如栅压不变，屏压降低则屏流也降低，如果保持同一电流则要求增加栅压；第二，操作电源减小，则栅偏负压减小，即相对地提高栅偏电压，二者作用互补。但要使操作电源变化而不影响或减小影响继电器动作值(主要是不影响准确动作电流或可能产生的鸟啄现象)，则需根据真空管的 μ 值恰当地选择屏阻和栅偏电压。要满足这一条件，必须在选真空管型号时检验是否能同时满足下列几个条件(见附录 B)。

栅偏压
$$U_c=-\frac{E}{\mu}$$

式中，E——操作电源额定电压；

μ——真空管放大系数。

根据 $I_a=I_{cp}$(电码继电器动作电流)时的 $U_a=f(U_c)$ 特性曲线，用上述算出的 U_c 找出 U_a 后，能根据下式选出 R_a(包括电码继电器电阻)。

$$R_a=\frac{E-U_a}{I_{cp}}$$

式中，U_a——真空管屏压；

U_c——真空管栅压。

按真空管典型特性分析，如操作电源额定电压为 110 V 时，应令 $U_c=-\frac{110}{36}$ V=−3.14 V，从 $U_a=f(U_c)$ 特性找出需要 U_a=120～130 V(双三极管并联使用)大于操作电源电压，所以用 6H1П 不能完全满足不受操作电源电压影响的要求。但经具体计算表明(参考附录 B)，当不用屏阻时，如电源电压降低 10%，此时只要增加栅压 0.03～0.05 V 继电器即可动作，故影响不大。

真空管衰老时 μ 值会降低，$I_a=f(U_c)$ 会改变，使 $\frac{\Delta I_a}{\Delta U_c}$ 下降，其结果是要想得到同一屏流就要求增大栅压，即增加准确动作电流及稍为缩小保护范围，如短路电流有较高水平，则这一缺点无严重影响。

(3) 关于拟定原理接线图时我们根据的几个原则(见图 1、图 2)。

三相短路与两相短路共用一个测量元件，利用启动元件切换。

第一段、第二段共用一个测量元件，利用启动元件切换。

启动元件可用过电流、低电压或低阻抗继电器。

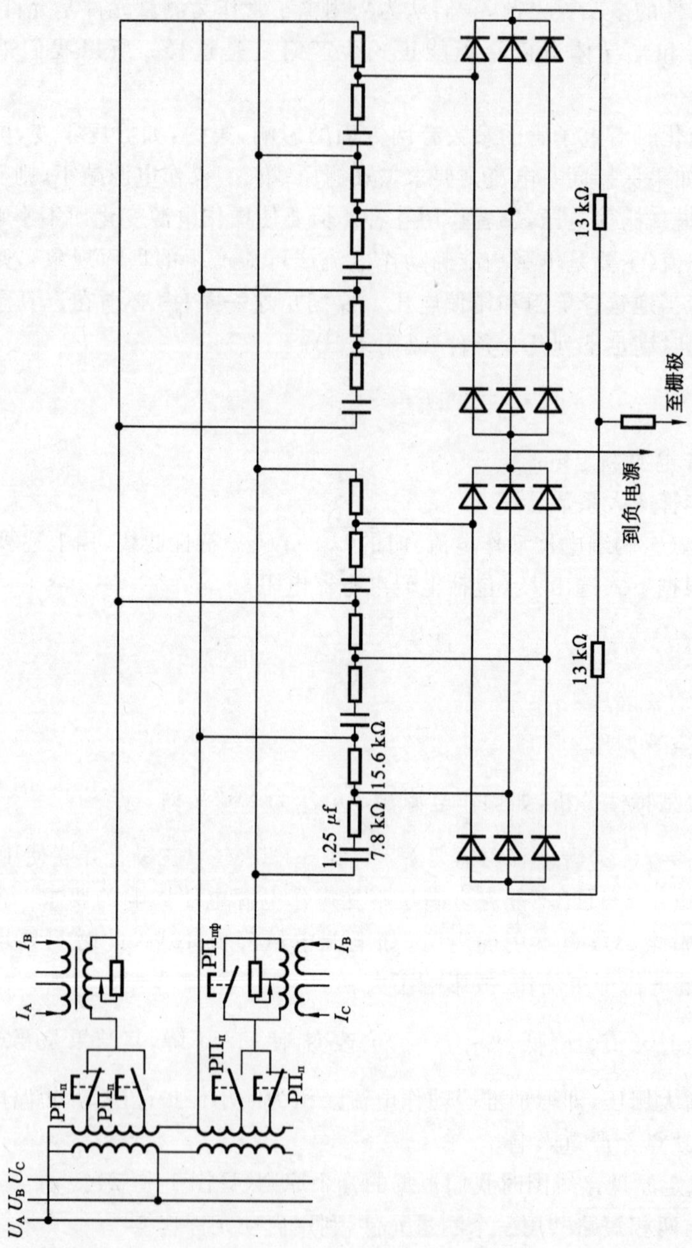

图 1　交流回路原理图

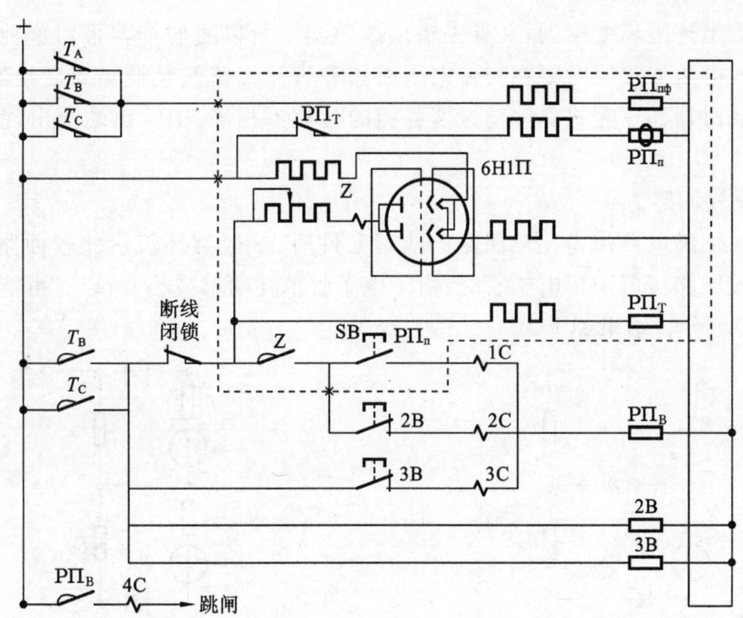

图 2 直流回路展开图

3 阻抗继电器

(1) 两相短路时采用 $\Delta U=|\dot{U}_2-\dot{I}_2 Z_y|-|\dot{U}_1-\dot{I}_1 Z_y|\geqslant 0$ 动作。$\dot{U}_2-\dot{I}_2 Z_y$ 可从 $\dot{U}_A-\dot{I}_A Z_y,\dot{U}_B-\dot{I}_B Z_y,\dot{U}_C-\dot{I}_C Z_y$ 的三相电压系统经负序电压滤过器取得。同样，$\dot{U}_1-\dot{I}_1 Z_y$经正序电压滤过器取得。实际上我们采用两相补偿方法，即用线电压为 $\dot{U}_{AB}-(\dot{I}_A-\dot{I}_B)Z_y,\dot{U}_{CA}-(\dot{I}_C-\dot{I}_A)Z_y$ 的三相电压系统。

可以不采用整流型方法作成 бреслер 原理的电子管型继电器。我们认为不如采用滤过器构成整流型继电器更简单些。

(2) 三相短路时采用 $\Delta U=|\dot{U}_2|-|\dot{U}_1|>0$ 动作。其中$\dot{U}_2$ 及$\dot{U}_1$ 是用相序电压滤过器从 $U_{AB}-(\dot{I}_A-\dot{I}_B)Z_y,\dot{U}_{BC},\dot{U}_{CA}$三相电压系统取得的负序电压和正序电压。分析和试验证明，它是一个能反映三相短路的方向阻抗继电器。其最大灵敏角较 Z_l 的阻抗角超前 30°，也可以作成落后 30°的，但在 $Z_k=Z_v$ 时保护范围与两相短路的相同，和方向阻抗继电器一样，有电压死区。

(3) 三相相序滤过器与整流。

我们原来采用单相式相序滤过器及单相桥式整流结线。但必须在二者之间装一隔离变压器，否则输出电压会含有基波分量。此外，在输出端还必须装设高次谐波滤波回路。

北京电力设计分院采用三相式相序滤过器和三相桥式整流结线。我们的分析证明，在三相式滤过器和整流结线中如果不用隔离变压器，在动作临界状态时，输出电压只含有 6 次以上的谐波，非动作临界状态时将有较大一些的 3 次谐波。但分析试验证明非动作临界状态时，这些不太大的电压脉动不会影响继电器的动作正确性。

这样既省去上述隔离变压器,又省去输出滤波器。所以我们推荐采用这种结线。但采用三相式电压滤过器时要在交流电压回路和直流回路间装设隔离变压器,如果三相式正序滤过器和三相式负序滤过器各相的参数不相等,则输出端会出现 3 次谐波脉动值。

(4) 比较回路。

当以极化继电器作为比较回路的执行元件时,一般有环流法比较回路(见图 3)和桥式比较回路。但采用电子管时,由于电子管消耗功率减小,所以有可能采用均压法(见图 4)。分析结果如下。

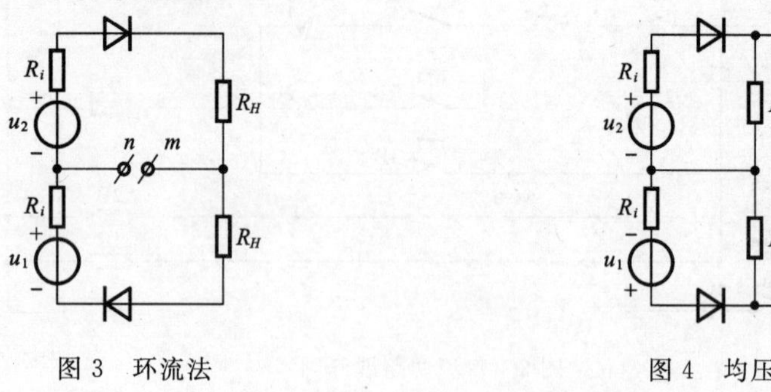

图 3 环流法

图 4 均压法

环流法

$$u_{mn*}=\frac{U_{mn}}{U_2-U_1}=\frac{1}{2}$$

均压法

$$u_{mn*}=\frac{U_{mn}}{U_2-U_1}=\frac{R_H}{R_i+R_H}$$

从灵敏度观点看,环流法不受整流片的非线性特性影响,u_{mn*} 固定为 0.5,而均压法当 $R_i>R_H$ 时 $u_{mn*}>0.5$,当 $R_i\ll R_H$ 时 $u_{mn*}\to 1$,但 R_i 是非线性电阻,当电流很小时,R_i 会急剧增大,如 $R_i>R_H$,则 u_{mn*} 小于 0.5,这将影响继电器的准确动作电流。这往往可以用加大 R_H 的方法解决。均压法另一个缺点是正常情况下,负序滤过器所接的整流器没有电流流过,而环流法则无此缺点。但整流器是需要经常有电流流通的。考虑后一因素最后采用环流法,这既能使整流器工作好,又能使保护可以不受整流片的非线性特性影响。

(5) 分压器。

采用电阻分压比电压互感器简单一些,但效率要低一些。但由于继电器回路吸取功率很小,所以采用电阻分压还是允许的。北京电力设计分院采用三相分压法,我们认为,为了简单起见,采用两相线电压分压法在保证内电源内阻不超过 1%的情况下,不会对继电器特性有很大的影响。试验结果也证明了这一点。我们在单相整流回路方案中采用电阻分压。对三相桥式整流回路,由于采用电子管,交流与直流回路要隔离,所以适宜用自耦变压器分压。但为了简化起见,可以用焊接抽头方法改变整定值而不用螺纹改变抽头。

(6) 电压补偿装置。

我们暂按 ПЗ-157 规定的参数绕制电压补偿装置，但由于功率减小很多，可以大大减小其体积，即使采用普通硅钢片制作，加大空气隙后，也可以保证很好的线性性。补偿装置的电流线圈按原设计有 4 个抽头。但进一步分析发现，一般第一、二段保护范围很少用到 5 Ω 以上。所以可以做成不抽头(整定范围 0.3～3 Ω)或只要一个抽头(0.25～2.5 Ω 和 0.5～3 Ω)就够了。此外也不需要按经常改变电流线圈接头的情况考虑，这样可以简化制造工作，并增加可靠性。

(7) 死区问题。

本装置在三相短路时有死区，记忆作用原理对本装置效果不大。因为正常状态是准备反映两相短路的。当三相短路时要进行切换，才能正确反映量测阻抗。而切换所需时间就在两个周波以上。但三相死区的消灭可用一个电流速切部分地解决，或用合闸时短时投入的电流速切来解决。

(8) 暂态超越和鸟啄现象问题。

在一般系统中，动作时间不会要求太短，保护装置动作时间在 0.1 s 以上时，完全可以不考虑暂态超越问题。我们试制的一套保护装置动作时间为 0.14″，从未发生暂态超越现象。

当没有电流时，突然切除交流电压没有鸟啄现象。因为即使去掉一相电压，也只相当于动作临界情况，而实际上继电器是按这种情况保证刚好不动作调整的，在我们的试验中没有发生鸟啄现象。

(9) 动作时间问题。

试制品的动作时间在 $Z_y=0.9Z_y$ 以内都是 0.14″。

(10) 试验结果。

三相短路($K^{(3)}$)试验结果与数据如图 5 所示。两相短路($K^{(AB)}$)试验结果与数据如图 6 所示。其相位特性如图 7 所示。

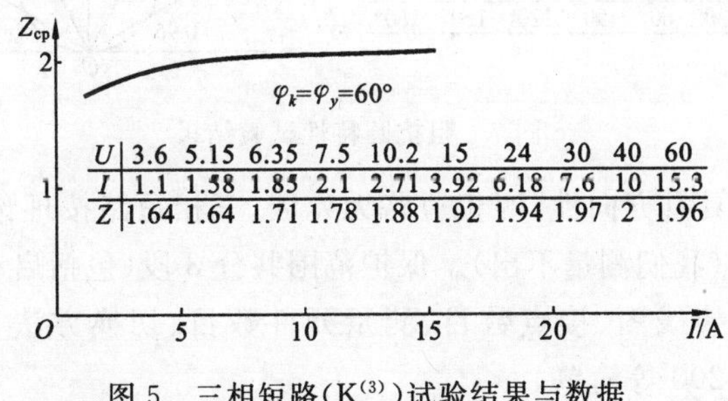

U	3.6	5.15	6.35	7.5	10.2	15	24	30	40	60
I	1.1	1.58	1.85	2.1	2.71	3.92	6.18	7.6	10	15.3
Z	1.64	1.64	1.71	1.78	1.88	1.92	1.94	1.97	2	1.96

图 5 三相短路($K^{(3)}$)试验结果与数据

对目前工作结果的评价。

(1) 这一简化距离保护方案在准确动作电流、交流回路消耗功率、动作时间等主要指标方面能满足电力系统的要求。

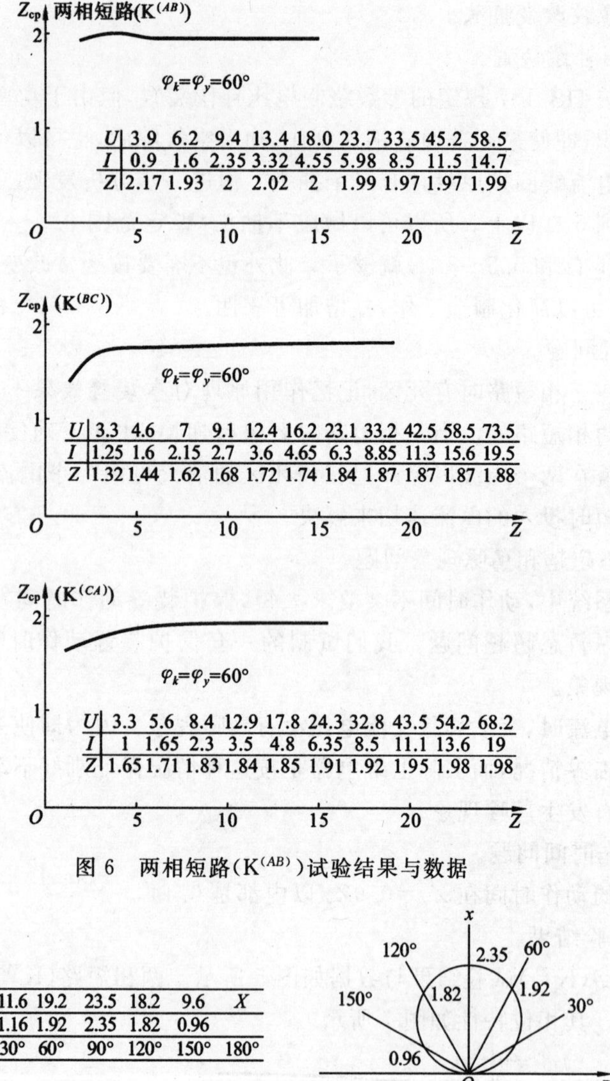

U	3.9	6.2	9.4	13.4	18.0	23.7	33.5	45.2	58.5
I	0.9	1.6	2.35	3.32	4.55	5.98	8.5	11.5	14.7
Z	2.17	1.93	2	2.02	2	1.99	1.97	1.97	1.99

U	3.3	4.6	7	9.1	12.4	16.2	23.1	33.2	42.5	58.5	73.5
I	1.25	1.6	2.15	2.7	3.6	4.65	6.3	8.85	11.3	15.6	19.5
Z	1.32	1.44	1.62	1.68	1.72	1.74	1.84	1.87	1.87	1.87	1.88

U	3.3	5.6	8.4	12.9	17.8	24.3	32.8	43.5	54.2	68.2
I	1	1.65	2.3	3.5	4.8	6.35	8.5	11.1	13.6	19
Z	1.65	1.71	1.83	1.84	1.85	1.91	1.92	1.95	1.98	1.98

图 6　两相短路($K^{(AB)}$)试验结果与数据

I_1	5						
U	X 0	11.6	19.2	23.5	18.2	9.6	X
Z		1.16	1.92	2.35	1.82	0.96	
φ	0°	30°	60°	90°	120°	150°	180°

x
120°
2.35
60°
1.82
1.92
150°
30°
0.96
O
R

图 7　阻抗圆特性试验结果

(2) 保护装置具有方向性，两相短路无死区，三相短路按理论上有死区，按实际试验结果死区很小(我们测量不出)。保护范围共分 3 段(包括启动元件)。

(3) 本方案在接线图、接点数目、测量元件数目、切换方法等方面较 ПЗ-152、ПЗ-153、RD-7、D-200 等简单。

(4) 制造本装置的材料都是普通的材料，是各地区都可解决的，各电业局可以自己制造，这便于推广。

(5) 三相短路时和两相短路时本装置对过渡电阻的灵敏度不一样，两相短路允许有较大的过渡电阻。

(6) бреслер 型阻抗继电器，经过简单切换可以反应三相短路，在两点接地，继电器在两故障点之间时，动作值受两故障点间的距离、系统运行方式等影响。继电器可能动作，可能不动作。其动作与否可以算出。如果有直流计算台测出有关自阻抗、互阻抗等数值，则其计算并不太复杂（附录 C 式(12)）。

(7) 本方案的缺点是电子管要用灯丝电源、电子管寿命等问题增加维护方面的一些复杂性。

(8) 本保护装置可用于小电流接地系统，也可以用于大电流接地系统的输电线路。

(9) 应该进一步研究不用切换即能反映两相和三相短路的单系统距离保护。

(10) 应该进一步研究两点接地时 бреслер 型阻抗继电器的简单的动作分析方法。

(11) 应该进一步研究提高真空管寿命的措施的效果。

附录 A　бреслер 型阻抗继电器在三相短路情况下局部去补偿时动作特性

бреслер 型阻抗继电器的动作条件是加入补偿后电压 A、B、C 相序为逆时针方向，因此研究补偿后电压相量图即可判断其动作特性。在动作临界情况下相量图如附图 1 所示。

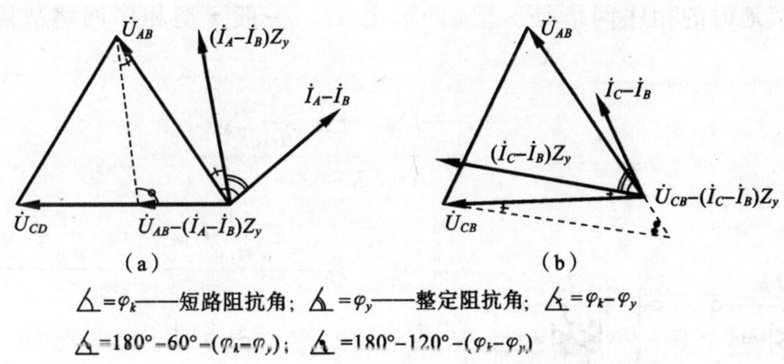

附图 1　临界情况下的相量图

附图 2 为 C-B 相去补偿，附图 3 为 A-B 相去补偿。从附图 1(a)及附图 2 为例说明如下。

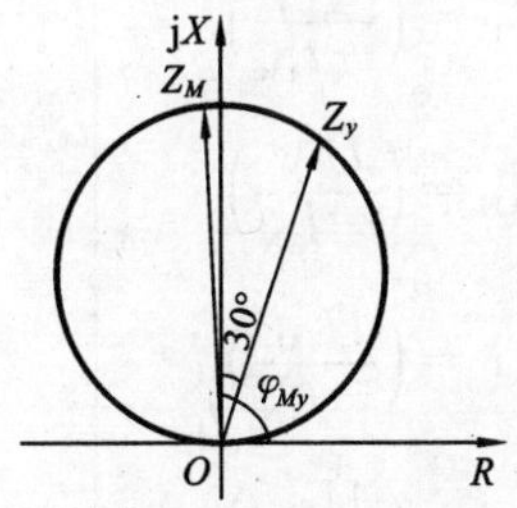

附图 2　C-B 相去补偿 $K^{(3)}$ 时继电器动作特性

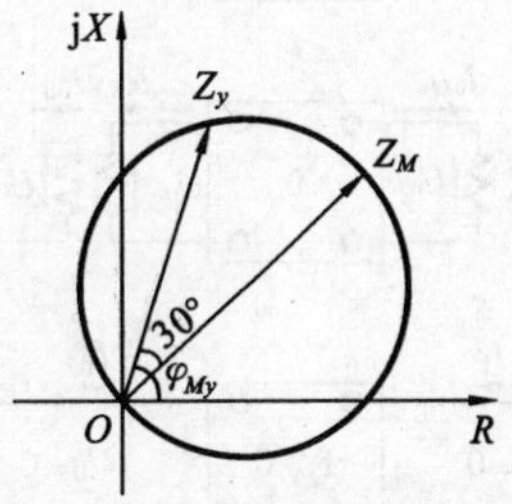

附图 3　A-B 相去补偿 $K^{(3)}$ 时继电器动作特性

当$\dot{U}_{AB}-(\dot{I}_A-\dot{I}_B)Z_y$相量顶点越过$\dot{U}_{CB}$相量线时，加于继电器的电压为逆时针方向，此时继电器动作，在临界情况有

$$\frac{|U_{AB}|}{|(I_A-I_B)Z_y|}=\frac{\sin[180°-(60°+\varphi_k-\varphi_y)]}{\sin 60°}$$

解得
$$|Z_{cp}|=\frac{|U_{AB}|}{|(I_A-I_B)|}=\frac{2}{\sqrt{3}}Z_y\sin(60°+\varphi_k-\varphi_y)$$

最大灵敏角

$$\varphi_k=\varphi_{sen}=-60°+\varphi_y+90°=\varphi_y+30°$$

同样，当 A-B 相去补偿时，有

$$|Z_{cp}|=\frac{|U_{CB}|}{|(I_C-I_B)|}=\frac{2}{\sqrt{3}}Z_y\sin(120°+\varphi_k-\varphi_y)\varphi_k=\varphi_{sen}=\varphi-30°$$

附录 B 使电子管继电器不受直流电源电压变化影响的方式（略）

附录 C бреслер 型阻抗继电器在两点接地时动作情况分析

1 接地点短路电流计算

两点接地时的相序网络是 z 型（见附图 4）。一般 z 型相序网络故障点短路电流为

$$i_{\text{I}}=\frac{-z_{12}\dfrac{1}{n_{1N}}\dot{E}_{N(z)}+z_{22}\dfrac{1}{n_{1M}}\dot{E}_{M(z)}}{z_{11}z_{22}-z_{12}z_{21}} \tag{1}$$

$$i_{\text{II}}=\frac{z_{11}\dfrac{1}{n_{1N}}\dot{E}_{N(z)}-z_{21}\dfrac{1}{n_{1M}}\dot{E}_{M(z)}}{z_{11}z_{22}-z_{12}z_{21}} \tag{2}$$

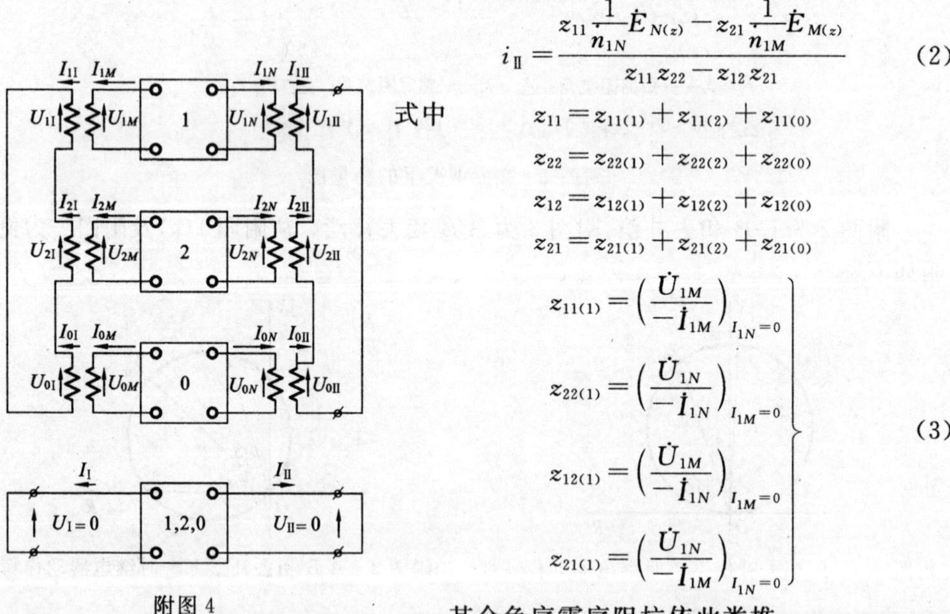

附图 4

式中

$$z_{11}=z_{11(1)}+z_{11(2)}+z_{11(0)}$$
$$z_{22}=z_{22(1)}+z_{22(2)}+z_{22(0)}$$
$$z_{12}=z_{12(1)}+z_{12(2)}+z_{12(0)}$$
$$z_{21}=z_{21(1)}+z_{21(2)}+z_{21(0)}$$

$$\left.\begin{aligned}z_{11(1)}&=\left(\frac{\dot{U}_{1M}}{-\dot{I}_{1M}}\right)_{I_{1N}=0}\\z_{22(1)}&=\left(\frac{\dot{U}_{1N}}{-\dot{I}_{1N}}\right)_{I_{1M}=0}\\z_{12(1)}&=\left(\frac{\dot{U}_{1M}}{-\dot{I}_{1N}}\right)_{I_{1M}=0}\\z_{21(1)}&=\left(\frac{\dot{U}_{1N}}{-\dot{I}_{1M}}\right)_{I_{1N}=0}\end{aligned}\right\} \tag{3}$$

其余负序零序阻抗依此类推。

其中，$\dot{E}_{N(z)}=\dot{U}_{N(H)}$——无故障时 N 点电压；

$\dot{E}_{M(z)}=\dot{U}_{M(H)}$——无故障时 M 点电压。

$\dot{n}_{1N}$，$\dot{n}_{1M}$，$\dot{n}_{2N}$，$\dot{n}_{2M}$为运算子，其值见附表1，在单相接地时，接地相为特殊相。两相短路和两相接地时，非故障相为特殊相(俱按同一个故障点算)。两点接地时每一接地点的接地相就是特殊相。

附表 1

特殊相	$\dot{n}_1=\dfrac{\dot{U}_{1M}}{\dot{U}_{1\mathrm{I}}}=\dfrac{\dot{I}_{1M}}{\dot{I}_{1\mathrm{I}}}$	$\dot{n}_2=\dfrac{\dot{U}_{2M}}{\dot{U}_{2\mathrm{I}}}=\dfrac{\dot{I}_{2M}}{\dot{I}_{2\mathrm{II}}}$	$\dot{n}_0=\dfrac{\dot{U}_{0M}}{\dot{U}_{0\mathrm{II}}}=\dfrac{\dot{I}_{0M}}{\dot{I}_{0\mathrm{II}}}$
A	$\dfrac{1}{1}$	$\dfrac{1}{1}$	$\dfrac{1}{1}$
B	$\dfrac{1}{a^2}$	$\dfrac{1}{a}$	$\dfrac{1}{1}$
C	$\dfrac{1}{a}$	$\dfrac{1}{a^2}$	$\dfrac{1}{1}$

注：在 N 侧时，U、I 下标 M 换成 N，Ⅰ换成Ⅱ。

分析证明在两点接地时，如果忽略漏电流和电容电流，则零序网络内线路对地阻抗为无穷大(见附图5)此时零序自阻抗与互阻抗分别为

$$z_{11(0)}=\left(\frac{\dot{U}_{0M}}{-\dot{I}_{0M}}\right)_{I_{0N}=0}=\infty$$

$$z_{12(0)}=\left(\frac{\dot{U}_{0M}}{-\dot{I}_{0M}}\right)_{I_{0N}=0}=\infty$$

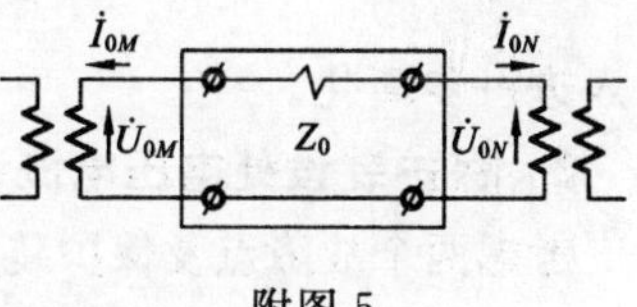

附图 5

同理，$z_{21(0)}$、$z_{22(0)}$亦为无穷大。式(1)及式(2)为不定式，不能求出$\dot{I}_{\mathrm{I}}$和$\dot{I}_{\mathrm{II}}$。但如零序网络方程式改写为

$$\dot{U}_{0M}-\dot{U}_{0N}=-\dot{I}_{0M}Z_0$$

$$\dot{U}_{0N}-\dot{U}_{0M}=-\dot{I}_{0N}Z_0$$

则三个相序的矩阵方程式可改写为

$$\begin{bmatrix}\dot{U}_{1\mathrm{I}}\\ \dot{U}_{1\mathrm{II}}\end{bmatrix}=\begin{bmatrix}z_{11(1)} & \dfrac{\dot{n}_{1N}}{\dot{n}_{1M}}z_{12(1)}\\ \dfrac{\dot{n}_{1M}}{\dot{n}_{1N}}z_{21(1)} & z_{22(1)}\end{bmatrix}\cdot\begin{bmatrix}-\dot{I}_{1\mathrm{I}}\\ -\dot{I}_{1\mathrm{II}}\end{bmatrix}+\begin{bmatrix}\dfrac{1}{\dot{n}_{1M}}\dot{E}_{M(z)}\\ \dfrac{1}{\dot{n}_{1N}}\dot{E}_{N(z)}\end{bmatrix} \tag{4}$$

$$\begin{bmatrix}\dot{U}_{2\mathrm{I}}\\ \dot{U}_{2\mathrm{II}}\end{bmatrix}=\begin{bmatrix}z_{11(2)} & \dfrac{\dot{n}_{2N}}{\dot{n}_{2M}}z_{12(2)}\\ \dfrac{\dot{n}_{2M}}{\dot{n}_{2N}}z_{21(2)} & z_{22(2)}\end{bmatrix}\cdot\begin{bmatrix}-\dot{I}_{2\mathrm{I}}\\ -\dot{I}_{2\mathrm{II}}\end{bmatrix} \tag{5}$$

$$\begin{bmatrix}\dot{U}_{0\mathrm{I}}-\dot{U}_{0\mathrm{II}}\\ \dot{U}_{0\mathrm{II}}-\dot{U}_{0\mathrm{I}}\end{bmatrix}=\begin{bmatrix}z_0 & 0\\ 0 & z_0\end{bmatrix}\cdot\begin{bmatrix}-\dot{I}_{0\mathrm{I}}\\ -\dot{I}_{0\mathrm{II}}\end{bmatrix} \tag{6}$$

式(4)、式(5)、式(6)三式之和为

$$\begin{bmatrix} -\dot{U}_{0\,\mathrm{II}} \\ -\dot{U}_{0\,\mathrm{I}} \end{bmatrix} = \begin{bmatrix} z_{11} & z_{12} \\ z_{21} & z_{22} \end{bmatrix} \cdot \begin{bmatrix} -\dot{I}_{\mathrm{I}} \\ -\dot{I}_{\mathrm{II}} \end{bmatrix} + \begin{bmatrix} \dfrac{1}{\dot{n}_{1M}} \dot{E}_{M(z)} \\ \dfrac{1}{\dot{n}_{1N}} \dot{E}_{N(z)} \end{bmatrix} \tag{7}$$

两点接地时

$$\dot{I}_{\mathrm{I}} = \dot{I}_{0\,\mathrm{I}} = \dot{I}_{0M} = -\dot{I}_{0N} = -\dot{I}_{\mathrm{II}} = \dot{I}$$

$$\dot{U}_{0\,\mathrm{I}} - \dot{U}_{0\,\mathrm{II}} = \dot{U}_{0M} - \dot{U}_{0N} = -\dot{I}_{0M} z_0 = -\dot{I}\, z_0$$

因此将式(7)上下相减得

$$-\dot{I}\, z_0 = \dot{I}(-z_{11} - z_{22} + z_{12} + z_{21}) + \frac{1}{\dot{n}_{1M}} \dot{E}_{M(z)} - \frac{1}{\dot{n}_{1N}} \dot{E}_{N(z)}$$

$$\dot{I} = \frac{\dfrac{1}{\dot{n}_{1M}} \dot{E}_{M(z)} - \dfrac{1}{\dot{n}_{1N}} \dot{E}_{N(z)}}{z_{11} + z_{22} - z_{12} - z_{21} - z_0}$$

$$= \frac{\dfrac{1}{\dot{n}_{1M}} \dot{E}_{M(z)} - \dfrac{1}{\dot{n}_{1N}} \dot{E}_{N(z)}}{z_{11(1)} + z_{11(2)} + z_{22(1)} + z_{22(2)} - \dfrac{\dot{n}_{1M}}{\dot{n}_{1N}} z_{21(1)} - \dfrac{\dot{n}_{2M}}{\dot{n}_{2N}} z_{21(2)} - \dfrac{\dot{n}_{1N}}{\dot{n}_{1M}} z_{12(1)} - \dfrac{\dot{n}_{2N}}{\dot{n}_{2M}} z_{12(2)} + z_0} \tag{8}$$

当不考虑网络中非线性时互阻抗可用

$$z_{12(1)} = z_{21(1)}, \quad z_{12(2)} = z_{21(2)} \tag{9}$$

代入进一步简化。

2 保护装设处电压电流计算

考虑两个故障点及保护装置地点时，序网图可以用等效网络(见附图6)表示。图中 M、N 为故障点，P 点为保护装置处母线。$\dot{I}_P$ 为保护装置支路电流。对线性网络有

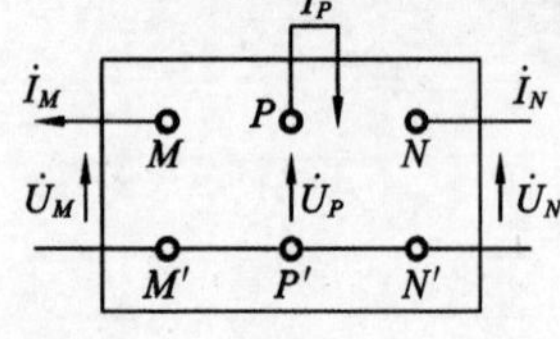

附图 6

$$\left.\begin{aligned} \dot{U}_P &= \dot{E}_{P(z)} + \dot{I}_M \dot{z}_{PM} + \dot{I}_N z_{PN} \\ \dot{I}_P &= \dot{I}_{P(z)} + \dot{I}_M D_{PM} + \dot{I}_N D_{PN} \end{aligned}\right\} \tag{10}$$

式中

$$\left.\begin{aligned} z_{PM} &= \left(\frac{\dot{U}_P}{-\dot{I}_M}\right)_{I_N=0} \\ z_{PN} &= \left(\frac{\dot{U}_P}{-\dot{I}_N}\right)_{I_M=0} \\ D_{PM} &= \left(\frac{\dot{I}_P}{-\dot{I}_M}\right)_{I_N=0} \\ D_{PM} &= \left(\frac{\dot{I}_P}{-\dot{I}_N}\right)_{I_M=0} \end{aligned}\right\} \tag{11}$$

其中，$\dot{E}_{P(z)}$、$\dot{I}_{P(z)}$——故障前加入保护装置的电压、电流。

根据附表1的 n 值得

$$\dot{U}_{P(1)} = \dot{E}_{P(z)} + \dot{n}_{1M} \dot{I}\, z_{PM(1)} + \dot{n}_{1N} \dot{I}\, z_{PN(1)} = \dot{E}_{P(z)} + \dot{I}(\dot{n}_{1M} z_{PM(1)} + \dot{n}_{1N} z_{PN(1)})$$

$$\dot{U}_{P(2)}=\dot{I}(\dot{n}_{2M}z_{PM(2)}+\dot{n}_{2N}z_{PN(2)})$$

$$\dot{I}_{P(1)}=\dot{I}_{P(z)}+\dot{I}(\dot{n}_{1M}D_{PM(1)}+\dot{n}_{1N}D_{PN(1)})$$

$$\dot{I}_{P(2)}=\dot{I}(\dot{n}_{2M}D_{PM(2)}+\dot{n}_{2N}D_{PN(2)})$$

3 补偿后的等效电压

$$\dot{U}_{y(1)}=\dot{U}_{P(1)}-\dot{I}_{P(1)}z_y,\quad \dot{U}_{y2}=\dot{U}_{P(2)}-\dot{I}_{P(2)}z_y$$

$$\left.\begin{aligned}\dot{U}_{y(1)}&=\dot{U}_{P(z)}-\dot{I}_{P(z)}z_y+\dot{I}[\dot{n}_{1M}(z_{PM(1)}-D_{PM(1)}z_y)+\dot{n}_{1N}(z_{PN(1)}-D_{PN(1)}z_y)]\\\dot{U}_{y(2)}&=\dot{I}[\dot{n}_{2M}(z_{PM(2)}-D_{PM(2)}z_y)+\dot{n}_{2N}(z_{PN(2)}-D_{PN(2)}z_y)]\end{aligned}\right\}\quad(12)$$

式中,$\dot{I}$值按式(8)算出,其余参数按附表1及式(11)决定,可在直流计算台或交流计算台上测出。按式(12)得出的$U_{y(1)}$和$U_{y(2)}$绝对值的比较即可断定继电器是否动作。

2.2 两端电源线路上三相补偿阻抗继电器的动作特性①

我国的大电流接地的电力系统广泛地采用多相补偿阻抗继电器以保护各种两相短路。这种阻抗继电器在苏联已有十多年的运行经验。美国的电力系统近年来也在研究和初步采用这种继电器[4]。

这种继电器的优点是:能用一个继电器反应各种两相短路;也能部分地反应单相接地短路和两相接地短路;不反应过负荷;不反应不带故障的系统振荡;有方向性而且没有死区;在单端供电的线路上允许存在较大的过渡电阻,而不影响相邻线段的选择性;二次回路中过渡过程的延续时间很短,不易误动作。

这种继电器的缺点是:不反应三相短路;动作特性较难分析;短路与振荡同时存在时可能误动作,包括内部故障时拒绝动作,外部故障时无选择性动作,反方向故障时丧失方向性;在两端供电情况下,当线路阻抗角与补偿阻抗角不一致,或故障点存在过渡电阻时,下面所述的"振荡时误动作的临界特性"将被改变(本文将详细分析此点)。

自从1945年苏联工程师 Бреслер 提出这种继电器以来,许多继电保护工作者对它做了许多分析工作。其中最主要的有苏联的 С. Я. Петров[1][6]、Ю. А. Гаевенко[2],我国的张宝霖[3],美国的 Sonnemann 和 Lensner[4]等。沈阳技术改进局的王梅义也在进一步分析这种继电器。

在上述各文献和其他一些数据中,对这种继电器在单端供电的线路上的动作特性已分析得相当清楚了。在这种情况下,继电器的临界动作阻抗特性可以在复阻抗平面上表示。其特性为一圆,此圆以系统阻抗 Z_c 与补偿阻抗 Z_y 的相量和 Z_c+Z_y 为直径(因电力系统不可能有负电阻,故此圆在第Ⅱ、Ⅲ象限无实际意义)。分析的方法一般用对称分量法[1][4],或用 α、β、0 分量法[3],作者也曾用三相电流电压相量直接分析得出同样的结论。

在两端供电的线路上,情况就复杂得多了。在这方面,上述文献已给出了一些初步的结果。然而主要是分析它在简化了的系统中的动作特性[1][2][3],简化的前提是假设系统阻抗,以及线路阻抗和补偿阻抗的阻抗角相等,而且不考虑故障点的过渡电阻。文献[3]、[6]虽分析了阻抗角不等的情况,但仅作了一些初步探讨,对这种情况下继电器的动作特性没有进一步作出清楚和明确的分析和阐明。

因此本文拟就这种继电器在两端供电线路上的动作特性作进一步的探讨,包括有关阻抗的幅值,辐角的大小对动作特性的影响,故障点过渡电阻或分支线的影响,

① 本文发表于1963年华中工学院学报第3卷第7期。

各种不对称故障时的动作特性等。

现在已提出的这种继电器临界动作的原始判据有(俱忽略继电器的机械转矩)：

(1) $\arg(\dot{U}_{yAB}/\dot{U}_{yCB})=0$；

(2) $|u_{y2}|=|u_{y1}|$；

(3) $\dfrac{\dot{U}_{y2}}{\dot{U}_{y1}}=1e^{j\theta}$($\theta$为任意值)[4]；

(4) $\arg(\dot{U}_{y\alpha}/\dot{U}_{y\beta})=0$[3]。

式中,下标 y 表示补偿抗后的量值;u_{AB}、u_{CB}分别表示A B相、CB相线电压;1、2分别表示正、负序分量;α、β分别表示α、β分量。本文主要采用第(3)种判据。

0 动作特征量的选择问题

为了能够很好地揭露出继电器在各种运行情况下的动作特性,要求恰当地选择临界动作的特征量。这就是当继电器在一定的整定值下,系统的一些最能表征继电器的临界动作的行为的参变量。

对三相补偿阻抗继电器而言,当补偿阻抗 Z_y 一定时,最基本的参变量有三个：

(1) 故障点至继电器安装处的线路阻抗值(或称为短路阻抗)Z_K；

(2) 接于故障点处的过渡阻抗值 Z_n；

(3) 两端电源电动势的比值 $\dot{n}=ne^{j\delta}$或电源电势零点的"等效阻抗"Z_N。

这里应该说明一下,在两端供电线路上工作的这种阻抗继电器的动作特性,用复数阻抗坐标表示时,将存在两种临界动作阻抗:一种是临界动作时继电器至故障点间的线路阻抗 Z_K 以及接于故障点处的过渡阻抗 Z_n 之和 Z_K+Z_n;另一种是临界动作时继电器或系统等值阻抗起点至系统中性点(零电压点)间所看到的等值阻抗 Z_N。在一般所称的第一类阻抗继电器,即单相补偿的阻抗继电器中,在发生两相金属短路时,系统的振荡并不影响故障相阻抗继电器的动作特性。研究系统振荡对这种继电器的影响时,一般研究其对称运行状态。而在对称状态下,系统中性点的性质与三相短路时故障点的性质一致,故也可以直接使用原来的阻抗动作特性圆作为判断继电器在振荡时是否会误动的根据。但在三相补偿阻抗继电器中,两相短路时,这两个阻抗值 Z_K+Z_n 和 Z_N 绝不相同,不能混淆。事实上不对称短路时非故障相上的单相补偿阻抗继电器的动作特性也不能将上述两种临界动作阻抗混淆。为此,本文暂将第一个阻抗 Z_K+Z_n 的临界值称为"临界动作阻抗",而将第二个阻抗 Z_N 临界动作时的轨迹称为"振荡时误动作的临界特性"。

上述三种参变数 Z_K、Z_n、Z_N 都是复数。此外,在临界动作时,每个参变量都依赖于其他两个参变量。由于每个参变量都是复数,所以当其他两个参变量为给定的常数时,一个复数参变量即决定一条曲线。所以继电器的动作特性实为曲线族,而不是一条曲线。应该注意,稍不注意就很容易把这三种参变量所表征的特性曲线互相混淆。例如,两相短路时,把临界误动作时的电源电势零点等值阻抗 Z_N 的轨迹当作临界动作的短路阻抗 Z_K+Z_n 的轨迹。

任一种参变量所表征的动作特性，都有其特殊用途。究竟选哪一种特性将由研究和分析的目的决定。此处将从以振荡电势比值 $\dot{n}$ 或系统零点等值阻抗 Z_N 的特性入手，去进行有关问题的探讨。

在当前运行中，担心的问题之一是，这种阻抗继电器的补偿阻抗角与线路阻抗角不一致将影响哪一些动作特性和怎么影响，并且在怎样的角度误差范围内才是允许的。此外在两端供电情况下，故障点的过渡电阻又是怎样影响继电器的动作特性。下面的分析中，也较详细地从理论上和实例中研究这些问题。

1　两相金属短路时的动作特性

过去的研究结果（文献[1]、[2]、[3]）表明，在两相金属短路时，此继电器的"振荡时误动作的临界特性"为一圆，其圆周过补偿阻抗顶点及继电器后电源等值阻抗的起点。因此，此时系统中性点至这两点间的阻抗的夹角为一常数，亦即此特性圆的圆周角。С. Я. Петров（文献[1]、[6]）提出了这样的误动作临界条件：

$$-\frac{\pi}{2}\leqslant\theta_{Cy}+\varphi_{y-K}-\varphi_{C+K}\leqslant\frac{\pi}{2} \tag{1}$$

式中
$$\theta_{Cy}=\arg\left(\frac{\dot{E}_C}{\dot{U}_{yH}}\right)$$

其中，$\dot{U}_{yH}$ 为补偿阻抗末端在故障前的电压。

$$\varphi_{y-K}=\arg(Z_y-Z_K)$$
$$\varphi_{C+K}=\arg(Z_C+Z_K)$$

根据这一条件，稍经变换便得到

$$-\frac{\pi}{2}+\Delta\varphi\leqslant\theta_{Cy}\leqslant\frac{\pi}{2}+\Delta\varphi \tag{2}$$

式中，$\Delta\varphi=\varphi_{C+K}-\varphi_{y-K}$，其几何意义如图 2 所示。当 $\Delta\varphi=0$，即内部故障时，θ_{Cy} 大于 $-\frac{\pi}{2}$ 或小于 $+\frac{\pi}{2}$ 动作，当 $\frac{\pi}{2}\leqslant\theta_{Cy}\leqslant-\frac{\pi}{2}$ 时，继电器将拒绝动作。当 $\Delta\varphi=180°$ 即外部故障时，$\frac{\pi}{2}\leqslant\theta_{Cy}\leqslant-\frac{\pi}{2}$，继电器动作（非选择性动作）。当 Z_y 反向时，$\Delta\varphi\approx180°$，$\frac{\pi}{2}\leqslant\theta_{Cy}\leqslant-\frac{\pi}{2}$，继电器动作，即丧失方向性。当 $\Delta\varphi\neq0$ 时，表示圆周角 θ_{Cy} 将大于 $\frac{\pi}{2}$ 或小于 $-\Delta\varphi$ 角。

从图 1 及图 2 很容易看出，$\Delta\varphi$ 值取决于各阻抗值，而 φ_{C+K} 的变化通常是不大的，因而特别受 $\arg(Z_y-Z_K)$ 的影响。而 $\arg(Z_y-Z_K)$ 一方面取决于 $\arg Z_y$ 与 $\arg Z_K$ 的差值，另一方面受故障点位置影响很大。当 $|Z_K|\approx|Z_y|$ 时 $\Delta\varphi\to\frac{\pi}{2}$。此时 θ_{Cy} 的一个值将趋于 π，另一个值趋于零。当 $|Z_K|-|Z_y|$ 较大时，$|\Delta\varphi|$ 很小。

为便于计算，$\Delta\varphi$ 值也可写为

$$\Delta\varphi=\arctan\frac{X_C+X_K}{R_C+R_K}-\arctan\frac{X_y-X_K}{R_y-R_K} \tag{3}$$

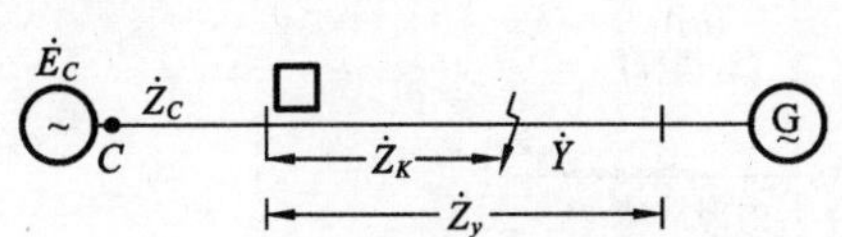

图1 电力系统故障参数图

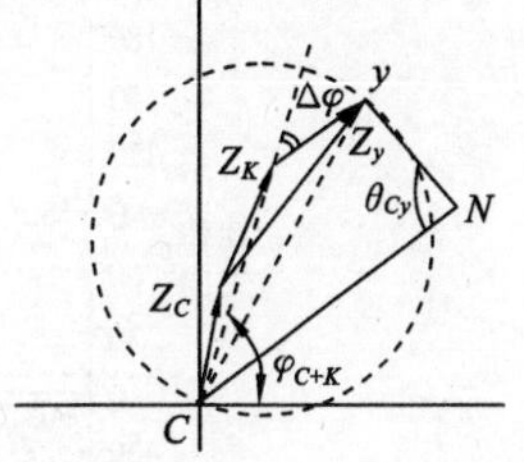

图2 (Z_C+Z_K)与(Z_y-Z_K)相位关系图

或

$$\tan\Delta\varphi=\frac{\dfrac{X_C+X_K}{R_C+R_K}-\dfrac{X_y-X_K}{R_y-R_K}}{1+\dfrac{(X_C+X_K)(X_y-X_K)}{(R_C+R_K)(R_y-R_K)}} \tag{4}$$

当反方向短路时，式(1)～式(4)同样通用。此时应取对侧电动势，且 Z_C 为对侧电势起点至继电器之间的总阻抗，Z_y 改为 $-Z_y$。从分析结果表明，$\arg Z_K$ 与 $\arg Z_y$ 的差值对反方向时“振荡临界误动作特性”的影响很少。

利用式(2)及式(3)可以得出图3及图4所示 $\Delta\varphi=f(|Z_K|)$ 或 $\theta_{Cy}=f(|Z_K|)$ 特性曲线。

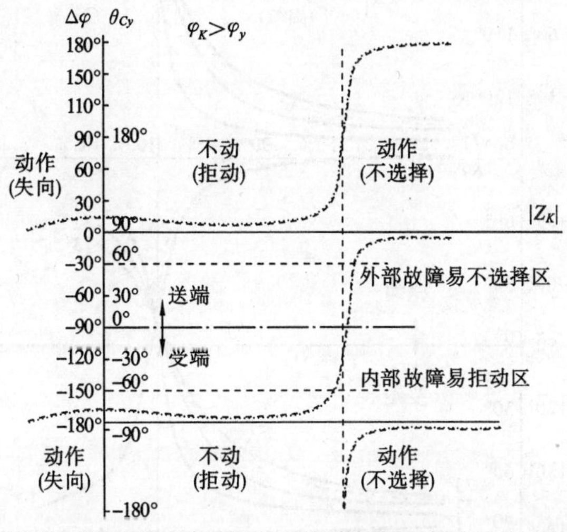

图3 当 $\varphi_K\geqslant\varphi_y$ 时 $\theta_{Cy}=f(|Z_K|)$ 或 $\Delta\varphi=f(|Z_K|)$ 特性图

为了有一个量的概念，图5针对几种具体系统及继电器参数给出几条 $\Delta\varphi=f(|Z_K|)$ 特性。

从分析及实例计算可以看出在两相金属短路时，这种继电器有如下特点。

(1) 当两端供电时，此种继电器必然存在“振荡临界误动作域”。当两相金属短路时，此域为圆周通过电源阻抗起点及补偿阻抗终点的圆。反方向故障时存在另一“振荡临界误动作域”。此域为圆周通过对侧电源阻抗起点及补偿阻抗终点的圆。

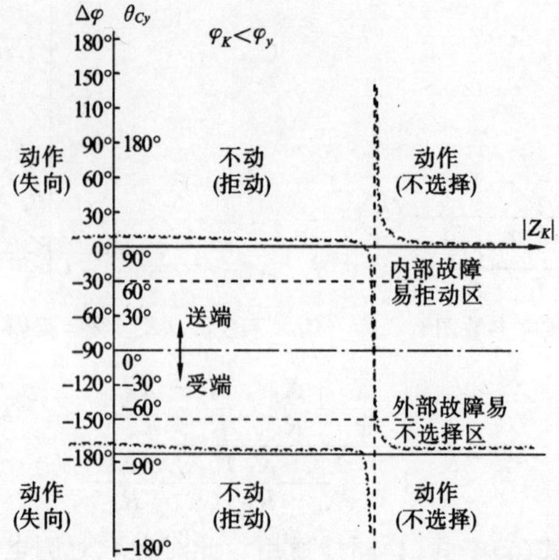

图 4 当 $\varphi_K \leqslant \varphi_y$ 时 $\theta_{Cy}=f(|Z_K|)$或 $\Delta\varphi=f(|Z_K|)$特性图

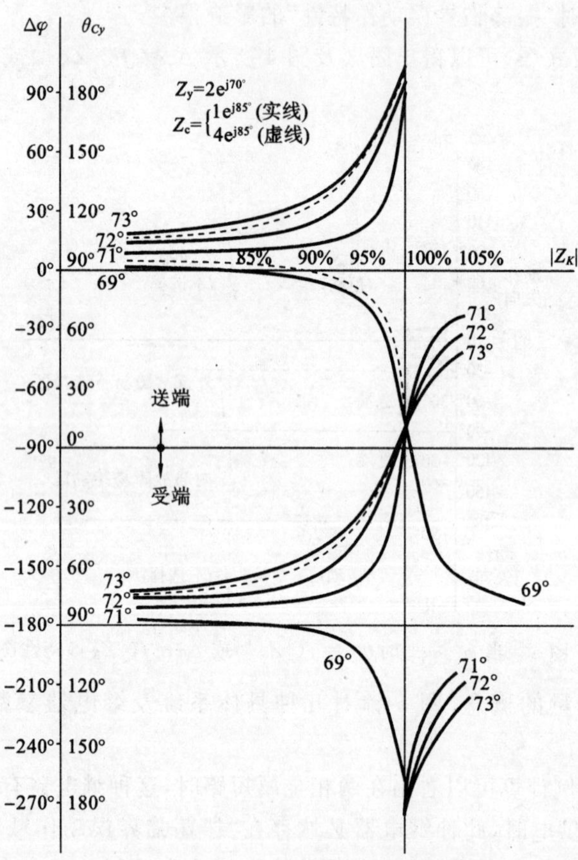

图 5 $\theta_{Cy}=f(|Z_K|)$特性实例

(2) 临界动作时阻抗(Z_C+Z_y)所对圆周角 θ_{Cy} 与系统阻抗 Z_C、短路阻抗 Z_K、补偿阻抗 Z_y 及辐角有关:当 $\varphi_C=\varphi_K=\varphi_y$ 时,$\theta_{Cy}=\pm\frac{\pi}{2}$,否则 θ_{Cy} 将与 $\pm\frac{\pi}{2}$ 差一附加角 $\Delta\varphi$;当 $\varphi_K=\varphi_y\neq\varphi_C$ 时,$\Delta\varphi$ 在出口处短路为($\varphi_C-\varphi_y$),在末端短路为($\varphi_{C+y}-\varphi_y$),以前一情况为最大;当 $\varphi_K\neq\varphi_y\neq\varphi_C$ 时,$\Delta\varphi$ 可为 $0\sim\pi$ 间任何值,但 $\Delta\varphi$ 在 $0\sim\frac{\pi}{2}$ 之间时,圆外为动作域,$\Delta\varphi$ 在 $\frac{\pi}{2}\sim\pi$ 之间时,圆内为动作域。

(3) 当 $\varphi_y\leqslant\varphi_K$ 时,内部故障则送端受振荡影响减小 $\left(\theta_{Cy}\geqslant\frac{\pi}{2}\right)$,受端受振荡影响则增大 $\left(\theta_{Cy}\leqslant\frac{\pi}{2}\right)$。外部故障时,送端受振荡影响加大,受端则减小。换言之,若 $\Delta\varphi$ 或 θ_{Cy} 不许超过某一规定值,则送端保护范围伸长;受端保护范围缩短(文献[6]第 5 页所下结论与此相反,是由于对公式解析错误所引起的)。

(4) 当 $\varphi_y\geqslant\varphi_K$ 时与上相反,送端保护范围缩短,受端保护范围伸长。

(5) 从所取实例看,当故障点伸延至 2.5%以外时,若 φ_y 较 φ_K 小 1°,则附加角 $|\Delta\varphi|\leqslant31°43'$。若 φ_y 较 φ_K 大 1°,则只能保证 $|\Delta\varphi|\leqslant40°$。换言之,在 $\varphi_y\geqslant\varphi_K$ 时,保护范围伸长较大。在 $\varphi_y-\varphi_C$ 增大时,这种差别将更显著。

又从实例可以初步看出,如 $\varphi_K-\varphi_y$ 自 1°改为 2°时,在保证 $|\Delta\varphi|<30°$ 的要求下,后一情况的保护范围约伸长至 5%,但实际上临界动作时,两端电势的相位差 $|\theta|\geqslant|\theta_{Cy}|$。如允许 θ 在 90°以内不误动,则 θ_{Cy} 可能允许在 60°左右(将视 Z_C+Z_y 占系统阻抗的多少而定)。如此,则 $|\Delta\varphi|$ 将允许在 30°左右。因此,如能保证继电器的补偿角可能存在的调整误差不超过±2°,并且使 $\varphi_K-\varphi_y$ 调准在 0°时,可以作到保护范围伸长度不超过 5%。

(6) 从所算实例看来,Z_C 相对增大时,$\Delta\varphi$ 值上下变化几度,变化不显著。

(7) 各阻抗的辐角对反方向误动特性影响不大。又因反向误动作域变化不大,而正向误动作域由于 $\varphi_K\neq\varphi_y\neq\varphi_C$ 却可能有很大的变化,此两域可能相交。因此认为正向与反向两种误动作不可能同时发生[3],只适用于 $\varphi_K=\varphi_y=\varphi_C$ 的情况,在 $\varphi_K\neq\varphi_y\neq\varphi_C$ 时,此结论已不适用。

(8) 从分析及实例计算中可以看出,当故障点在保护范围外一定距离处(约 5%)短路时,振荡误动作特性附加角 $\Delta\varphi$ 受补偿阻抗角的准确程度影响不大(约 30°)。由此可以从理论上说明,为什么多相补偿阻抗继电器不会产生不能容许的不选择性动作。但要注意在内部故障时拒绝动作范围的影响则较大。

在调整时,希望整定的角度与线路阻抗角度之差越小越好,并且,宁可稍有一些负误差。

2 故障点有过渡阻抗的两相短路时的动作特性

多相补偿阻抗继电器在两端供电线路上运行时,故障点过渡阻抗将会对其特性产生怎么样的影响呢？首先是用什么方法分析恰当一些呢？采用$\frac{U_{y1}}{U_{y2}}=1e^{j\theta}$判据的方法，很适宜于全面地揭露这种继电器在全面考虑各种影响因素后的特性。

文献[3]采用的 $\arg(\dot{U}_{y\alpha}/\dot{U}_{y\beta})\leqslant 0$ 的判据适宜于分析金属短路的情况。因为此时继电器的特性圆通过系统阻抗始端和补偿阻抗末端，此二阻抗和所对的圆周角为一常数。此时，用上述判据很易转换成一角度为常数的关系式。但是全面考虑各种影响因素时，特性圆并不一定通过系统阻抗始端和补偿阻抗末端（详见后）。因此上述方法已失去其优越性。同理，用上述 θ_{Cy} 判据的方法也不适用了。

王梅义采用了$\frac{U_{X2}}{U_{X1}}=1e^{j\theta}$的判据。美国的 Sonnemann 和 Lensner 最早用此判据分析单端供电时的动作特性。此种判据经过一定的复数变换最易得出特性圆的圆心和半径。这在分析单端供电时已充分显示出其简单和显明的特点（文献[4]附录一）。王梅义则用之以分析两端供电带过渡电阻时的继电器动作特性，详细计算了故障点和补偿阻抗末端的负序和正序电压值，并代入上述判据中，得出下面的一个临界动作条件[文献[4]附录一]：

$$\frac{U_{X2}}{U_{X1}}=\frac{[2R_d+Z_m-Z_y-(Z_m+2R_d)M]+(2-M)Z_{\mathrm{ep}}}{Z_y+(1-M)Z_m-MZ_{\mathrm{ep}}}=1e^{j\theta} \tag{5}$$

式中，U_{X1}、U_{X2}——补偿阻抗末端正、负序电压；

Z_m——继电器后方系统等值阻抗，即本文之 Z_c；

Z_y——继电器的补偿阻抗；

Z_{ep}——本文的 Z_k，为故障点至继电器处之间的阻抗；

R_d——两侧电源电势全等时，考虑对侧电源助增后的等值过渡电阻的一半。

$$R_d=\frac{1}{2}\cdot\frac{Z}{Z-Z_m-Z_{\mathrm{ep}}}\cdot R_{\mathrm{br}}$$

式中，Z——系统总阻抗；

R_{br}——故障点过渡电阻。

$$\dot{M}=\frac{Z_m+Z_y}{Z}\left(1-\frac{\dot{E}_N}{\dot{E}_M}\right)$$

式中，$\dot{E}_M$，$\dot{E}_N$——本侧和对侧电源等值电动势。

下面采用一个新的变量 $Z_{CN}=\frac{\dot{E}_m}{\dot{E}_m-\dot{E}_n}Z$。其实际意义为 m 侧电源等值阻抗始端看到的系统中性点的等值阻抗。其轨迹即为系统振荡时的系统中性点轨迹。此值与短路地点、短路形式无关。此时将有 $\dot{M}=\frac{Z_m+Z_y}{Z_{CN}}$。以此代入式(5)可得

$$\frac{[(Z_C+Z_K)+(Z_K-Z_y)+2R_d]Z_{CN}-(Z_C+Z_K+2R_d)(Z_C+Z_y)}{(Z_C+Z_y)Z_{CN}-(Z_C+Z_K)(Z_C+Z_y)}=1e^{j\theta} \tag{6}$$

令 $Z_{CK}=Z_C+Z_K$，$Z_{Cy}=Z_C+Z_y$（见图 6）。代入式(6)，并用复数阻抗 $Z_{\mathrm{br.e}}$ 代替 R_d 以便于同时适用于分支线路上发生故障的线路。此时

$$Z_{\mathrm{br.e}}=\frac{1}{2}\frac{Z}{Z-Z_m-Z_{\mathrm{ep}}}\cdot Z_{\mathrm{br}} \tag{7}$$

整理可得

$$\frac{(2Z_{CK}-Z_{Cy}+2Z_{\mathrm{br.e}})Z_{CN}-Z_{Cy}(Z_{CK}+2Z_{\mathrm{br.e}})}{Z_{Cy}(Z_{CN}-Z_{CK})}=1\mathrm{e}^{\mathrm{j}\theta}$$

或
$$Z_{CN}=\frac{(Z_{CK}+2Z_{\mathrm{br.e}})Z_{Cy}+Z_{CK}Z_{Cy}\mathrm{e}^{\mathrm{j}\theta'}}{(2Z_{CK}-Z_{Cy}+2Z_{\mathrm{br.e}})+Z_{Cy}\mathrm{e}^{\mathrm{j}\theta'}}=1\mathrm{e}^{\mathrm{j}\theta}\quad(\theta'=\theta+\pi) \tag{8}$$

这样，式(8)就把继电器临界动作时，电力系统的4个主要参变量 Z_{CN}、Z_{CK}、Z_{Cy}、$Z_{\mathrm{br.e}}$ 联系起来了。如以其中任一个为待求的函数轨迹，其余为复常数，则当 θ' 改变时，$\mathrm{e}^{\mathrm{j}\theta'}$ 为一圆。又因式(8)为一线性分式，根据复变函数中的保角变换理论，自变量 θ'"变换"为 Z_{CN} 时的"变换"过程有保圆性。故待求函数 Z_{CN} 的轨迹必为一圆，即根据一般式

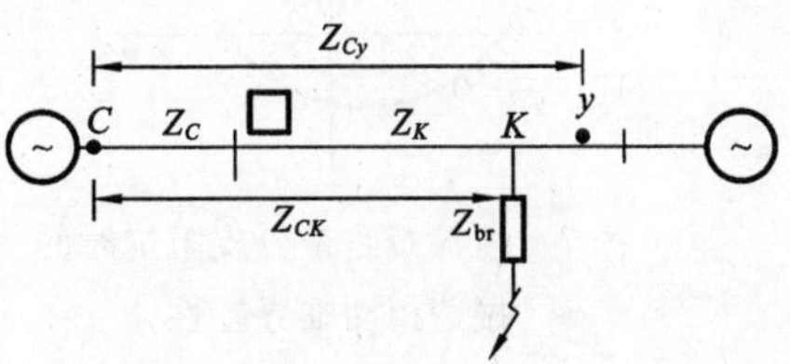

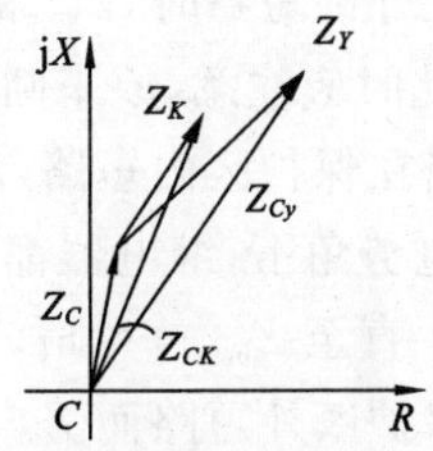

图6 继电器动作特性参变量图

$$\dot{W}=\frac{\dot{A}+\dot{B}\mathrm{e}^{\mathrm{j}\theta}}{\dot{C}+\dot{D}\mathrm{e}^{\mathrm{j}\theta}}$$

有
$$\dot{W}=\frac{\dot{A}\hat{C}-\dot{B}\hat{D}}{\dot{C}\hat{C}-\dot{D}\hat{D}}+\frac{\dot{A}\hat{D}-\dot{B}\hat{C}}{\dot{C}\hat{C}-\dot{D}\hat{D}}\mathrm{e}^{\mathrm{j}\xi}=\dot{O}_\phi+\dot{\rho}\mathrm{e}^{\mathrm{j}\xi} \tag{9}$$

此处 $\xi=f(\theta)$。θ 为任意值时，则 ξ 亦为任意值。它们决定轨迹为圆，但具体数值对我们并不重要，此处不推导 $\xi=f(\theta)$ 的详细关系。根据式(8)、式(9)可得 Z_{CN} 临界动作时轨迹的圆心

$$\dot{O}_\phi=\frac{2(\hat{Z}_{CK}-\hat{Z}_{Cy})(Z_{CK}+Z_{\mathrm{br.e}})+2(Z_{CK}\hat{Z}_{\mathrm{br.e}}+\hat{Z}_{CK}Z_{\mathrm{br.e}}+2Z_{\mathrm{br.e}}\hat{Z}_{\mathrm{br.e}})}{|2Z_{CK}-Z_{Cy}+2Z_{\mathrm{br.e}}|^2-|Z_{Cy}|^2}Z_{Cy} \tag{10}$$

半径
$$\dot{\rho}_\phi=\frac{-2(Z_{CK}-Z_{Cy})(Z_{CK}+Z_{\mathrm{br.e}})}{|2Z_{CK}-Z_{Cy}+2Z_{\mathrm{br.e}}|^2-|Z_{Cy}|^2}Z_{Cy} \tag{11}$$

为了便于了解此圆的特性，还可以求出自补偿阻抗末端至圆心的阻抗

$$\dot{S}=\dot{O}_\phi-Z_{Cy}=\frac{-2(Z_{CK}-Z_{Cy})(\hat{Z}_{CK}+\hat{Z}_{\mathrm{br.e}})}{|2Z_{CK}-Z_{Cy}+2Z_{\mathrm{br.e}}|^2-|Z_{Cy}|^2}Z_{Cy} \tag{12}$$

式(10)、式(11)、式(12)各式分母由 $\dot{C}\hat{C}-\dot{D}\hat{D}=C^2-D^2$ 得来，均为实数，故辐角取决于分子。

从上面几个关系式可以得出如下特性。

(1) 自式(11)及式(12)可见，不管任何情况下有 $|\dot{\rho}_\phi|=|\dot{S}|$，即振荡误动作临界的 Z_{CN} 轨迹的特性圆必过补偿阻抗 Z_{Cy} 的末端。

(2) 自式(10)及式(11)可见，在有 $Z_{\mathrm{br.e}}$ 存在的情况下，有 $|\dot{O}_\phi|\neq|\dot{\rho}_\phi|$。只有当 $Z_{\mathrm{br.e}}=0$ 时，才有 $|\dot{O}_\phi|=|\dot{\rho}_\phi|$，即只有金属短路时，振荡误动作临界特性圆才通过本侧电源阻抗的始端，这是一种特殊情况。

(3) 过渡阻抗或分支线路 $Z_{\mathrm{br.e}}$ 的存在，使继电器在内部故障时产生如下的特

性变化：ρ_ϕ 增大，并将系统阻抗始端 C 包在圆内(见图 7)。但圆周仍通过 Z_{Cy} 的顶点 y。

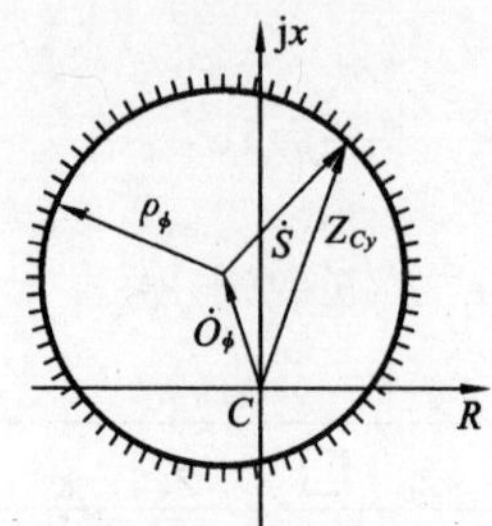

图 7　内部短路带分支阻抗时的振荡拒动临界特性

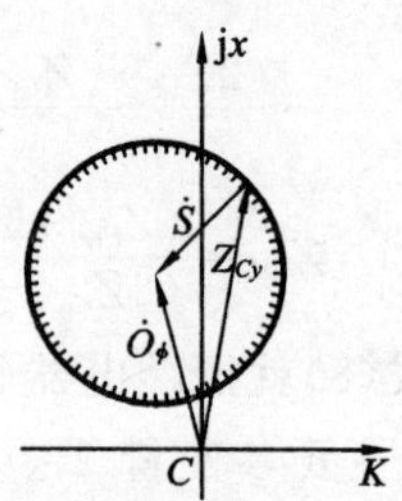

图 8　外部短路带分支阻抗时的振荡误动作临界特性

(4) 在外部短路时，$Z_{\mathrm{br.e}}$的存在使得圆心向 y 点移动，并使 ρ_ϕ 减小，但圆周仍通过 y 点。此时应注意，原来圆外是动作区，此时圆内变为动作区(见图 8)。

(5) 当在保护区内短路，$Z_{\mathrm{br.e}}$逐渐增大到一定值时，$|\rho_\phi|\to\infty$，$\dot{O}_\phi$ 亦趋于∞，即在任何系统电势角下，继电器都不动作。但当 $Z_{\mathrm{br.e}}$继续增大时，又出现一个在圆内动作的动作域。直至 $Z_{\mathrm{br.e}}\to\infty$时，此圆域的半径 $\rho_\phi\to 0$，继电器才不动作。

(6) 保护区外短路而 $Z_{\mathrm{br.e}}$在不断增大时，ρ_ϕ 不断减小，直至 $\rho_\phi\to 0$ 时，才不存在误动作域。

(7) 过渡阻抗 $Z_{\mathrm{br.e}}$的存在，并没有改变 Z_{Cy} 与 Z_{CK} 的辐角差所引起的基本特性变化规律。同样，Z_{Cy} 与 Z_{CK} 的辐角差亦不影响过渡阻抗 $Z_{\mathrm{br.e}}$所引起的基本特性变化规律，但是会引起一定的数量上的变化。

下面将就 Z_{CN} 是一定值，即系统两侧电势情况为一定时，在不同的 Z_{CK} 下允许存在的过渡阻抗 $Z_{\mathrm{br.e}}$的情况进行讨论。

由式(8)不难得到

$$2Z_{\mathrm{br.e}}=-\frac{Z_{Cy}-Z_{CK}}{Z_{Cy}-Z_{CN}}Z_{CN}-Z_{CK}-\frac{Z_{CK}-Z_{CN}}{Z_{Cy}-Z_{CN}}Z_{Cy}\mathrm{e}^{\mathrm{j}\theta}=\dot{\alpha}+\dot{\beta}\mathrm{e}^{\mathrm{j}\theta} \tag{13}$$

由式(13)可得出以下结论。

(1) 当 $Z_{CN}\to\infty$，即两端电势完全相等时，$Z_{\mathrm{br.e}}=\frac{1}{2}Z_{Cy}(1-\mathrm{e}^{\mathrm{j}\theta})-Z_{CK}$，即 $Z_{CK}+Z_{\mathrm{br.e}}$的轨迹为一圆，圆心在$\frac{1}{2}Z_{Cy}$处，半径亦等于$\frac{1}{2}Z_{Cy}$。这与单端供电时的特性完全相同。

(2) 当 $Z_{CK}\equiv Z_{Cy}$时，$Z_{\mathrm{br.e}}=-\frac{1}{2}Z_{Cy}(1+\mathrm{e}^{\mathrm{j}\theta})$。此特性圆亦与上同，即此处故障点不允许存在过渡性电阻，但允许存在容性阻抗，且与 Z_{CN} 值无关。

如前所述，$Z_{\mathrm{br.e}}$是考虑侧电源电势等于本侧电源电势时的助增作用后的等值阻抗。

3 两相金属接地时的动作特性

根据同样的方法，王梅义得到两相金属接地时的临界条件为

$$\frac{\dot{U}_{X1}}{\dot{U}_{X2}}=\frac{\dot{P}(1-\dot{M})Z_m-Z_y+[1+\dot{P}-\dot{M}\dot{P}]Z_L}{\dot{P}(1-\dot{M})Z_m+\dot{P}Z_y-\dot{P}\dot{M}Z_L}=1\mathrm{e}^{\mathrm{j}\theta} \tag{14}$$

式中，$\dot{P}=\dfrac{Z_{0\Sigma}}{Z_{0\Sigma}+Z_{1\Sigma}}$，$Z_{0\Sigma}$、$Z_{1\Sigma}$分别为归算至故障点的零序、正序（负序）总阻抗。同理，将 $\dot{M}$ 用 Z_{CN} 表示，式(14)可变为

$$\frac{\dot{P}Z_{CK}(Z_{CN}-Z_{Cy})-Z_{CN}(Z_{Cy}-Z_{CK})}{\dot{P}Z_{Cy}(Z_{CN}-Z_{CK})}=1\mathrm{e}^{\mathrm{j}\theta} \tag{15}$$

据此得

$$Z_{CN}=\frac{\dot{P}Z_{CK}Z_{Cy}+\dot{P}Z_{CK}Z_{Cy}\mathrm{e}^{\mathrm{j}\theta}}{(1+\dot{P})Z_{CK}-Z_{Cy}+\dot{P}Z_{Cy}\mathrm{e}^{\mathrm{j}\theta}} \tag{16}$$

可见 Z_{CN} 轨迹为一圆，圆心及半径分别为

$$\left.\begin{aligned}\dot{O}_\phi&=\frac{\dot{P}Z_{CK}(1+\hat{P})(\hat{Z}_{CK}-\hat{Z}_{Cy})}{|(1+\dot{P})Z_{CK}-Z_{Cy}|^2-|PZ_{Cy}|^2}Z_{Cy}\\ \dot{\rho}&=\frac{-\dot{P}Z_{CK}(1+\dot{P})(Z_{CK}-Z_{Cy})}{|(1+\dot{P})Z_{CK}-Z_{Cy}|^2-|PZ_{Cy}|^2}Z_{Cy}\end{aligned}\right\} \tag{17}$$

$$\dot{S}=\frac{-[\dot{P}\hat{Z}_{CK}(1+\hat{P})-(1-\dot{P}\hat{P})(\hat{Z}_{Cy}-\hat{Z}_{CK})+(\hat{P}-\dot{P})\hat{Z}_{CK}](Z_{CK}-Z_{Cy})}{|(1+\dot{P})Z_{CK}-Z_{Cy}|^2-|\dot{P}Z_{Cy}|^2}Z_{Cy} \tag{18}$$

由上述式(17)、式(18)分析可得以下结论。

(1) 由于$|\rho|=|O_\phi|$，故轨迹特性必通过坐标原点。

(2) $|Z_{CK}|<|Z_{Cy}|$，即内部故障时，$|S|<|O_\phi|$，即 y 点必在圆内。换言之，内部故障时拒绝动作域较两相金属短路时为大。

(3) 由于 P 的存在且$|P|<1$，分母在$|Z_{CK}|$自$|Z_{Cy}|$减小时趋于零，即$|Z_{CK}|$减小到一定程度以后，继电器特性圆改变性质，自圆外动作改为圆外不动作。这就是一般所理解的出口两相接地短路时继电器拒绝动作。这种情况的条件为

$$|(1+\dot{P})Z_{CK}-Z_{Cy}|=|PZ_{Cy}| \tag{19}$$

图9(a)所示为内部短路 $Z_{CK}<Z_{Cy}$，使$|(1+\dot{P})Z_{CK}-Z_{Cy}|<|PZ_{Cy}|$时的动作特性；图9(b)所示为内部短路且 Z_{CK} 很小使$|(1+P)Z_{CK}-Z_{Cy}|>|PZ_{Cy}|$时的动作特

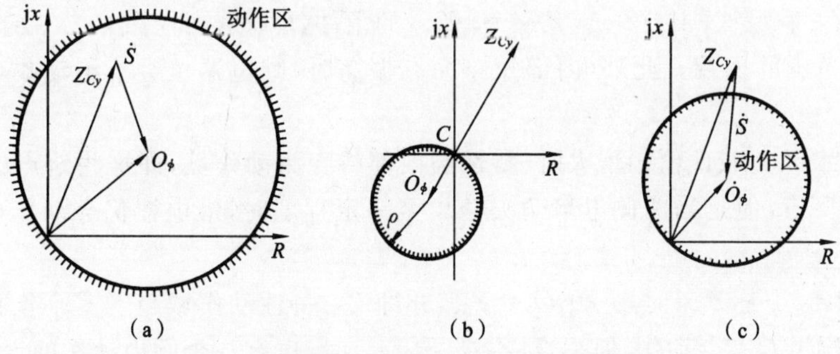

图9 两相金属接地短路时$|Z_{CN}|$轨迹特性

性；图 9(c)所示为外部短路时动作特性。

但此时如本侧电源电势较对侧电势小得多，则继电器仍会动作(见图 9(c))。

(4) 外部短路时，$|Z_{Cy}|<|Z_{CK}|$，$|S|>|O_\phi|=|\rho|$，即 y 点在特性圆外。外部故障时，误动作的可能性较两相短路时为少(见图 9(c))。

4 单相金属接地短路时动作情况

与附录 A 方法相同，对单相金属接地短路，王梅义得到临界动作条件为

$$\frac{U_{X1}}{U_{X2}}=\frac{(1+\dot{g})(1-\dot{M})Z_m-Z_y+[2+\dot{g}-(1+\dot{g})\dot{M}]Z_L}{(1-\dot{M})Z_m+Z_y-\dot{M}Z_L}=1\mathrm{e}^{\mathrm{j}\theta} \tag{20}$$

式中，$\dot{g}=\frac{Z_{0\Sigma}}{Z_{1\Sigma}}$。为了方便，令 $1+\dot{g}=\frac{Z_{1\Sigma}+Z_{0\Sigma}}{Z_{1\Sigma}}=\dot{q}$。又与前述相同的理由，可将 $\dot{M}$ 改成 Z_{CN}，整理式(20)可得

$$\frac{\dot{q}(Z_{CN}-Z_{Cy})Z_{CK}-Z_{CN}(Z_{Cy}-Z_{CK})}{Z_{Cy}Z_{CN}-Z_{CK}Z_{Cy}}=1\mathrm{e}^{\mathrm{j}\theta} \tag{21}$$

由式(21)可得 Z_{CN} 轨迹为

$$Z_{CN}=\frac{\dot{q}Z_{CK}Z_{Cy}+Z_{CK}Z_{Cy}\mathrm{e}^{\mathrm{j}\theta}}{(1+\dot{q})Z_{CK}-Z_{Cy}-Z_{Cy}\mathrm{e}^{\mathrm{j}\theta}} \tag{22}$$

其圆心相量为

$$\dot{O}_\phi=\frac{[\dot{q}(1+\hat{q})\hat{Z}_{CK}-(1+\dot{q})\hat{Z}_{Cy}]Z_{CK}}{|(1+\dot{q})Z_{CK}-Z_{Cy}|^2-|Z_{Cy}|^2}Z_{Cy} \tag{23}$$

半径

$$\rho=\left|\frac{-(1+\dot{q})Z_{CK}(Z_{CK}-Z_{Cy})}{|(1+\dot{q})Z_{CK}-Z_{Cy}|^2-|Z_{Cy}|^2}Z_{Cy}\right| \tag{24}$$

故有

$$\dot{S}=\frac{(1+\hat{q})\hat{Z}_{CK}(Z_{Cy}-Z_{CK})}{|(1+\dot{q})Z_{CK}-Z_{Cy}|^2-|Z_{Cy}|^2}Z_{Cy} \tag{25}$$

由式(23)～式(25)，可得出单相金属接地短路时继电器的动作特点如下。

(1) $|\dot{S}|=\rho$，即 Z_{CN} 动作轨迹过 y 点。当 $|\dot{q}Z_{CK}|<|Z_{Cy}|$ 时，$|O_\phi|<\rho$。故坐标原点在圆内，拒绝动作域较 $K^{(2)}$ 时的为大。当 $|Z_{CK}|>|Z_{Cy}|$ 时，$|O_\phi|<\rho$，坐标原点在圆外，即不选择动作域较 $K^{(2)}$ 时的为小。

(2) 从式(24)ρ 值的分母可见，当 $|(1+\dot{q})Z_{CK}-Z_{Cy}|=|Z_{Cy}|$ 时，$\rho\to\infty$。并不如两相短路当 $|Z_{CK}|\to|Z_{Cy}|$ 时，$\rho\to\infty$。主要原因是 $q>1$。因此，保护范围末端不在 y 点，而在 Z_{CK} 满足 $|(1+\dot{q})Z_{CK}-Z_{Cy}|=|Z_{Cy}|$ 的条件，即 $|Z_{CK}|$ 小于 $|Z_{Cy}|$ 一定程度时，才是保护范围的末端。此外，内部短路而有振荡时，继电器也会拒绝动作(见图 10(a))。

(3) 当 $|Z_{CY}|$ 较此值稍增大时，特性圆内部将变为动作域，即这些地点的 $K^{(1)}$ 故障虽不能反应，但是当两侧电势角夹角增至一定程度时，继电器仍会动作(见图 10(b))。

(4) $|Z_{CK}|\to|Z_{Cy}|$ 时，$\rho\to 0$，$\dot{O}_\phi=Z_{Cy}$，亦即 Z_{CN} 特性动作域趋于零。继电器即使在振荡情况下都不会动作，但是当 $|Z_{CK}|>|Z_{Cy}|$ 时，也有一个圆内动作的误动作区。但此圆的位置不同。

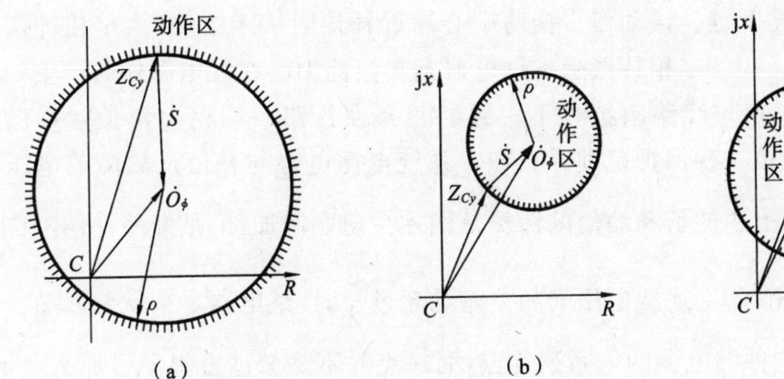

图 10　单相金属接地短路时$|Z_{Cy}|$临界动作轨迹特性

图 10 为单相金属接地短路时$|Z_{Cy}|$的一般动作特性。其中图 10(a)所示为$|(1+\dot{q})Z_{CK}-Z_{Cy}|<|Z_{Cy}|$时的动作特性；图 10(b)所示为$|(1+\dot{q})Z_{CK}-Z_{Cy}|>|Z_{Cy}|$且$Z_{CK}<Z_{Cy}$时的动作特性；图 10(c)所示为$|(1+\dot{q})Z_{CK}-Z_{Cy}|>|Z_{Cy}|$且$Z_{CK}>Z_{Cy}$时的动作特性。

5　单相断线时的动作特性

同上方法可得单相断线时的临界动作条件为

$$\frac{U_{X1}}{U_{X2}}=\frac{1+\dot{P}-\dot{M}}{\dot{P}\dot{M}}=\frac{(1+\dot{P})Z_{CN}-Z_{Cy}}{\dot{P}Z_{Cy}}=1\mathrm{e}^{\mathrm{j}\theta} \tag{26}$$

解得

$$Z_{CN}=\frac{1+\dot{P}\mathrm{e}^{\mathrm{j}\theta}}{1+\dot{P}}Z_{Cy}$$

此处

$$\dot{P}=\frac{Z_{0\Sigma}}{Z_{0\Sigma}+Z_{1\Sigma}}$$

且有

$$\dot{O}_\phi=\frac{1}{1+\dot{P}}Z_{Cy}$$

$$\dot{\rho}=\frac{\dot{P}}{1+\dot{P}}Z_{Cy}$$

$$\dot{S}=\frac{-\dot{P}}{1+\dot{P}}Z_{Cy}$$

故可见：

(1) 因为$\theta=0°$时$Z_{CN}=Z_{Cy}$，故Z_{CN}临界动作轨迹必过y点；

(2) 因$|P|<1$，故$\rho<|O_\phi|$，即坐标原点在圆外。

上述特性如图 11 所示。可见，单相断线时，误动作区较两相短路时小些，而且取决于Z_{Cy}及$\dot{P}$值。

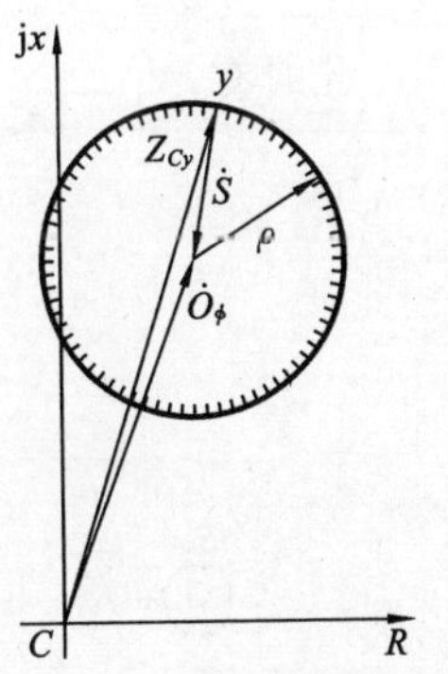

图 11　单相断线时Z_{CN}临界误动作特性

6　结束语

(1) 正如过去许多文献所指出的，在两相短路时同时存在振荡则继电器会误动作。但文献[1]、[6]也指出，在振荡与两相短路同时存在时，非故障相单相补偿的方向阻抗继电器在类似情况下也会误动作。振荡中心靠近补偿阻抗末端侧时，单相补偿方向阻抗继电器严重一些。多相补偿阻抗继电器则在振荡中心在近电源侧时严重一些。

(2) 补偿阻抗角与线路阻抗角不一致时只是在线路一端稍为延长一些保护范围，另一端稍为缩短一些保护范围。只在自系统电源电势与补偿点故障前电压间的相角差接近$\frac{\pi}{2}$时，上述伸长和缩短的保护范围才会急剧增加，但是即使补偿阻抗角与线路阻抗角完全相等，上述两电压间相位差约超过$\frac{\pi}{2}$时，继电器本来就要误动。

(3) 考虑到这种继电器的一系列优点，而缺点并不是像过去想象得那么严重，因此应该广泛得到应用。到目前为止，运行中未发现因调整困难和不够准确，从而使这种继电器误动作的事例。这也从另一角度支持上述论点。

(4) 文献[3]中所提出的“有条件动作特性”由于认为系统总阻抗不变，而只变Z_K的值及辐角，所以在实际系统中是不存在的。由此引起的一些结论容易引起不正确的概念。

(5) 本文未对各相补偿阻抗不对称的情况进行分析，但根据上面分析结果看来，补偿阻抗角对保护范围影响不太大，所以各相补偿得不对称的影响可能不会太大，但有待进一步研究。

(6) 从选择性观点看，两相金属接地短路和单相金属接地短路的情况较两相短路不易误动作。但从内部故障保证可靠动作观点看，则恰好相反。

(7) 任何不对称短路或断线，发生振荡时，都可能拒绝动作或误动作。

附录A 各种相序电压的计算

(此处推导为王梅义所得，为便于了解，特附于此)

如附图1所示，设 u_f——故障点故障前A相对地电压；

$Z_{1\Sigma}$、$Z_{2\Sigma}$——故障点所见系统各序等价阻抗，且令$Z_{1\Sigma}=Z_{2\Sigma}$；

i_{1f}、i_{2f}——系统流入故障点各序电流。

此时有
$$\dot{U}_{2f}=\frac{Z_{1\Sigma}}{2Z_{1\Sigma}+R}\dot{U}_f$$

$$\dot{U}_{1f}=\left(1-\frac{Z_{1\Sigma}}{2Z_{1\Sigma}+R}\right)\dot{U}_f=\frac{Z_{1\Sigma}+R}{2Z_{1\Sigma}+R}\dot{U}_f$$

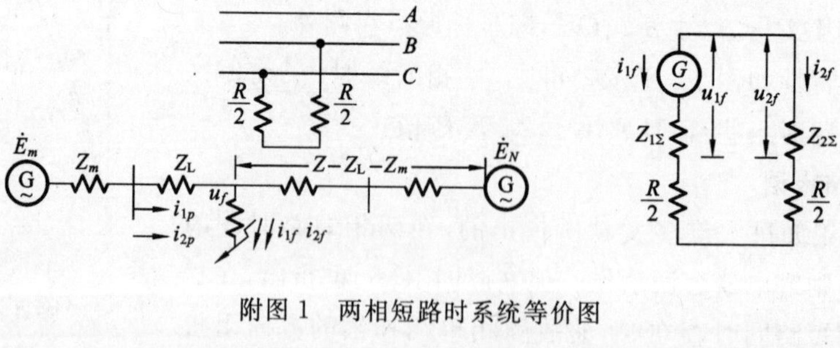

A B C $\frac{R}{2}$ $\frac{R}{2}$ $\dot{E}_m$ Z_m Z_L $Z-Z_L-Z_m$ $\dot{E}_N$ G u_f i_{1p} i_{2p} i_{1f} i_{2f}

i_{1f} G u_{1f} u_{2f} i_{2f} $Z_{1\Sigma}$ $Z_{2\Sigma}$ $\frac{R}{2}$ $\frac{R}{2}$

附图1 两相短路时系统等价图

$$\dot{U}_f=\frac{Z-Z_m-Z_L}{Z}\dot{E}_m+\frac{Z_m+Z_L}{Z}\dot{E}_N$$

而 $$i_{1f}=-i_{2f}=\frac{\dot{U}_f}{2\frac{(Z-Z_m-Z_L)(Z_m+Z_L)}{Z}+R}=\frac{1}{2(1+q)}\left[\frac{\dot{E}_m}{Z_m+Z_L}+\frac{\dot{E}_N}{Z-Z_m-Z_L}\right]$$

$$q=\frac{\dot{R}_{\text{br.e}}}{Z_m+Z_L}$$

$$\dot{R}_{\text{br.e}}=\frac{1}{2}\frac{Z}{Z-Z_m+Z_L}R_{\text{br}}$$

所以 $$-i_{2p}=\frac{Z-Z_m-Z_L}{Z}(-i_{2f})=\frac{1}{2(1+q)}\left[\left(\frac{1}{Z_m+Z}-\frac{1}{Z}\right)\dot{E}_m+\frac{1}{2}\dot{E}_N\right]$$

$$i_{1p}=i_{1H}+\frac{Z-Z_m-Z_L}{Z}i_{1f}=\frac{1}{2(1+q)}\left[\left(\frac{1}{Z_m+Z_L}+\frac{1+2q}{Z}\right)\dot{E}_m-\frac{1+2q}{Z}\dot{E}_N\right]$$

而 $$\dot{U}_{X1}=\dot{U}_1-Z_y i_{1p}=\dot{E}_m-(Z_m+Z_y)i_{1p}$$

$$\dot{U}_{X2}=\dot{U}_2-Z_y i_{2p}=-(Z_m+Z_y)i_{2p}$$

令 $$\frac{Z_y+Z_m}{Z}\left(1-\frac{\dot{E}_N}{\dot{E}_m}\right)=\dot{M}$$

可得 $$\dot{U}_{X1}=\frac{\dot{E}_m}{2(1+q)(Z_m+Z_L)}[2Z_L-Z_y+Z_m+2\dot{R}_{\text{br.e}}-(Z_m+Z_L+2\dot{R}_{\text{br.e}})\dot{M}] \tag{27}$$

$$\dot{U}_{X2}=\frac{\dot{E}_m}{2(1+q)(Z_m+Z_L)}[Z_m+Z_y-(Z_m+Z_L)\dot{M}] \tag{28}$$

参 考 文 献

[1] С. Я. Петров. Исследование дистанционных реле при двух коротких замыканиях. Электричество，1954. No. 7.

[2] Ю. А. Гаевенко. Новые типы дистанционных эащит линий электропередач. Госэнергоиэдат. 1956.

[3] 张宝霖. 分析保护两相短路的三相方向阻抗继电器的新方法，1957.

[4] W. K. Sonnemann，H. W. Lensner. Compensator Distance Relaying[J]. A. I. E. E.，1958，77(Ⅲ)：372-382.

[5] Г. И. Атабеков. Теоретические основы релейной эащиты высоковольтных сетей，1957.

[6] 彼得洛夫. 布列士林距离继电器若干问题的分析[R]. 沈阳：沈阳电业管理局，1957.

2.3 支接阻抗动作特性与振荡阻抗动作特性[①]

当我们分析多相补偿阻抗继电器的动作特性时，常会遇到怎样在阻抗平面上表示动作特性的问题。很久以前就有人以 Z_K 为变量分析这种继电器在两端电源系统中在复数阻抗平面上的动作特性。这里的“Z_K”是指保护安装地点至短路点间的阻抗。但当我们进一步分析这个问题时，发现“Z_K 为变量”的动作特性在物理概念上的出发点和结论之间有矛盾，由此用数学方法得出的动作特性圆在很多情况下是脱离实际的。为了克服这个困难，我们曾采用“临界动作阻抗动作特性”和“振荡时误动作的临界特性”来表示。后来，我们改称为“支接阻抗动作特性”和“振荡阻抗动作特性”。在文献[1]中，我们重点分析其“振荡阻抗动作特性”。后来认为在短路状态下，“支接阻抗动作特性”更适用，而在非全相运行等不存在支接阻抗情况下，则用“振荡阻抗动作特性”进行分析。但是最近有些文章(见文献[2]、[3]、[4])仍“以 Z_K 为变量”分析这类阻抗继电器的特性。如果这个问题不澄清，还将影响今后的分析工作，所以下面将我们的看法和体会介绍如下，供讨论。

1 “以 Z_K 为变量”有些什么矛盾

这里所说的“Z_K”，是指自保护安装地点到短路点之间的阻抗。一般采用“以 Z_K 为变量”这一概念时，是假定 Z_K 的模值和辐角都会变化，而当 Z_K 变化至某种情况时，继电器动作。再把这些动作的临界条件所表现出来的轨迹作为继电器的动作特性。

实际上，Z_K 的变化是些什么情况呢？是短路点变化。但短路点变化时基本上只引起 Z_K 的模值变化，而辐角变化一般可以忽略。所以一般认为只有同时考虑短路点上经过过渡电阻短路时才同时引起模值和辐角变化。在三相短路和两相短路而且是单侧电源供电时，这样考虑是符合实际的，因为线路阻抗和故障点上支接的过渡电阻串联起来，称它为“Z_K”是完全可以的。即使两端电源，把对侧电源在过渡电阻上引起的“助增”，看成是支接一个复数的过渡阻抗，然后和线路阻抗相加，看成是一个等值的“Z_K”，这对一般的单相补偿阻抗继电器，也是可以的。问题在多相补偿阻抗继电器。如果短路点在两种情况下有两个不同的过渡电阻，就必然存在两个对应的对侧电源情况，使得其对应的助增结果相同，即等值的“Z_K”相同。此时，由于电源情况不一样，必然使非故障相的电压、电流不一样，这使多相补偿阻抗继电器受非故障相电流、电压的影响在一些情况下动作，另一些情况下不动作。就是说，同一个等值

① 本文发表于 1977 年华中工学院学报第 3 期及 1977 年电力系统自动化第 4 期。

的“Z_K”完全不能肯定继电器是否动作。

对接地故障则存在更多矛盾。

先看单相接地短路。即使两侧电源电势的模值和辐角都相等，或者说故障前没有负荷电流，但在单相接地短路时，非故障相仍有零序电流通过。这一电流也同时引起非故障相电压发生变化。和上面分析相似，在不同的过渡电阻下，可以存在不同的系统阻抗和零序网络情况，使得总的助增结果一样。但这时非故障相的电压、电流情况就不一样，继电器也会在一些情况下动作，另一些情况下不动作。

对两相接地短路，情况更复杂。除和单相接地短路相同的理由外，还由于两相接地短路的过渡电阻是由“相过渡电阻”和“地过渡电阻”两部分组成的。“相过渡电阻”是指每一相上支接的过渡电阻，“地过渡电阻”是两相短接后再与“地”短接时所遇到的过渡电阻（如杆塔电阻及地电阻等）。在这种情况下，用一个“Z_K”更不能同时反映两个过渡电阻了。

由此可见，多相补偿阻抗继电器的动作不单是由等值短路阻抗“Z_K”决定的，它的动作还与非故障相情况有关，即与电源电势、两侧电源阻抗、中性点接地等情况有关。因此，采用“以 Z_K 为变量”来分析这种继电器的动作特性是不符合实际的，由此得出的“动作特性”有时与实际情况相距甚远。

2　支接阻抗动作特性及其应用（举例）

如输电线上的短路点已知，则 Z_K 为已知常数。此时，假设在短路点支接一个阻抗 Z_J，并令 Z_J 为复变数。原则上可以预计，当 Z_J 在某一定数值范围时，正好使继电器临界动作。我们把这一动作条件称为“支接阻抗动作特性”，以区别于普通的“测量阻抗动作特性”。正如下面例子所表明的那样，支接阻抗动作特性在绝大多数情况下呈圆形。

作为举例，下面分析我院与湖北电力设计院合作研制的“不对称短路阻抗元件”的支接阻抗动作特性。这个阻抗继电器在特性上与参考文献[2]上所谓的“双补偿”阻抗继电器三相特性总和相当。

(1) 非对称短路阻抗元件的基本动作条件。

取二相的相补偿电压：

$$\left.\begin{aligned}\dot{U}_X&=\dot{U}_A-(\dot{I}_A+k3\,\dot{I}_0)Z_Y\\ \dot{U}_Y&=\dot{U}_B-(\dot{I}_B+k3\,\dot{I}_0)Z_Y\\ \dot{U}_Z&=\dot{U}_C-(\dot{I}_C+k3\,\dot{I}_0)Z_Y\end{aligned}\right\}\tag{1}$$

不难看出，在正常三相对称情况下，$\dot{U}_X$ 超前$\dot{U}_Y$，$\dot{U}_Y$ 超前$\dot{U}_Z$，$\dot{U}_Z$ 超前$\dot{U}_X$。而在一般的 $K^{(1)}$、$K^{(2)}$、$K^{(1,1)}$ 情况下，上述三对电压中最低限度有一对电压由超前关系变为落后关系。不对称短路阻抗元件的构成原理就是当出现任意一种前后易序情况时，继电器就动作。例如，$\dot{U}_Y$ 超前$\dot{U}_X$ 0°→180°时继电器就动作，即$\dot{U}_X$ 与$\dot{U}_Y$ 的相位差为 0°

或 180°就是继电器的临界动作条件。根据这一条件，临界动作表示式可写成

$$\left.\begin{aligned}\frac{\dot{U}_X}{\mathrm{j}\,\dot{U}_Y}&=K\mathrm{e}^{\mathrm{j}90^\circ}\\ \frac{\dot{U}_Y}{\mathrm{j}\,\dot{U}_Z}&=K\mathrm{e}^{\mathrm{j}90^\circ}\\ \frac{\dot{U}_Z}{\mathrm{j}\,\dot{U}_X}&=K\mathrm{e}^{\mathrm{j}90^\circ}\end{aligned}\right\}\text{（}K\text{ 为任意正负值）}\tag{2}$$

根据绝对值比较——相位比较互换原理，式(2)可表示为

$$\left.\begin{aligned}\frac{\dot{U}_X+\mathrm{j}\,\dot{U}_Y}{\dot{U}_X-\mathrm{j}\,\dot{U}_Y}&=1\mathrm{e}^{\mathrm{j}\theta}\\ \frac{\dot{U}_Y+\mathrm{j}\,\dot{U}_Z}{\dot{U}_Y-\mathrm{j}\,\dot{U}_Z}&=1\mathrm{e}^{\mathrm{j}\theta}\\ \frac{\dot{U}_Z+\mathrm{j}\,\dot{U}_X}{\dot{U}_Z-\mathrm{j}\,\dot{U}_X}&=1\mathrm{e}^{\mathrm{j}\theta}\end{aligned}\right\}\text{（}\theta\text{ 为任意值）}\tag{3}$$

用相序分量表示，即

$$\left.\begin{aligned}\frac{(1+\mathrm{j}a^2)\dot{U}_{X1}+(1+\mathrm{j}a)\dot{U}_{X2}+(1+\mathrm{j})\dot{U}_{X0}}{(1-\mathrm{j}a^2)\dot{U}_{X1}+(1-\mathrm{j}a)\dot{U}_{X2}+(1-\mathrm{j})\dot{U}_{X0}}&=1\mathrm{e}^{\mathrm{j}\theta}\\ \frac{(a^2+\mathrm{j}a)\dot{U}_{X1}+(a+\mathrm{j}a^2)\dot{U}_{X2}+(1+\mathrm{j})\dot{U}_{X0}}{(a^2-\mathrm{j}a)\dot{U}_{X1}+(a-\mathrm{j}a^2)\dot{U}_{X2}+(1-\mathrm{j})\dot{U}_{X0}}&=1\mathrm{e}^{\mathrm{j}\theta}\\ \frac{(a+\mathrm{j})\dot{U}_{X1}+(a^2+\mathrm{j})\dot{U}_{X2}+(1+\mathrm{j})\dot{U}_{X0}}{(a-\mathrm{j})\dot{U}_{X1}+(a^2-\mathrm{j})\dot{U}_{X2}+(1-\mathrm{j})\dot{U}_{X0}}&=1\mathrm{e}^{\mathrm{j}\theta}\end{aligned}\right\}\tag{4}$$

本文附录证明了

$$\dot{L}+\dot{M}\mathrm{e}^{\mathrm{j}\theta}=\frac{\dot{P}+\dot{G}\dot{F}}{\dot{Q}+\dot{H}\dot{F}}\tag{5}$$

是成立的。如 θ 为任意值，$\dot{F}$ 为待求轨迹的复变数，则通过复数变换可求得 $\dot{F}$ 为一圆函数，其圆心为

$$\dot{O}=\frac{(-\dot{P}+\dot{Q}\dot{L})(\hat{G}-\hat{H}\hat{L})+\dot{Q}\dot{M}\hat{M}\hat{H}}{|\dot{G}-\dot{H}\dot{L}|^2-|HM|^2}\tag{6}$$

半径为

$$\rho=|\dot{\rho}|=\left|\frac{(-\dot{P}+\dot{Q}\dot{L})(-\dot{H}\dot{M})-(\dot{Q}\dot{M})(\dot{G}-\dot{H}\dot{L})}{|\dot{G}-\dot{H}\dot{L}|^2-|HM|^2}\right|\tag{7}$$

下面以式(3)、式(4)的 XY 相为例分析继电器的动作条件。此时如以$\dot{U}_{X1}$为待求量（即 $\dot{F}$），则

$$\begin{aligned}\dot{L}&=0\\ \dot{M}&=1\\ \dot{P}&=(1+\mathrm{j}a)\dot{U}_{X2}+(1+\mathrm{j})\dot{U}_{X0}\\ \dot{Q}&=(1-\mathrm{j}a)\dot{U}_{X2}+(1-\mathrm{j})\dot{U}_{X0}\\ \dot{G}&=1+\mathrm{j}a^2\\ \dot{H}&=1-\mathrm{j}a^2\end{aligned}$$

考虑到 $1+ja^2=\widehat{1-ja}$；$1-ja^2=\widehat{1+ja}$；$a^2=\hat{a}$；$1+j=\widehat{1-j}$，代入式(6)、式(7)经过化简可得$\dot{U}_{X1}$变量的

$$\dot{O}=a^2\dot{U}_{X0}$$

$$|\dot{\rho}|=|-\dot{U}_{X2}+a\dot{U}_{X0}|$$

故 XY 相的动作条件可表示为

$$\dot{U}_{X1}=\dot{O}+\dot{\rho}e^{j\theta}=a^2\dot{U}_{X0}+(\dot{U}_{X2}-a\dot{U}_{X0})e^{j\theta}$$

或

$$\frac{\dot{U}_{X1}-a^2\dot{U}_{X0}}{\dot{U}_{X2}-a\dot{U}_{X0}}=1e^{j\theta} \tag{8}$$

同理可得三相整组动作条件为

$$\left.\begin{aligned}
&XY\text{相}\quad \frac{\dot{U}_{X1}-a^2\dot{U}_{X0}}{\dot{U}_{X2}-a\dot{U}_{X0}}=1e^{j\theta} &&\quad \frac{\dot{U}_{Z1}-\dot{U}_{Z0}}{\dot{U}_{Z2}-\dot{U}_{Z0}}=1e^{j\theta'}\\
&YZ\text{相}\quad \frac{\dot{U}_{X1}-\dot{U}_{X0}}{\dot{U}_{X2}-\dot{U}_{X0}}=1e^{j\theta} &\text{或}&\quad \frac{\dot{U}_{X1}-\dot{U}_{X0}}{\dot{U}_{X2}-\dot{U}_{X0}}=1e^{j\theta'}\\
&ZX\text{相}\quad \frac{\dot{U}_{X1}-a\dot{U}_{X0}}{\dot{U}_{X2}-a^2\dot{U}_{X0}}=1e^{j\theta} &&\quad \frac{\dot{U}_{Y1}-\dot{U}_{Y0}}{\dot{U}_{Y2}-\dot{U}_{Y0}}=1e^{j\theta'}
\end{aligned}\right\} \tag{9}$$

式(9)说明，如要分析这种阻抗继电器的动作特性，可以根据具体短路情况，计算补偿电压的相序分量，利用式(9)的关系求得。此外，在两相短路时，没有零序分量，三对电压的动作条件都相同，即负序分量的绝对值与正序分量的绝对值相等。这个条件与过去 GH-11 中的多相补偿阻抗继电器 GZ-31 的动作条件相同。

(2) 两端电源单回线上继电器的基本动作条件。

分析两端电源线路上继电器的动作特性时，往往把系统简化为单回线两侧简单地各有一个电源，而把负荷简化了。这种系统情况比实际系统简单一些，但所得结果还是比较切合实际的，比较有代表性。

先计算各序补偿电压，见图 1。

$$\begin{aligned}
\dot{U}_{X1}&=\dot{U}_{A1}-\dot{I}_{A1}Z_Y\\
&=(\dot{E}_S-\dot{I}_{A1}Z_{C1})-\dot{I}_{A1}Z_{Y1}\\
&=\dot{E}_S-\dot{I}_{A1}(\dot{Z}_{C1}+Z_{Y1})\\
&=\dot{E}_S-(\dot{I}_{fh}+\dot{f}_1\dot{I}_{K1})\dot{Y}_1
\end{aligned}$$

式中

$$\dot{I}_{fh}=\frac{\dot{E}_S-\dot{E}_M}{Z_1}=\frac{\dot{E}_S}{Z_N} \tag{10}$$

其中，$Z_N=\dfrac{\dot{E}_S}{\dot{I}_{fh}}=\dot{N}$——负荷状态下送端电源 S 处的测量阻抗；

$\dot{f}_1,\dot{f}_2,\dot{f}_0$——各序短路电流的分配系数；

Z_Y——整定阻抗；

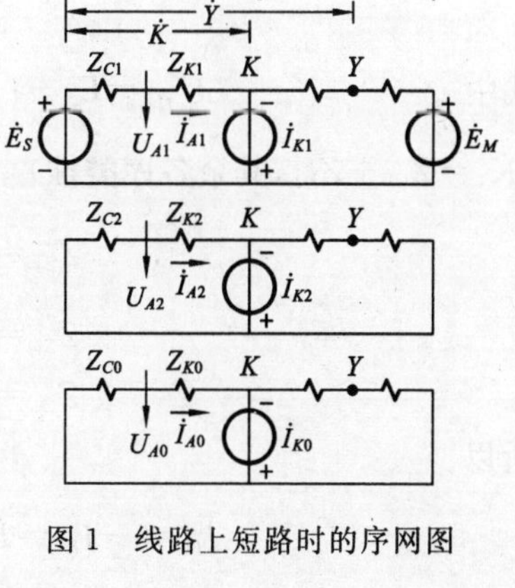

图 1 线路上短路时的序网图

$\dot{Y}_1=Z_{C1}+Z_{Y1}$，其余各序类推。

故得

$$\left.\begin{aligned}\dot{U}_{X1}&=\dot{E}_S-(\dot{I}_{fh}+\dot{f}_1\dot{I}_{K1})\dot{Y}_1\\\dot{U}_{X2}&=-\dot{f}_2\dot{I}_{K2}\dot{Y}_2\\\dot{U}_{X0}&=-\dot{f}_0\dot{I}_{K0}\dot{Y}_0=-\dot{f}_0\dot{I}_{K0}\dot{p}\dot{Y}_1\end{aligned}\right\}\tag{11}$$

式中

$$\dot{p}=\frac{\dot{Y}_0}{\dot{Y}_1}\tag{12}$$

下面以 ZX 相为例，以式(11)代入式(9)，有

$$1\mathrm{e}^{j\theta}=\frac{\dot{U}_{X1}-a\dot{U}_{X0}}{\dot{U}_{X2}-a^2\dot{U}_{X0}}=\frac{\dot{E}_S-(\dot{I}_{fh}+\dot{f}_1\dot{I}_{K1})\dot{Y}_1+a\dot{f}_0\dot{I}_{K0}\dot{p}\dot{Y}_1}{-\dot{f}_2\dot{I}_{K2}\dot{Y}_2+a^2\dot{f}_0\dot{I}_{K0}\dot{p}\dot{Y}_1}\tag{13}$$

近似分析时，可令 $Z_{C2}=Z_{C1}$，则 $\dot{Y}_2=\dot{Y}_1=\dot{Y}$，可得

$$\left.\begin{aligned}&ZX\text{ 相}\quad 1\mathrm{e}^{j\theta}=\frac{\dot{E}_S\dfrac{\dot{N}-\dot{Y}}{\dot{N}\dot{Y}}-\dot{f}_1\dot{I}_{K1}+a\dot{p}\dot{f}_0\dot{I}_{K0}}{-\dot{f}_2\dot{I}_{K2}+a^2\dot{p}\dot{f}_0\dot{I}_{K0}}\\&XY\text{ 相}\quad 1\mathrm{e}^{j\theta}=\frac{\dot{E}_S\dfrac{\dot{N}-\dot{Y}}{\dot{N}\dot{Y}}-\dot{f}_1\dot{I}_{K1}+a^2\dot{p}\dot{f}_0\dot{I}_{K0}}{-\dot{f}_2\dot{I}_{K2}+a\dot{p}\dot{f}_0\dot{I}_{K0}}\\&YZ\text{ 相}\quad 1\mathrm{e}^{j\theta}=\frac{\dot{E}_S\dfrac{\dot{N}-\dot{Y}}{\dot{N}\dot{Y}}-\dot{f}_1\dot{I}_{K1}+\dot{p}\dot{f}_0\dot{I}_{K0}}{-\dot{f}_2\dot{I}_{K2}+\dot{p}\dot{f}_0\dot{I}_{K0}}\end{aligned}\right\}\tag{14}$$

式(14)就是两端电源单回线上这种继电器的基本动作条件，它对各种短路都适用，要分析具体某种短路时继电器的动作特性，就要分析该种短路时短路点的各序 I_K 值与电势及系统参数的关系。

(3) $K^{(2)}$ 时继电器的动作特性。

在 $K^{(2)}$ 时如图 2 所示，在短路点 K 接有支接阻抗 Z_J（或表示为 $\dot{J}$），则流向短路点的序电流 $\dot{I}_{K1}$ 及 $\dot{I}_{K2}$ 可用“短路前”K 点电压 $\dot{U}_{fH}$ 及等值内阻抗 $Z_{\Sigma1}$、$Z_{\Sigma2}$ 进行计算。有

$$\dot{I}_{K1}=-\dot{I}_{K2}=\frac{\dot{U}_{fH}}{Z_{\Sigma1}+Z_{\Sigma2}+2Z_J}\tag{15}$$

式中

$$\dot{U}_{fH}=\dot{E}_S-\dot{I}_{fh}\dot{K}_1=\dot{E}_S-\frac{\dot{E}_S}{\dot{N}}\dot{K}_1=\dot{E}_S\frac{\dot{N}-\dot{K}_1}{\dot{N}}\tag{16}$$

（$\dot{K}_1=Z_{C1}+Z_{K1}$，其余各序类推）

$$\left.\begin{aligned}Z_{\Sigma1}&=\frac{(Z_1-\dot{K}_1)\dot{K}_1}{Z_1}=\dot{f}_1\dot{K}_1\\Z_{\Sigma2}&=\dot{f}_2\dot{K}_2\\Z_{\Sigma0}&=\dot{f}_0\dot{K}_0\end{aligned}\right\}\tag{17}$$

所以

$$\dot{I}_{K1}=-\dot{I}_{K2}=\dot{E}_S\frac{\dot{N}-\dot{K}_1}{\dot{N}}\cdot\frac{1}{\dot{f}_1\dot{K}_1+\dot{f}_2\dot{K}_2+2Z_J}\tag{18}$$

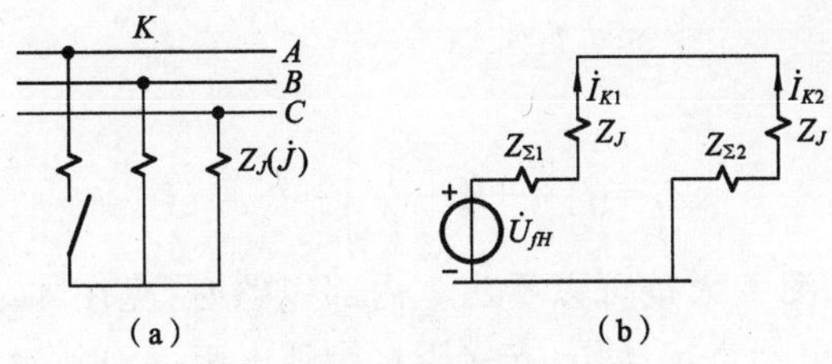

图 2 两相短路计算网络图

依式(14)～式(18)，考虑$\dot{I}_{K0}=0$，$\dot{f}_1\approx\dot{f}_2$；$\dot{K}_2\approx\dot{K}_1=\dot{K}$，故有

$$1\mathrm{e}^{j\theta}=\frac{\dot{E}_S}{-\dot{I}_{K2}}\cdot\frac{\dot{N}-\dot{Y}}{\dot{f}\dot{N}\dot{Y}}-1=\frac{2\dot{N}(\dot{f}_1\dot{K}_1+Z_J)}{\dot{N}-\dot{K}}\cdot\frac{\dot{N}-\dot{Y}}{\dot{f}_2\dot{N}\dot{Y}}-1=\frac{\dot{N}-\dot{Y}}{\dot{N}-\dot{K}}\left(\dot{K}+\frac{Z_J}{\dot{f}_1}\right)\frac{2}{\dot{Y}}-1$$

所以

$$\dot{K}+\frac{Z_J}{\dot{f}_1}=\frac{\dot{N}-\dot{K}}{\dot{N}-\dot{Y}}\cdot\frac{\dot{Y}}{2}(1+\mathrm{e}^{j\theta}) \tag{19}$$

或

$$\begin{aligned}Z_J&=\dot{f}_1\left[-\dot{K}+\frac{\dot{N}-\dot{K}}{\dot{N}-\dot{Y}}\cdot\frac{\dot{Y}}{2}(1+\mathrm{e}^{j\theta})\right]\\&=\dot{f}_1\left[-\dot{K}+\frac{\dot{N}-\dot{K}}{\dot{N}-\dot{Y}}\cdot\frac{\dot{Y}}{2}\right]+\dot{f}_1\frac{\dot{N}-\dot{K}}{\dot{N}-\dot{Y}}\cdot\frac{\dot{Y}}{2}\mathrm{e}^{j\theta}\end{aligned} \tag{20}$$

即

$$\dot{\rho}=\dot{f}_1\frac{\dot{N}-\dot{K}}{\dot{N}-\dot{Y}}\cdot\frac{\dot{Y}}{2}$$

$$\dot{O}=-\dot{f}_1\dot{K}+\dot{\rho}$$

从式(20)可见，继电器的临界动作条件与5个参数(Z_J、$\dot{K}$、$\dot{N}$、$\dot{Y}$、$\dot{f}$)有关。如前所述，$\dot{K}$不宜作待求变量，$\dot{K}$定后，$\dot{f}$就由系统运行方式决定。$\dot{Y}$是整定值及系统阻抗之和，系统运行方式已定时，$\dot{Y}$也是常数。在事故中经常变化的就是Z_J和$\dot{N}$。以Z_J为变量，就得到所谓的"支接阻抗动作特性"；以$\dot{N}$为变量，就得到所谓的"振荡阻抗动作特性"。下面先分析其"支接阻抗动作特性"。

① 当单端供电无负载时，有

$$\dot{f}_1=1,\quad \dot{N}=\infty$$

式(20)变为

$$Z_J=-\dot{K}+\frac{\dot{Y}}{2}+\frac{\dot{Y}}{2}\mathrm{e}^{j\theta} \tag{21}$$

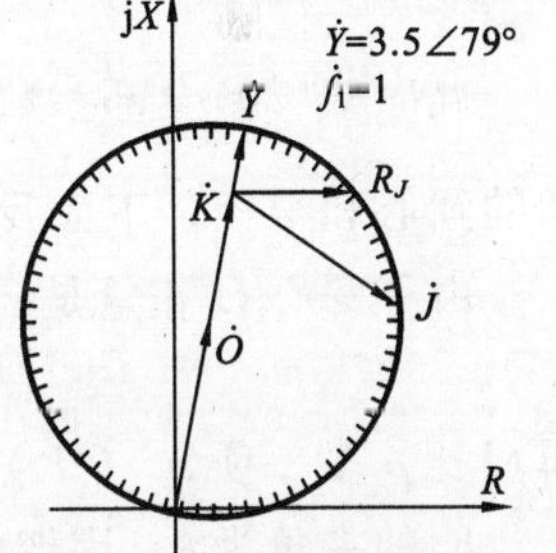

图 3 单端电源空载时的动作特性

其特性见图3，因Z_J(图上为$\dot{J}$)是加在$\dot{K}$点上的支接阻抗，如从S侧计算，则临界动作条件为$\dot{K}+Z_J$，有

$$\dot{K}+Z_J=\frac{\dot{Y}}{2}+\frac{\dot{Y}}{2}\mathrm{e}^{j\theta} \tag{22}$$

其特性为一圆，圆心在$\frac{\dot{Y}}{2}$处，半径$\rho=\frac{Y}{2}$。故圆周经过电源S点及整定点Y，而且与短路点K所在位置无关，即单端供电空载时无论内外任何点短路，支接阻抗动作特性都一样。

② 当两端电源空载时，有

$$f_1 < 1, \quad N = \infty$$

式(20)变为

$$Z_J = \dot{f}_1 \left[-\dot{K} + \frac{\dot{Y}}{2} \right] + \dot{f}_1 \frac{\dot{Y}}{2} e^{j\theta} \tag{23}$$

内外短路时的特性从图 4 大概可以看出。内部短路时(见图 4(a)),K 点在特性圆内,即金属短路时继电器肯定动作,支接阻抗为纯电阻 R_J 时,继电器临界动作。外部短路时(见图 4(b)),K 点在特性圆外,即金属短路时继电器肯定不动作。除非在 K 点支接一个适当的容性阻抗 $\dot{J}$ 时,继电器才可能动作。反向短路时,因流过继电器的电流的电源在 M 侧,故坐标原点应为 M。但亦可用原来的坐标按向量关系描绘(见图 4(c))。图中圆“1”是当 $f_1=1$,即 M 端单侧供电时的动作特性。随着 f_1 的减少,即两端供电时,特性圆往继电器侧移动,但半径 ρ 也随之缩小(见图 4(c)的圆 2)。不管怎样,K 点总落在圆外,继电器的方向性很强。

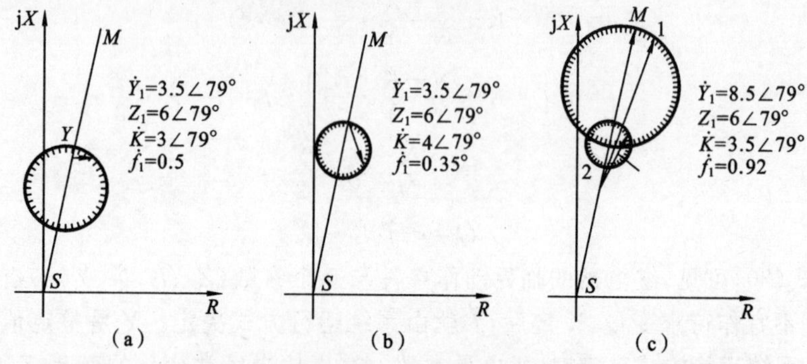

图 4　两端电源空载时的动作特性

③ 两端供电,系统振荡情况下。

a. 内部短路。

此时式(20)全部参数都将起作用,与前面比较,多一项$\dfrac{\dot{N}-\dot{K}}{\dot{N}-\dot{Y}}$的因素在影响特性圆的圆心和半径。下面我们先讨论一下这种情况下动作条件的基本特点。

由于圆心 O 相量是自 $\dot{K}$ 点出发计算的,而且从式(20)可见,有

$$\dot{O} = -\dot{f}_1 \dot{K} + \dot{\rho}$$

即 $\dot{O}$ 比 $\dot{\rho}$ 多一项$(-\dot{f}_1\dot{K})$,其相量关系见图 5。假设 $\dot{K}$ 与 $\dot{Y}$ 的辐角近似相同,则 $\dot{\rho}$ 与 $-\dot{f}_1\dot{K}$ 的夹角为 β。因继电器动作时 K 点落在圆内,故$|\dot{\rho}| \geqslant |\dot{O}|$,即要求

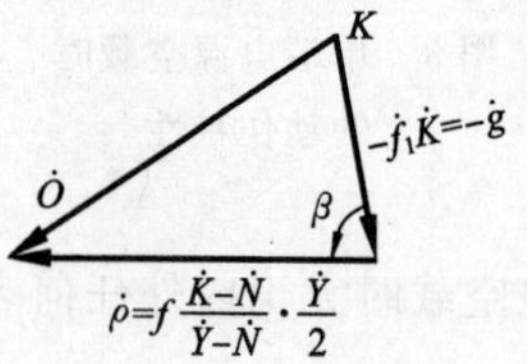

K
$-\dot{f}_1\dot{K}=-\dot{g}$
$\dot{O}$
β
$\dot{\rho}=f\,\dfrac{\dot{K}-\dot{N}}{\dot{Y}-\dot{N}}\cdot\dfrac{\dot{Y}}{2}$

图 5　$\dot{O}$ 与 $\dot{\rho}$ 相量关系图

$$|\dot{\rho}|\cos\beta \geqslant \left| \frac{\dot{f}_1 \dot{K}}{2} \right|$$

或

$$\beta \leqslant \arccos \left| \frac{f_1 K}{2\rho} \right|$$

即

$$\beta \leqslant \arccos \left| \frac{\dot{N}-\dot{Y}}{\dot{N}-\dot{K}} \cdot \frac{\dot{K}}{\dot{Y}} \right| \tag{24}$$

式(24)是继电器在振荡时的临界动作条件。β 角大于此值

则继电器不动作。从图5可见，β的临界值最大不会超过90°，换句话说，当β超过90°时继电器肯定不会动作。下面具体讨论振荡带短路时继电器的动作情况。

图6(a)表示两侧电势角差δ不大，S侧超前于M侧，内部短路时的支接阻抗动作特性。与图4(a)比较，动作还往顺时针方向移动一个β角。支接动作电阻R_J将随δ增大而减小。

图6(b)表示δ已相当大，且N点将穿过Y点与K点之间，此时角β将很大，使动作区严重偏转，以致K点移到动作区外，继电器的R_J不复存在，继电器拒动。

图6(c)表示N点穿过SM连线，即S侧变为落后时的情况。此时动作区已改在右侧，δ或β较大时，继电器在金属短路时仍拒动，但R_J在一定范围时，可能有一定动作区。当δ、β值逐渐变小时继电器又可能动作。此外还表明，S侧落后时，允许的R_J值较大些。

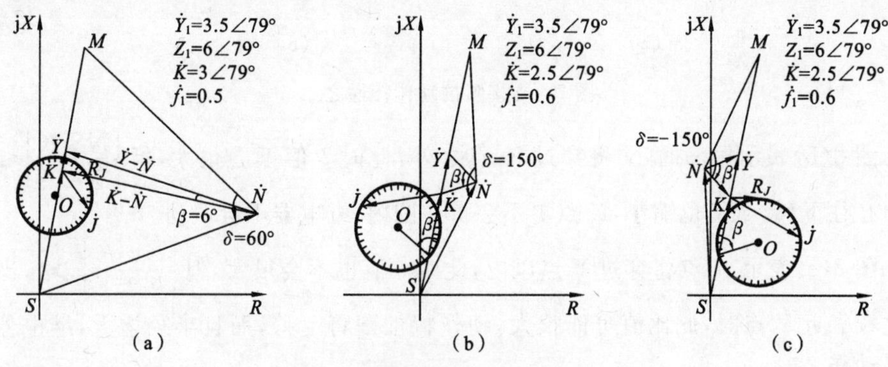

图6　支接阻抗动作特性之一

图7(a)表示N点在振荡时不穿过KY连线，而将穿过K点之外，此时β值将不会很大，动作区往左右偏移不多。但$|\dot{N}-\dot{K}|$小于$|\dot{N}-\dot{Y}|$较多时圆心将下移，半径ρ亦减小，使K点落在圆外，继电器将拒动。只在N点离K点较远，$|\dot{N}-\dot{K}|$比较接近$|\dot{N}-\dot{Y}|$时，才能使K点落在动作特性圆内。

图7(b)表示N点在振荡时穿过Y点之外，此时$\left|\dfrac{\dot{N}-\dot{K}}{\dot{N}-\dot{Y}}\right|\geqslant1$。与图6(a)相反，圆心将往上移，半径也扩大，与图4(a)比较，K点更落在圆内。

由此可见，内部$K^{(2)}$短路时，系统振荡中心N过Y点以外时继电器可正确动作。N过Y点以内时，大多情况下继电器将拒动，但电势角差δ又减小时，继电器仍可以动作。

b. 外部短路。

与上面分析方法相同，对继电器进行分析时可得δ较小情况下，继电器动作是正常的，不再作详细说明。下面主要分析δ值较大时的情况。

图8(a)表示振荡时N将穿过KY连线，β值较大，但是负角。与图4(b)比较，动作区往右移，K点不会落在圆内，继电器不会误动。

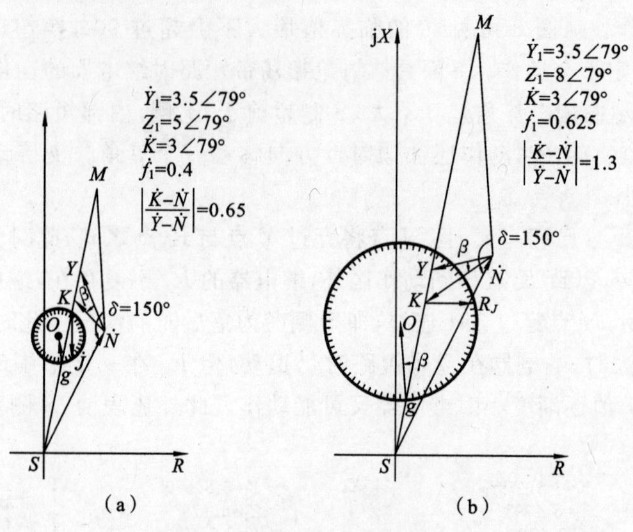

图 7 支接阻抗动作特性之二

图 8(b)表示振荡时 N 将穿过 K 点之外，此时 β 值不会很大，但 $\left|\frac{\dot{N}-\dot{K}}{\dot{N}-\dot{Y}}\right|\leqslant 1$。故圆心往下移，半径也缩小，$K$ 点更不会落在圆内，继电器不会误动。

图 8(c)表示 N 点将穿过 Y 点以内，此时 β 值也不会很大，但 $\left|\frac{\dot{N}-\dot{K}}{\dot{N}-\dot{Y}}\right|\geqslant 1$，当 N 点比较靠近 Y 点时，此比值可能很大，动作特性圆将上移，而且半径增大，继电器可能误动作。

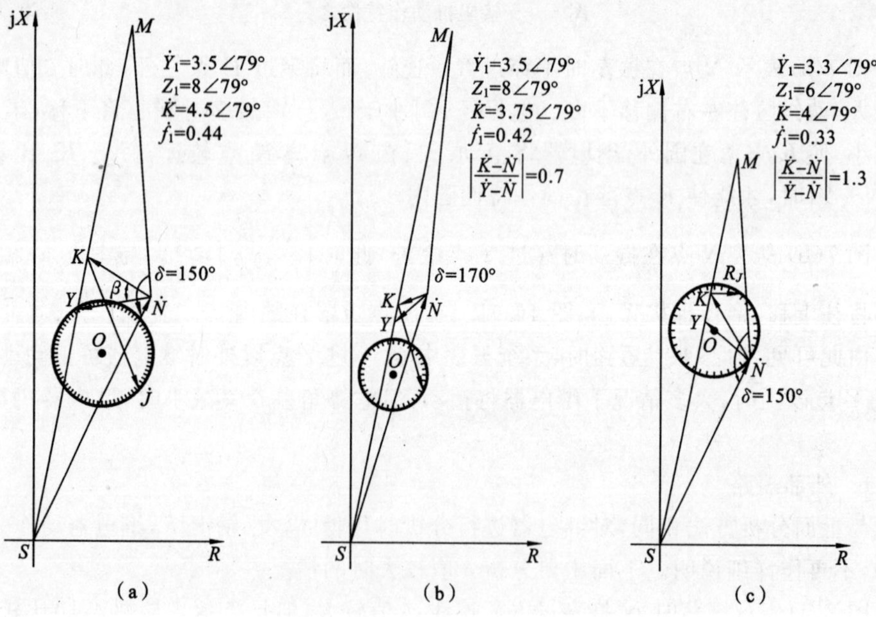

图 8 支接阻抗动作特性之三

总的来说，外部 $K^{(2)}$ 短路时，系统振荡中心 N 过 Y 点以内，继电器将误动，N 过 Y 以外时继电器不会误动。

c. 反方向短路。

图 9(a)表示反方向短路，系统振荡中心 N 将通过 KY 连线时的情况。此时动作区向右侧移动。由于 β 值较大，一般情况下不会误动。

图 9(b)表示 N 在 YM 之间穿过且 N 很靠近 Y 时，因 $\left|\frac{\dot{N}-\dot{K}}{\dot{N}-\dot{Y}}\right|$ 值很大，而 β 值又很小，此时圆心下移很多，半径增大很多。这种情况下 K 点可能落在圆内，继电器将误动。在图 9(a)中如 N 靠近 K，此时 $\left|\frac{\dot{N}-\dot{K}}{\dot{N}-\dot{Y}}\right|$ 值较小，半径 ρ 较小，K 点落在圆外，继电器不误动。N 点在 KS 连线中穿过时，情况大致相同。

总的来说，N 如在 Y 点以外穿过 SM 连线时，反方向短路可能误动。

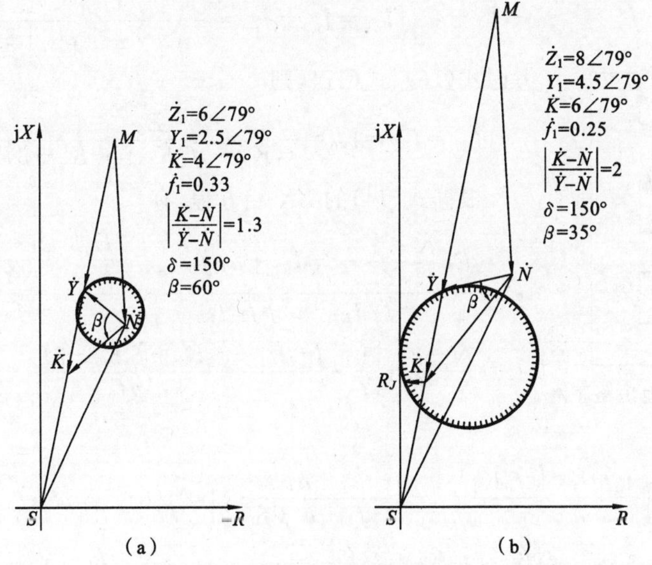

图 9 支接阻抗动作特性之四

用支接阻抗动作特性方法分析在两端电源，系统振荡情况下两相短路时继电器的动作特性可小结如下。

首先，在阻抗第Ⅰ段动作时间内既存在短路，而两侧电势角差又很大(例如在120°以上)，这在实际运行中是不可能出现的(除非是非同期重合)，一般不要求在这种情况下继电器仍能正确动作。

其次，对阻抗继电器第Ⅱ段，如果时间元件由阻抗元件启动，则在一个振荡周期中，阻抗元件动作的延续时间，以 δ 在 $\pm 120°$ 之间继电器误动计算，则充其量算也小于 $\frac{1}{3}$ 个振荡周期，即 $\frac{1}{3}T$。据统计，基本上 $T<1.5''$。故在振荡中阻抗元件动作延续时间小于 $0.5''$，而一般第Ⅱ段动作时间 $t_{\text{Ⅱ}}\geqslant 0.5''$。保护仍不会误动。

再次，振荡中心 N 在保护区外穿过 SM 连线时，继电器不管区内、区外短路都不太可能误动和拒动。

最后，N 在保护区内（Y 点以内），特别是在 Y 点前后穿过 SM 连线时，继电器可能误动或拒动。应该说明，区内故障在电势角差较大时拒动是暂时的，因为 δ 值在振荡时是变化的，当 δ 由大变小，小到一定程度而其余保护又未动作时继电器仍会动作。如果阻抗第Ⅱ段时间元件不是由阻抗测量元件启动，则继电器仍会继续跳闸。如果时间元件由阻抗元件启动，则当振荡周期较小时，继电器间歇动作的时间不够长，则保护将会拒动。但考虑这是在第Ⅱ段保护区内的短路情况，如对侧Ⅰ段先跳，则保护仍能相继动作。

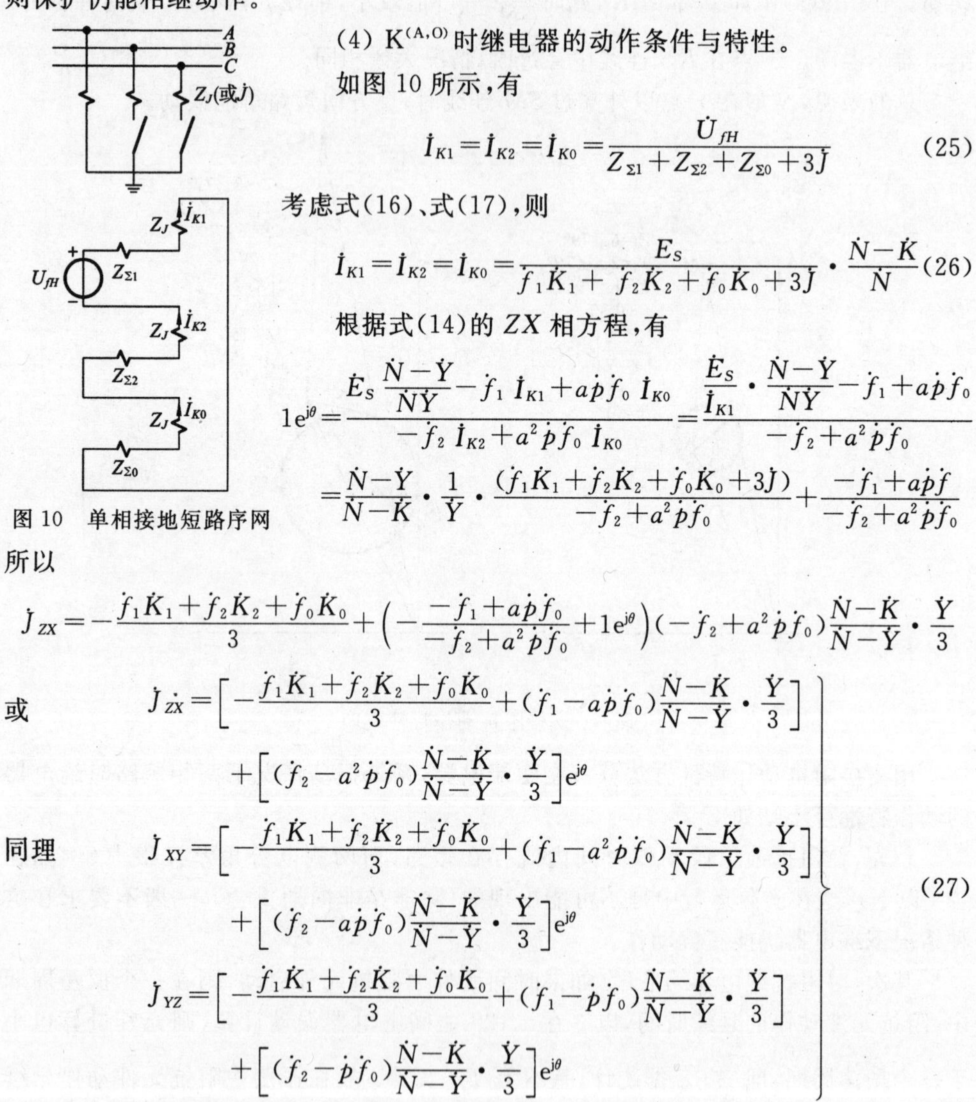

图 10　单相接地短路序网

(4) $K^{(A,O)}$ 时继电器的动作条件与特性。

如图 10 所示，有

$$\dot I_{K1}=\dot I_{K2}=\dot I_{K0}=\frac{\dot U_{fH}}{Z_{\Sigma1}+Z_{\Sigma2}+Z_{\Sigma0}+3\dot J} \tag{25}$$

考虑式(16)、式(17)，则

$$\dot I_{K1}=\dot I_{K2}=\dot I_{K0}=\frac{\dot E_S}{\dot f_1\dot K_1+\dot f_2\dot K_2+\dot f_0\dot K_0+3\dot J}\cdot\frac{\dot N-\dot K}{\dot N} \tag{26}$$

根据式(14)的 ZX 相方程，有

$$\begin{aligned}1\mathrm{e}^{j\theta}&=\frac{\dot E_S\dfrac{\dot N-\dot Y}{\dot N\dot Y}-\dot f_1\dot I_{K1}+a\dot p\dot f_0\dot I_{K0}}{-\dot f_2\dot I_{K2}+a^2\dot p\dot f_0\dot I_{K0}}=\frac{\dfrac{\dot E_S}{\dot I_{K1}}\cdot\dfrac{\dot N-\dot Y}{\dot N\dot Y}-\dot f_1+a\dot p\dot f_0}{-\dot f_2+a^2\dot p\dot f_0}\\&=\frac{\dot N-\dot Y}{\dot N-\dot K}\cdot\frac{1}{\dot Y}\cdot\frac{(\dot f_1\dot K_1+\dot f_2\dot K_2+\dot f_0\dot K_0+3\dot J)}{-\dot f_2+a^2\dot p\dot f_0}+\frac{-\dot f_1+a\dot p\dot f}{-\dot f_2+a^2\dot p\dot f_0}\end{aligned}$$

所以

$$\dot J_{ZX}=-\frac{\dot f_1\dot K_1+\dot f_2\dot K_2+\dot f_0\dot K_0}{3}+\left(-\frac{-\dot f_1+a\dot p\dot f_0}{-\dot f_2+a^2\dot p\dot f_0}+1\mathrm{e}^{j\theta}\right)(-\dot f_2+a^2\dot p\dot f_0)\frac{\dot N-\dot K}{\dot N-\dot Y}\cdot\frac{\dot Y}{3}$$

或

$$\left.\begin{aligned}\dot J_{ZX}=&\left[-\frac{\dot f_1\dot K_1+\dot f_2\dot K_2+\dot f_0\dot K_0}{3}+(\dot f_1-a\dot p\dot f_0)\frac{\dot N-\dot K}{\dot N-\dot Y}\cdot\frac{\dot Y}{3}\right]\\&+\left[(\dot f_2-a^2\dot p\dot f_0)\frac{\dot N-\dot K}{\dot N-\dot Y}\cdot\frac{\dot Y}{3}\right]\mathrm{e}^{j\theta}\\ \dot J_{XY}=&\left[-\frac{\dot f_1\dot K_1+\dot f_2\dot K_2+\dot f_0\dot K_0}{3}+(\dot f_1-a^2\dot p\dot f_0)\frac{\dot N-\dot K}{\dot N-\dot Y}\cdot\frac{\dot Y}{3}\right]\\&+\left[(\dot f_2-a\dot p\dot f_0)\frac{\dot N-\dot K}{\dot N-\dot Y}\cdot\frac{\dot Y}{3}\right]\mathrm{e}^{j\theta}\\ \dot J_{YZ}=&\left[-\frac{\dot f_1\dot K_1+\dot f_2\dot K_2+\dot f_0\dot K_0}{3}+(\dot f_1-\dot p\dot f_0)\frac{\dot N-\dot K}{\dot N-\dot Y}\cdot\frac{\dot Y}{3}\right]\\&+\left[(\dot f_2-\dot p\dot f_0)\frac{\dot N-\dot K}{\dot N-\dot Y}\cdot\frac{\dot Y}{3}\right]\mathrm{e}^{j\theta}\end{aligned}\right\} \tag{27}$$

（其中 $\dot J_{XY}$ 前注“同理”）

式(27)就是这种阻抗继电器在单相接地时的“支接阻抗动作特性”。将式(27)与式(20)对比可以得出以下结论。

① $K^{(2)}$ 时三相动作特性圆相重合，而 $K^{(1)}$ 时三个圆不重合，但共交于一点"g"，即$\left(-\frac{\Sigma\dot{f}\dot{K}}{3}\right)$。

② 如果 $\dot{Y}_0$ 与 $\dot{Y}_1$ 的辐角相等，即 $\dot{p}$ 的辐角为 0°，并近似令 $\dot{f}_1=\dot{f}_2$，则

$$|\dot{f}_2-a\dot{p}\dot{f}_0|=|\dot{f}_1-a^2\dot{p}\dot{f}_0|$$

此时式(27)可表示为

$$\dot{J}=\dot{O}+\rho e^{j\theta}=-\frac{\Sigma\dot{f}\dot{K}}{3}+\dot{\rho}'+\dot{\rho}'e^{j\theta} \tag{28}$$

式中
$$\dot{\rho}'=(\dot{f}_1-a\dot{p}\dot{f}_0)\cdot\frac{\dot{N}-\dot{K}}{\dot{N}-\dot{Y}}\cdot\frac{\dot{Y}}{3}$$

式(28)的形式与 $K^{(2)}$ 时的式(20)是基本上一致的。其差别是其共交点在 $K^{(1)}$ 时为$\left(-\frac{\Sigma\dot{f}\dot{K}}{3}\right)$，而在 $K^{(2)}$ 时为$-\frac{\dot{f}_1\dot{K}_1+\dot{f}_2\dot{K}_2}{2}\approx-\dot{f}_1\dot{K}_1$，此外 $\dot{\rho}$ 中的一个系数由$\frac{\dot{f}}{2}$变为$\frac{\dot{f}_1-a\dot{p}\dot{f}_0}{3}$(对于其他相，则 a 改为 a^2 或 1)。

③ 系统振荡时因 $\dot{N}$ 的影响，$K^{(1)}$ 和 $K^{(2)}$ 支接阻抗动作特性变化的规律是一致的。

图 11～图 16 着重分析静态超越问题，由此还可看出下列几点。

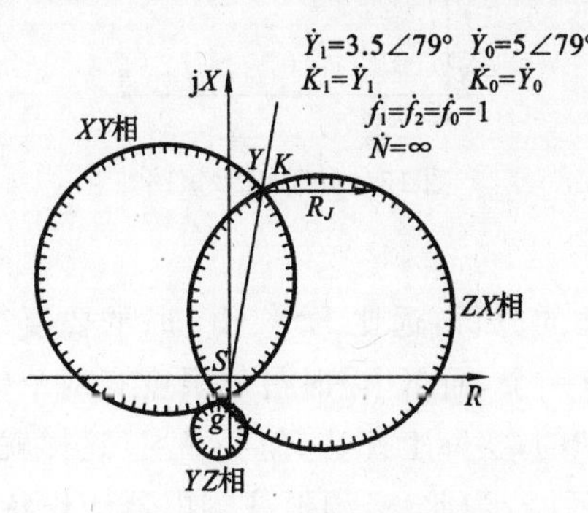

图 11 在 Y 点单相接地短路

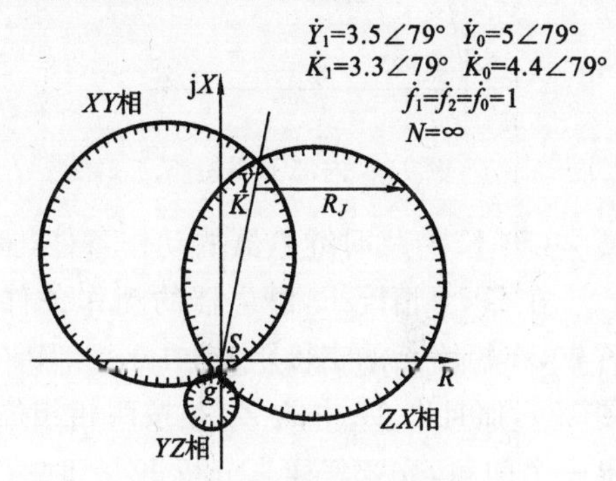

图 12 内部单相接地短路

④ $K^{(1)}$ 时耐过渡电阻(即支接动作电阻 R_J)的能力较 $K^{(2)}$ 时强得多，这对实际电力系统来说是很合要求的，因为实际系统中 $K^{(1)}$ 的过渡电阻往往较 $K^{(2)}$ 时为大。

⑤ 静态超越是存在的，问题是实际超越的程度。超越情况基本上由 $\dot{Y}$ 值决定，而 $\dot{Y}$ 值是由 Z_{C1} 及 Z_Y 合成的。Z_Y 占比重越小，则超越值占 Z_Y 值的比重就越大。

⑥ 超越以单侧电源时为最严重，占 $\dot{Y}$ 值的 4%～5%。如 $Z_Y\approx\frac{\dot{Y}}{3}$，则超越可达 Z_Y 的 12%～15%。但这时金属短路，即 $R_J=0$ 是不会误动的，只有当 R_J 达到一定数值，即达到$|Z_Y|$值上下时才会误动。在较长的线路上，这样大的过渡电阻是很少有的。在两侧供电时，则超越可大为减少。从实例看，可减少到 Z_Y 值的 5%以内。

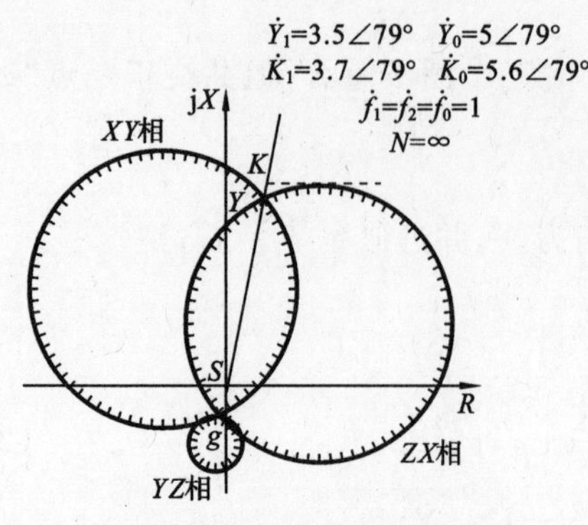

图 13 外部单相接地短路

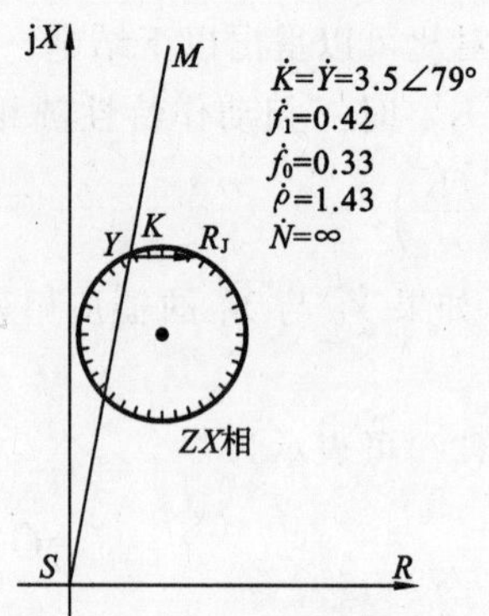

图 14 Y 点 $K^{(2)}$ 短路

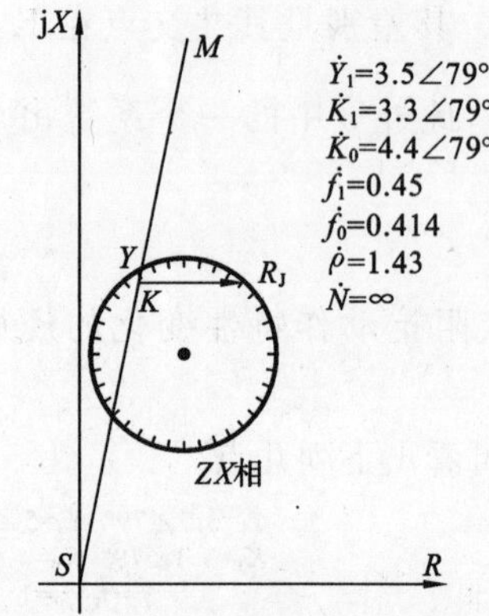

图 15 内部 $K^{(2)}$ 短路

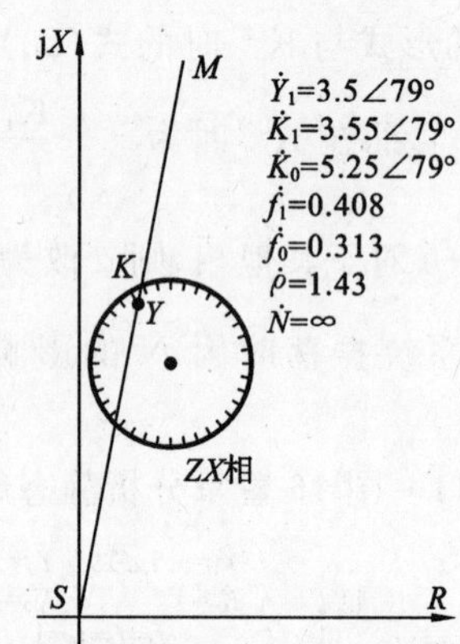

图 16 外部 $K^{(2)}$ 短路

(5) $K^{(B,C,O)}$ 时继电器的动作条件与特性。

在 $K^{(1,1)}$ 情况下，继电器的动作条件与特性的分析，远比 $K^{(1)}$、$K^{(2)}$ 时的要复杂。首先，在短路点的支接阻抗，在 $K^{(1)}$、$K^{(2)}$ 时只有一个，而 $K^{(1,1)}$ 时最低限度有两个(见图 17)，而且图 17 中的 Z_J 是按两相相等来处理的，实际上往往 $Z_{JB} \neq Z_{JC}$。这样就提出一个问题，究竟怎样来分析 $K^{(1,1)}$ 时的动作特性？为此，必须抓住继电器动作特性的基本特征。这样，令 $Z_{JB}=Z_{JC}$ 是必要的。但就是这样，也留下两个变量 Z_J 和 Z_{J0}。下面，先按这两个变量进行分析。

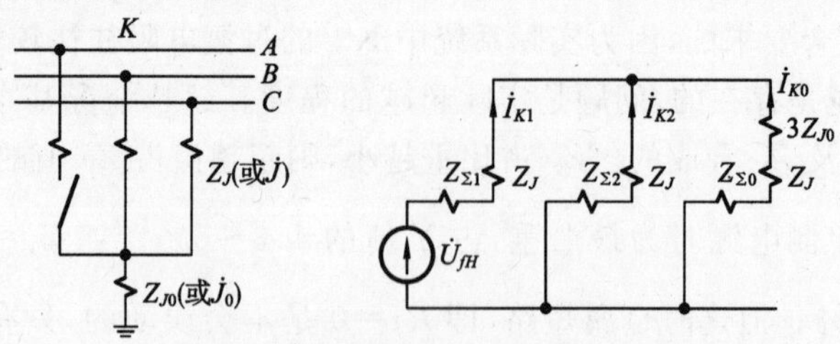

图 17 两相接地短路序网图

根据式(14),对 XY 相,有

$$1e^{j\theta}=\frac{\dot{E}_S\frac{\dot{N}-\dot{Y}}{\dot{N}\dot{Y}}-\dot{f}_1\dot{I}_{K1}+a^2\dot{p}\dot{f}_0\dot{I}_{K0}}{-\dot{f}_2\dot{I}_{K2}+a\dot{p}\dot{f}_0\dot{I}_{K0}}=\frac{\frac{\dot{E}_S}{\dot{I}_{K0}}\cdot\frac{\dot{N}-\dot{Y}}{\dot{N}\dot{Y}}-\dot{f}_1\frac{\dot{I}_{K1}}{\dot{I}_{K0}}+a^2\dot{p}\dot{f}_0}{-\dot{f}_2\frac{\dot{I}_{K2}}{\dot{I}_{K0}}+a\dot{p}\dot{f}_0} \tag{29}$$

由图17可得

$$\frac{\dot{I}_{K2}}{\dot{I}_{K0}}=\frac{Z_{\Sigma0}+Z_J+3Z_{J0}}{Z_{\Sigma2}+Z_J}=\frac{\dot{f}_0\dot{I}_{K0}+Z_J+3Z_{J0}}{\dot{f}_2\dot{K}_2+Z_J}$$

$$\frac{\dot{I}_{K1}}{\dot{I}_{K0}}=-\frac{(Z_{\Sigma2}+Z_J)+(Z_{\Sigma0}+Z_J+3Z_{J0})}{Z_{\Sigma2}+Z_J}=-\frac{\dot{f}_2\dot{K}_2+\dot{f}_0\dot{K}_0+2Z_J+3Z_{J0}}{\dot{f}_2\dot{K}_2+Z_J}$$

$$\frac{\dot{E}_S}{\dot{I}_{K0}}=-\frac{\dot{N}}{\dot{N}-\dot{K}}\cdot\frac{(Z_{\Sigma1}+Z_J)(Z_{\Sigma2}+Z_{\Sigma0}+2Z_J+3Z_{J0})+(Z_{\Sigma2}+Z_J)(Z_{\Sigma0}+Z_J+3Z_{J0})}{Z_{\Sigma2}+Z_J}$$

$$\approx-\frac{\dot{N}}{\dot{N}-\dot{K}}(\dot{f}_2\dot{K}_2+2\dot{f}_0\dot{K}_0+3Z_J+6Z_{J0})$$

代入式(29),整理得

$$1e^{j\theta}=\frac{A}{\dot{f}_2(\dot{f}_0\dot{K}_0+Z_J)-a\dot{p}\dot{f}_0(\dot{f}_2\dot{K}_2+Z_J)+\dot{f}_2 3Z_{J0}} \tag{30}$$

$$A=\frac{\dot{N}-\dot{Y}}{\dot{N}-\dot{K}}\cdot\frac{1}{\dot{Y}}(\dot{f}_2\dot{K}_2+2\dot{f}_0\dot{K}_0+3Z_J)(\dot{f}_2\dot{K}_2+Z_J)-\dot{f}_1(\dot{f}_2\dot{K}_2+\dot{f}_0\dot{K}_0+2Z_J)$$
$$-a^2\dot{p}\dot{f}_0(\dot{f}_2\dot{K}_2+Z_J)+\left[\frac{\dot{N}-\dot{Y}}{\dot{N}-\dot{K}}\cdot\frac{2}{\dot{Y}}(\dot{f}_2\dot{K}_2+Z_J)-\dot{f}_1\right]3Z_{J0}$$

对式(30)进行分析可以看出,如果以 Z_{J0} 为常量,以 Z_J 为变量进行分析,则将在分子出现 Z_J^2 项,Z_J 的轨迹不是一个圆。如果以 Z_J 为常量,Z_{J0} 为变量,则式(30)表示为

$$1e^{j\theta}=\frac{\dot{P}+\dot{G}Z_{J0}}{\dot{Q}+\dot{H}Z_{J0}}$$

根据附录,可得

$$\dot{Z}_{J0}=\dot{O}+\dot{\rho}e^{j\theta}=\frac{-\dot{P}\hat{G}+\dot{Q}\hat{H}}{G^2-H^2}+\frac{\dot{P}\dot{H}-\dot{Q}\dot{G}}{G^2-H^2}e^{j\theta} \tag{31}$$

式中

$$\left.\begin{aligned}
\dot{P}&=\frac{1}{3}\Big[\frac{\dot{N}-\dot{Y}}{\dot{N}-\dot{K}}\cdot\frac{1}{\dot{Y}}(\dot{f}_2\dot{K}_2+Z_J)(\dot{f}_2\dot{K}_2+2\dot{f}_0\dot{K}_0+3Z_J)\\
&\quad-\dot{f}_1(\dot{f}_2\dot{K}_2+\dot{f}_0\dot{K}_0+2Z_J)-a^2\dot{p}\dot{f}_0(\dot{f}_2\dot{K}_2+Z_J)\Big]\\
\dot{Q}&=\frac{1}{3}[\dot{f}_2(\dot{f}_0\dot{K}_0+Z_J)-a\dot{p}\dot{f}_0(\dot{f}_2\dot{K}_2+Z_J)]\\
\dot{G}&=\frac{\dot{N}-\dot{Y}}{\dot{N}-\dot{K}}\cdot\frac{2}{\dot{Y}}(\dot{f}_2\dot{K}_2+Z_J)-\dot{f}_1\\
\dot{H}&=\dot{f}_2
\end{aligned}\right\} \tag{32}$$

根据式(14)可知,对 ZX 相,只需将 a 改为 a^2,a^2 改为 a 即可;对 YZ 相,只需将

a、a^2 改为 1 即可。

从式(31)、式(32)来看，$K^{(1,1)}$ 时继电器的动作特性比较复杂，不易简单地看出系统各参数对动作特性的影响。下面试从具体实例中大概了解其一些基本特点。

从图 18～图 20 大致可以看出，在 $K^{(1,1)}$ 短路时，如果相支接电阻 R_J 为已知常数，分析地支接阻抗 Z_{J0} 的动作特性时，这一特性与 $K^{(2)}$、$K^{(1)}$ 时的特性差别很大。这里着重分析区外静态超越情况。

(1) 区外 $K^{(B,C,O)}$ 短路时，只要 R_{J0} 大于一个相当的数值，基本上都要误动作，而且超越的范围比较大(未在图上反映出，但分析及动模试验已证明这点)。

(2) 误动作情况以 $R_J=0$ 时最严重。R_J 即使有一个不大的数值，也可以使 R_{J0} 误动的临界值迅速增加，即较不易误动。

(3) 两端有电源时，R_{J0} 误动情况要好些。

(4) 根据上述分析，在一般实际情况下可以认为超越问题不严重，因为实际系统中 $R_J=0$ 的两相接地短路是很少的。动模试验(双侧电源)中，当 $R_J=4\Omega$(相当于图 18～图 20 中的 0.06 左右)时，$R_{J0}=35\Omega$(对应图中 0.5～0.6)，保护仍不误动。

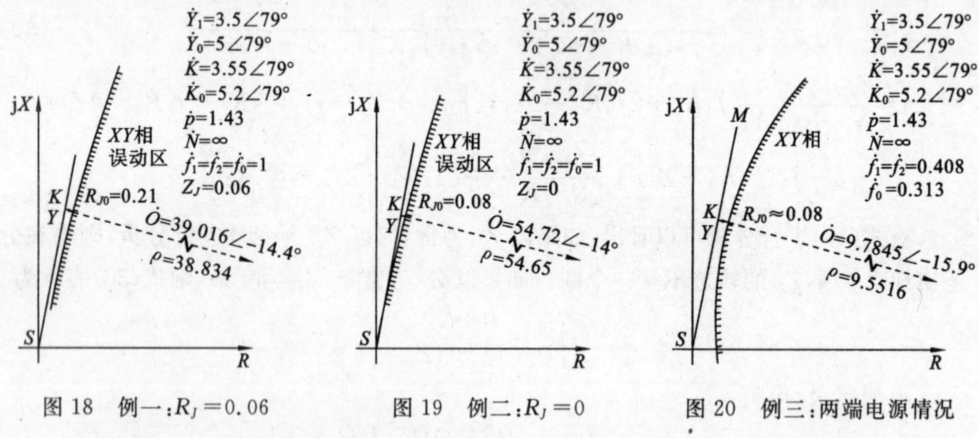

图 18 例一：$R_J=0.06$　　图 19 例二：$R_J=0$　　图 20 例三：两端电源情况

3 振荡阻抗动作特性及其应用(举例)

所谓"振荡阻抗"就是前面所举的 $\dot{N}$ 值，即自继电器等值电源电势端部在没有短路时所测得的测量阻抗。

所谓"振荡阻抗动作特性"就是当系统振荡，或者说线路两侧电源电势角差达到某一数值，继电器临界动作时 $\dot{N}$ 值的轨迹。在一种故障情况下(即 $\dot{Y}$、$\dot{K}$、Z_J、$\dot{f}$ 为某一定值)，就有一个"振荡阻抗动作特性"。无故障情况也是一种运行情况，也存在一个振荡阻抗动作特性问题。

下面举两种情况说明它的应用。一种是阻抗继电器在 $K^{(2)}$ 情况下的振荡阻抗动作特性，一种是单相断线情况下的振荡阻抗动作特性。

(1) $K^{(BC)}$ 情况下的振荡阻抗动作特性。

式(19)可改写成

$$\frac{\dot{f}_1}{\dot{f}_1\dot{K}_1+Z_J}\cdot\frac{\dot{Y}}{2}(1+\mathrm{e}^{\mathrm{j}\theta})=\frac{\dot{Y}-\dot{N}}{\dot{K}-\dot{N}}$$

对照附录中的结果，可知 $\dot{N}$ 的轨迹为一圆，即 $\dot{N}=\dot{O}+\dot{\rho}\mathrm{e}^{\mathrm{j}\theta}$，因

$$\dot{L}=\dot{M}=\frac{\dot{f}_1}{\dot{f}_1\dot{K}_1+Z_J}\cdot\frac{\dot{Y}}{2};\quad \dot{P}=\dot{Y};\quad \dot{Q}=\dot{K};\quad \dot{G}=\dot{H}=-1$$

故

$$\left.\begin{aligned}\dot{O}&=\frac{(-\dot{Y}+\dot{K}\dot{L})(-1+\hat{L})-\dot{K}\dot{L}\hat{L}}{|-1+\dot{L}|^2-|L|^2}=\frac{\dot{Y}-\dot{K}\dot{L}-\dot{Y}\hat{L}}{1-\dot{L}-\hat{L}}\\ \dot{\rho}&=\frac{(-\dot{Y}+\dot{K})\dot{L}}{1-\dot{L}-\hat{L}}\end{aligned}\right\}\tag{33}$$

下面举一特殊情况，令 $Z_J=0$，即金属短路，此时

$$\dot{L}=\frac{\dot{Y}}{2\dot{K}}$$

可得

$$\dot{N}=\frac{\dot{Y}-\dot{Y}\dfrac{\hat{Y}}{2\hat{K}}-\dot{K}\dfrac{\dot{Y}}{2\dot{K}}}{1-\dfrac{\dot{Y}}{2\dot{K}}-\dfrac{\hat{Y}}{2\hat{K}}}+\frac{\dfrac{\dot{Y}}{2\dot{K}}(\dot{K}-\dot{Y})}{1-\dfrac{\dot{Y}}{2\dot{K}}-\dfrac{\hat{Y}}{2\hat{K}}}\mathrm{e}^{\mathrm{j}\theta}=\frac{K^2-\dot{K}\hat{Y}}{2K^2-\dot{Y}\hat{K}-\hat{Y}\dot{K}}\dot{Y}(1+\mathrm{e}^{\mathrm{j}\theta})\tag{34}$$

当 $\dot{K}$ 的辐角与 $\dot{Y}$ 的辐角相等时（φ_k 与 φ_y 一般相差很小），则式(34)变为

$$\dot{N}\approx\frac{\dot{Y}}{2}(1+\mathrm{e}^{\mathrm{j}\theta})\tag{35}$$

式(35)有个特点，即 $\mathrm{K}^{(2)}$ 时继电器的振荡阻抗动作特性与 K 点关系不大，仅与方向有关。其特性见图 21。图上的圆"1"在正方向短路时振荡阻抗 N 的误动（外部短路）和拒动（内部短路）区。圆"2"是反方向短路时的误动区。上述特点是在 $J=0$，$\varphi_y=\varphi_k$ 的特殊情况下得到的。当计及 $\varphi_y\neq\varphi_k$，$J\neq0$ 时，此特性应在上述特性基础上作一定的变动。

从上面分析大体上可见，电势角约在 120°以后（极限是 90°）才可能误动或拒动。这与前面用支接阻抗动作特性方法分析所得结果是相符的。

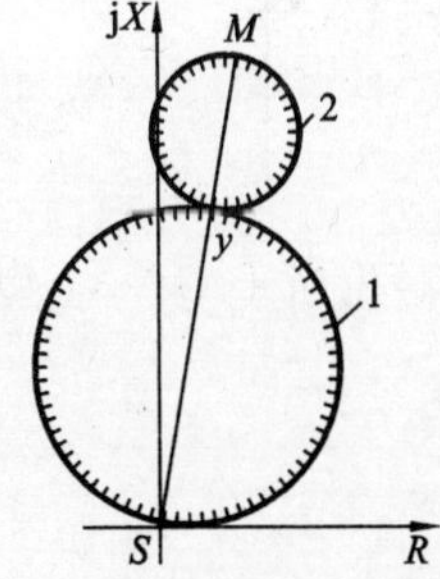

图 21 $\mathrm{K}^{(2)}$ 时 $\dot{N}$ 的动作特性

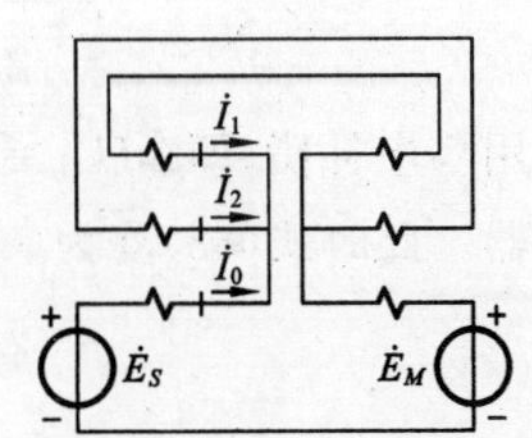

图 22 单相断线时的序网图

(2) 单相断线时的振荡阻抗动作特性。

图 22 是 A 相断线时的序网连接图。令各序自 S 侧至 N 侧的总阻抗为 Z_1、Z_2、Z_0，则

$$\left.\begin{aligned}\dot{I}_1&=\frac{\dot{E}_S-\dot{E}_M}{Z_1+\dfrac{Z_2Z_0}{Z_2+Z_0}}=(\dot{E}_S-\dot{E}_M)\frac{Z_2+Z_0}{Z_1Z_2+Z_2Z_0+Z_0Z_1}\\\dot{I}_2&=-\dot{I}_1\frac{Z_0}{Z_2+Z_0}=(\dot{E}_S-\dot{E}_M)\frac{-Z_0}{Z_1Z_2+Z_2Z_0+Z_0Z_1}\\\dot{I}_0&=(\dot{E}_S-\dot{E}_M)\frac{-Z_2}{Z_1Z_2+Z_2Z_0+Z_0Z_1}\end{aligned}\right\}\tag{36}$$

各序补偿电压为

$$\left.\begin{aligned}\dot{U}_{X1}&=\dot{E}_S-\dot{I}_1\dot{Y}_1=\dot{E}_S-\dot{E}_S\frac{Z_1}{\dot{N}}\cdot\frac{Z_2+Z_0}{Z_1Z_2+Z_2Z_0+Z_0Z_1}\dot{Y}_1\\\dot{U}_{X2}&=-\dot{I}_2\dot{Y}_2=\dot{E}_S\frac{Z_1}{\dot{N}}\cdot\frac{Z_0}{Z_1Z_2+Z_2Z_0+Z_0Z_1}\dot{Y}_2\\\dot{U}_{X0}&=-\dot{I}_0\dot{Y}_0=\dot{E}_S\frac{Z_1}{\dot{N}}\cdot\frac{Z_2}{Z_1Z_2+Z_2Z_0+Z_0Z_1}\dot{Y}_0\end{aligned}\right\}\tag{37}$$

根据式(9),可以得到各相的动作条件。

对 ZX 相,有

$$\begin{aligned}1\mathrm{e}^{\mathrm{j}\theta}&=\frac{\dot{U}_{X1}-a\dot{U}_{X0}}{\dot{U}_{X2}-a^2\dot{U}_{X0}}\\&=\frac{\dot{E}_S-\dot{E}_S\dfrac{Z_2+Z_0}{Z_1Z_2+Z_2Z_0+Z_0Z_1}\cdot\dfrac{Z_1}{\dot{N}}\cdot\dot{Y}_1-a\dot{E}_S\dfrac{Z_2}{Z_1Z_2+Z_2Z_0+Z_0Z_1}\cdot\dfrac{Z_1}{\dot{N}}\dot{Y}_0}{\dot{E}_S\dfrac{Z_0}{Z_1Z_2+Z_2Z_0+Z_0Z_1}\cdot\dfrac{Z_1}{\dot{N}}\cdot\dot{Y}_2-a^2\dot{E}_S\dfrac{Z_2}{Z_1Z_2+Z_2Z_0+Z_0Z_1}\cdot\dfrac{Z_1}{\dot{N}}\cdot\dot{Y}_0}\\&=\frac{(Z_1Z_2+Z_2Z_0+Z_0Z_1)\dot{N}-(Z_2+Z_0)Z_1\dot{Y}_1-Z_2Z_1a\dot{p}\dot{Y}_1}{Z_0Z_1\dot{Y}_2-Z_2Z_1a^2\dot{p}\dot{Y}}\end{aligned}$$

当 $Z_2=Z_1$,$\dot{Y}_2=\dot{Y}_1$ 时,可得

$$\left.\begin{aligned}\dot{N}_{Z\text{-}X}&=\frac{Z_0+(1+a\dot{p})Z_1}{Z_1+2Z_0}+\frac{Z_0-a^2\dot{p}Z_1}{Z_1+2Z_0}\dot{Y}_1\mathrm{e}^{\mathrm{j}\theta}\\\dot{N}_{X\text{-}Y}&=\frac{Z_0+(1+a^2\dot{p})Z_1}{Z_1+2Z_0}+\frac{Z_0-a\dot{p}Z_1}{Z_1+2Z_0}\dot{Y}_1\mathrm{e}^{\mathrm{j}\theta}\\\dot{N}_{Y\text{-}Z}&=\frac{Z_0+(1+\dot{p})Z_1}{Z_1+2Z_0}+\frac{Z_0-\dot{p}Z_1}{Z_1+2Z_0}\dot{Y}_1\mathrm{e}^{\mathrm{j}\theta}\end{aligned}\right\}\tag{38}$$

当不用零序补偿,即令$\dot{U}_{X0}=0$,或令 $\dot{p}=0$ 时,继电器相当于 GZ-31 型多相补偿阻抗继电器。此时式(38)变为

$$\dot{N}^{(2)}=\frac{Z_0+Z_1}{Z_1+2Z_0}+\frac{Z_0}{Z_1+2Z_0}\dot{Y}_1\mathrm{e}^{\mathrm{j}\theta}\tag{39}$$

式(38)、式(39)就是单相(A 相)继线时的振荡阻抗动作特性。图 23 就是它的举例。

从图 23 可以看出,这种阻抗继电器在非全相振荡过程中是会误动的。而且误动区较不用零序补偿的多相补偿阻抗继电器的要大。所以用这种阻抗继电器时必须采用防止非全相误动措施。

4 “支接阻抗动作特性”有关的一些问题

（1）还有哪些保护原理可以应用这一概念。

原则上凡是观察某一种原理的保护在短路故障时的动作性能时，多半有条件就可以用“支接阻抗动作特性”或“振荡阻抗动作特性”进行分析。上面对多相补偿阻抗继电器的分析仅是其中一例。其他阻抗继电器，以及功率方向、相位差动、电流差动等比较两个或两个以上电量的继电器，原则上都可以应用这两个概念进行分析。这样，不同原理的保护就可以同时在同一个阻抗坐标上进行比较、配合，可以较细微地、切实地观察各保护之间在灵敏度上、在选择性上是否配合得当，是否满足要求，这是它的优点。对过电流、零序电流等不是比较两个以上电量的保护，它们的动作条件与电源电势的绝对水平有关。这时候应该把电势幅值作为已知常量进行分析。对超高压线路的零序电流保护，把电势幅值作为常量处理是可以的。这样，线路用的各种保护就都可以同时在一阻抗坐标上进行比较，分析其配合情况了。

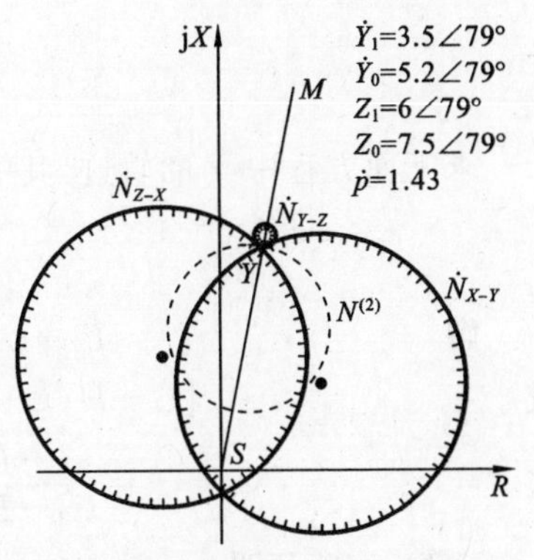

图 23 单相断线时 N 的动作特性

（2）关于“支接电阻动作特性”。

前面说明，在短路点支接一个复数阻抗，使继电器处于临界动作状态，满足这个条件的各复数阻抗值形成的在阻抗坐标上的轨迹，就是“支接阻抗动作特性”。但是，这个轨迹上的阻抗值，既有正电阻，也可能有负电阻，既有感抗，也可能有容抗。在实际运行情况下，负电阻是不可能存在的，而在短路点支接一个感性或容性的阻抗，这在实际运行中也是很少有的。绝大多数情况下是在短路点支接一个过渡电阻。因此可以在一个短路点取一个临界动作的支接电阻，即在支接阻抗动作特性中自 K 点引水平线，取其正实数值作为“支接动作电阻”R_J。当 K 点改变一个新值时即对应有一个 R_J 值。将 Z_K 沿线路改变，则可得 R_J 的轨迹，这一轨迹可称为“支接电阻动作特性”。如果各线路保护的支接电阻动作特性都知道，则可以直接看出各保护装置的选择性配合情况、灵敏度情况，以及如何整定才能最好地保证选择性和灵敏度的要求。

但是，从上面分析可以看出，除个别情况外，支接电阻动作特性不是一个简单的二次曲线，计算相当复杂，这就限制了这种方法的应用。如果用计算机进行计算，可能有助于解决这个矛盾。

上面已大致说明“支接阻抗动作特性”和“振荡阻抗动作特性”的概念，以及它们在“不对称短路阻抗继电器”即带零序补偿的多相补偿阻抗继电器的应用，同时也对这种继电器作一定程度的分析，得出这种继电器特性的一个概貌。但由于很多结果是通过特例分析而得到的，这里必然不够全面，还要继续做很多工作才行。

附 录

求下面方程中 $\dot{F}$ 的轨迹，其中 θ 为任意值。

$$\dot{L}+\dot{M}e^{j\theta}=\frac{\dot{P}+\dot{G}\dot{F}}{\dot{Q}+\dot{H}\dot{F}}$$

解
$$\dot{P}+\dot{G}\dot{F}=(\dot{L}+\dot{M}e^{j\theta})(\dot{Q}+\dot{H}\dot{F})$$

或
$$[\dot{G}-\dot{H}(\dot{L}+\dot{M}e^{j\theta})]\dot{F}=-\dot{P}+\dot{Q}(\dot{L}+\dot{M}e^{j\theta})$$

故
$$\dot{F}=\frac{(-\dot{P}+\dot{Q}\dot{L})+\dot{Q}\dot{M}e^{j\theta}}{(\dot{G}-\dot{H}\dot{L})+(-\dot{H}\dot{M})e^{j\theta}}=\frac{\dot{A}+\dot{B}e^{j\theta}}{\dot{C}+\dot{D}e^{j\theta}}$$

文献[1]曾证明

$$\dot{F}=\frac{\dot{A}+\dot{B}e^{j\theta}}{\dot{C}+\dot{D}e^{j\theta}}=\frac{\dot{A}\hat{C}-\dot{B}\hat{D}}{C^2-D^2}+\frac{\dot{A}\dot{D}-\dot{B}\dot{C}}{C^2-D^2}e^{j\xi}=\dot{O}+\dot{\rho}e^{j\xi}$$

代入有

$$\dot{O}=\frac{(-\dot{P}+\dot{Q}\dot{L})(\hat{G}-\hat{H}\hat{L})-\dot{Q}\dot{M}(-\hat{H}\hat{M})}{|\dot{G}-\dot{H}\dot{L}|^2-|HM|^2}$$

$$\dot{\rho}=\frac{(-\dot{P}+\dot{Q}\dot{L})(-\dot{H}\dot{M})-(\dot{Q}\dot{M})(\dot{G}-\dot{H}\dot{L})}{|\dot{G}-\dot{H}\dot{L}|^2-|HM|^2}=\frac{(\dot{P}\dot{H}-\dot{Q}\dot{G})\dot{M}}{|\dot{G}-\dot{H}\dot{L}|^2-|HM|^2}$$

参考文献

[1] 两端电源线路上三相补偿阻抗继电器的动作特性[J].华中工学院学报，1963，7(3).

[2] 向量逻辑特性和相全能阻抗继电器[J].南京自动化研究所《技术通迅》，1976，1.

[3] 静态多相距离断电器[J](译自 I. E. E. E. Trans. Vo1. PAS—91 No. 3 1972 年).继电器，1973，1:1183-1191.

[4] 用相位重合原理构成的多相接地距离继电器[J](译自 I. E. E. E. Trans. Vo1. PAS—92 No. 2 1973 年).继电器，1974，1.

2.4 接地多相补偿阻抗元件的超越与方向性[①]

本文通过计算机计算接地多相补偿阻抗继电器的动作域，以分析该元件的超越特性和方向性问题，从所得的支接电阻动作特性族看出一些新的现象，如反方向一定距离处存在着反向误动区等。此外对 I_0 相位闭锁的效能提出了用逻辑动作域的方法进行分析，对 I_0 偏角的整定原则提出了看法。

1 问题

对于多相阻抗继电器的褒贬，至今仍莫衷一是，其主要原因是对它的特性认识得还不够透彻。大家都承认它的优点是允许故障点有较大过渡电阻，另外方向性比较强，但是它有一个重要的缺点，就是接地短路，特别是两相接地短路时，存在超范围动作，但是超范围问题究竟如何严重？采取一定措施以后，效果如何？问题解决到什么程度？这些问题仍需作进一步分析。另外，方向性究竟好到什么程度，在某些条件下是否存在反向性误动作问题？这都需要进一步探讨。

2 方法

为了较为严格地弄清继电器的超越情况和研究其反方向短路时的方向性，我们采用了“支接电阻动作特性”的分析方法，研究在短路点支接多大的过渡电阻时继电器刚好临界动作的课题。

支接电阻动作特性的求法如下。

首先求出继电器的支接阻抗动作特性的圆心和半径，文献[1]曾求得综合的多相补偿阻抗继电器，即能反应全部不对称短路的多相补偿阻抗继电器的支接阻抗动作特性的圆心和半径，然后用下面的方法求临界动作时的支接电阻。

如图1所示，如果已知支接阻抗动作特性的圆心为 $\dot{O}$，半径为 ρ，则临界动作的电阻为 R_1 及 R_2，即支接电阻在 R_1 及 R_2 之间时继电器动作。

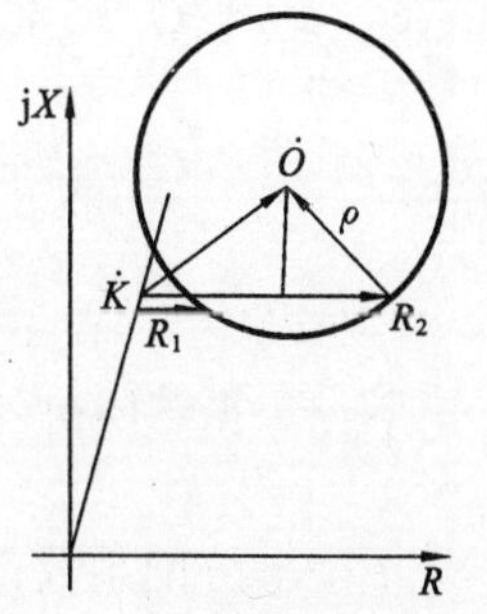

图1 从支接阻抗特性圆求出支接电阻

由图1可得

$$\left.\begin{aligned} R_2 &= \mathrm{Re}\dot{O} + \sqrt{\rho^2 - |\mathrm{Im}\dot{O}|^2} \\ R_1 &= \mathrm{Re}\dot{O} - \sqrt{\rho^2 - |\mathrm{Im}\dot{O}|^2} \end{aligned}\right\} \quad (1)$$

当 $\rho^2 > |\mathrm{Im}\dot{O}|^2$ 时，R_1、R_2 有解。当 $\rho^2 < |\mathrm{Im}\dot{O}|^2$ 时，R_1、R_2 无解，即不存在临界动作的支接电阻。$\rho^2 = |\mathrm{Im}\dot{O}|^2$ 时，R 有重根，即 $R_1 = R_2$，继电器只在该点动作。此外，若

① 本文发表于1979年电机工程学会全国继电保护学术会议。

$\rho^2>|\mathrm{Im}\dot{O}|^2$，当 $\mathrm{Re}\dot{O}>\sqrt{\rho^2-|\mathrm{Im}\dot{O}|^2}$ 时，R_1、R_2 为正，即金属短路时不动作，过渡电阻大于 R_1、小于 R_2 时继电器动作。

当 $\mathrm{Re}\dot{O}<\rho^2-|\mathrm{Im}\dot{O}|^2$ 时，R_1 为负，表示过渡电阻自零至 R_2 之间继电器动作，$0\sim R_1$ 区间无意义，继电器不动作。

当 R_1、R_2 两根为负时，继电器不会动作。

文献[1]对图 2 所示的典型网络的综合的(指兼顾相间短路及接地短路的)多相阻抗继电器的支接阻抗动作特性作了分析，分析了 $\mathrm{K}^{(1)}$、$\mathrm{K}^{(2)}$、$\mathrm{K}^{(2,0)}$ 等情况，其结果为

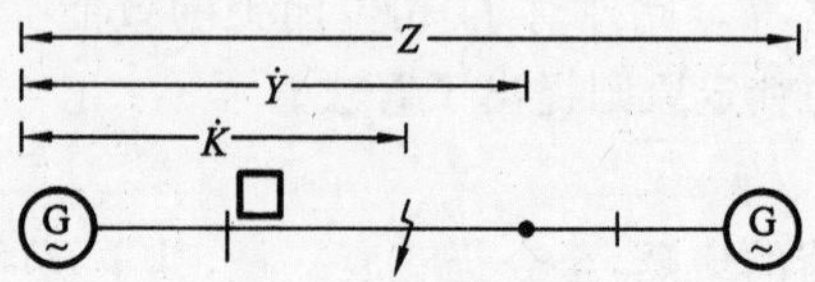

图 2 典型两端电源网络

$$\left.\begin{aligned}
\dot{J}^{(B.C)}&=\dot{f}_1\left(-\dot{K}+\frac{\dot{N}-\dot{K}}{\dot{N}-\dot{Y}}\cdot\frac{\dot{Y}}{2}\right)+\dot{f}_1\frac{\dot{N}-\dot{K}}{\dot{N}-\dot{Y}}\cdot\frac{\dot{Y}}{2}\mathrm{e}^{j\theta}\\
\dot{J}^{(A)}&=\left[-\frac{\dot{f}_1\dot{K}_1+\dot{f}_2\dot{K}_2+\dot{f}_0\dot{K}_0}{3}+(\dot{f}_1-a^n\dot{p}\dot{f}_0)\frac{\dot{N}-\dot{K}}{\dot{N}-\dot{Y}}\cdot\frac{\dot{Y}}{3}\right]\\
&\quad+\left[(\dot{f}_2-a^{2n}\dot{p}\dot{f}_0)\frac{\dot{N}-\dot{K}}{\dot{N}-\dot{Y}}\cdot\frac{\dot{Y}}{3}\right]\mathrm{e}^{j\theta}\\
\dot{J}_0^{(B.C.O)}&=\frac{-\dot{P}\dot{G}+\dot{Q}\dot{H}}{G^2-H^2}+\frac{\dot{P}\dot{H}-\dot{Q}\dot{G}}{G^2-H^2}\mathrm{e}^{j\theta}
\end{aligned}\right\}\tag{2}$$

$$\begin{aligned}
\dot{P}&=\frac{1}{3}\Big[\frac{\dot{N}-\dot{Y}}{\dot{N}-\dot{K}}\cdot\frac{1}{\dot{Y}}(\dot{f}_2\dot{K}_2+Z_J)(\dot{f}_2\dot{K}_2+2\dot{f}_0\dot{K}_0+3Z_J)\\
&\quad-\dot{f}_1(\dot{f}_2\dot{K}_2+\dot{f}_0\dot{K}_0+2Z_J)-a^n\dot{p}\dot{f}_0(\dot{f}_2\dot{K}_2+Z_J)\Big]\\
\dot{Q}&=\frac{1}{3}[\dot{f}_2(\dot{f}_0\dot{K}_0+Z_J)-a^{2n}\dot{p}\dot{f}_0(\dot{f}_2\dot{K}_2+Z_J)]\\
\dot{G}&=\frac{\dot{N}-\dot{Y}}{\dot{N}-\dot{K}}\cdot\frac{2}{\dot{Y}}(\dot{f}_2\dot{K}_2+Z_J)-\dot{f}_1\\
\dot{H}&=\dot{f}_2
\end{aligned}$$

式中，$\dot{N}$——振荡阻抗，$\dot{N}=\frac{\dot{E}_S}{\dot{I}_{fh}}=\frac{\dot{E}_S}{\dot{E}_S-\dot{E}_N}\cdot Z_{\Sigma1}$ 为故障前首端电源处的测量阻抗；

f_i——分配系数；$\dot{p}=\frac{\dot{Y}_0}{\dot{Y}_1}$。

对 XY 相测量回路，$n=0$；对于 YZ 相，$n=1$；对于 ZX 相，$n=2$。Z_J 为两相接地时的“相支接阻抗”，Z_{J0} 为此时的“地支接阻抗”。

为了较全面地反映出继电器受过渡电阻影响的程度，以及在区外和反方向短路时的动作情况，应该找出在线路上正反方向各点短路时临界的支接电阻值，并由此绘

制成曲线。但是由于支接电阻动作特性不是一般的二次曲线，要逐点计算则工作量很大，为了解决这个矛盾，我们编制了一个适用于 DJS-21 计算机的计算程序。这样就可以使大量计算变为可能了。

3 框图

上述计算的程序框图见图 3（注：此程序经几代研究生的努力，已有很大发展和完善）。

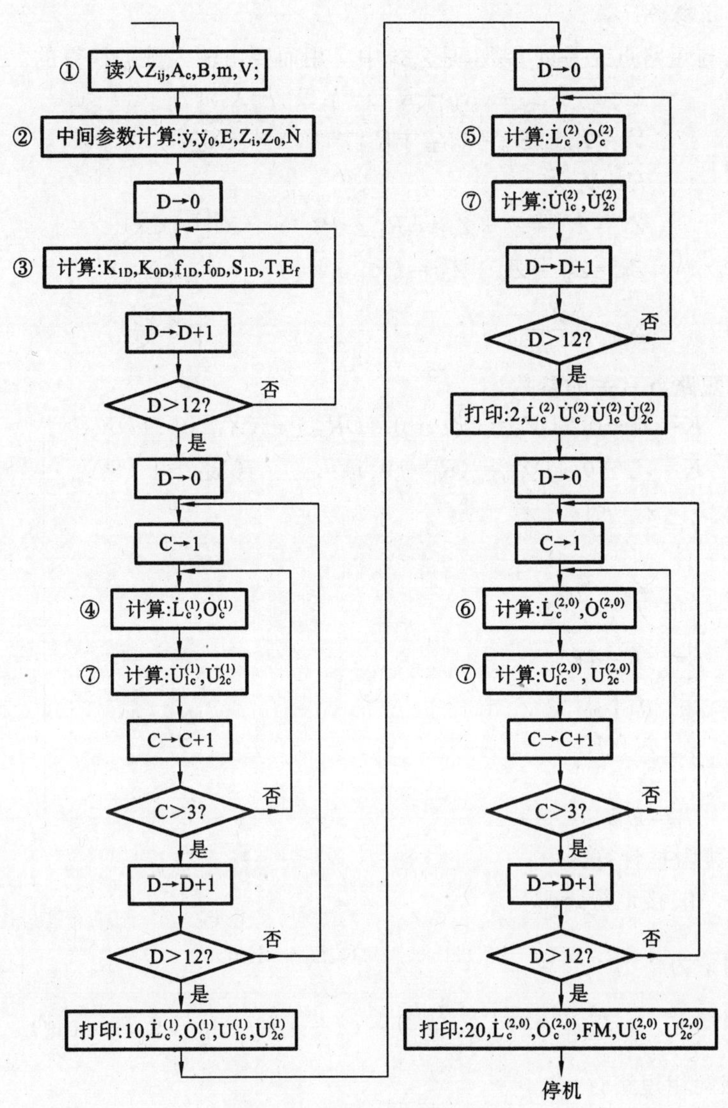

图 3 程序框图

(1) 输入数据。

$$Z_{ij}=\begin{bmatrix} Z_{11} & Z_{12} \\ Z_{21} & Z_{22} \\ Z_{31} & Z_{32} \end{bmatrix}=\begin{bmatrix} Z_s & Z_{so} \\ Z_d & Z_{do} \\ Z_y & Z_{yo} \end{bmatrix}$$

$Z_d \Leftrightarrow (Z_1-Z_S)$；$Z_{do} \Leftrightarrow (Z_o-Z_{so})$（为母线对侧，包括线路的总阻抗）。

A_C 为算子 a^n，$n=1$ 时，$C=1$；$n=2$ 时，$C=2$；$n=0$ 时，$C=3$。

$B \Leftrightarrow \delta$，$m \Leftrightarrow |E_m/E_s|$，$V \Leftrightarrow J$ 为 $K^{(2,0)}$ 时的相支接阻抗。

(2) 中间参数计算。

这是指与短路点无关的参数，是公式中应用而要由输入数据换算的。

$$\left.\begin{aligned} &\dot{Y}=Z_s+Z_y=(R_{11}+R_{31})+\mathrm{j}(X_{11}+X_{31}) \\ &\dot{Y}_o=Z_{so}+Z_{yo}=(R_{12}+R_{32})+\mathrm{j}(X_{12}+X_{32}) \\ &\dot{E}=\dot{Y}_o/\dot{Y} \\ &Z_1=Z_{\Sigma 1}=Z_s+Z_d=(R_{11}+R_{21})+\mathrm{j}(X_{11}+X_{21}) \\ &Z_0=Z_{\Sigma 0}=Z_{so}+Z_{do}=(R_{12}+R_{22})+\mathrm{j}(X_{12}+X_{22}) \\ &\dot{N}=\frac{Z_1}{1-m\mathrm{e}^{\mathrm{j}B}} \end{aligned}\right\} \tag{3}$$

(3) 与短路点有关的参数。

$$\left.\begin{aligned} &\dot{K}=Z_s+0.1DZ_y=(R_{11}+0.1DR_{31})+\mathrm{j}(X_{11}+0.1DX_{31}) \\ &\dot{K}=Z_{so}+0.1DZ_{yo}=(R_{12}+0.1DR_{32})+\mathrm{j}(X_{12}+0.1DX_{32}) \\ &\dot{f}=\frac{Z-\dot{K}}{Z} \\ &\dot{f}_0=\frac{Z_o-\dot{K}_o}{Z_o} \\ &\dot{S}=\dot{f}\dot{K}+U \\ &\dot{S}_0=\dot{f}_0\dot{K}_o+U \\ &\dot{T}=\frac{\dot{N}-\dot{K}}{\dot{N}-\dot{Y}}\dot{Y} \\ &\dot{E}_f=\dot{E}\dot{f}_0 \end{aligned}\right\} \tag{4}$$

(4) 支接阻抗计算。

单相（A 相）接地短路时，

$$\left.\begin{aligned} &\text{半径相量为}\quad \dot{L}_1=(\dot{f}-\dot{A}_c\dot{E}\dot{f}_0)\frac{\dot{T}}{3}=\mathrm{Re}\dot{L}_1+\mathrm{jIm}\dot{L}_1 \\ &\text{圆心相量为}\quad \dot{O}_1=\frac{-2\dot{f}\dot{K}-\dot{f}_0\dot{K}_0}{3}+(\dot{f}-\dot{A}_c\dot{E}\dot{f}_0)\frac{\dot{T}}{3}=\mathrm{Re}\dot{O}+\mathrm{jIm}\dot{O} \end{aligned}\right\} \tag{5}$$

B、C 相两相短路时，有

$$\left.\begin{aligned} &\dot{L}_2=\dot{f}\,\frac{\dot{T}}{2}=\mathrm{Re}\dot{L}_2+\mathrm{jIm}\dot{L}_2 \\ &\dot{O}_2=-\dot{f}\dot{K}+\dot{L}_2=\mathrm{Re}\dot{O}_2+\mathrm{jIm}\dot{O}_2 \end{aligned}\right\} \tag{6}$$

B、C 相两相接地短路时，有

$$\left.\begin{aligned}&\dot{P}\Leftrightarrow\frac{1}{3}\left[\frac{\dot{S}}{\dot{T}}(\dot{S}+2\dot{S}_0)-\dot{f}(\dot{S}+\dot{S}_0)-\dot{A}_c\dot{E}\dot{f}_0\dot{S}\right]\\&\dot{Q}\Leftrightarrow\frac{1}{3}(\dot{f}\dot{S}_0-\hat{A}_c\dot{E}\dot{f}_0\dot{S})\\&\dot{G}\Leftrightarrow\frac{2\dot{S}}{\dot{T}}-\dot{f}\\&\dot{H}\Leftrightarrow\dot{f}\end{aligned}\right\}\tag{7}$$

半径相量为 $$\dot{L}_{20}=\frac{\dot{P}\dot{H}-\dot{Q}\dot{G}}{G^2-H^2}=\mathrm{Re}\dot{L}_{20}+\mathrm{jIm}\dot{L}_{20}$$

圆心相量为 $$\dot{O}_{20}=\frac{-\dot{P}\hat{G}-\dot{Q}\hat{H}}{G^2-H^2}=\mathrm{Re}\dot{O}_{20}+\mathrm{jIm}\dot{O}_{20}$$

(5) 支接电阻计算。

$$\left.\begin{aligned}U_1=&\begin{cases}\mathrm{Re}\dot{O}+\sqrt{(\mathrm{Re}\dot{L})^2+(\mathrm{Im}\dot{L})^2-(\mathrm{Im}\dot{O})^2}, & \text{当}(\mathrm{Im}\dot{O})^2\leqslant|\dot{L}|^2\text{ 时}\\ \text{无值}, \quad \text{当}(\mathrm{Im}\dot{O})^2>|\dot{L}|^2\text{ 时}\end{cases}\\U_2=&\begin{cases}\mathrm{Re}\dot{O}-\sqrt{(\mathrm{Re}\dot{L})^2+(\mathrm{Im}\dot{L})^2-(\mathrm{Im}\dot{O})^2}, & \text{当}(\mathrm{Im}\dot{O})^2\leqslant|\dot{L}|^2\text{ 时}\\ \text{无值}, \quad \text{当}(\mathrm{Im}\dot{O})^2>|\dot{L}|^2\text{ 时}\end{cases}\end{aligned}\right\}\tag{8}$$

(6) 短路点的选取。

短路点计算式为

$$Z_K=0.1DZ_y\tag{9}$$

令 $D=0,1,\cdots,12$，取整数，即考虑取 13 个短路点。

(7) 反方向短路点的选取。

计算时，考虑系统情况不变，短路点不变，但 Z_y 自正值改为负值，这意味着分析反方向保护的另一个继电器的动作特性。

(8) 关于打印。

一般只打印 U_1、U_2，需要时再打印 $\dot{L}$、$\dot{O}$ 值供分析。$\mathrm{K}^{(2,0)}$ 时多打印 $\dot{L}_{20}$ 或 $\dot{O}_{20}$ 的分母 FM 值，分析证明当 FM 为正值时，圆内为动作域；FM 为负值时，圆外为动作域，$\mathrm{K}^{(1)}$ 及 $\mathrm{K}^{(2)}$ 时全部是圆内为动作域，故不打印 FM 值。

4 参数

这就是计算考虑了哪些运行方式，包括两侧系统阻抗、两侧电势角差与幅值比、$\mathrm{K}^{(2,0)}$ 时相支接电阻数值等。

以线路为基本值，取 $Z_{1l}=115\angle 85°$，$Z_{0l}=375\angle 85°$；$Z_{1y}=92\angle 85°$；$Z_{0y}=300\angle 85°$。

两侧系统阻抗，考虑了三种组合(俱为欧姆值)

组合 S_1： $Z_{1s}=42\angle 85°$， $Z_{0s}=34\angle 85°$

$Z_{1M}=35\angle 85°$， $Z_{0M}=50\angle 85°$

S_2： $Z_{1s}=420\angle 85°$， $Z_{0s}=340\angle 85°$

$$Z_{1M}=335\angle 85°,\quad Z_{0M}=1155\angle 85°$$

S_3：

$$Z_{1s}=42\angle 85°,\quad Z_{0s}=34\angle 85°$$

$$Z_{1M}=335\angle 85°,\quad Z_{0M}=1155\angle 85°$$

分析反方向动作性能时，把上述三种组合中的 Z_d 与 Z_s 数据对换，再令 Z_y 改正为负。

δ 值：选取 10°，60°，90°，180°，270°，300°六种，M 端超前为正。

m 值：全部取 1。

对于 $K^{(2,0)}$，U 值：取 0 Ω、6 Ω 两种，个别情况用 15 Ω 作检验。

故每一种 S 组合中计算 12 种情况(个别为 13 种)。

5 结果

计算是在华中工学院 DJS-21 型计算机上进行的，按上述框图编写的计算程序见附表 2(略)。其中计算结果列于附录 1(略)。

1) $K^{(1)}$ 时的超越问题

① 在所考虑的运行方式范围内，没有发现金属短路超越，只有带一定范围的过渡电阻才存在超越。

② 受端超越较送端严重一些。

③ 同一条线路，系统阻抗愈大，即小运行方式时，超越要严重一些。

④ 同一系统阻抗情况下，短线路要比长线路超越情况严重一些。

⑤ 对短线路，超越可能达 20%以上。

⑥ 在本电源侧阻抗不变的情况下，对侧系统阻抗越大，即助增越小时，允许的内部短路支接电阻越大。

⑦ 作为例子，如图 4 所示，用曲线形式表示其计算结果。

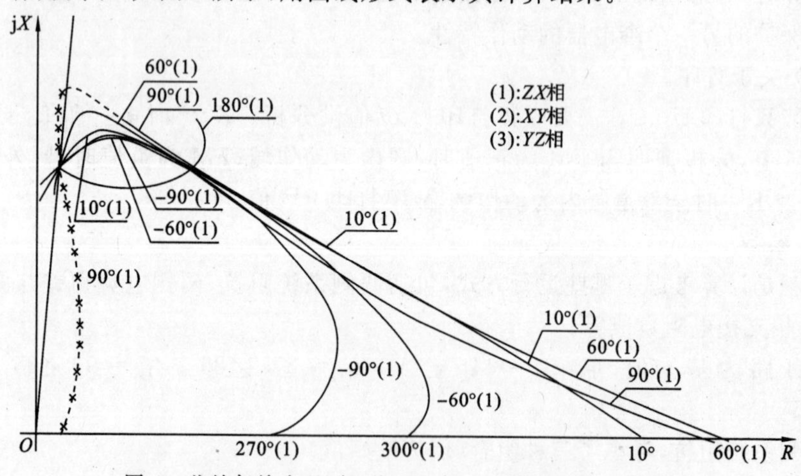

图 4 此处仅绘出(1)相，即 ZX 相，(2)相也动作，未绘出

2) $K^{(2,0)}$ 时的超越情况

① $K^{(2,0)}$ 超越的伸展范围比 $K^{(1)}$ 严重。

② 受端比送端严重。

③ 同一线路，系统阻抗大些，则超越情况好一些；对侧系统阻抗大些，超越情况也好些。

④ 由于超越情况比较严重，加超越闭锁是必要的。

3) $K^{(1)}$时的方向性

① $K^{(1)}$时的方向性是比较好的，在电势角不超过60°的情况下，反方向出口附近短路的方向性较好。在作动模试验时，一般仅考虑反方向出口短路。但这里分析说明，反向出口短路不是最严重的情况。

② 在小运行方式或对短线路来说方向性很好。

③ 对大电源侧的保护在反方向短路时，方向性要差一些。

4) $K^{(2,0)}$时的方向性

①在最大运行方式下，方向性比较好。

②系统阻抗比较大，或对短线路，则方向性不好。

③加反方向闭锁是有意义的，采用 P_2 闭锁对提高方向是有好处的。

6 措施

对反方向误动作可采取 P_2 闭锁或 P_o 闭锁。

对超越闭锁，这里主要研究 I_0 相位闭锁问题，即研究按重叠角原理比较补偿后电压，U_x、U_y、U_z 的接地多相补偿阻抗继电器加上 $-I_0$ 作为超越闭锁后的性能。

1) 按重叠原理构成的继电器的动作条件

这里不作证明，仅说明其结果如下。

设 S_{xy} 为 U_x、U_y 作相位比较而得的动作域，或

$$S_{xy} \Leftrightarrow \left[\arg\frac{U_x}{U_y}=0°\to -180°\right]$$

余类推，则四输入量 U_x、U_y、U_z、$-I_o$ 继电器的动作逻辑方程为

$$(S_{yx}\wedge S_{zx}\wedge S_{-I_0x})\vee(S_{zy}\wedge S_{xy}\wedge S_{-I_0y})\vee(S_{xz}\wedge S_{yz}\wedge S_{-I_0z})\vee(S_{x(-I_0)}\wedge S_{y(-I_0)}\wedge S_{z(-I_0)}) \tag{10}$$

这表示，继电器的动作域由四部分构成，每部分由三个 S 域的公共区域所规定。当不装设闭锁回路时，所有与 I_0 有关的 S 域的约束不存在。

2) $K^{(1)}$时

由文献[1]可知，此时有效动作域为 Z-X 部分，即式(10)的第一部分，其次是 X-Y部分，在保护范围末端附近短路时主要是前者，所以这里主要分析式(10)第一部分的闭锁作用域 S_{-I_0x}。因 $S_{-I_0x}=S_{xI_0}$，故下面分析 S_{xI_0}。

由文献[1]得该继电器的临界动作方程为

$$\begin{aligned}Me^{j\varphi}&=\frac{a^{2n}\dot{U}_{x1}+a^n\dot{U}_{x2}+\dot{U}_{x0}}{\dot{I}_0}=\frac{\dot{U}_{x1}+a^{2n}\dot{U}_{x2}+a^n\dot{U}_{x0}}{a^n\dot{I}_0}\\&=\frac{\dot{E}_s-(\dot{I}_{fh}+\dot{f}_1 I_{K1})\dot{Y}_1-a^{2n}\dot{f}_2\dot{I}_{K2}\dot{Y}_2-a^n f_0\dot{I}_{K0}\dot{p}\dot{Y}_1}{a^n\dot{f}_0\dot{I}_{K0}}\end{aligned}$$

$n=0$ 时，并因 $\qquad \dot{I}_{K1}=\dot{I}_{K2}=\dot{I}_{K0}, \quad \dot{Y}_2 \cong \dot{Y}_1$

$$Me^{j\varphi}=\frac{\dot{E}_S-\dot{I}_{fh}\dot{Y}_1}{a^n\dot{f}_0\dot{I}_{K0}}-\frac{1+a^{2n}}{a^n}\cdot\frac{\dot{f}_1}{\dot{f}_0}\dot{Y}_1-\dot{p}\dot{Y}_1$$

$$=\frac{1}{a^n}\frac{\dot{N}-\dot{Y}_1}{\dot{N}-\dot{K}_1}\left(2\frac{\dot{f}_1}{\dot{f}_0}\dot{K}_1+\dot{K}_0+\frac{3Z_J^{(1)}}{\dot{f}_0}\right)-\left(\frac{1+a^{2n}}{a^n}\cdot\frac{\dot{f}_1}{\dot{f}_0}+\dot{p}\right)\dot{Y}_1$$

所以
$$Z_J^{(1)}=-\frac{2\dot{f}_1\dot{K}_1+\dot{f}_0\dot{K}_0}{3}+\frac{\dot{N}-\dot{K}_1}{\dot{N}-\dot{Y}_1}\left[\frac{2\dot{f}_1+\dot{f}_0\dot{p}}{3}\dot{Y}_1+\frac{M}{3}\dot{f}_0e^{j\varphi}\right] \tag{11}$$

或
$$Z_J^{(1)}=-\dot{A}+\frac{\dot{N}-\dot{K}_1}{\dot{N}-\dot{Y}_1}\dot{B}+M'e^{j(\varphi+\varphi_{f_0}+\beta)}$$

$$\dot{A}=\frac{2\dot{f}_1\dot{K}_1+\dot{f}_0\dot{K}_0}{3},\quad \dot{B}=\frac{2\dot{f}_1\dot{Y}_1+\dot{f}_0\dot{Y}_0}{3},\quad \beta=\arg\frac{\dot{N}-\dot{K}_1}{\dot{N}-\dot{Y}_1}$$

式(11)中由于 M 是任意量，故 $Z_J^{(1)}$ 是一直线，分析式(11)即可知这种闭锁方式的效果和问题。

(1) 当 $\dot{K}=\dot{Y}$ 时。

此时式(11)变为

$$Z_J^{(1)}=\frac{M}{3}\dot{f}_0e^{j\varphi} \tag{12}$$

即支接阻抗动作特性与 N 无关，即与电源电势情况无关。当此时的 f_0 的辐角为 φ_{f_0} 时，若 $\varphi_{f_0}+\varphi=0°$，则在保护范围末端短路，短路点上接有任何过渡电阻时，此闭锁回路处于临界动作状态；若 $\varphi_{f_0}+\varphi\leqslant 0°$，则末端短路时，短路点接任何过渡电阻，保护都将被闭锁；若 $\varphi_{f_0}+\varphi>0°$，则此时，短路点接任何过渡电阻，闭锁回路都不起闭锁作用。由此可以看出，f_0 的辐角 φ_{f_0} 起着很重要的影响。实际上线路零序阻抗中的电阻分量较大，而电源侧变压器的零序阻抗的电阻分量很少。因此 φ_{f_0} 并非 0°，而可能有一个稍大的数值。这在使用时应予注意。

(2) 当 $K>Y$ 时。

① 当两侧电势重合，即空载时，$N=\infty$，$\frac{\dot{N}-\dot{K}}{\dot{N}-\dot{Y}}=1$，$\beta=0°$。此时，如 $\varphi_{f_0}+\varphi=0°$，因 $|2\dot{f}_1\dot{K}_1+\dot{f}_0\dot{K}_0|>|2\dot{f}_1\dot{Y}_1+\dot{f}_0\dot{p}\dot{Y}_1|$，故 $Z_J^{(1)}$ 为 $\dot{K}$ 下面的一条水平线(见图 5(a))，即任何过渡电阻都起闭锁作用。图 5(a)中 KA 线段即为$(2\dot{f}_1\dot{K}_1+\dot{f}_0\dot{K}_0)$值。

② 当 $N\neq\infty$，继电器在受端侧时，因$|K|>|Y|$，故$\frac{\dot{N}-\dot{K}}{\dot{N}-\dot{Y}}$的辐角 β 为正，式(11)的直线以 A 点为圆心旋转一 β 角，此时支接阻抗动作特性与过 K 点的水平线有交点，即如过渡电阻大于图 5(b)中的 R_b 时，将失去闭锁作用。

③ 当 $N\neq\infty$，继电器在送电侧时，与上述情况相反，β 为负角。$Z_J^{(1)}$ 特性顺时针旋转，见图 5(c)。β 角不太大时(例如，$\delta<60°$情况下)，闭锁回路全起闭锁作用。除非 β 很大(δ 很大时)，K 点可能落在动作区内，即在较小过渡电阻时，闭锁回路失去作用。

④ 综上所述，如保护装置比较固定在送端或受端，则应分别根据实际情况按上述

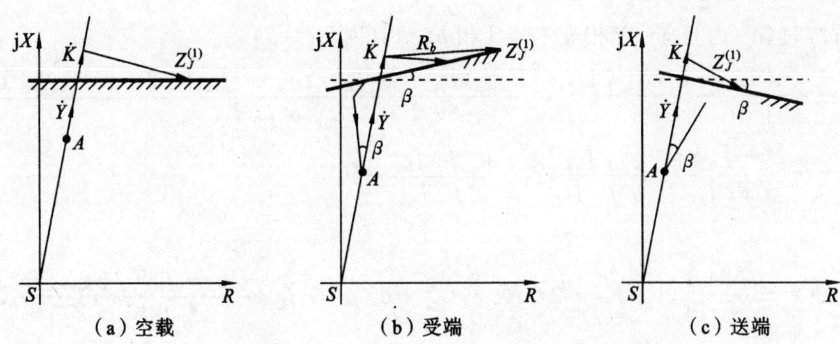

图5 外部短路 I_0 相位闭锁性能图

选定 φ 值,在受端时可考虑使 $\varphi_{f_0}+\varphi\approx-5°$(当 δ 角仅考虑在 60°以内时),这样可以加大 R_b 值。在送端,应取 $\varphi_{f_0}+\varphi=0°$。如取负角则将提前出现上述不闭锁的情况。

下面分析这些措施在内部短路时有什么影响。

(3) 当 $K<Y$ 时。

① 在 $N=\infty$,即空载情况下,与上面情况不同的是

$$|2\dot{f}_1\dot{K}_1+\dot{f}_0\dot{K}_0|<|2\dot{f}_1\dot{Y}_1+\dot{f}_0\dot{p}\dot{Y}_1|$$

此时如 $\varphi_{f_0}+\varphi=0°$,则 $Z_J^{(1)}$ 在为 K、Y 之间的一条直线(见图6(a)),接于 K 点的任何支接电阻都没有闭锁作用。

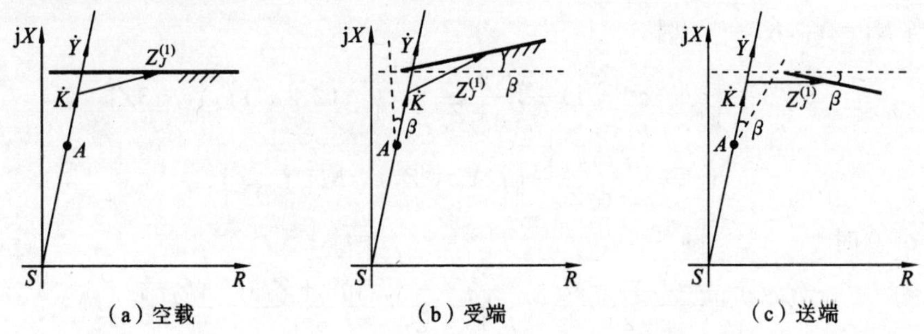

图6 内部短路 I_0 相位闭锁影响图

② 对于受端继电器,因 $K<Y$,故$\dfrac{\dot{N}-\dot{K}}{\dot{N}-\dot{Y}}$的辐角 β 为负值,所以 $Z_J^{(1)}$ 的轨迹,与过 K 点的水平线相交于 R_b,即当过渡电阻超过 R_b 值时将闭锁。如果 $\varphi_{f_0}+\varphi$ 取负若干度时,此 R_b 值将缩短,即减小了保护范围。若 R_b 值小于此时的阻抗继电器本身的允许支接动作电阻值,则闭锁元件减低了阻抗元件本身的灵敏度,所以,$\varphi_{f_0}+\varphi$ 不能取太大的负值。

③ 对送端继电器,$Z_J^{(1)}$ 的轨迹往反时针方向旋转,一般不会影响阻抗元件的灵敏度。

3) $K^{(2,0)}$ 时

由文献[1]可知,$K^{(2,0)}$ 时超越误动的是 S_{xy} 项,因此起闭锁作用的是 S_{-I_oy} 或 S_{y0}

临界动作时(a^n 为算子,A 相 $n=0$,B 相 $n=1$,C 相 $n=2$)。

$$Me^{j\theta}=\frac{a^{2n}U_{x1}+a^nU_{x2}+U_{x0}}{I_o}=\frac{\dot{E}_s-(\dot{I}_{fh}+\dot{f}_1\dot{I}_{K1})\dot{Y}_1-a^{2n}\dot{f}_2\dot{I}_{K2}\dot{Y}_2-a^n\dot{f}_0\dot{I}_{K0}\dot{Y}_0}{a^n\dot{f}_0\dot{I}_{K0}}$$

$$=\frac{\dot{E}_s-\dot{I}_{fh}\dot{Y}_1}{a^n\dot{f}_0\dot{I}_{K0}}-\frac{\dot{f}_2\dot{I}_{K1}}{a^n\dot{f}_0\dot{I}_{K0}}\dot{Y}_1-\frac{a^{2n}\dot{f}_2\dot{I}_{K2}}{a^n\dot{f}_0\dot{I}_{K0}}-\dot{Y}_0 \tag{13}$$

即

$$Ma^nf_0e^{j\varphi}=-\frac{\dot{N}-\dot{Y}_1}{\dot{N}-\dot{K}_1}(\dot{f}_2\dot{K}_2+2\dot{f}_0\dot{K}_0+3Z_J+6Z_{J0})+\dot{f}_2\frac{\dot{f}_2\dot{K}_2+\dot{f}_0\dot{K}_0+2Z_J+3Z_{J0}}{\dot{f}_2\dot{K}_2+Z_J}\dot{Y}_1$$
$$-a^{2n}f_2\frac{\dot{f}_0\dot{K}_0+Z_J+3Z_{J0}}{\dot{f}_2\dot{K}_2+Z_J}\dot{Y}_2-a^n\dot{f}_0\dot{Y}_0 \tag{14}$$

设 $\dot{K}_1=\dot{K}_2$,$\dot{Y}_1=\dot{Y}_2$,$\dot{f}_1=\dot{f}_2$ 时可得

$$a^n\dot{f}_0\dot{Y}_0+Ma^n\dot{f}_0e^{j\varphi}=-\frac{\dot{N}-\dot{Y}_1}{\dot{N}-\dot{K}_1}(\dot{f}_2\dot{K}_2+2\dot{f}_0\dot{K}_0+3Z_J)+\dot{f}_1\dot{Y}_1+(1-a^{2n})\frac{\dot{f}_0\dot{K}_0+Z_J}{\dot{f}_2\dot{K}_2+Z_J}\dot{f}_1\dot{Y}_1$$
$$+\left(-6\frac{\dot{N}-\dot{Y}_1}{\dot{N}-\dot{K}_1}+\frac{3\dot{f}_1\dot{Y}_1}{\dot{f}_2\dot{K}_2+Z_J}-\frac{a^{2n}3\dot{f}_1\dot{Y}_1}{\dot{f}_2\dot{K}_2+Z_J}\right)Z_{J0} \tag{15}$$

$$Z_{J0}^{(2,0)}=\left\{6\frac{\dot{N}-\dot{Y}_1}{\dot{N}-\dot{K}_1}+(a^{2n}-1)\frac{3\dot{f}_1\dot{Y}_1}{\dot{f}_2\dot{K}_2+Z_J}\right\}^{-1}\left\{-\frac{\dot{N}-\dot{Y}_1}{\dot{N}-\dot{K}_1}(\dot{f}_2\dot{K}_2+2\dot{f}_0\dot{K}_0+3Z_J)\right.$$
$$\left.+\dot{f}_1\dot{Y}_1\left[1+(1-a^{2n})\frac{\dot{f}_0\dot{K}_0+Z_J}{\dot{f}_2\dot{K}_2+Z_J}\right]-a^n\dot{f}_0\dot{Y}_0-Ma^n\dot{f}_0e^{j\varphi}\right\} \tag{16}$$

当 $\dot{K}_1=\dot{Y}_1$,$\dot{K}_0=\dot{Y}_0$ 时,

$$Z_{J0}^{(2,0)}=\left\{6+(a^{2n}-1)\frac{3\dot{f}_1\dot{Y}_1}{\dot{f}_1\dot{Y}_1+Z_J}\right\}^{-1}\left\{-(2+a^n)\dot{f}_0\dot{Y}_0-3Z_J\right.$$
$$\left.+\frac{(1-a^{2n})\dot{f}_1\dot{Y}_1}{\dot{f}_1\dot{Y}_1+Z_J}(\dot{f}_0\dot{Y}_0+Z_J)-Ma^n\dot{f}_0e^{j\varphi}\right\} \tag{17}$$

又当 $n=0$ 时

$$Z_{J0}^{(2,0)}=\frac{-\dot{f}_0\dot{Y}_0-Z_J}{2}+\frac{\dot{f}_2\dot{Y}_1}{\dot{f}_1\dot{Y}_2+Z_J}\frac{(\dot{f}_0\dot{Y}_0+Z_J)}{6}-\frac{M}{6}\dot{f}_0e^{j\varphi} \tag{18}$$

式(16)表明,$K^{(2,0)}$ 时的支接阻抗动作特性,在以 $Z_{J0}^{(2,0)}$ 即地支接阻抗为变量时是一条直线,依动作条件不难证明,当 M 增加时 $Z_{J0}^{(2,0)}$ 的轨迹的右侧为动作域。

式(16)也表明,$K^{(2,0)}$ 时的动作域与许多因素有关,较 $K^{(1)}$ 时要复杂一些。所以不容易看出一些明显的特点,图 7 是以文献[1]中图 20 的参数进行计算的,看以 $-I_o$ 的相位作超越闭锁时,外部短路能否起闭锁作用,内部短路时是否缩短了保护区。从这一具体系统参数情况看,外部短路可以起闭锁作用。但裕度很小,当两侧电势角摆开时,线路两侧之一将会失去闭锁作用。在 Z_y 附近内部短路时,闭锁装置不闭锁,但裕度很小。当电势角摆开时,线路一侧将误闭锁。

由上述分析,同时可以看出,对 $K^{(1)}$ 来说,受端的闭锁回路的 $\varphi_{f_0}+\varphi$ 取 $-5°$ 是有益的。但对 $K^{(2,0)}$ 来说,如取 $\varphi_{f_0}+\varphi=-5°$,则空载情况下 Z_y 附近内部短路也将拒动。

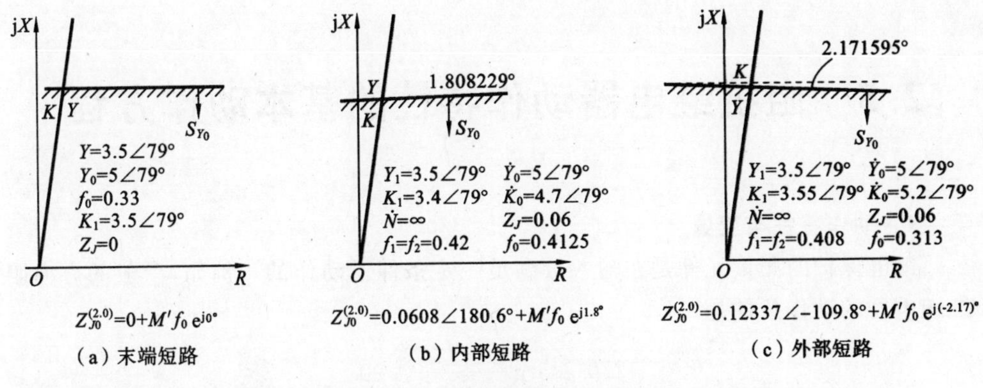

图 7　$K^{(2,0)}$ 时 I_0 相位闭锁性能情况(图中令 $\varphi=0°$)

7　小结

(1) 通过对接地多补偿阻抗继电器的超越和方向性作较多的数值分析,说明 $K^{(1)}$ 时的超越已可能超过10%以上,特别是当两侧电势角较大时,情况更严重一些。

(2) 以前,文献[1]也预见到 $K^{(2,0)}$ 时超越可能达20%以上,问题是超越时的过渡电阻值在什么范围,如果仅在较大的过渡电阻时才有超越,则实际运行时仍可认为威胁不太大。但分析证明,这一数值与系统参数有很大关系。有些情况比较大,但有些情况就比较小。所以,超越问题是否有实在威胁要作具体分析。但就一般而论,增加超越闭锁仍是必要的。

(3) 用 I_0 相位闭锁,仅在空载情况下是比较好的。

I_0 相位偏移应视送端还是受端分别对待,但即使加偏转角,也不能过大。

(4) 反方向故障,即使在出口短路时不误动,但可能在稍远的地方存在一误动作区,应予注意。

参考文献

[1]　陈德树.支接阻抗动作特性与振荡阻抗动作特性[J].华中工学院学报.1977,3:1-21.

[2]　华中工学院,武汉供电局.BXS-1A型距离零序电流保护装置,1988.

2.5 阻抗继电器动作特性的基本动作方程①

1 动作特性与变量

继电保护的测量元件是在输入量满足一定条件下动作的。例如，一般的方向阻抗继电器的动作条件是

$$270°\geqslant \arg\frac{\dot{U}-\dot{I}Z_r}{\dot{U}}\geqslant 90° \tag{1}$$

或

$$\left|\frac{\dot{U}-0.5\dot{I}Z_r}{0.5\dot{I}Z_r}\right|\leqslant 1 \tag{2}$$

这类公式可称为动作条件判别式。

为了考察电力系统中某一参数的变化对继电器动作的影响，一般就将动作条件判别式加以变换，变为以系统实际参数或等值参数表达的方程式。

运行中继电器的动作往往与许多参数有关，如以 S 表示继电器的动作域时，则 S 往往是一个多维函数，即

$$S=f(Z_{ij},Z_{ri},Z_{ki},\dot{E}_s,\dot{T},\cdots) \tag{3}$$

式中，i——1、2、0 序；

Z_{ij}——各元件序阻抗，$j=1,2,\cdots,n$；

Z_{ri}——各序整定阻抗；

Z_{ki}——各序母线到短路点间的阻抗；

$\dot{E}_s$——各电源电势，$s=1,2,\cdots,m$；

$\dot{T}$——短路点支接的短路阻抗。

由多维变量所构成的动作域在实用上是不方便的，所以就选择某一变量进行分析，这就形成继电器的一种特性或特性曲线族。当还要观察另一参数的影响时，则重新以该参数为变量进行分析，构成新的动作特性曲线。但是，变量的选择是有一定限制的。它与继电器的构成原理、所研究的问题，以及故障形式有关。例如，下面所述的测量阻抗动作特性就不能普遍适用于多相补偿阻抗继电器。

经常使用的变量有三个方面。

(1) 测量阻抗 Z_M，或称感受阻抗。以短路点附加测量阻抗 ΔZ_M 作为变量也属此类。

(2) 支接阻抗 $\dot{T}$，或支接电阻 R_T。$\dot{T}$ 即短路时在短路点上接入的实际的，不是等效的阻抗。

---

① 本文发表于 1979 年全国继电保护学术会议论文集。

(3) 振荡阻抗 $\dot{N}$,为短路前自电源处测到的测量阻抗。也可以分析继电器安装处测得的振荡阻抗(等于 $\dot{N}-Z_s$),也可以分析与此相当的两侧电源电势的比值,$\dot{m}=me^{j\delta}$,此时一般单独取 m 或取 δ 为变量。因 $\dot{N}=\dfrac{Z_t}{1-\dot{m}}$,所以用 $\dot{N}$ 为变量,可同时反映 m、δ 及系统总阻抗 Z_t 的影响。

以前,人们都按照各自的需要,寻找其中某一变量的动作特性,本文的目的是寻找各种特性之间的共同联系。

2 思路

继电器的动作条件,如

$$270^\circ \geqslant \arg\frac{\dot{U}-\dot{I}Z_r}{U} \geqslant 90^\circ \tag{4}$$

意思是说,继电器的动作状况有两种:动作态和不动作态,而

$$270^\circ = \arg\frac{\dot{U}-\dot{I}Z_r}{U} = 90^\circ \tag{5}$$

实际上即为这两态的界,或者说是临界状态,也就是一般所谓的继电器动作轨迹,或者动作特性。式(5)必须辅之以域的判别才能确定动作态在哪里。由于式(5)是等式,故可写成

$$\frac{\dot{U}-\dot{I}Z_r}{\dot{U}} = ke^{j90^\circ}, \quad k=-\infty\sim+\infty \tag{6}$$

式(6)的特点是便于进行复数变换。

如果继电器的动作条件判别式是由绝对值比较的关系得来的,则最后亦可得到如

$$\frac{\dot{U}-0.5\dot{I}Z_r}{0.5\dot{I}Z_r} = 1e^{j\theta}, \quad \theta=0^\circ\sim360^\circ \tag{7}$$

的形式,这同样便于进行复数变换。

如前所述,$\dot{U}$、$\dot{I}$都是系统状态的函数,包括电势、阻抗、短路点状态等,并且依赖于故障形式。

如果在一定的故障形式下,例如 $K^{(1)}$,以上述系统状态参数替换式(7)中的$\dot{U}$、$\dot{I}$值,则式(7)变为

$$F_{K1}=\frac{F'(Z_{ij},Z_{ri},Z_{ki},\dot{T},\dot{m})}{F''(Z_{ij},Z_{ri},Z_{ki},\dot{T},\dot{m})}=1e^{j\theta} \tag{8}$$

当以 $\dot{N}=\dfrac{\dot{E}_s}{\dot{E}_s-\dot{E}_r}Z_t=\dfrac{1}{1-\dot{m}}Z_t$ 代替 $\dot{m}$ 作变量时,式(8)变为

$$F_{K1}=\frac{F'(Z_{ij},Z_{ri},Z_{ki},\dot{T},\dot{N})}{F''(Z_{ij},Z_{ri},Z_{ki},\dot{T},\dot{N})}=1e^{j\theta} \tag{9}$$

再次强调,式(9)仅是一种继电器在 $K^{(1)}$ 时的临界动作方程 F_{K1},对其他的故障形式则有其他的临界动作方程。

式(8)、式(9)取其中某一参数作为变量时，在大多数情况下右侧是线性分式。换一种继电器，对另一种故障或取另一参数为变量一般也是如此。当对此线性分式进行保角变换时，该参数在变换后的轨迹就是圆或直线。其形式为（以 $\dot{T}$ 为变量时）

$$\dot{T}=\dot{O}+\dot{\rho}\mathrm{e}^{\mathrm{j}\theta},\quad \theta=0^\circ\sim360^\circ \tag{10}$$

或

$$\dot{T}=\dot{A}+k\dot{B},\quad k=-\infty\sim+\infty \tag{11}$$

有些变量的轨迹不是圆或直线，例如电势角 δ、$\mathrm{Re}\dot{T}$ 等，但此时亦可通过是圆函数的 $\dot{N}$ 或 $\dot{T}$ 作为中间步骤求出。

3　基本动作方程

前提条件是，继电器是理想的，精工电流、精工电压为零；继电器在额定频率下运行；继电器在辐射状双电源的等值系统中运行；电力系统正、负序阻抗相等。

下面公式中所用参数的定义如图 1 所示。各序分量在脚注中表明。

$\dot{N}$ 值的含义已在前面说明；$\dot{T}$ 为相支接阻抗；$\dot{T}_0$ 为地支接阻抗。

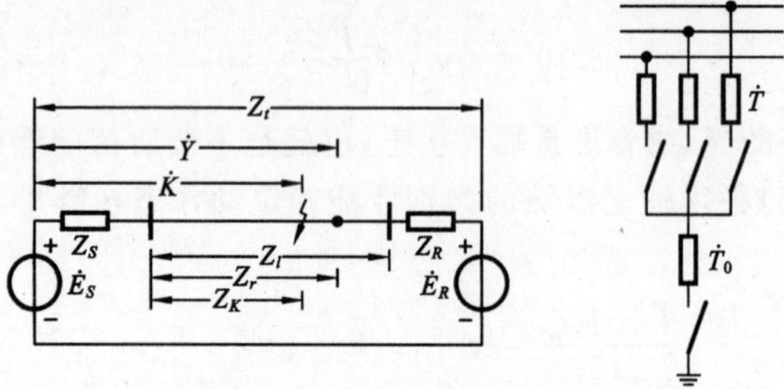

图 1　等值系统参数示意图

仅分析三种常见的阻抗继电器，即$\dfrac{U_\triangle}{I_\triangle}$接线方向阻抗继电器、$\dfrac{U_Y}{I_{Y\text{-}0}}$接线方向阻抗继电器和按相位顺序原理构成的多相补偿阻抗继电器。不同相别阻抗继电器的动作特性，在公式中由算子 a^n、a^{2n} 区别，n 值在下面具体说明。

分析过程从略，下面仅举结果。

(1) $\dfrac{U_\triangle}{I_\triangle}$接线方向阻抗继电器的基本动作方程。

下面，对于 BC 相继电器，$n=0$；对于 CA 相继电器，$n=1$；对于 AB 相继电器，$n=2$。

令 $\dot{f}_1=\dfrac{Z_{\mathrm{t1}}-\dot{K}_1}{Z_{\mathrm{t1}}}$为正序短路电流故障分量的分配系数；$\dot{f}_0=\dfrac{Z_{\mathrm{t0}}-\dot{K}_0}{Z_{\mathrm{t0}}}$为零序电流分配系数，可得到以测量阻抗 Z_{M} 表示的基本动作方程分别为

$$Z_{\mathrm{M}}^{(3)}=\frac{1}{2}Z_r(1+\mathrm{e}^{\mathrm{j}\theta})=\frac{\dot{f}_1\dot{K}_1+\dot{T}}{\dot{f}_1\dot{N}+\dot{T}}\dot{N}-Z_s \tag{12}$$

$$Z_{\mathrm{M}}^{(2)}=\frac{1}{2}Z_r(1+\mathrm{e}^{\mathrm{j}\theta})=\frac{2\dot{f}_1\dot{K}_1+2\dot{T}}{(1+a^n)\dot{f}_1\dot{N}+(1-a^n)\dot{f}_1\dot{K}_1+2\dot{T}}\dot{N}-Z_s \tag{13}$$

$$Z_{\mathrm{M}}^{(1)}=\frac{1}{2}Z_r(1+\mathrm{e}^{\mathrm{j}\theta})=\frac{2\dot{f}_1\dot{K}_1+\dot{f}_0\dot{K}_0+3\dot{T}}{(1-a^n)\dot{f}_1\dot{N}+(1+a^n)\dot{f}_1\dot{K}_1+\dot{f}_0\dot{K}_0+3\dot{T}}\dot{N}-Z_s \tag{14}$$

$$Z_{\mathrm{M}}^{(2,0)}=\frac{1}{2}Z_r(1+\mathrm{e}^{\mathrm{j}\theta})$$

$$=\frac{(\dot f_1\dot K_1+\dot T)(\dot f_1\dot K_1+2\dot f_0\dot K_0+3\dot T+6\dot T_0)\dot N}{(\dot f_1\dot K_1+T)(\dot f_1\dot K_1+2\dot f_0\dot K_0+3\dot T+6\dot T_0)-\dot f_1(\dot K_1-\dot N)[\dot f_1\dot K_1+(1+a^n)\dot f_0\dot K_0+(2+a^n)\dot T+3(1+a^n)\dot T_0]}$$

$$-Z_s \tag{15}$$

(2) $\dfrac{U_Y}{I_{Y\text{-}0}}$接线方向阻抗继电器基本动作方程。

下面，对于 A 相继电器，$n=0$；对于 B 相继电器，$n=1$；对于 C 相继电器，$n=2$。

$$Z_{\mathrm{M}}^{(3)}=\frac{1}{2}Z_r(1+\mathrm{e}^{\mathrm{j}\theta})=\frac{\dot f_1\dot K_1+\dot T}{\dot f_1\dot N+\dot T}\dot N-Z_s \tag{16}$$

$$Z_{\mathrm{M}}^{(2)}=\frac{1}{2}Z_r(1+\mathrm{e}^{\mathrm{j}\theta})=\frac{2\dot f_1\dot K_1+2\dot T}{(1-a^{2n})\dot f_1\dot N+(1+a^{2n})\dot f_1\dot K_1+2\dot T}\dot N-Z_s \tag{17}$$

$$Z_{\mathrm{M}}^{(1)}=\frac{1}{2}Z_r(1+\mathrm{e}^{\mathrm{j}\theta})$$

$$=\frac{(2\dot f_1\dot K_1+\dot f_0\dot K_0+3\dot T)\dot N+a^n\dot f_0[(1+3k)\dot K_1-\dot K_0](\dot N-\dot K_1)}{(2\dot f_1\dot K_1+2\dot f_0\dot K_0+3\dot T)+[(1+a^{2n})\dot f_1+a^n(1+3k)\dot f_0](\dot N-\dot K_1)}-Z_s \tag{18}$$

$$Z_{\mathrm{M}}^{(2,0)}=\frac{1}{2}Z_r(1+\mathrm{e}^{\mathrm{j}\theta})$$

$$=\frac{(\dot f_1\dot K_1+\dot T)\{(\dot f_1\dot K_1+2\dot f_0\dot K_0+3\dot T+6\dot T_0)\dot N-a^n\dot f_0[(1+3k)\dot K_1-\dot K_0](\dot N-\dot K_1)\}}{\{(\dot f_1\dot K_1+T)(\dot f_1\dot K_1+2\dot f_0\dot K_0+3\dot T+6\dot T_0)+B(\dot N-\dot K_1)\}}$$

$$-Z_s \tag{19}$$

$$B=[\dot f_1(\dot f_1\dot K_1+\dot f_0\dot K_0+2\dot T+3\dot T_0)-a^{2n}\dot f_1(\dot f_0\dot K_0+\dot T+3\dot T_0-a^n(1+3k)\dot f_0(\dot f_1\dot K_1+\dot T)]$$

(3) 反映相位顺序的多相补偿阻抗继电器基本动作方程（该继电器不反映三相短路和振荡）。

下面，对于 BC 相比较回路，$n=0$；对于 CA 相比较回路，$n=1$；对于 AB 相比较回路，$n=2$。

$\mathrm{K}^{(2)}$时，方程为

$$1\mathrm{e}^{\mathrm{j}\theta}=\frac{\dot N-\dot Y_1}{\dot N-\dot K_1}\left(\dot K_1+\frac{\dot T}{\dot f_1}\right)\frac{2}{\dot Y_1}-1 \tag{20}$$

$\mathrm{K}^{(A)}$时，方程为

$$1\mathrm{e}^{\mathrm{j}\theta}=\frac{(\dot N-\dot Y_1)(2\dot f_1\dot K_1+\dot f_0\dot K_0+3\dot T)}{\dot Y_1(\dot N-\dot K_1)(\dot f_1-a^{2n}\dot p\dot f_0)}-\frac{\dot f_1-a^n\dot p_1\dot f_0}{\dot f_1-a^{2n}\dot p\dot f_0} \tag{21}$$

$\mathrm{K}^{(BC0)}$时，方程为

$$1\mathrm{e}^{\mathrm{j}\theta}=\frac{\{A(\dot f_1\dot K_1+\dot T)-\dot f_1\dot Y_1(\dot f_1\dot K_1+\dot f_0\dot K_0+2\dot T+3\dot T_0)(\dot N-\dot K_1)\}}{\dot Y_1(\dot N-\dot K_1)[\dot f_1(\dot f_0\dot K_0+\dot T+3\dot T_0)-a^{2n}\dot p\dot f_0(\dot f_1\dot K_1+\dot T)]} \tag{22}$$

$$A=[(\dot f_1\dot K_1+2\dot f_0\dot K_0+3\dot T+6\dot T_0)(\dot N-\dot Y_1)-a^n\dot p\dot f_0\dot Y_1(\dot N-\dot K_1)]$$

4 应用

下面是基本动作方程的两个应用实例。

(1) 在系统振荡情况下发生内外部 $\mathrm{K}^{(2)}$时，多相补偿阻抗继电器与相间方向阻抗

继电器动作特性的比较。

多相补偿阻抗继电器的主要问题之一是振荡过程中发生内部不对称短路时可能拒动，发生外部不对称短路时可能误动。而通常的相间方向阻抗继电器在外部短路时是否不会误动呢？能否两种继电器互为补充呢？这可以用两种继电器的振荡阻抗动作特性进行比较分析。

① 多相补偿阻抗继电器在 $\mathrm{K}^{(BC)}$ 时的 $\dot{N}$ 特性。

根据式(20)，把 $\dot{N}$ 作为变量，求其轨迹。经过适当变换，可得

$$\dot{N}=\frac{\dot{Y}-\dot{K}_1\dot{L}-\dot{Y}\hat{L}}{1-\dot{L}-\hat{L}}+\frac{(\dot{K}_1-\dot{Y})\dot{L}}{1-\dot{L}-\hat{L}}\mathrm{e}^{\mathrm{j}\theta} \tag{23}$$

式中

$$\dot{L}=\frac{\dot{f}_1}{\dot{f}_1\dot{K}_1+\dot{T}}\cdot\frac{\dot{Y}}{2} \tag{24}$$

下面仅分析金属短路情况，即 $\dot{T}=0$，并近似考虑 $\dot{K}$ 与 $\dot{Y}$ 的辐角相等，此时可得

$$\dot{N}\approx\frac{\dot{Y}}{2}(1+\mathrm{e}^{\mathrm{j}\theta}) \tag{25}$$

$\dot{N}$ 的轨迹见图 2，此轨迹与内或外短路无关，但与正、反方向有关。图中圆“1”为正方向短路时的情况。圆“2”是反方向短路时的情况。可以证明(此处从略)，对圆 1 来说，当 $K<Y$，即内部短路时，圆外为动作区，$\dot{N}$ 进入圆内时拒动。当 $K>Y$，即外部短路时，圆内为动作区，即 $\dot{N}$ 进入圆内时继电器误动。对圆“2”来说，$\dot{K}$、$\dot{Y}$ 值都自 R 端计算，因反方向短路时，总是 $K>Y$，圆内为动作区，即 $\dot{N}$ 进入圆“2”之内时反方向误动。

② 相间方向阻抗继电器的 $\dot{N}$ 特性。

由式 (13)，经过适当变换，同样可以求出 $\dot{N}$ 为变量时的临界动作轨迹，即

$$\dot{N}=\frac{\dot{Q}}{F_{\mathrm{m}}}[\dot{L}\hat{G}-\hat{H}(L^2-M^2)]-\frac{\dot{Q}}{F_{\mathrm{m}}}\dot{G}\dot{M}\mathrm{e}^{\mathrm{j}\theta} \tag{26}$$

式中

$$F_{\mathrm{m}}=|\dot{G}-\dot{H}\dot{L}|^2-H^2M^2 \tag{27}$$

$$\left.\begin{aligned}\dot{L}&=Z_s+\frac{1}{2}Z_r\\ \dot{M}&=\frac{1}{2}Z_r\\ \dot{Q}&=(1-a^n)\dot{f}_1\dot{K}_1+2\dot{T}\\ \dot{G}&=2(\dot{f}_1\dot{K}_1+\dot{T})\\ \dot{H}&=(1+a^n)\dot{f}_1\end{aligned}\right\} \tag{28}$$

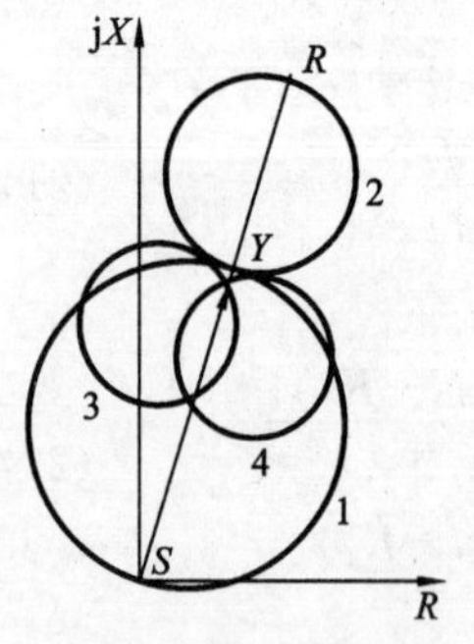

图 2 振荡阻抗动作特性的比较

图 2 中，圆“3”、圆“4”是设支接阻抗 $\dot{T}=0$，$\dot{f}_1=0.5$，$Z_s=1$，$Z_r=1$，$K=2.2$(即为外部故障)，阻抗角全同时，按式(26)计算得的相间方向阻抗继电器非故障相的振荡阻抗动作特性。对故障相，因 $n=0$，故 $\dot{Q}=0$，$\dot{N}$ 的临界动作轨迹的圆心、半径为零。对内部短路来说，圆外为动作域，不会拒动；对外部短路来说，圆内为动作域。故障相临界动作轨迹圆缩到坐标原点，即外部短路

不会误动。故振荡对故障相的动作不起什么影响。但振荡时的外部短路仍存在非故障相误动情况(见图 2 上圆“3”与圆“4”),且与多相补偿阻抗继电器重叠相当大部分。

(2) 多相补偿继电器的支接电阻动作特性。

由于多相补偿阻抗继电器是多输入量继电器,不能用测量阻抗动作特性表达,但可用支接电阻动作特性表现其运行性能,即短路点支接的过渡电阻在多大的范围内能够动作。

通过基本动作方程式(20)～式(22)可以先找出以支接阻抗 $\dot{T}$ 为变量的支接阻抗动作特性,如由式(20)可得

$$\dot{T}=\dot{f}_1\left(-\dot{K}+\frac{\dot{N}-\dot{K}}{\dot{N}-\dot{Y}}\cdot\frac{\dot{Y}}{2}\right)+f_1\,\frac{\dot{N}-\dot{K}}{\dot{N}-\dot{Y}}\cdot\frac{\dot{Y}}{2}\mathrm{e}^{\mathrm{j}\theta} \tag{29}$$

然后通过下面方法求临界动作时的支接电阻。

如图 3 所示,当按式(29)已求得支接阻抗动作特性的轨迹 $\dot{T}$ 的圆心 $\dot{O}$ 及半径 ρ 时,可按式(30)求得 $\dot{T}$ 为纯电阻时的两个临界值 R_1、R_2,即

$$R_{1,2}=\mathrm{Re}\,\dot{O}\pm\sqrt{\rho^2-|\mathrm{Im}\,\dot{O}|^2} \tag{30}$$

当 $\rho^2>|\mathrm{Im}\,\dot{O}|^2$ 时,$R_{1,2}$ 有解;当 $\rho^2<|\mathrm{Im}\,\dot{O}|^2$ 时,$R_{1,2}$ 无解,即不存在临界动作支接电阻;当 $\rho^2=|\mathrm{Im}\,\dot{O}|^2$ 时,有重根 $R_1=R_2$,若 $R_1=R_2$ 为正值,则继电器只在该点动作。若 $\rho^2>|\mathrm{Im}\,\dot{O}|^2$,且 $\mathrm{Re}\,\dot{O}>\sqrt{\rho^2-|\mathrm{Im}\,\dot{O}|^2}$,则两根 R_1、R_2 皆为正值。此时,继电器在金属短路时将不动作,而过渡电阻在一定范围内(即 R_1 至 R_2 之间)时动作。

我们曾用计算机按上述方法计算几种有代表性的运行情况。其单相接地短路时的支接电阻动作特性如图 4 所示。在 K 点短路时,过渡电阻在 $0\sim R_2$ 范围内继电器可以动作。图中也表示出在外部(K'点)时,继电器在 R'_1 至 R'_2 之间将会超越误动(尽管这时候金属性短路时不误动)。

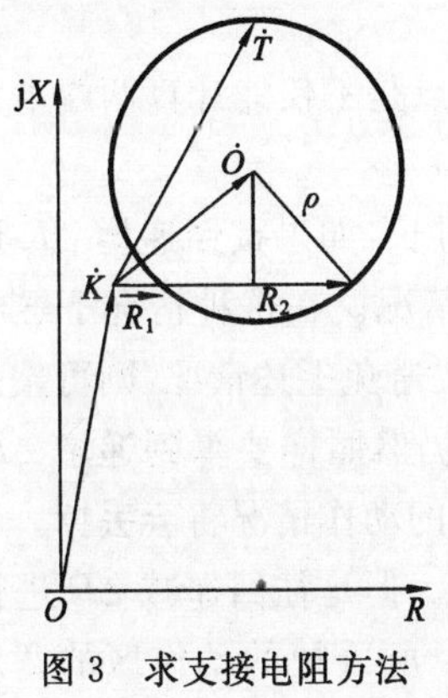

图 3　求支接电阻方法

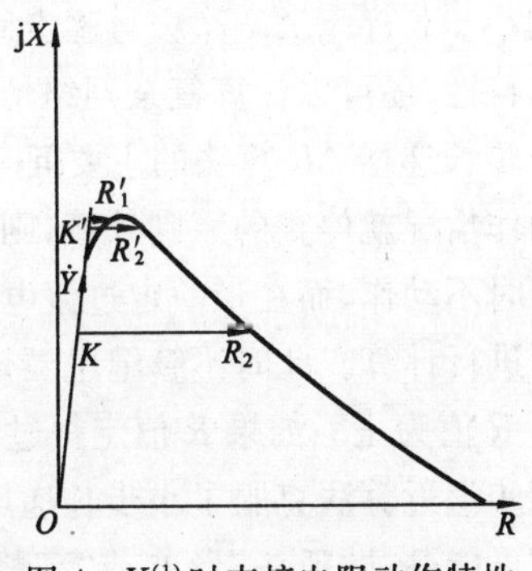

图 4　$K^{(1)}$ 时支接电阻动作特性

参 考 文 献

[1] 华中工学院半导体保护科研组.支接阻抗动作特性与振荡阻抗动作特性[J].电力系统自动化,1997,4:1-27.

2.6 阻抗继电器过渡电阻动作特性的计算分析①

1 引言

过去,对阻抗继电器进行的大量分析主要是定性的,大量的工作已使我们对主要的、长期使用的阻抗继电器的运行特性有比较好的认识。但是,要对继电器作细致的、全面的考察,一个好的方法是利用计算机辅助分析。对一种新设计的继电器的分析更是这样。

用计算机辅助分析,比较适当的途径是计算出阻抗继电器的过渡电阻在短路点接入多大过渡电阻时,继电器处于临界状态。

1978—1979 年间,俞鸣元为此拟制了一个计算机计算程序,用的是试探和逐步逼近的方法。首先假设在短路点接有一个适当的电阻。以此计算一定系统情况下的加于继电器的各电流、电压值,并进一步算出有关补偿电压和极化电压,根据继电器的动作判据判明此时继电器是否处于动作状态。如果继电器处于动作状态,则过渡电阻要加一个 ΔR,重复计算一次,再判断继电器是否动作。如果继电器仍处于动作状态,则再加一个 ΔR 进行重复计算。直至判明继电器不动作时,则使过渡电阻在前一计算值基础上减去一个 $\Delta R'$ 进行计算,$\Delta R' < \Delta R$。如继电器仍不动作,则再减一个 $\Delta R'$。如此往复计算,直至 $\Delta R^{(n)} - \Delta R^{(n+1)} < \varepsilon$ 为止,取此时的 R 值作为临界动作的过渡电阻。

1979 年,苏联的《电》杂志发表了 M. A. Эль-Хадиди 的一篇文章[2]。该文所提出的计算方法与俞鸣元所用方法基本相同。文章说明这一方法是对用小步长递增 ΔR 算法[3]的一种改进,可以大大减少计算机的计算时间。

用小步长递增 ΔR 算法与逐步逼近算法的共同优点是不仅能计算两端电源情况下的动作特性,还可以计算复杂网络情况下的动作特性。

小步长递增 ΔR 算法的主要问题:一是计算时间过长,如果按照递增 ΔR 遇到继电器不动作情况就停止的原则计算,则会漏掉一些故障情况。在这种情况下继电器在金属短路时不动作,而在带一定过渡电阻时动作。如果要避免上述情况,则可按照规定 R 值范围进行计算。此时不管继电器动作抑或不动作,仍然照样要算到递增 ΔR 直达到予定的 R 值为止。如果 R 值定得过小,则在 R 值以外的动作情况将会丢掉。

逐步逼近算法克服了小步长递增算法的一些缺点。但是往回递减 ΔR 进行计算时仍然有可能跳过"孤岛"形状或"高峰"形状的动作区。所丢掉的动作区的宽度由 $\Delta R'$ 决定。

与上述算法相比,解析算法能够克服丢掉动作区的缺点,计算时间也很短。但解析

① 本文发表于 1982 年中国电机工程学会继电保护及自动装置学术会议(南宁)。

方法也有其局限性，即一般将电力系统简化成两电源线路。如果用解析方法分析复杂电力系统，则计算公式将复杂到很难接受的程度。尽管如此，两端电源系统情况下的动作特性仍然能较好地反映出继电器动作特性中的基本情况。所以我们在原来工作的基础上进一步系统化，并对几种阻抗继电器作较全面的分析。本文将叙述这些工作的结果。

2 动作特性分析方法的说明及补充

如上述，我们用解析法进行分析，解析法不只一种，我们用的是先计算支接阻抗动作特性，然后算出临界动作时的过渡电阻的方法[4][6]。

我们过去的工作主要针对绝对值比较动作条件表达式进行。即使遇到相位比较形式的动作方程，也是先根据幅-相互换原理将相位比较动作条件表达式变换为绝对值比较动作条件表达式，然后再进行进一步的分析。我们在这里除了继续完善绝对值动作表达式的分析以外，还补充了直接由相位比较动作条件表达式进行分析的方法。这对于研究新型继电器或分析新动作原理的继电器有其直接和简便的好处。

作为步骤，第一步我们按照具体继电器的动作条件表达式，在两端电源线路上短路的典型状况下，按某一短路点，某种短路形式找出继电器的基本动作方程。第二步计算支接阻抗动作特性的圆心和半径，第三步计算临界过渡电阻。

由绝对值比较动作条件表达式直接得出的基本动作方程[5]是“变辐角的隐函表达式”。由相位比较动作条件表达式直接得出的基本动作方程是“变模的隐函表达式”。在得出这些隐函表达式以后，就可根据作者在文献[4]的附录中所导出的待求变量的轨迹的圆心和半径。

3 域的判别

支接阻抗动作特性是继电器临界动作情况的一个轨迹圆。从映射的过程看，并没有说明圆内是继电器动作域，抑或圆外是动作域。因此还必须找出一个尽量简单明了的判据，判明在具体情况下动作域在圆内还是圆外。

(1) 圆的变辐角隐函表达式的域的判别——绝对值比较型。

从绝对值比较得出的继电器基本动作方程一般是圆的变辐角隐函表达式（直线可看做半径为无穷大的圆）。其典型形式为

$$\dot{L}+\dot{M}e^{j\theta}=\frac{\dot{P}+\dot{G}\dot{F}}{\dot{Q}+\dot{H}\dot{F}} \tag{1}$$

式中，θ——左侧的变量；

$\dot{F}$——右侧的变量；

$1e^{j\theta}$——一个单位圆；

$\dot{L}$、$\dot{M}$、$\dot{P}$、$\dot{Q}$、$\dot{G}$、$\dot{H}$ 均为复常数。

为明了起见，令 $\dot{E}=1e^{j\theta}$，为变数，则式(1)变为

$$\dot{L}+\dot{M}\dot{E}=\frac{\dot{P}+\dot{G}\dot{F}}{\dot{Q}+\dot{H}\dot{F}} \tag{2}$$

按复数函数理论，式(2)表达的是一种线性分析映射(变换)关系。在复坐标 $\dot{E}$ 上，按 $\dot{L}+\dot{M}\dot{E}$ 变化的轨迹单值地映射到 $\dot{F}$ 平面上。在 $\dot{F}$ 平面上，变量 $\dot{F}$ 有一个变化轨迹，按照$\dfrac{\dot{P}+\dot{G}\dot{F}}{\dot{Q}+\dot{H}\dot{F}}$的关系与等式左侧的有关轨迹一一对应。右侧为线性分式，线性分式的映射有保圆性。当 $\dot{E}$ 的轨迹为一圆时，$\dot{F}$ 的轨迹也是圆。其圆心和半径在文献[4]的附录中已导出。

下面讨论圆 $\dot{E}$ 的内外域与圆 $\dot{F}$ 的内外域的映射关系。

绝对值比较继电器的动作条件为

$$|U'|>|U''| \tag{3}$$

其临界动作条件为

$$|U'|=|U''| \tag{4}$$

或

$$\frac{U''}{U'}=1e^{j\theta}=\dot{E} \tag{5}$$

如果我们约定，把继电器动作时较大的电压作为分母，则 $\dot{E}$ 圆内为继电器的动作域。这样，式(2)的问题变为 $\dot{E}$ 的圆内域，映射至 $\dot{F}$ 域时，是圆内抑或圆外，或者在什么条件上映射为圆内，什么条件下映射为圆外，其判据是什么？

复变函数给出的基本准则是，E 轨迹走向的一侧(如左侧)映射为 F 轨迹的同一侧(也是左侧)，并由此得出以下结论：

平移映射 $\dot{W}=\dot{F}+A$，域内外关系一一对应；

伸缩与旋转映射 $\dot{W}=\dot{A}\dot{F}$，域内外对应关系不变；

反演映射 $\dot{W}=\dfrac{1}{\dot{F}}$，域内外交换。

式(2)可化为

$$\dot{F}=\frac{(-\dot{P}+\dot{Q}\dot{L})+\dot{Q}\dot{M}\dot{E}}{(\dot{G}-\dot{H}\dot{L})+(-\dot{H}\dot{M})\dot{E}} \tag{6}$$

或写成

$$\dot{F}=\frac{\dot{A}+\dot{B}\dot{E}}{\dot{C}+\dot{D}\dot{E}} \tag{7}$$

或

$$\dot{F}=\frac{\dot{B}}{\dot{D}}+\frac{\dot{A}\dot{D}-\dot{B}\dot{C}}{\dot{D}}\cdot\frac{1}{\dot{C}+\dot{D}\dot{E}} \tag{8}$$

令

$$\dot{F}'=\frac{1}{\dot{C}+\dot{D}\dot{E}} \tag{9}$$

则式(8)变为

$$\dot{F}=\dot{K}_1+\dot{K}_2\dot{F}' \tag{10}$$

式(10)是平移加上伸缩与旋转映射，$\dot{F}$ 轨迹与 $\dot{F}'$ 轨迹所对应的域相同，即内外域关系相同。只需要讨论式(9)的 $\dot{F}$ 与 $\dot{E}$ 域的内外关系。

式(9)中 $\dot{E}$ 为单位圆。下面分三种情况讨论。

当$|\dot{C}|>|\dot{D}|$时，见图 1。此时，式(9)的像与原像两个圆都不包含坐标原点，$\dot{C}+\dot{D}\dot{E}$ 圆上的 m_1 点向 m_2 点移动时，对应的 $\dot{F}$ 域自 f_1 点向 f_2 点移动，所以圆内域映射为圆

内域。

当$|\dot{C}|<|\dot{D}|$时，见图 2。此时两圆都包含坐标原点，即$\dot{C}+\dot{D}\dot{E}$圆内有一个零点，其反演至F'域的量为无穷大，即在$\dot{F}'$域的圆外。另外，从圆轨迹走向可看出二者的映射关系为圆内域映射为圆外域。

当$|\dot{C}|=|\dot{D}|$时，从图 3 不难看出，$\dot{C}+\dot{D}\dot{E}$圆的圆周过坐标原点，其反演为一直线，如果约定直线的坐标原点一侧称为“内”，另一侧则为“外”，$\dot{C}+\dot{D}\dot{E}$的圆内域映射为直线的“外”域。

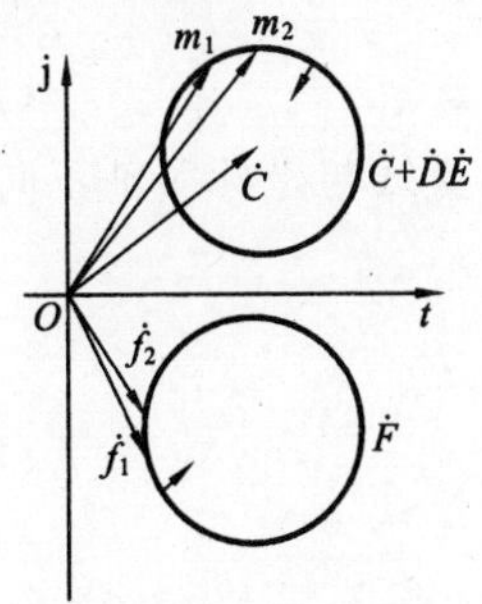

图 1 映射情况之一

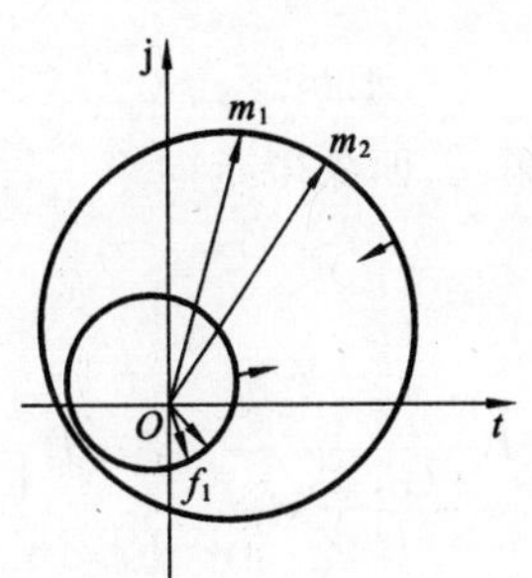

图 2 映射情况之二

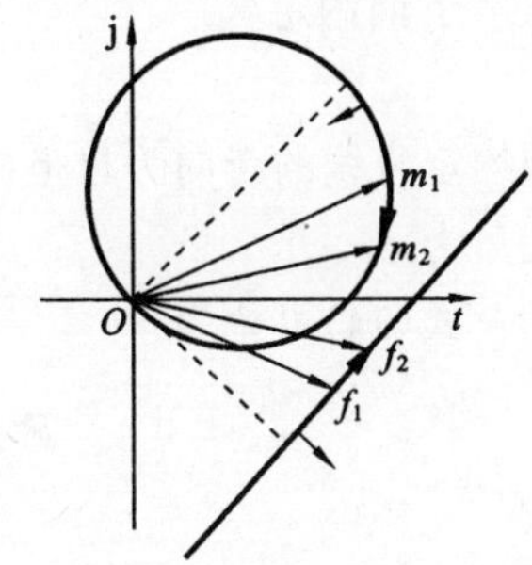

图 3 映射情况之三

总括上述分析，如令

$$W=|\dot{C}|-|\dot{D}|=|\dot{G}-\dot{H}\dot{L}|-|\dot{H}\dot{M}| \tag{11}$$

并令

$$\mathrm{sgn}W=\begin{cases}1 & W>0, F\text{ 域圆内}\\ 0 & W=0\\ -1 & W<0, F\text{ 域圆外}\end{cases} \tag{12}$$

sgn 为符号函数。式(12)就是以绝对值比较为基础进行分析时的阻抗继电器过渡电阻动作特性动作域的判据。应当强调的是，在导出继电器的基本动作方程时，应该以大数为分母。此时，如果 sgn$W=1$，则为圆内动作，或两临界过渡电阻之间为动作域。如果 sgn$W=-1$，则圆外动作，或者两临界过渡电阻之外为动作域。如 sgn$W=0$，(这种情况很少)，则只会得到一个临界过渡电阻，不能直接得出哪是“内”哪是“外”，必须先求出映射的直线，再行判断。其余情况同样，可根据符号函数结果类推。

(2) 圆的变模隐函表达式的域的判别——相位比较型。

由相位比较得出的继电器的基本动作方程一般是圆的变模隐函表达式，其典型形式为

$$\dot{L}+Me^{j\varphi}=\frac{\dot{P}+\dot{G}\dot{F}}{\dot{Q}+\dot{H}\dot{F}} \tag{13}$$

式中，M——左侧的变量；

$\dot{F}$——右侧的变量；

其余参数为常数。

通常$\dot{L}=0$。当$\dot{L}\neq 0$时，亦可以很容易地变换成下面形式

$$Me^{j\varphi}=\frac{\dot{P}+\dot{G}\dot{F}}{\dot{Q}+\dot{H}\dot{F}} \tag{14}$$

这里 φ 值是由继电器动作条件决定的，一般为

$$180^\circ+\varphi>\arg\left(\frac{\dot{P}+\dot{G}\dot{F}}{\dot{Q}+\dot{H}\dot{F}}\right)>\varphi \tag{15}$$

将式(15)写成临界动作条件表达式，就可变成式(14)，而式(13)或式(14)等式的左侧为一直线。

下面约定

$$180^\circ>\varphi>0 \tag{16}$$

即约定直线的走向为自坐标的第三、四象限走向第一、二象限，直线与坐标实轴正向的交角为 φ。

式(14)可化为

$$\dot{F}=\dot{A}+\dot{B}\frac{1}{\dfrac{\dot{G}}{-\dot{H}}+Me^{j\varphi}}=\dot{A}+\dot{B}\frac{1}{\dot{U}+Me^{j\varphi}} \tag{17}$$

或
$$\dot{F}=\dot{A}+\dot{B}\dot{F}' \tag{18}$$

$\dot{F}$ 与 $\dot{F}'$ 是平移和伸缩与旋转映射，域内外关系不变，所以可以直接分析

$$\dot{F}'=\frac{1}{\dot{U}+Me^{j\varphi}} \tag{19}$$

的域的映射关系。

式(19)的分母是直线方程，可分几种情况进行讨论。

① 直线 $\dot{U}+Me^{j\varphi}$ 在坐标原点右侧过实轴(见图 4)。

这种情况仅在下面情况中出现，即

$$\varphi>\varphi_u>\varphi-180^\circ$$

或
$$0^\circ>\varphi_u-\varphi>-180^\circ \tag{20}$$

此时
$$\mathrm{sgn}\ \sin(\varphi_u-\varphi)=-1 \tag{21}$$

这种情况下，坐标原点在直线左侧。直线左侧映射至 $\dot{F}'$ 时为圆外域。

② 直线在坐标原点左侧过实轴(见图 5)。此时有

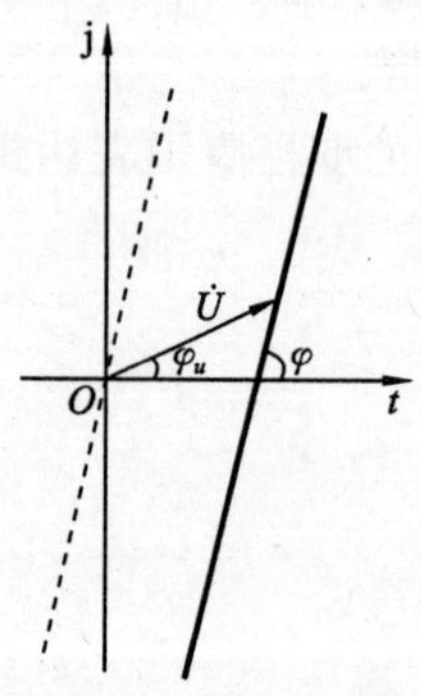

图 4 右侧直线方程

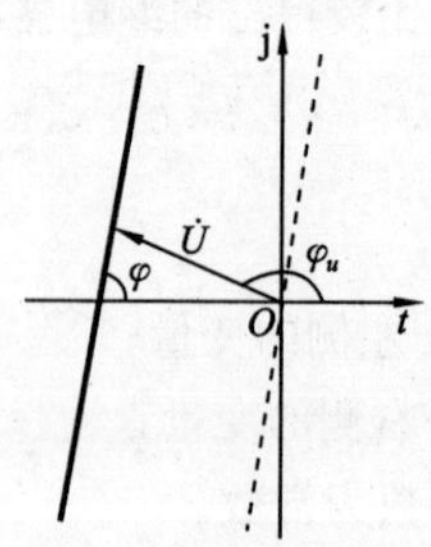

图 5 左侧直线方程

$$\varphi < \varphi_u < \varphi + 180°$$

或
$$0° < \varphi_u - \varphi < 180° \tag{22}$$

有
$$\text{sgn} \sin(\varphi_u - \varphi) = 1 \tag{23}$$

③ 直线$\dot{U}+Me^{j\varphi}$过坐标原点，即$U=0$，此时，映射至$\dot{F}'$域亦为一直线，映像与原像关于实轴对称，域的左、右性质不变。

总括上述三种情况，域的映射判据如下：

$$\text{sgn} \sin(\varphi_u - \varphi) = \begin{cases} 1, & \text{圆内对应直线左域} \\ 0, & \text{直线左域对应原直线左域} \\ -1, & \text{圆外对应直线左域} \end{cases}$$

4　计算机计算程序框图

为了便于分析各种特性的阻抗继电器，我们编制了一个通用的计算机程序，其框图如图6所示。这一程序可用于绝对值比较继电器，也可用于相位比较继电器。对一个新原理的阻抗继电器，只要写出基本动作方程，得出$\dot{L}$、($\dot{M}$)、$\dot{P}$、$\dot{Q}$、$\dot{G}$、$\dot{H}$的表达式(用系统参数表达)，即可使用本程序。程序用拼装形式编制，只要改写一条指令，即可计算另一个阻抗继电器的过渡电阻动作特性。至于不同短路形式，可以自动连续计算，也可以由改变一条转向语句实现所需的短路形式的分析。

程序可以单纯将结果列表输出，也可以直接打印出过渡电阻动作特性曲线。

改变输入的原始数据，亦可以计算反方向短路情况。为节约机器时间，短路点可以不用12点，而减至必要点数。

由于时间限制，目前仅编有三种绝对值比较算法的继电器(相间方向阻抗、接地方向阻抗、接地多相补偿阻抗)和三相式相位比较算法的继电器(直线特性的电抗线、相限线、方向线)。

5　关于电力系统参数的变化范围

用计算机对阻抗继电器动作特性进行分析时，首先可以针对具体系统参数进行计算。为了观察继电器在可能的系统参数范围内的动作情况，我们选择了9种情况组合。以线路正序阻抗为100%，并令S侧为继电器反向侧电源阻抗，R侧为继电器正向侧电源阻抗(不包括线路)。根据湖北电力系统参数调查结果，对于长线，侧重于取较小的系统阻抗值；对于短线，侧重于取较大的系统阻抗值。此外，取系统正序阻抗与线路相同作为中间值。具体参数如表1所示。为简便起见，作为典型分析，暂时令阻抗角全部选80°，由于时间限制，暂时只计算了前面5种参数组合。

6　计算结果分析——几个特殊特问题

我们用上述计算机计算程序初步分析了四种阻抗继电器：相间方向阻抗继电器、接地方向阻抗继电器、接地多相补偿阻抗继电器、用接地多相补偿阻抗继电器作成的方向元件。每种继电器分析了$K^{(3)}$；$K^{(BC)}$；$K^{(A)}$；$K^{(BCO)}$等短路形式(多相补偿继电器不反应$K^{(3)}$，不作分析)。正方向短路时将保护范围分成十等份。区外故障时计算两点，即整定值的110%、120%处。这样，包括出口短路在内，共计算13个短路点。反方向短路

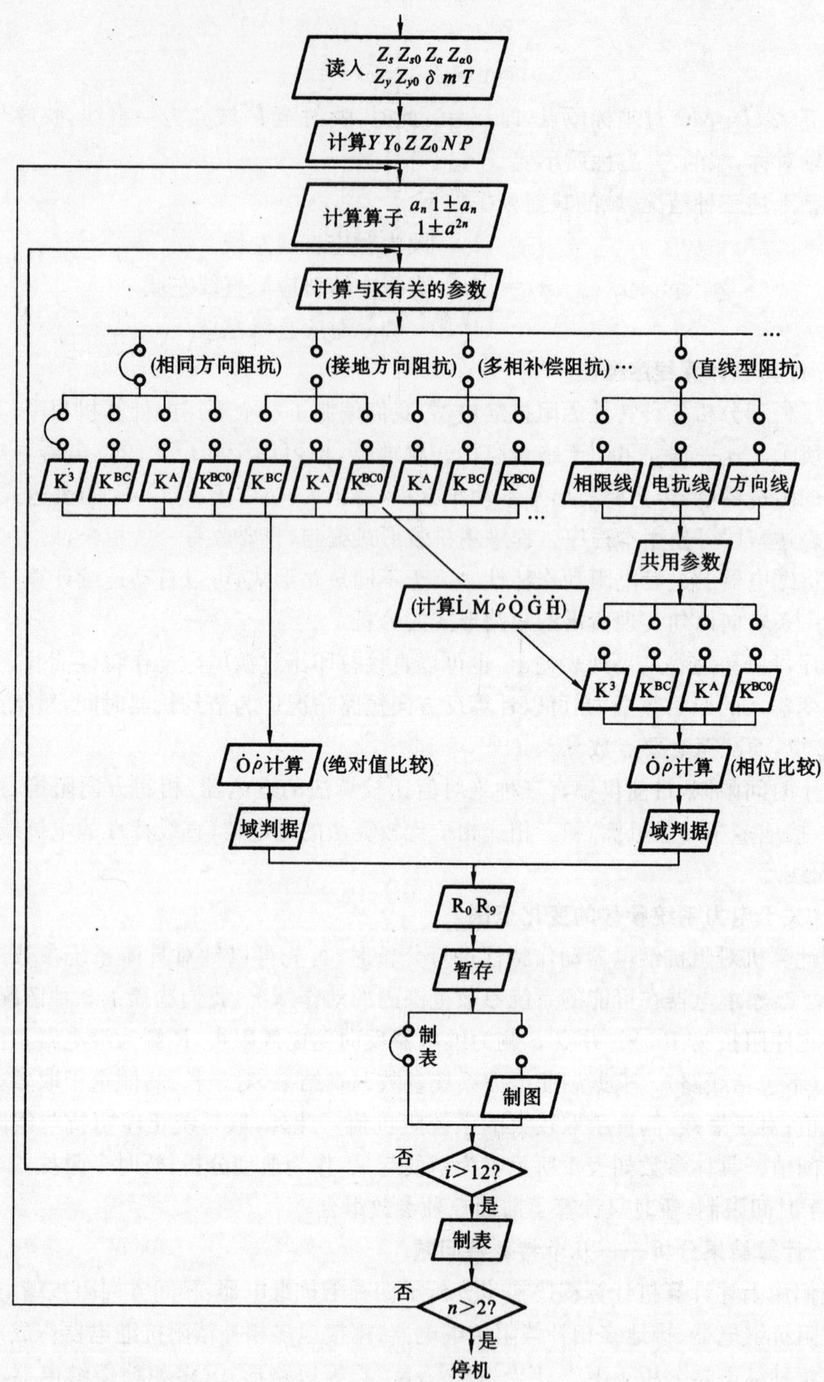
读入 Zs Zs0 Za Za0
Zy Zy0 δ m T
计算Y Y0 Z Z0 N P
计算算子 an 1±an
1±a2n
计算与K有关的参数
(相同方向阻抗)
(接地方向阻抗)
(多相补偿阻抗)…
(直线型阻抗)
K3
KBC
KA
KBC0
相限线
电抗线
方向线
共用参数
(计算L M ρ Q G H)
Oρ计算
(绝对值比较)
(相位比较)
域判据
R0 R9
暂存
制
表
制图
否
i>12?
是
制表
n>2?
停机

图 6 程序框图

表1 系统电源参数情况表

运行方式	正序			零序		
	Z_{S1}	Z_{l1}	Z_{R1}	Z_{S0}	Z_{l0}	Z_{R0}
正常	100	100	100	50	250	50
最大	15	100	20	5	250	15
最小	400	100	400	200	250	200
特殊 1	15	100	400	5	250	200
特殊 2	400	100	20	200	250	15
特殊 3	100	100	400	50	250	200
特殊 4	15	100	100	5	250	50
特殊 5	100	100	20	50	250	15
特殊 6	400	100	100	200	250	50

时,由于过远处短路往往超出系统电源阻抗之外，没有实际意义，所以只计算 5～7 点(每点 10%Z_y)。两端电源计算了 2°、30°、60°、90°、180°、270°、300°、330°等 8 种角度差。电势幅值选得相同(可以算不相同情况,这次只算了相同情况)。这样,每种系统参数情况下,每种短路类型可得一组曲线,每组曲线有 8 条,每条 13 个短路点(每组曲线计算时间约半小时,用的是 BASIC 程序)。反方向短路时,短路点数较少,其余与正方向短路相同。所有结果都已绘成曲线。为可靠起见,在一些临界点处,分别用电压相量图法作了校验性分析。证明计算机计算结果的正确性,并帮助分析引起误动作的原因。

由于曲线很多,这里仅摘引一些比较特殊的现象加以说明,特性曲线族则以相间方向阻抗继电器和接地阻抗继电器在 $K^{(3)}$ 时的过渡电阻动作特性为例全部列举。其余情况则仅叙述分析的结果。详细曲线情况,另行提供。

(1) 关于相间方向阻抗继电器与接地方向阻抗继电器 $K^{(3)}$ 时的动作特性问题(见图 7～图 10)。

正方向短路时,一般认为这种阻抗继电器超越很小。这成为这种继电器的重要优点之一。这次分析表明,在特殊系统结构情况下,这种继电器超越范围超过 20%(见图 9)。这种情况出现在继电器反向侧系统阻抗很大的时候,在本例中是线路阻抗的 4 倍。继电器对侧阻抗很小,在本例中是线路阻抗的 20%,电源电势角差为 300°,即本侧超前对侧电势 60°。如果角差增至 90°,则超越更严重。换句话说,在短线路的小电源侧装设这种阻抗继电器时,不仅要考虑过渡电阻引起拒动问题,也要注意外部短路时的超越误动问题。

(2) 相间方向阻抗继电器在 $K^{(2)}$ 时故障相的超越情况与 $K^{(3)}$ 时的基本相同(图略)。

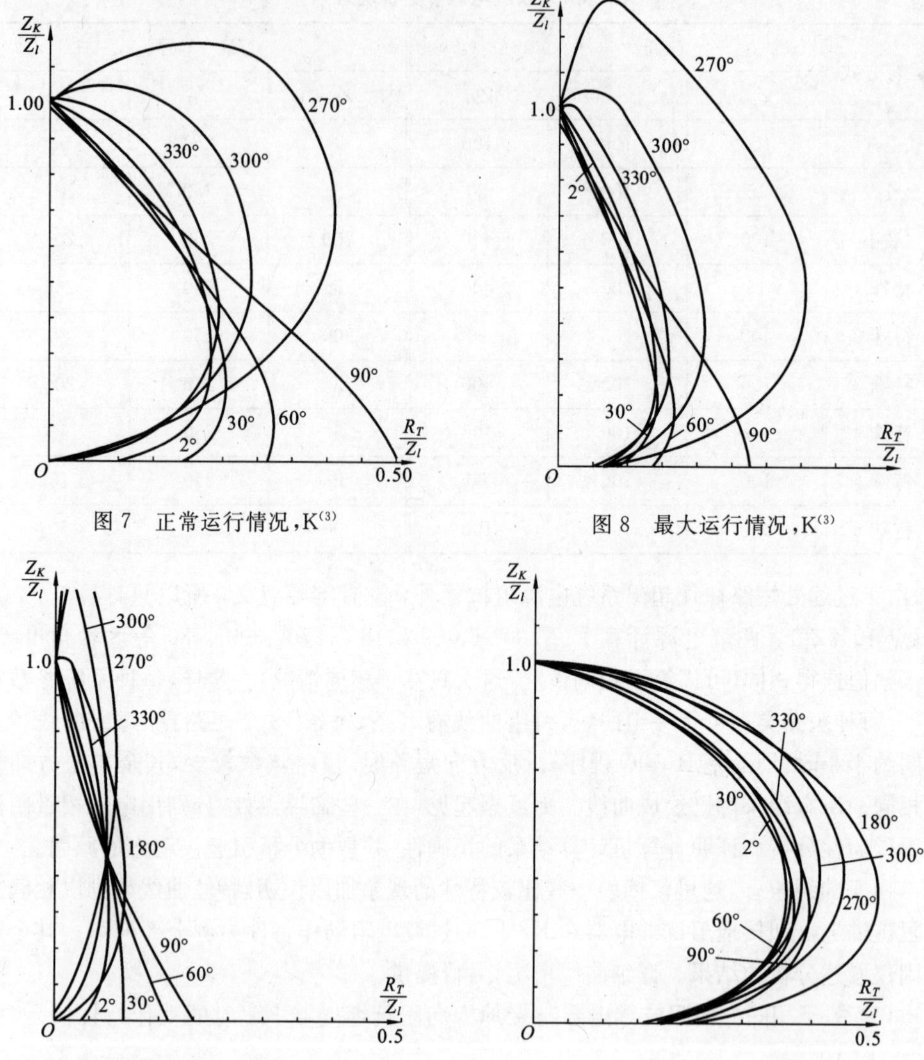

图 7 正常运行情况，$K^{(3)}$

图 8 最大运行情况，$K^{(3)}$

图 9 特殊(1)运行情况，$K^{(3)}$

图 10 特殊(2)运行情况，$K^{(3)}$

(3) 接地方向阻抗继电器在 $K^{(1)}$ 时，故障相超越情况与 $K^{(3)}$ 时相近，但没有 $K^{(3)}$ 时的严重。要到 $\delta\approx270^{\circ}$时才会超越 20%以上。

(4) 接地方向阻抗继电器作选相元件时，超前相元件误选相发生在本侧及对侧系统阻抗都比较小的情况。仅仅是本侧系统阻抗小，而对侧系统阻抗较大时不会误选相。

本侧系统阻抗比较大(小电源侧阻抗元件)不会误选相，但故障相易因过渡电阻而拒动。

在发生 $K^{(2,0)}$ 时，系统阻抗比越大，故障的领前相超越越严重。需要在发生 $K^{(2,0)}$ 时将领前相退出工作。

分析表明，在两侧系统阻抗比较相近时，落后相确实不会超越。但在本侧系统阻抗很大，对侧系统阻抗很小的情况(即小电源侧阻抗元件)下会发生落后侧的超越较超前侧严重的情况。但这种情况没有上述其他情况严重。

(5) 当采用接地多相补偿阻抗继电器作为方向高频保护的方向元件时[8]，如果整定阻抗的正序、零序值都与系统实际情况相符，则可以断定继电器有充分的方向性，但是系统的运行情况是不断变化的。当整定值与系统参数不一致时，是否仍能保证方向性，按什么原则整定才能保证方向性?

分析表明，按[8]

$$Z_y \geqslant \frac{Z_{l1}+Z_{R1}-Z_{S1}}{2}$$

关系整定时仍有误动作的可能。但是按系统最大运行方式时的系统参数整定，而运行于其他运行方式时，继电器不会误动作。反之将存在误动作的可能。此外 Z_{y0}/Z_{y1} 的比值减小时误动作的机会也会减少。

参考文献

[1] 陈德树.支接阻抗动作特性与振荡阻抗动作特性.电力系统自动化[J],1977,(4).

[2] M. A Эль-Хадиди. Некоторые вопросы анализа работы ресопротивления[J]. Элетритество,1979,12.

[3] A. T. Johns, A. A El-Alaily. Variable Characteristic General Technique for Distance Protectation[J]. Proceedings IEE,1973. Vol. 120, No. 8 P. 891-898.

[4] 华中工学院.电力系统继电保护原理与运行[M].北京:电力工业出版社,1981.

[5] 陈德树.阻抗继电器动作特性的基本动作方程.第二次继电保护与自动装置学术会议选集[C],1979.

[6] 陈德树.多相补偿阻抗继电器的超越与方向性.第二次继电保护与自动装置学术会议选集[C],1979.

[7] 王梅义.高压电网继电保护运行技术[M].北京:电力工业出版社,1981.

[8] 贺家李.超高压输电线长期发讯的高频方向保护.中国电机工程学会第二次继电保护及自动装置学术讨论会论文选集[C],1979.

2.7 TRCP(d)-1 程序及其应用——支接电阻动作特性(直接法)[①]

1 前言

作者过去在用计算机辅助分析阻抗继电器的动作特性时，一直使用支接阻抗动作特性法，即通过支接阻抗动作特性计算支接电阻动作特性，俞鸣元则用直接法进行分析。支接阻抗法的长处是不会丢失动作特性中的“孤岛”和计算时间较短。但直接法也有其长处，即不需要推导支接阻抗动作特性方程，因而可以很方便地分析多种继电器的动作特性。即使稍为修改一下继电器的动作条件，前一种方法都需重新推导公式，并且要对程序作较大的修改补充。后一种方法只需稍为修改一下子程序即可。所以两种方法各有所长。本文用 VAX-11/780 计算机进行计算，就在前人对直接法工作的基础上用 FORTRAN 语言编制出本程序，并把它称为 TRCP(d)-1 程序(Tape-Resistance Operating Characteristics Program-Direct Method)。

2 计算方法前提

(1) 计算分析用的电力系统是“典型”系统，其线路图如图 1 所示。

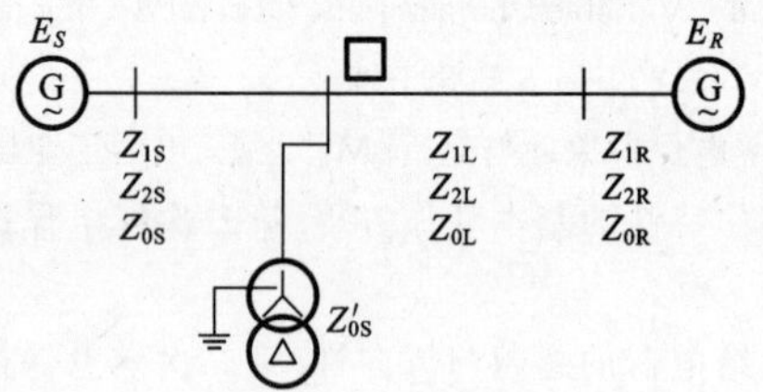

图 1　典型计算模型

(2) 一般假设电源的正序阻抗和负序阻抗相等。只在必要时，才考虑其不相等。

3 计算方法

在用支接阻抗法计算支接电阻动作特性时，首先选定短路点，再用解析法计算出临界动作时的支接动作阻抗，然后进一步求出支接动作电阻。这种方法的优点是不易丢失“孤岛”，而且计算时间较短。

本文所用的基于试探的直接法的出发点，是先给定过渡电阻值，计算加入继电器的电流、电压值，然后计算继电器的动作条件判别式以断定它是否动作。根据这一判定再修改给定过渡电阻值重新计算，逐步逼近临界点。直至前后两次计算值之差小于某一给定范围后，取这最后数值作为临界值。这种方法看来比较简单，但实际运行时却有一些问题值得探讨。

---

① 本文发表于 1985 年全国高校电力系统及其自动化专业第一届学术年会论文集。

主要的支接电阻动作特性可能有如图2所示的几种。其中如图2(a)、(b)、(c)、(d)所示4种情况较为常见，下面讨论一下有关的几个问题。

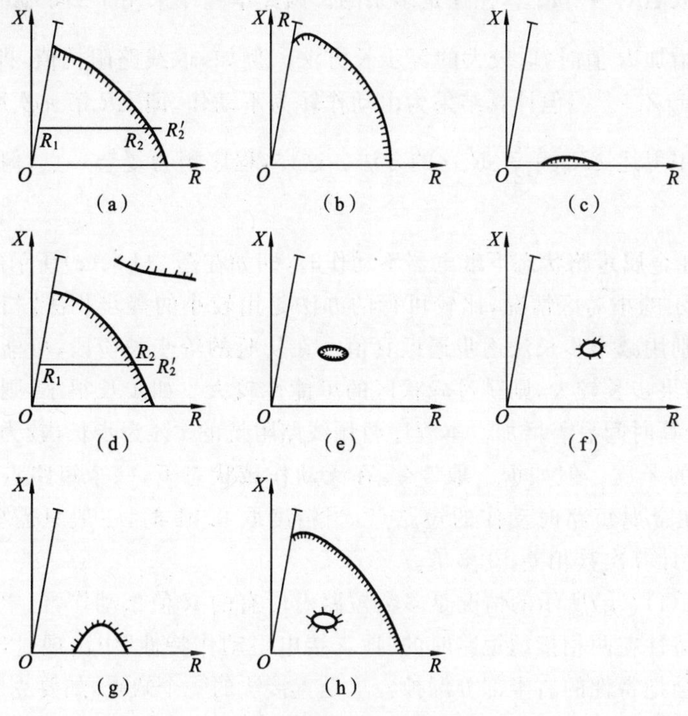

图2 支接电阻动作特性图

(1) 当在线路上某一点发生金属短路时继电器动作，如图2(a)、(b)所示，在此情况下可以逐步增加过渡电阻 R 值，反复计算检验继电器是否动作，直至发现继电器在某一 R_2 值时不动作为止，例如，图2(a)的 R'_2。取 R'_2 作为临界值，此时计算的偏差为 R'_2-R_2。如果按等步长，每次计算的 R 值的增量 ΔR 取得过小，则虽然偏差 R'_2-R_2 可以很小，但计算时间必然很长。反之如果步长取得较大，则虽然计算时间可以缩短，但计算偏差必然过大。为了用较少的计算次数并得到较高的精度，采用步长减幅二分之一，反复逼近的方法。其情况如图3所示。在规定计算的最大范围 R_{max} 后，第一步计算 $R=0$ 时的情况，如继电器动作，则取 $\Delta R_1=\frac{1}{2}R_{max}$ 计算。如继电器仍动作，则取 $\Delta R_2=\frac{1}{2}\Delta R_1$。此时如继电器不动作，但 $\Delta R_2>\varepsilon$，则取 $\Delta R_3=-\frac{1}{2}\Delta R_2$ 计算。如继电器仍不动作，则取 $\Delta R_4=\frac{1}{2}\Delta R_3$ 计算。如继电器还不动作，则取 $\Delta R_5=\frac{1}{2}\Delta R_4$。如此时继电器改为动作，而且 $\Delta R_5<\varepsilon$，则计算停止，并取最后 R'_2 值作为临界动作电阻值。

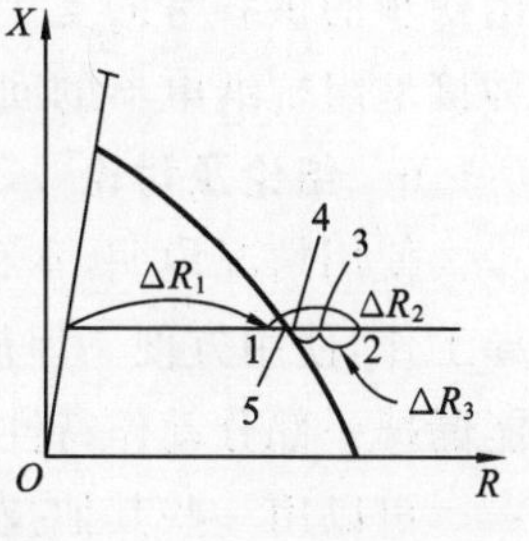

图3 ΔR 的逐步修改方法

当 R_{max} 取较大的数值时，上述方法不很理想，因为 R_2 很可能在 R_{max} 附近，而上述方法第一步取 $\Delta R_1=\frac{1}{2}R_{max}$，往往是多余的。因此本程序采用了一个修正的方法，即第一轮正向增加 R 值时，取较大的等步长方法。例如，取线路阻抗值，即 $\Delta R_1=\Delta R_2=\cdots=\Delta R_n=|Z_1|$。一但计算结果为由动作转为不动作，即 ΔR 第一次取负值时，往后就转而采用上述 $\Delta R_n=\frac{1}{2}\Delta R_{n-1}$ 的方法。这样，程序稍为复杂一点，但计算时间可加快一点。

(2) 当在金属短路状态下继电器不动作时，即如在图 2(b)、(c)所示的峰状区，或如图 2(e)所示的小岛区情况，比较可行的办法是用较小的等步长法“扫描”，进入动作区后再分别用减半步长法逐步逼近真值。在初时的等步长阶段，可能跳过小岛区或峰状区，如果步长较大，则跳过峰状区的可能性较大。如步长很小，则丢掉的小岛区很小，但计算时间显著增加。本程序暂用线路阻抗的 5% 为步长，较为适中地处理两方面要求的矛盾。但如 R_{max} 取 $5Z_L$，在无动作域状态下，一个短路点要白白计算 100 次！而在金属短路时动作的短路点，当精度取 0.01 时，一般只需要计算 7～9 次，两种情况计算次数相差 10 多倍。

(3) 图 2(f)、(g)所示的情况是多数短路点所有的 R 值都动作，但中间有一个不动区。这种特性在两相接地短路时的“地支接电阻动作特性”中出现过，但用直接法分析计算将会把特性的右半部分漏掉。这是直接法的一个缺点，如要克服这一缺点，将要付出更多的计算时间代价。

(4) 图 2(h)所示的情况是在一个短路点有 4 个临界支接电阻值。这种情况表明，待分析的复变量在继电器的基本动作方程[1]中是二次的。它的支接阻抗动作特性不再是一个圆，而是较复杂的曲线。因此，用支接阻抗动作特性去求支接电阻动作特性是很难的。这种情况如用直接法，多用一点计算时间，倒是可能实现的。

4 程序主要框图

程序的主要框图见图 4。

5 程序应用

本程序中已编好 17 种阻抗继电器的子程序，并按前述 9 种“典型”系统参数计算出初步的供参考的支接电阻动作特性。此外，还针对具体的一个特短线上应采用何种接地阻抗继电器的问题作了分析计算。

6 结论及讨论

使用情况说明，本程序在分析多种继电器的动作特性时，可以减轻大量的公式推导工作，使用方便。但从本文可以看出，直接法的确有其固有的弱点，有些情况下可能漏掉一部分动作特性区，计算时间长。

可以用一些其他技巧减轻上述弱点，例如，用特性外推法，即以前一次求得的动作特性临界值为出发点进一步进行计算。这样可以减少一些计算量，也可以减少峰

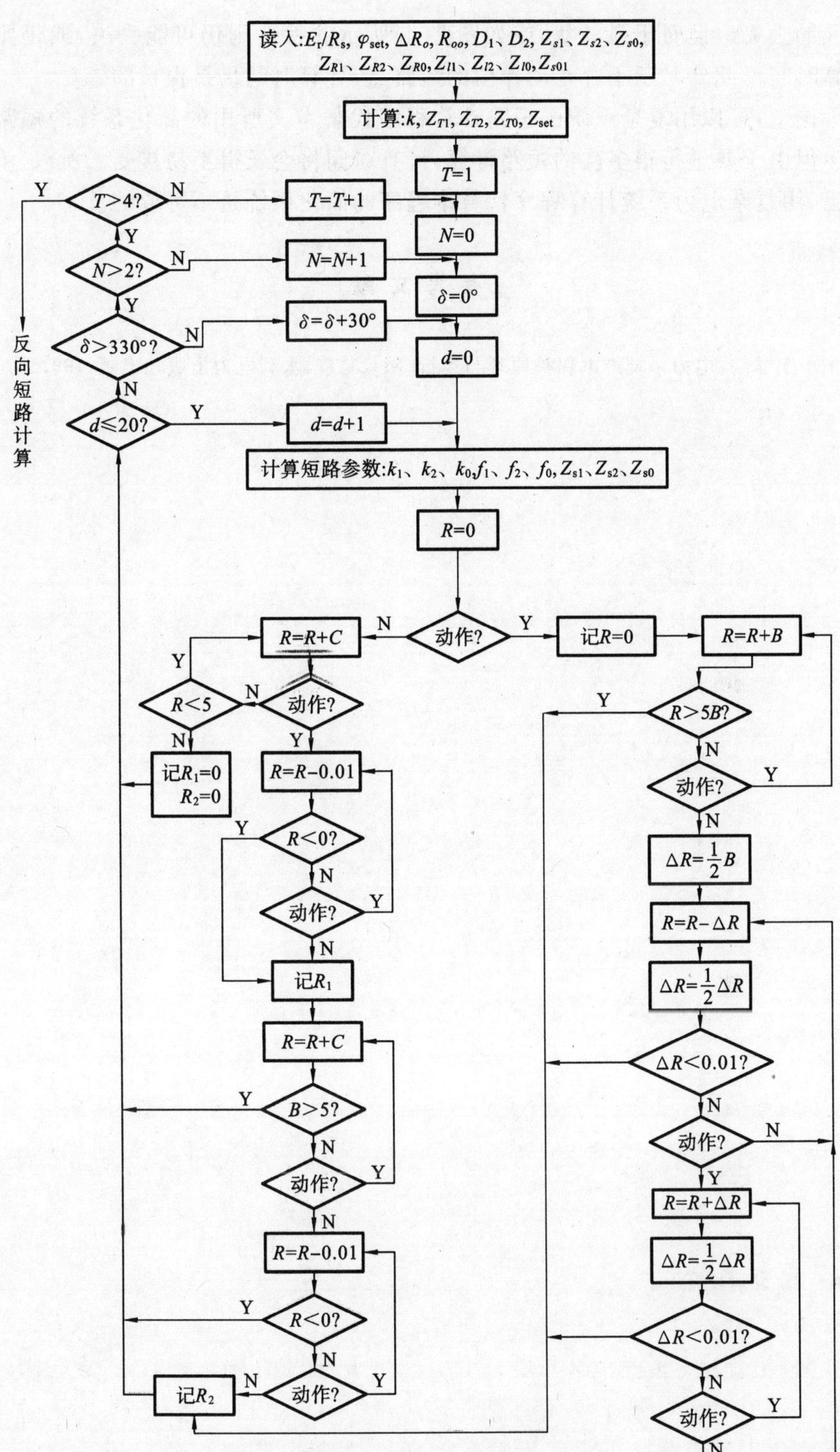
读入:E_r/R_s, φ_{set}, ΔR_o, R_{oo}, D_1、D_2, Z_{s1}、Z_{s2}、Z_{s0}, Z_{R1}、Z_{R2}、Z_{R0}, Z_{l1}、Z_{l2}、Z_{l0}, Z_{s01}
计算:k, Z_{T1}, Z_{T2}, Z_{T0}, Z_{set}
$T=1$
$N=0$
$\delta=0°$
$d=0$
$T>4$?
$T=T+1$
$N>2$?
$N=N+1$
$\delta>330°$?
$\delta=\delta+30°$
$d\leqslant20$?
$d=d+1$
反向短路计算
计算短路参数:k_1、k_2、k_0,f_1、f_2、f_0,Z_{s1}、Z_{s2}、Z_{s0}
$R=0$
动作?
$R=R+C$
$R<5$
记$R_1=0$ $R_2=0$
$R=R-0.01$
$R<0$?
记R_1
$B>5$?
记R_2
记$R=0$
$R=R+B$
$R>5B$?
$\Delta R=\frac{1}{2}B$
$R=R-\Delta R$
$\Delta R=\frac{1}{2}\Delta R$
$\Delta R<0.01$?
$R=R+\Delta R$
Y
N

图 4 程序主要框图

状特性的丢失。但对于孤岛状，或如图 2(d)所示的特性则仍可能丢失，或仍要很长的计算时间。此外对于不存在动作值的短路点，计算时间仍是很长的。

理论上，可以用复杂系统的短路计算程序代替本文所用的简化系统的短路计算程序。但由于要进行很多次的短路计算，计算时间将会长得不易接受。所以，不是万不得已，用复杂电力系统计算程序代替本程序的简化系统是不可取的。

参 考 文 献

[1] 华中工学院. 电力系统继电保护原理与运行[M]. 北京：水利电力出版社出版，1981.

2.8 I_0 极化的接地电抗继电器运行特性分析[①]

1 引言

用 I_0 极化的接地电抗继电器的优越性能,越来越引起人们的重视,并得到越来越广泛的应用。或用于构成四边形继电器,或用于构成三个单相的接地电抗继电器接点串联使用的复合继电器。过去,很多人在基本理论分析和装置研制方面做了很多工作。本文以计算机辅助分析为手段对影响继电器特性的各种因素作较细致的定量分析,企图使这种性能优良的继电器用得更好一些。过去的理论分析认为,如果用短路点的电压或 I_{0F} 作极化量,保护将不受过渡电阻的影响。实际上用继电器安装处的 I_0 作极化,保护会存在静态超越问题。为消除静态超越,过去沿用使 I_0 下偏若干角度作极化。往往因怕超越误动,将 I_0 下偏角度选得大一些。1984 年上半年,作者在计算机仿真分析中,观察到下偏角度很大时,线路末端(不是整定点外面附近)仍有误动的现象。1986 年上半年,为保证计算可靠,我们同时采用两种不同的计算机辅助分析方法,互相校核,说明计算方法是可靠的。在此基础上计算分析了多种系统运行方式,改变系统阻抗角和短路点的参数。分析结果提供了一些有益的结论。例如,在这次仿真分析中观察到存在一种称为“受端超越”的现象,在受端继电器即使采用 I_{0F} 作极化量,也同样存在超越现象,并在理论上阐明了影响这种现象的因素,使我们对这种继电器特性的认识得以深入一步。

2 I_0 极化接地电抗继电器在 $K^{(1)}$ 时的运行特性

(1) 分析方法。

分析的目的是各种系统参数的变化对运行特性的影响,因此必须在多种运行情况、多种参数、多个短路点情况下计算分析各种短路形式时继电器的动作特性。我们采用计算过渡(支接)电阻动作特性的方法供进一步分析使用。

在取得计算数据的基础上绘成曲线,然后从曲线的形状寻找特性的规律,各种系统参数对特性影响的规律,并进一步用电压相量图法寻找产生各种现象,特别是特殊现象的原因,得到规律性的认识,然后找出适当的处理办法和意见。

(2) 电力系统模型与参数。

继电器在两端电源单回输电线上运行,作为分析的基础。

以线路阻抗为 100,考虑两侧电源阻抗有 15(20)、100、400 三种情况,共有 9 种组合,这是作为主要考虑的运行方式。此外还考虑了一种系统阻抗特别大的运行方

---

① 本文发表于 1986 年全国高校电力系统及其自动化专业第二届学术会议论文集,此次出版,内容略有增减。

式，即两侧各为3000，这在一些地方性的110 kV的小系统中存在。

系统阻抗角，一般线路的为80°，电源（包括零序网络）的为85°。此外还考虑了个别线路，其阻抗角为75°，电源的为89°的情况，以及线路和电源阻抗角相同，都是80°的情况。

上述参数估计能反映电力系统大多数的实际情况。当分析某一具体系统时，可以随时将实际参数代入。

一般来说，短线路的系统参数较接近系统阻抗为400的情况。而长线路的系统参数较接近系统阻抗为15(20)的情况，系统阻抗为100时接近一般的正常运行阻抗。

假设继电器后面的电源电势大小为1，角度为0°，此时对侧电源电势为m，角度为δ都可以用实际值代入计算。作为一般性分析。令$m=1$，$\delta=0°,30°,60°,300°,330°$。当$\delta=30°,60°$时，继电器处于受电侧，当$\delta=300°,330°$时继电器处于送电侧。暂未计算±60°以外的情况（注：新程序改为对侧电势为0°，本侧为δ）。

(3) “理想极化”、$K^{(A)}$时的“受端超越”与“受端缩域”。

一般从理论上分析认为，如果能用短路点电压或电流作极化量，继电器将会完全不受过渡电阻影响，实际上由于不能取到短路点的I_{0F}作极化，只得以继电器安装处I_{S0}作极化。为了检验上述分析是否正确，我们选择了一种理想极化状态，即令两侧电源阻抗的阻抗角与线路阻抗角完全相等，特别是零序。此时继电器安装处的I_{S0}的相位将与短路点I_{0F}的相位完全相同，继电器的动作特性希望与过渡电阻大小无关，即应是一条平行于坐标横轴的直线。然而计算结果如图1所示。

图1选绘了$K^{(A)}$时计算结果中的5条曲线，从计算结果可以看到，在理想极化情况下送端继电器的动作特性是“理想”的，不受短路点过渡电阻的影响（曲线0137、0128）①。但是受端继电器的动作特性却不“理想”，存在外部短路时的超越现象（曲线0110、0112、0101）。这是受端继电器所固有的，属原理性的。它不仅在外部短路时存在超越现象，而且在内部短路时也减小其耐过渡电阻的能力。随着短路点的不同，超越程度和缩小动作区的程度也不同。其原理分析如下。

图2(a)是送端继电器的电压相量图。从图可见，当以U_F为极化电压时，如整定点补偿电压U_y在短路范围以内（即外部短路），则不管过渡电阻取何值，U_y总超前于U_F，即继电器在任何过渡电阻情况下不会超越。如整定点补偿电压U_y在U_F之外（即内部短路），则U_y总落后于U_F，继电器恒动作，也不受过渡电阻影响。

图2(b)是受端继电器的相量图。令短路点F在Y点之外，如过渡电阻逐渐加大，U_F末端沿圆周逐渐上移，则当U_F达到U_{F1}时，S、L、O三点成一直线。此时U_{F1}与U_{Y1}同相位，继电器处于临界状态。当过渡电阻进一步加大到W点时，此时U_{yW}落后于U_{FW}，继电器处于动作状态，换句话说，当过渡电阻超过临界值R_1时，继电器要

① 此次付印时，全部曲线用最新版本程序重新计算及打印，下同。

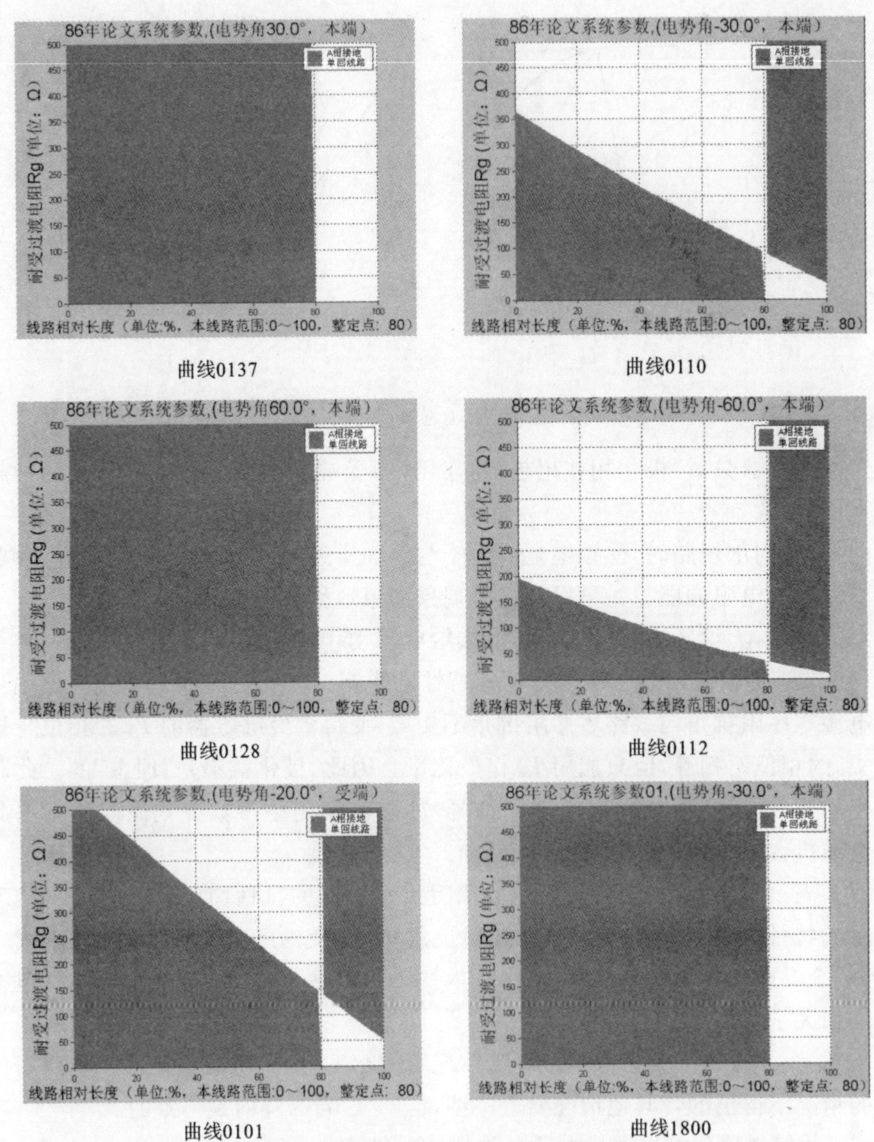

曲线0137　曲线0110

曲线0128　曲线0112

曲线0101　曲线1800

图 1　理想极化 $K^{(A)}$ 时的计算结果

$Z_S=15\angle 80°, Z_{S0}=5\angle 80°, Z_R=20\angle 80°, Z_{R0}=15\angle 80°, Z_l=100\angle 80°, K=2.5$

对曲线 1800：$Z_R=400\angle 80°, Z_{R0}=200\angle 80°$（“线路相对长度”指短路点位置）

超越动作(因是外部短路)。

上述现象是在线路阻抗角与电源阻抗角相等的情况下发生的，相当于处于“理想极化”状态。这时候的超越现象与极化电流相位差无关，因此可以称为“受端超越”。相应地，我们可把由于极化电流 I_0 与短路点电压 U_F 或 I_F 相位不相同而引起的超越，称为“极化相差超越”。

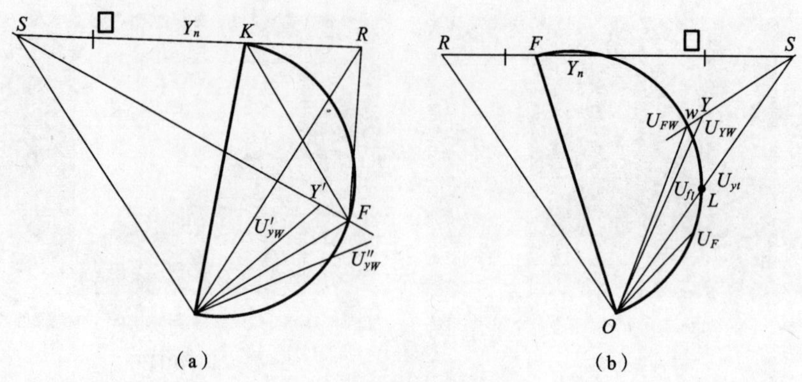

图 2　受端超越情况分析图

送端继电器只对“极化相差超越”起作用，而受端继电器的超越现象是两种超越的综合结果。

同样，在内部短路时，受端继电器由于与上面所述相同的原因，而缩小保护域，即减小了耐过渡电阻的能力。可以把这种现象简单地称为“受端缩域”现象。

总的来看，无论区内、区外短路，受端继电器动作特性恶化。

(4) 非理想极化对受端继电器动作特性的影响。

电源零序阻抗角与线路零序阻抗角不相等，使得流经继电器的 I_{S0} 的相位与短路点的 I_{F0} 的相位不相等，但只能用 I_{S0} 作极化量。因此，极化就不是“理想”的。此时存在极化相位偏差 θ_p，θ_p 随短路点不同而异，亦随零序网络参数变化而变化。因此它是一个随机数，但可以分析它的影响趋向。

图 3 表示系统参数相同，仅仅是电源阻抗角不同的特性曲线，曲线 0101 是理想极化时的特性曲线，曲线 0301 是系统阻抗角从 80°变为 82°后的动作特性曲线。可见，当系统阻抗角大于线路阻抗角时，区内的动作域普遍加大了，但区外的超越误动作域也加大了许多。

当然，图 3 是在系统参数最不利的情况下得出的，即系统阻抗相对于线路阻抗特别小的情况下得出的。其他情况要好一些，但 θ_p 影响的趋向是一致的。

(5) 非理想极化对送端继电器动作特性的影响。

前面说过，送端继电器在理想极化时，特性是很好的，不存在超越和缩范围现象。当理想极化条件受到不大的破坏时，结果仍然是好的，但如破坏较重，例如，在两侧电源阻抗变为 20∠85°和 15∠85°，在线路末端（即第 20 点）短路，则开始出现超越误动现象，但相对较不严重（见图 3 曲线 0301）。

(6) 系统运行方式与受端特性恶化。

不难看出，当两侧电源电势角差 δ 减小时，图 2(b) 的 L 点，沿圆周上移，即临界过渡电阻增大。相应地，图 1 的特性曲线不管区内外短路都向上移，特性逐渐改善，或者说恶化程度减弱。反过来说，输电线传输功率越重，特性越差。从图 1 的曲线

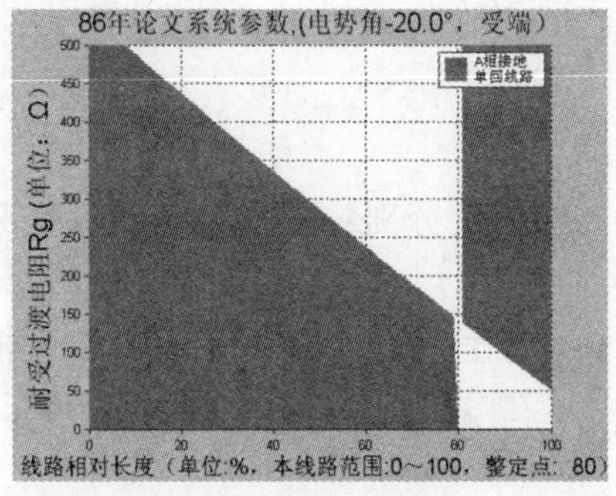

曲线0101(系统80°,下偏0°)

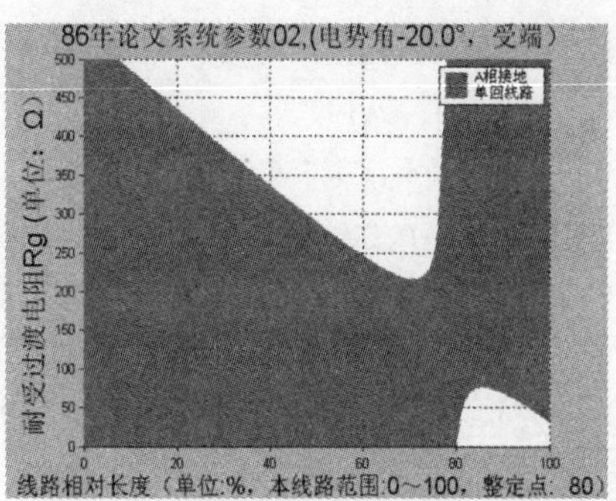

曲线0301(系统82°,下偏0°)

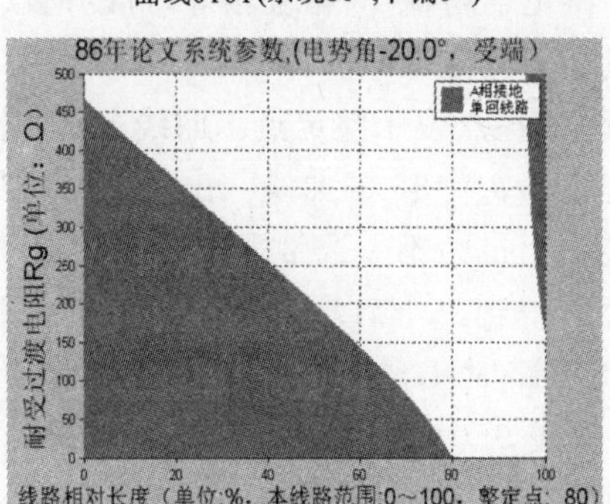

曲线0104(同曲线0101,但下偏2°)

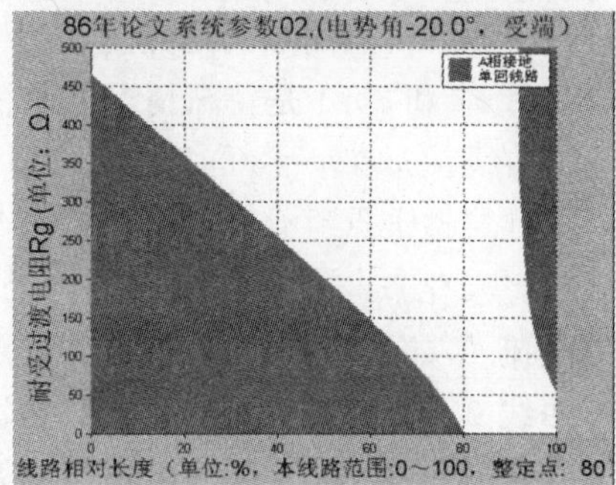

曲线0304(同曲线0301,但下偏2°)

图3　非理想极化对动作特性的影响

0110 与曲线 0101 的对比中也可以看出。

从系统阻抗的影响来看，当继电器背后即本侧系统阻抗不变，对侧系统阻抗变化，例如，系统参数为 $Z_S=15\angle 80°$，$Z_{S0}=5\angle 80°$时，$Z_R=400\angle 80°$，$Z_{R0}=200\angle 80°$，所得特性曲线 1800 较 $Z_R=20\angle 80°$，$Z_{R0}=15\angle 80°$时所得的曲线 0110 为好。可见，受端特性恶化情况与对侧电源阻抗大小有很大关系。当对侧电源阻抗加人时，特性大大改善。产生这样效果的原因亦可从图 2(b)的电压相量图中找出解答。当 δ 值不变，对侧(R 侧，即左侧)阻抗加大时，图上的短路点右移。此时本侧电源 E_s 与 O 点连线与圆弧的交点 L 将上移，这意味着临界过渡电阻增大。

(7) 极化用 I_0 相位下偏时的特性变化。

一般认为，极化电流相位下偏若干角度(有用 1.5°～6°的)，会改善超越误动特性，但是，利弊如何，下偏角根据什么原则决定，未见有深入的探讨。下面的分析说明，下偏角会在很大程度上恶化区内短路时的特性，即大大缩小允许过渡电阻的范围，而且，有些情况下，即使能改善区外短路的超越状况，但不能完全去除，或者是要下偏很大的角度时才能完全避免超越现象，但此时区内 动作域的缩小将达到不能接受的程度。

图 3 反映了下偏角对“受端特性恶化”的影响，曲线 0301 是考虑了电源阻抗角与线路阻抗角不一致后使“受端特性恶化”后的结果，但 I_0 角度没有下偏。曲线 0304

是在同样条件下，但 I_0 下偏 2°的结果。可见，人为地令极化 I_0 下偏，将使区内和区外的动作域大大减小。

(8) 理想极化点与参考下偏角。

图 4 中 0101、0301、0500 三条曲线两侧系统阻抗分别对应 80°、82°、85°情况，其余系统状态完全相同。从曲线可见，短路点在线路的 5%附近，三条曲线相交于一点。其原因是零序网络中从此点(称为 P)往两侧看，两侧综合阻抗的阻抗角相等。因 S 侧 $|Z_0|=5$，R 侧 $|Z_0|=15$，线路分为 20 点，在短路点为 5 时，两侧阻抗角完全相等(因 $\theta_S=\theta_R$)。

在上述情况下，短路点电流 I_{F0} 的相位与继电器电流 I_{S0} 相位相等，可以把点 P 称为"理想极化点"。短路点离这点越远产生的偏差角越大。

曲线 3001 和 3011 是特殊情况的曲线，此时 P 点位于整定点。曲线 3001 是理想极化状态曲线。$\theta_S=\theta_R=80°$，而曲线 3011 是 $\theta_S=\theta_R=85°$的曲线。由此曲线可见，当理想极化点与整定点重合时系统阻抗角与线路阻抗角不一致带来的影响最小。

由理想极化点与整定点重合的好处，我们得到一个启示。当两者不重合时，如将极化电流 I_0 的下偏角选择为在整定点 Y 短路时 I_{F0} 与 I_{S0} 的相位差可能使特性改善。曲线 0500 相当于没有补偿的情况，曲线 0503 相当于过补偿的情况。过补偿对区外超越有好处，但对区内短路缩范围大。具体如何选取下偏角应在作全面比较后决定。

3 结论

I_0 极化接地电抗继电器单相接地时，有以下结论。

① 在送端时相当好地区分区内外短路。

② 在受端时，存在"受端超越"现象和区内短路缩范围，在"理想极化"条件下也是这样。

③ 系统阻抗角大于线路阻抗角时，受端继电器区内外动作域扩大，即超越范围扩大。

④ 电源电势角差增大时，受端继电器动作域扩大，超越范围扩大。

⑤ 存在参考下偏角。偏移角超过参考下偏角时，会减小超越范围，但以缩小区内保护区为代价。具体电力系统中应根据有负荷线情况权衡，决定合适的下偏角。

I_0 极化接地电抗继电器在两相接地时，有以下结论。

① 越前相继电器区分区内外短路能力比较好，不存在"受端超越"问题。

② 越前相继电器受"相支接电阻"影响，在保护区末端短路时会缩短保护区，但在实际可能情况下，缩短不很大。

③ 落后相继电器性能不好，应予闭锁，或不作依靠。

编后说明

(1) 自 20 世纪 80 年代初，作者编成基于 FORTRAN 的阻抗继电器稳态动作特性计算分析程序 TRCP(D)(Tap Resistance Calculation Program — Direct Method)

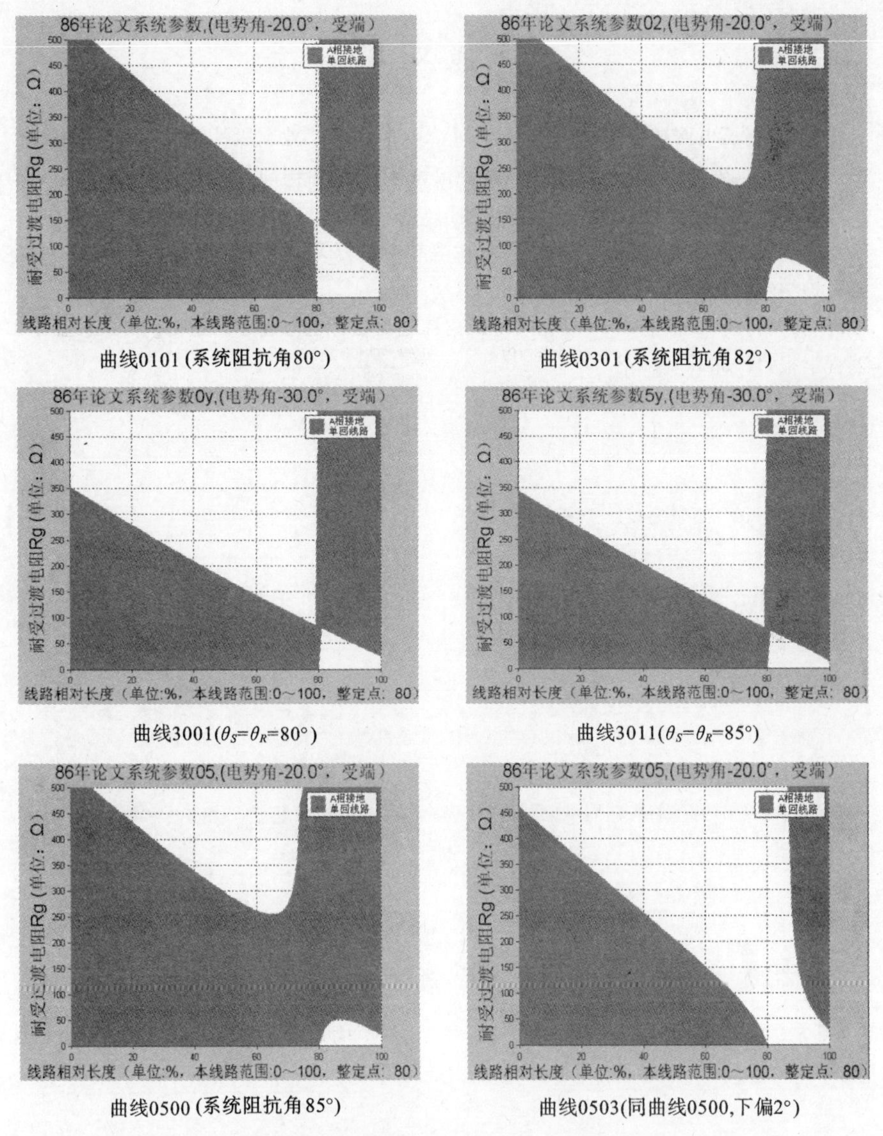

曲线0101 (系统阻抗角80°)　　曲线0301 (系统阻抗角82°)

曲线3001($\theta_S=\theta_R=80°$)　　曲线3011($\theta_S=\theta_R=85°$)

曲线0500 (系统阻抗角85°)　　曲线0503(同曲线0500,下偏2°)

图 4　理想极化对动作特性的影响

后，系统地用于本文的计算。其后，历经几代学子不断完善、发展。后来，由刘世明博士改用 Matlab 程序编成新的版本，取名为 PRESC。其性能大为提高，便于使用。特别是对结果的图示，更为清晰。因此，本文重编时用新程序按原参数重新计算，并采用其图形输出。

(2) 自本文较系统地分析了 I_0 极化阻抗继电器动作特性，在肯定其独特优点的同时，也暴露出其致命的缺点——受端超越。其后，历代学子为此作了大量的工作，以图解决这一问题，取得了一些积极的成果。有兴趣的读者，可以参阅文献[2]～[4]。

参考文献

[1] 王梅义等.高压电网继电保护运行技术[M].北京:电力工业出版社,1981.

[2] 彭华,陈德树,刘沛.改进的 I_0 极化接地距离微机保护.全国高校电力系统及其自动化专业第七届学术年会[C],1991.

[3] 叶萍,陈德树.微机距离保护中几种接地距离继电器方案的分析比较.湖北电机工程学会继电保护学术会议[C],1993.

[4] 叶萍,陈德树.一种能克服 I_0 极化接地距离继电器区外稳态超越问题的新方案[J].中国电机工程学报,1995,3.

2.9 Scheme for Accelerated Trip for Faults in the Second Zone of Protection of a Transmission Line①

0 Introduction

Impedance relays cannot discriminate between faults near the end of the protected transmission line and at the beginning of the next line. A time delay is, therefore, used to coordinate tripping when the fault occurs in a zone spanning approximately 20% line length near the end of the protected line. This time delay is usually not acceptable in EHV power systems.

Pilot protection does not require a time delay, but equipment for pilot protection is expensive. Also, on certain transmission lines, the number of communication channels may be insufficient for remote control and relaying. In addition, the reliability of the channels particularly for long transmission lines may be low with the result that the relaying equipment may be left without a communication channel at the critical time.

It would be economically advantageous if distance protection could be made to operate without the time delay when the fault occurs at any point of the protected line. Although the basic characteristics of the impedance relays are such that they do not meet this requirement, they can be modified to accomplish fast full-line tripping under certain conditions.

A tripping scheme which gives full-line tripping immediately for distance protection was proposed in 1979[1]. In this scheme the principle of operation, called "succession", is to accelerate the second zone time delay of the distance protection when the zero sequence current, I_0, changes twice. The second change occurs when the circuit breaker at the opposite end of the faulted line trips. This scheme was based on analog circuits. It was noted that unwanted operation would occur with this scheme if a fault outside the protected line progressed from a single phase to ground to a double phase to ground fault. Further analysis showed that for some operating conditions, change of I_0 would not occur[2].

It is shown in Ref. [2] that the principle of "full-line trip immediately in suc-

---

① This paper was published in IEEE/PES Summer Meeting, 1988, and IEEE Transactions on Power Co Delivery, Vol. 4, No. 2, 1989.

cession" can be put into effect in conjunction with a distance protection scheme if a more complete criterion is used and the scheme is implemented using a microcomputer. The principle and the development of a device based on this principle are described. A prototype device has been implemented and installed on a 110 kV,60 km transmission line in the Hunan Province of the People's Republic of China.

1 Principle

To describe the basic principle of full-line trip immediately in succession, consider a typical transmission line with distance protection and circuit breakers at each end of the line as shown in Fig. 1. For a fault at point P in the second zone, the distance protection at line end L normally trips circuit breaker CL with time delay t_{2l}. At the time the fault appears at P, the current through CL and the voltage at bus-bar L change suddenly. This is the first change. Because of the location of the fault, the circuit breaker CM trips first in a time less than t_{2l} At that time the current through CL and the voltage at L change suddenly again. This second change can be used to trip breaker CL.

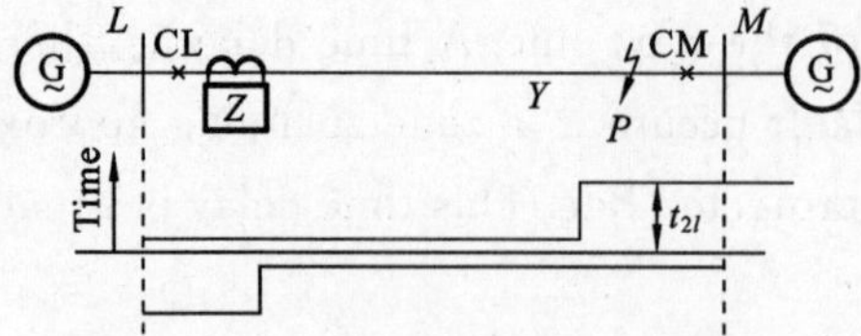

Fig. 1 Principle of Distance Protection

The current through CL depends upon the type of fault. For a single-phase to ground fault, the second change, $\Delta I_{0(2)}$, in zero sequence current, I_0, would be used to initiate the accelerating action. However, if $\Delta I_{0(2)}$ is used as the only criterion, the desired selectivity and sensitivity of the protection is not satisfied. An analysis of the problems and the countermeasures are described below.

2 Selectivity

Breaker CM_2 trips immediately when a ground fault occurs at point Q on the system shown in Fig. 2. Tripping of impedance relay Z on CL is not accelerated even if $\Delta I_{0(2)}$ appears at the same time because fault detection at unit Z stops when circuit breaker CM_2 isolates the fault. Accelerated operation of Z is initiated if the fault progresses from single-phase to ground to double-phase to ground at point Q and $\Delta I_{0(2)}$ appears before circuit breaker CM_2 operates.

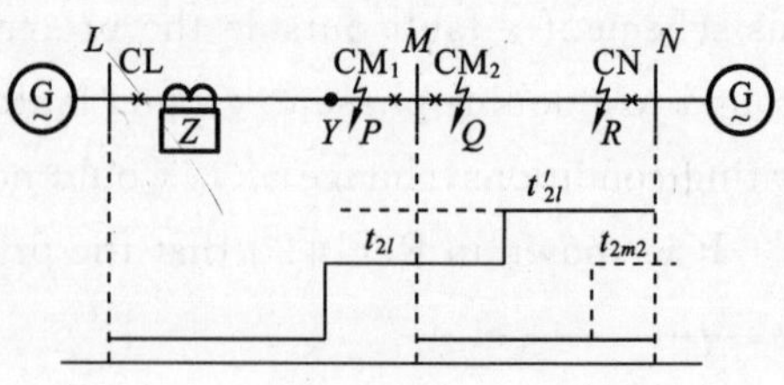

Fig. 2 Selectivity of protection

To overcome this problem, it is proposed that a compensation voltage V' at point Y, the end of zone 1, be used as an auxiliary signal[2]. When the fault at point Q changes from single-phase to ground to double-phase to sound. The magnitude of the voltage on the developing phase drops significantly. However, when a fault occurs at P and the circuit breaker CM_1 trips, the change in voltage at point Y is less dramatic. So the decrease in the compensation voltage $\Delta V'$ can be used to distinguish a developing fault at Q' from the opening of the circuit breaker CM_1.

The compensation scheme can block an acceleration trip if a developing fault at point P occurs before the circuit breaker CM_2 trips. Protection Z would then trip with time delay t_{2l} without acceleration. It is an acceleration failure but not false tripping. This is a rare occurrence since false acceleration trip can be avoided by using a time delay in conjunction with the acceleration in order to await the tripping of circuit breaker CM_1. In the prototype relay, calculation of the changes in the zero sequence and negative sequence currents, $\Delta I_{0(2)}$ and $\Delta I_{2(2)}$ is started after the time delay which is selected to be a little shorter than the trip time of breaker CM_2.

Sometimes a special situation can arise particularly if the line MN is short and is equipped with a pilot protection. For a fault at point Q, the circuit breaker CN may trip a bit earlier than CM_2. In this case the acceleration unit of protection Z senses the same conditions as those which occur for a fault at point P. In the prototype relay, incorrect acceleration for such a case has been avoided by setting the total trip time, t_{2a} of protection Z in

$$t_{2a} = t_{cm_1} + t_d + t_1$$

where t_{cm_1} is the trip time of CM_1;

t_d is slightly larger than the difference between the trip times of CN and CM_2 with line MN equipped with pilot protection;

t_1 is the trip time of protection Z in zone 1.

Although it is desirable to operate the relay immediately without any time delay for fault anywhere on the entire line, it is necessary to wait for the signal indicating the tripping of breaker CM_1. It thus introduces the time delay of t_{cm_1}. In spite of this, the total time t_{2a} is shorter than the time delay t_{2l} for zone 2 of protection Z without acceleration.

If a fault occurs at point R (Fig. 2) located in the second zone of protection of circuit breaker CM_2, then CN trips immediately, but CM_2 trips with a time delay t_{2m2}. The acceleration function of Z comes into effect but CL does not trip because R is beyond the reach of the second zone of impedance relay Z. If line MN is very short and without pilot protection, it is difficult to use full-line accelerated tripping with Z because the reach of Z extends over point R with time delay t'_{2l}. This time is longer than t_{2m2}. In this situation, the acceleration function must be blocked. Again, this sit-

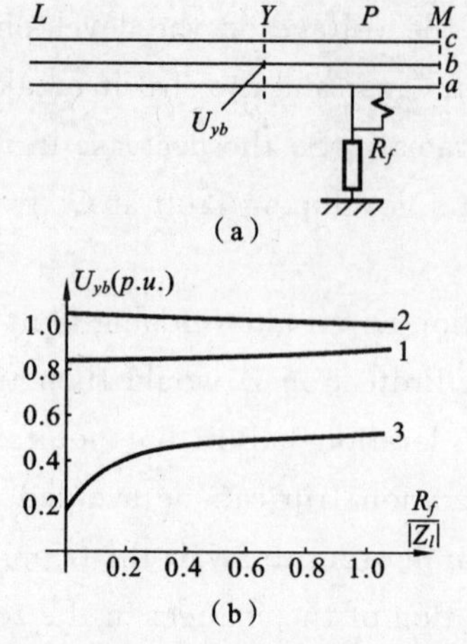

Fig. 3 Effect of the fault resistance R_f on voltage U'_{yb}

uation is a rare occurrence.

To study the effect of fault resistance between line and ground on the line voltage, consider that a phase to ground fault with fault resistance R_f appears at point P on phase A at first and then progresses to phase B (Fig. 3(a)). Assuming that the phase to phase resistance is zero, the compensation voltage for phase B, U'_{yb}, at point Y is shown in Fig. 3(b), U'_{yb} is given by

$$U'_{yb}=U_{lb}-(I_b+3KI_0)Z_y$$

where U_{lb} is the voltage of phase B at bus L;

I_b is the current of phase B;

$K=(Z_{l0}-Z_{l1})/Z_{l1}$.

Z_{l0} and Z_{l1} are the zero sequence and positive sequence impedances of line LM and Z_y is the positive sequence impedance from L to the compensation point Y and is selected approximately equal to Z_{set}, the setting value for the first zone of the impedance unit.

In Fig. 3(b), Curve 1 shows the compensation voltage for single phase to ground fault at point P. Compensation voltage with breaker CM_1 opened is given by Curve 2. Curve 3 shows the voltage when the fault develops at the end of the transmission line or at the beginning of the next line. These results show that even for fault resistance as high as the line impedance, Z_l, or higher, a clear difference is maintained between Curve 2 with a fault on the protected line and breaker CM_1 opened, and Curve 3 with a fault outside the full-line and breaker CM_1 closed.

3 Sensitivity Analysis

In order to simplify the analysis, a transmission line with a source at each end, as shown in Fig. 4, is considered. In this figure, K_1, K_2, K_0 are total sequence impedances from fault point P to source E_l; G_1, G_2, G_0 are sequence impedances from P to source E_m; Z_{t1}, Z_{t2}, Z_{t0} are total sequence impedances between the two sources; R_f is resistance at fault point P; I_l, U_l are the pre-fault current and voltage respectively at P.

Different fault resistances for different fault types have been taken into account[2][3]. In order to show the situation simply and clearly, the analysis of a single phase to ground fault with zero fault resistance and single phase reclosure is given here as an example.

For the above situation, the second change in the zero sequence current and the negative sequence current; $\Delta I_{0(2)}$ and $\Delta I_{2(2)}$, respectively, is given as[3]:

$$\Delta I_{0(2)} = [(G_0 - G_2) + S(G_0 - G_1)]K_2 \cdot L \cdot Q \quad (1)$$

$$\Delta I_{2(2)} = [(G_2 - G_0) + T(G_2 - G_1)]K_0 \cdot L \cdot Q \quad (2)$$

where

$$S = K_1 Z_{t2} / K_2 Z_{t1}$$

$$T = K_1 Z_{t0} / K_0 Z_{t1}$$

$$L = \frac{3 - f_1 - f_2 - f_0}{f_1 k_1 + f_2 k_2 + f_0 k_0} U_l - I_l$$

$$f_1 = G_1 / Z_{t1} \quad f_2 = G_2 / Z_{t2} \quad f_0 = G_0 / Z_{t0}$$

$$Q = \frac{Z_{t1}}{W - Z_{t1}(K_2 - K_0)^2 - Z_{t2}(K_0 - K_1)^2 - Z_{t0}(K_1 - K_2)^2}$$

$$W = (K_1 + K_2 + K_0) \cdot (Z_{t1} Z_{t2} + Z_{t1} Z_{t0} + Z_{t2} Z_{t0})$$

If the phase angles of S and T are negligible, then S and T must be positive. L is the breaker CM before it is opened and Q is a constant composed of system parameters.

From Eqn. (1), $\Delta I_{0(2)}$ is equal to zero for the following conditions.

① $G_0 = G_1 = G_2$.

② $G_1 < G_0 < G_2$.

③ $G_1 > G_0 > G_2$.

In an actual power system, condition ② does not exist because usually $G_1 > G_2$, G_1 equal to G_2 happens only for a special situation, for example when the bus bar M' in Fig. 4 has infinite capacity and only one transformer is used from M to M'. If this transformer consisted of three single phase transformers with grounded star on the transmission line side, condition ① will exist. But this situation is unusual for actual systems.

If $G_1 > G_2$ and G_0 is slightly less than G_2 for a fault located at the end of the line near CM, then condition ③ can occur as the fault point moves from M to L because the zero sequence impedance of the line is greater than the negative sequence impedance of the line. The point on the line, at which condition ③ is satisfied and $\Delta I_{0(2)}$ is equal to zero from Eqn. (1), is called a "dead point of zero sequence". A problem arises if the dead point of zero sequence is located within the second zone of protection, because the acceleration function of protection fails.

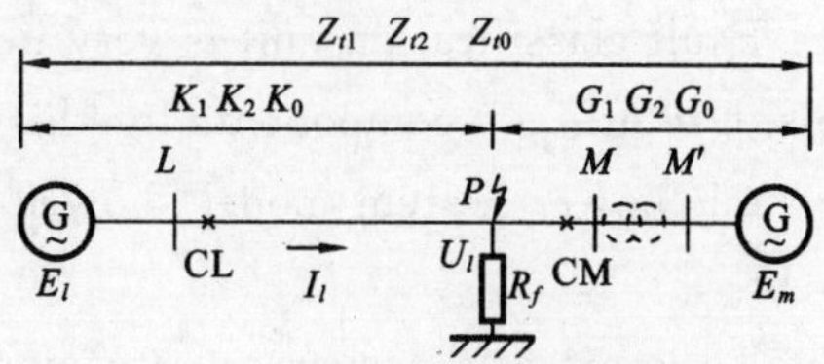

Fig. 4 Parameters of the system for analysis

Now examining Eqn. (2), $I_{2(2)}$ is equal

to zero for the following conditions.

④ $G_0 = G_1 = G_2$.

⑤ $G_1 < G_2 < G_0$.

⑥ $G_1 > G_2 > G_0$.

Condition ⑤ like condition ② does not exist in an actual system. Condition ④ is the same as condition ①. Condition ⑥ is a reordering of condition ③ in the relation between G_0 and G_2.

Clearly, the sensitivity of the acceleration function would be improved when $\Delta I_{0(2)}$ and $\Delta I_{2(2)}$ are used together, because $G_0 > G_2$ and $G_0 < G_2$ could not occur at the same time except if $G_0 = G_2$ since $G_1 > G_2$ at that time. So the dead point of zero sequence and the dead point of negative sequence cannot appear at the same point except for $G_1 = G_2 = G_0$.

According to statistics, condition $G_0 > G_1$ occurs for more than 60% of all lines on some power systems. Thus the acceleration function for distance protection can be used on most of the lines by using $\Delta I_{0(2)}$ and $\Delta I_{2(2)}$ at the same time.

4 Prototype Impedance Unit

A prototype impedance relay has been designed for use on very short lines. Because of this, special attention was paid to the effect of ground resistance at the fault point. According to earlier analysis[4], one of the best schemes is the quadrilateral-type impedance unit with the zero sequence current I_0, as the polarization quantity. By a careful adjustment of total phase shift of the signal over the complete channel and a proper selection of the phase shift of the reactance line of the quadrilateral-type unit, the effect of ground resistance can be eliminated to a satisfactory degree even if the fault occurs in a short transmission line with large ground resistance.

In the prototype device, the quadrilateral-type impedance unit with I_0 as the polarization quantity is used for ground fault including two phase to ground faults. A poly-phase compensated impedance unit is used for phase to phase faults and a mho unit with memorized voltage as polarization quantity is used for three phase faults.

5 Fault Classification

Fault classification unit is very important. If it malfunctions, all the protection fails. Use of α β 0 components for this function is described in Ref. [5]. Tests on a dynamic power system model showed that this method of classification failed frequently.

To improve the success rate of correct fault classification, the following approach has been used in the prototype device. In the following, Δ signifies the fault component.

At first the criterion

$$\Delta i_0 > \varepsilon_0 \tag{3}$$

where i_0 is a sampled value, is used to determine if the fault involves a ground or not. This criterion must be checked with 4～6 sampled values. If most of them satisfy the criterion, the positive result is confirmed.

If the fault is ungrounded, then the criteria

$$|\Delta i_a|, |\Delta i_b| \text{ and } |\Delta i_c| \text{ all greater than } \Delta_{set} \tag{4}$$

are used to determine whether or not it is a three phase fault. All three criteria must be satisfied at the same time: if not, then the criteria

$$|\Delta i_a| > |\Delta i_c| \text{ and } |\Delta i_b| > |\Delta i_c| \tag{5}$$

are used to determine if a phase to phase fault exists. Both criteria being satisfied at the same time indicates a phase *a* to phase *b* fault. Otherwise the next set of phases must be checked by using the same approach.

If it is determined by Eqn. (3) that the fault involves ground, the criteria

$$\begin{aligned} |\Delta i_a - \Delta i_b| &> K|\Delta i_b - \Delta i_c| \\ |\Delta i_c - \Delta i_a| &> K|\Delta i_b - \Delta i_c| \end{aligned} \tag{6}$$

where K varies between 4 and 8, are used to determine whether or not a phase a to ground fault exists. If these criteria are not satisfied simultaneously, the next phase must be checked using the same approach.

If the fault is not a single phase to ground fault, then a two phase to ground fault is detected by using the criterion

$$\phi_w - \phi_x < \varepsilon \tag{7}$$

which signifies a phase *a* to phase *b* to ground fault. In Eqn. (7), ϕ_w is the phase angle of the zero sequence voltage and ϕ_x is the phase angle of the voltage of phase *c*. If this criterion is not met, the next sequence of phase *b* to phase *c* to ground is examined and so on.

The fault classification procedure establishes only the type of fault and not the direction or the reach of the fault. As soon as the type of fault is established, the algorithm given below is invoked to detect the zone in which the fault is located.

6 Algorithm

The principle of the grounding impedance unit with I_0 as the polarization value and the "operational characteristic algorithm"[6] are used since the prototype is designed for a short line. According to this algorithm, the calculation of impedance is not needed.

The quadrilateral-type characteristic for a ground fault consists of four straight

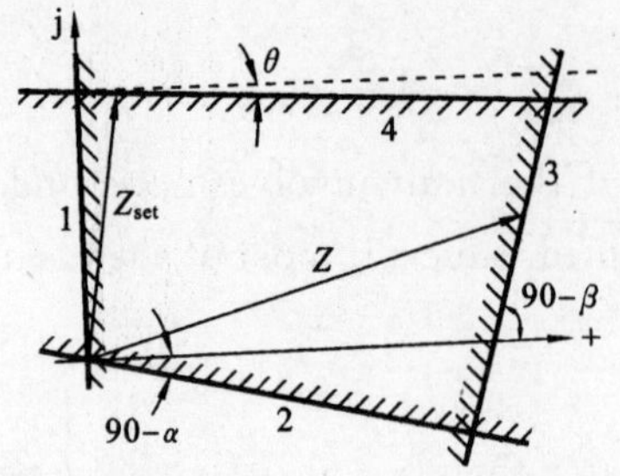

Fig. 5 Characteristics of grounded unit

lines as shown in Fig. 5. The fault must lie in a region bounded by direction and reach. The limit Line 1 and Line 2 are used for direction judging. Line 3 is used for ground resistance limitation without which overreach would increase. Line 4 is used for reach limit determination. The boundary set by these limit lines is determined by calculation using the following criteria:

Line 1 is $|U_0 - I_0| > |U_0 + I_0|$

Line 2 is $|U_0 - I_0 e^{j\alpha}| > |U_0 + I_0 e^{j\alpha}|$

Line 3 is $|U''_\phi - I_0 e^{j\beta}| > |U''_\phi + I_0 e^{-j\beta}|$

Line 4 is $|U'_\phi - I_0 e^{j(90-\theta)}| > |U'_\phi + I_0 e^{j(90-\theta)}|$

where

$$U'_\phi = U_\phi - (I_\phi + 3KI_0) Z_{set}$$

$$U''_\phi = U_\phi - (I_\phi + 3KI_0) Z$$

U_ϕ and I_ϕ are the voltage and current of the faulted phase, and are given by the fault classification unit when single phase to ground fault occurs. In the case of the double phase to ground faults, there are two faulted phases. One faulted phase lags and the other leads. Analysis and test results show that the lagging faulted phase must be used for Line 3 and the leading faulted phase must be used for Line 4. If the selection of the faulted phase voltage and current is not as illustrated, overreach will increase greatly

The equation used for a three phase fault is

$$|U_{abm} - U'_{ab}| > |U_{abm} + U'_{ab}| \tag{8}$$

where U'_{ab} is the compensation voltage at the setting point of phases a and b, and U_{abm} is the memory voltage between phases a and b before fault occurs.

The equation

$$|U'_{cb} - jU'_{ab}| > |U'_{cb} + jU'_{ab}| \tag{9}$$

is used for a three phase fault.

In Eqn. (8) and Eqn. (9)

$$U'_{ab} = U_{ab} - I_{ab} Z_y$$

and

$$U_{cb} = U_{cb} - I_{cb} Z_y \tag{10}$$

where U_{ab} and U_{cb} are voltages between phases a and b, and between c and b respectively at the relaying point. In order to determine the zone of protection of Z, Z_y in Eqn. (10) is set to Z_{set1}, Z_{set2}, etc. in sequence.

As all the above criteria are based on complex quantities of U and I, including the determination of $\Delta I_{0(2)}$ and $\Delta I_{2(2)}$ real and imaginary parts must be calculated. This is done using the Fourier algorithm. At the same time, no digital filter is needed. A one cycle window with 12 samples per cycle is used and the sample frequency is synchronized with 50 Hz power system frequency.

7 Prototype Hardware

The prototype device has been designed and built using a single-board microcomputer with Z-8002 CPU. An ADA-1612 board with sixteen 12 bit differential channels is used as A/D converter. Conversion time of each channel is about 25 μs. In addition there is a low pass analog pre-filter board, a setting board and an I/O interface board as shown in Fig. 6.

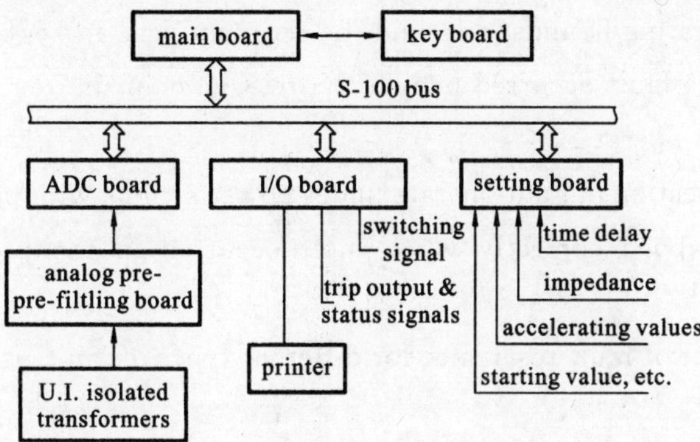

Fig. 6 Block diagram of protection hardware

Details of the measures taken to improve the reliability of the device are not given. The description in this paper is limited to the details required to understand the operation of the relay.

8 Dynamic Power System Model

The prototype was tested on a dynamic power system model in the power systems laboratory at the Huazhong University of Science and Technology. Configuration for the test system used and the positive sequence impedances are shown in Fig. 7. The phase angle between the two sources was between 20 and 40 degrees with the power flow from *M* to *L*. Line *LM* consisted of four sections and the faults were applied at the junction of the third and fourth sections. The setting value of the protection was changed according to the test requirements.

9 Test Results

A wide variety of tests were performed with the prototype relay protecting the transmission line. The results of these tests are given below.

(1) Tripping time for all types of faults in zone 1 was $t_1 = 21$ ms (computation) $+2$ ms (dry reed relay) $+(20$ ms$)$ $=23$ (or 43) ms. The 20 ms time delay was add-

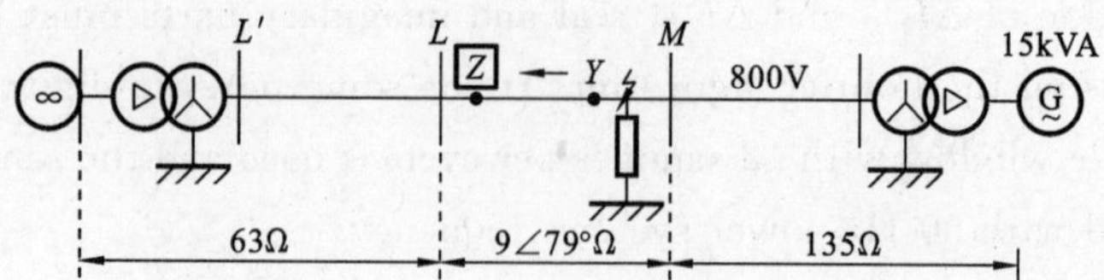

Fig. 7 Dynamic model power system

ed tentatively to overcome the effect of the dc decaying component on overreach because the compensation algorithm was not used. A 19% overreach occurred in the test when this delay was not included. When the compensation algorithm for dc decaying component is added to the program, this tentative delay can be eliminated.

(2) The operating boundary around the set point was ±2.6% of the set value.

(3) When the fault occurred behind the relay, i. e. in the reverse direction, the protection did not operate.

(4) The protection did not operate under power swings with periods of 0.2 to 2 s. However, it tripped correctly when fault occurred in the presence of power swings.

(5) The effect of fault resistance for different types of faults is described as follows:

① Single phase to ground fault, $R=46\ \Omega$(5 times the impedance of the line5: overreach 9% to under-reach 35% of the line length depending upon the phase shifts in the channels of different phases).

② Double phase to ground fault, $R=2\ \Omega$ connected to line and $R_{f0}=22\ \Omega$ connected to ground: under-reach<7% of the line length.

(6) Tests were performed to verify acceleration tripping for faults in the second zone for different system conditions.

① Test conditions for the case where $G_0>G_1>G_2$ are shown in Fig. 7. For faults occurring at point P on the line LM, trip time for protection Z varied between 0.14 s and 0.165 s with the opposite circuit breaker clearing in approximately 0.1 s.

② When a fault occurred at point Q (Fig. 7) outside the line LM and developed from a phase to ground to a two phase to ground fault, protection Z was blocked.

③ When bus M(Fig. 7) is connected to an infinite source only through a transformer, the system conditions are described by $G_0=G_1=G_2$. In this situation, for faults occurring at P, the acceleration of the protection failed and the line tripped with time delay t_{2l}.

Successful operation of the prototype in the above cases verified the principles of the relay including the acceleration for faults at the end of the line. Also, blocking operated with developing faults occurring outside the line.

(7) Protection worked correctly when normal interference signal was added.

10 Performance of the Prototype

The main performance characteristics of the prototype can be summarized as follows.

(1) It trips without any time delay when fault occurs in the first zone of distance protection.

(2) This prototype gives full-line trip in succession after the trip of the circuit breaker on the opposite end of the line if fault occurs in the second zone and inside the protected transmission line.

(3) This device blocks accelerated tripping if the fault occurs within the second zone but outside the protected transmission line and if the following situations occur.

① The fault is cleared immediately.

② The fault develops from a single-phase to ground to a double phase to ground before it is cleared by the circuit breaker of the faulted line.

③ The fault is cleared a little earlier by the circuit breaker at the opposite end of the faulted line with pilot protection.

(4) This device can be used for very short transmission lines.

(5) The acceleration function is applicable when communication channels are not available for protection, the reliability of the channel is poor or it is important to save the cost of the channel.

(6) The acceleration fails in the case of:

① three-phase fault, excepting when the clearing time of the three phases of the circuit breaker at the opposite end are all different;

② and the positive, negative and zero sequence impedances of the opposite source are equal to each other, in which case the sensitivity of the accelerating function equals zero.

(7) The acceleration function is not suited to the situation if the next line is much shorter than the protected line and does not have pilot protection.

(8) The acceleration function would fail in the rare situation of a fault in the second zone but inside the protected line if the fault progresses from a single-phase to ground to a double-phase to ground fault after 0. 1 s and before the circuit breaker at the opposite end of the line has tripped.

(9) A prototype device has operated on a 110 kV, 60 km long transmission line

in the Hunan Province, PRC since July 9, 1987. In the first five months of its operation, there was one fault in the first zone of protection, and it gave a successful trip. There have been no faults in the second zone and thus no results are available. Also, there have been no false trips.

11 Conclusions

Full line protection can be achieved using the principle of "full-line trip immediately in succession" for distance protection as described in this paper.

The acceleration function can be put into effect in most transmission lines excepting when the three sequence impedances are equal or when instantaneous three phase fault occurs on the line.

The acceleration function is useful specially when the number of communication channels available for protection is limited or the reliability of the channel cannot be guaranteed.

The impedance unit with I_0 polarization can conform to short transmission lines.

Discussion

W. A. Elmore (Westinghouse Electric Corporation, Coral Springs, FL 33065)

The authors have described an interesting concept for accelerated tripping for second zone faults without the aid of a pilot channel. Have the authors given any thought to the effect of sequential pole clearing of a ground fault on an adjacent line? It would seem that this could undesirably satisfy the logic for an internal fault using the principle of operation the authors described as "Succession". The presence of load flow in two phases can cause unfavorable zero sequence current flow during this short period between pole openings.

The authors indicate in their description of Fig. 5 that "the lagging faulted phase must be used for Line 3 and the leading faulted phase must be used for Line 4". I wonder if it is possible that these two statements became reversed. A relay having the characteristic described by "Line 4" is prone to overreach for the leading phase when a double line to ground fault occurs. In the interests of having no overreach in this zone 1 application, it would be expected that the lagging phase measurement would be the proper one to use for "Line 4". Further, one would expect a desire to have characteristic 3 extended farther to the right for the high resistance ground fault case. This would cause one to choose the leading faulted phase for the "Line 3" measurement.

Under the heading "Performance of the Prototype" item (6)②, it is not clear how the positive, negative and zero sequence impedances of the opposite source being equal to each other would cause "the sensitivity of the accelerating function to equal zero". These are not the conditions to cause the zero sequence current at the near end to remain constant. The author's further comments on this statement would be appreciated.

Manuscript received August 12, 1988.

CHEN DESHU, LIU PEI, PENG HUA, G. S. HOPE, O. P. MALIK

The authors wish to thank the discussant for raising points that will further clarify the paper.

The discussant is correct that clearing of a ground fault on an adjacent line could cause a change of zero sequence current. For this reason, in the prototype relay the impedance is calculated once more after a change in zero sequence current is sensed. The acceleration trip operates only after it has been verified again that the fault is in the second zone. If the ground fault is cleared, the result of the impedance calculation will show that it is outside the protected zone and it will not have an unfavorable influence on this scheme.

In a conventional ground fault relay the leading faulted phase relay can easily overreach Line 4. However, the ground fault relay with zero sequence current as the polarization quantity is different from that with the phase voltage. Analysis and test results show that the use of zero sequence current results in reverse conclusion, and the leading and lagging faulted phases must be chosen for Line 3 and Line 4 respectively. It is shown in Ref. [4] of the paper that not to do this will increase the overreach.

Under the heading "Performance of the Prototype" item (6)②, the "positive, negative and zero sequence impedances of the opposite source" means sequence impedances, G_1, G_2 and G_0 from the fault point P to source E_m shown m Fig. 4. In Eqn. (1) and Eqn. (2), $\Delta I_0(2)$ and $\Delta I_2(2)$ can be equal to zero when G_1, G_2, and G_0 are equal to each other. This situation may exist in some power systems.

REFERENCES

[1] Ding Gownhua. Full-line trip immediately in succession of distance protection[C]. The Second Academic Conference on Protective Relaying of Chinese Society of Elec. Engg., Sept. 1979.

[2] Liu Pei, Chen Deshu. Preliminary approach to computer based full-line trip immediately in succession distance protection on overhead transmission lines[C]. The Selected Works of On-line Computer Applications Conference, PRC, 1982.

[3] Liu Pei, Chen Deshu. Further research on full-line trip immediately in succession distance pro-

tection and the analysis of the test results on the dynamic power system model[C]. The Third Academic Conference on Protective Relaying of Chinese Society of Elec. Engg. ,Nov. 1982.

[4] Chen Deshu. Operational characteristics analysis of the grounded reactance relay with I_0 as polarization quantity[C]. The Second Academic Annual Meeting of the Universities of China on "Specialism of Power Systems and Their Automation",Oct. 1986.

[5] W. D. Breingan,M,M. Chan, T. F. Gallen. The laboratory investigation of a digital system for the protection of transmission lines[J]. IEEE Transactions on Power Apparatus and systems. Vol. PAS-98,pp. 350-357,1979.

[6] I. Mitani,M. Yamaura,M. Okamura. The distance protection by digital technique[J]. Proceedings,IFAC Symposium on "Automatic control and protection of electric power systems",Melbourne,Australia,Feb. 1977,pp 317-321.

2.10 High Impedance Fault (HIF) Protection of the Transmission Line①

1 Introduction

According to the operating experience of the power system, HIF would happen in the transmission line in following situation:

(1) fault through a tree when it grows up and is high enough;

(2) ground fault through a construction crane when it is moving to the transmission line and its arm is high enough;

(3) ground fault through the tower of the transmission line with rocky base;

(4) other special cases.

The ground fault impedance at the fault point is composed of three parts:

(1) arc;

(2) ground resistance;

(3) middle part of the current path: tree, construction crane etc.

The special technical difficulty is how we can fit the requirements of HIF to protective relaying as following.

Sensitivity. According to the "Technical code for relaying protection and security automation equipment" (1993) of P. R. of China, the protection of 330~500 kV transmission lines must operate when the HIF resistance is up to 300 Ω, and up to 100 Ω for the 220 kV transmission lines, In some other countries, the requirement for HIF may be higher than this.

Selectivity. The relays are not permitted to mal-operate when HIF occurs outside the line for the distance protection and zero sequence current protection, this problem is important specially and is difficult to be overcome.

Operating velocity. The operating velocity is permitted to trip with some time delay when the fault resistance is high enough, because the damage of HIF to the power system is not very serious.

2 Sensitivity of Conventional Protection Principles

(1) Zero sequence current protections.

In the real power system, some cases, the current "$3I_0$" under the HIF situation would less than the normal load current. It means the sensitivity would not be

① This paper was published in IEE conference publication, 1988.

enough, if we consider that one phase was broken and it does not permit I_0 over current protection mal-operate in this situation.

(2) Carry current direction comparison protection.

The sensitivity and the selectivity problem of the carry current direction comparison protection would be more complicated. As the protection schemes would be much different each other, the problem must be different. As the basic analysis, we can see the feature of the negative sequence direction compare scheme. When an unsymmetrical fault with high impedance (for example, phase to ground fault) occurs at one end of the transmission line, the negative sequence voltage value at the bus-bar at the next end of the transmission line will be very low, may be less than 0.5% U_{nor}, because the sequence voltage at the fault point of the line would be less than 5% U_{nor}. On the other hand, the negative sequence current would exist at normal operating condition. In this situation, the signal/noise ration when HIF occurs may be too low, and the phase difference protection may mal-operate when the fault occurs at the opposite side bus-bar. We can use a blocking method to overcome this mistake. This method is adding a lowest value as a setting value. When U_2 is less than this setting value, protection will be blocked, and would not mal-operate. But the sensitive of this protection will be limited when the HIF occurs inside the line.

(3) Carry current differential current protection.

According to the basic principle of the differential current protection, the selectivity of this principle is very good. But the sensitivity of this protection in HIF condition is not good enough. Because the minimum operating current of differential current must be higher than $0.2I_{nor}$ and the minimum differential current may be lower than this value when the inside fault resistance higher than 100 Ω in 220 kV network and 300 Ω in 500 kV network.

(4) Distance protection.

For a long time, two types of distance relay were the major portion to be used in the power systems: the Mho relay and the quadrilateral distance relay. The fault resistance response ability of these two types of relay was shown in Fig. 1. We can get a concept, that the fault resistance response ability will be lower than 30～40 Ω for a 100km transmission line even in the line with one terminal source. The ability would be much less than this value in the transmission line with two terminal sources.

We can not increase the sensitivity like R_2 in Fig. 1 with moving the right line of quadrilateral to a longer distance to the right. Because "overreach" would exist in two terminal sources transmission line (Fig. 2).

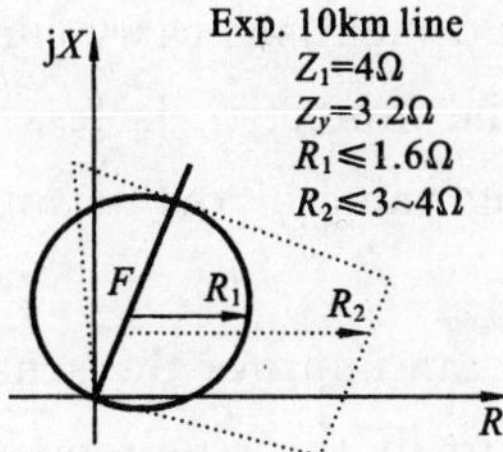

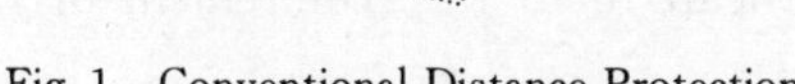

Fig. 1 Conventional Distance Protection

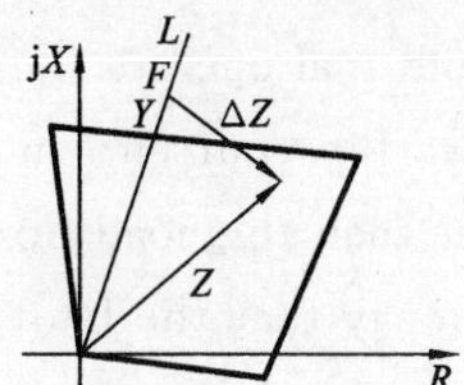

Fig. 2 Overreach of the distance protection

So the sensitivity to HIF of the conventional relays above could not satisfy the requirement of the real power system.

We must find the other method to resolve this problem.

3 New development of HIF protection

(1) Fault component protection.

By the mention above of this paper, the sensitivity limit of the line protection for HIF is determined mainly by the "signal/noise" ratio. Here the "signal" is the useful portion of the total input to judge that fault is located inside or outside the protected zone. The "noise" is the other portion of the total input, including the load flow current, unbalance load, unsymmetrical parameter of line or any equipment in the power system, the error introduced by the instrument transformers or the relay itself etc.

So, one of the important methods is that we can use the fault component to compose all kinds of protection. For the computer relaying, it is easy to get the fault component and easy to save the fault component for a long time.

The positive sequence fault component does not include the load component which exists before the sudden variation-fault occurs. The negative and zero sequences fault components are not the same as the negative and zero sequence components. It may exist before the sudden variation happens.

So the "noise" would much decrease when we only use the fault component for the protection. Then the setting value would decrease and the sensitivity would be improved.

The decrease of the setting value is limited owing to the existence of the other reason of the "noise" and some operating condition which we much consider. Such as in Fig. 3, when the circuit breaker M close-up, the load flow changes suddenly. The directional elements M and N will response as

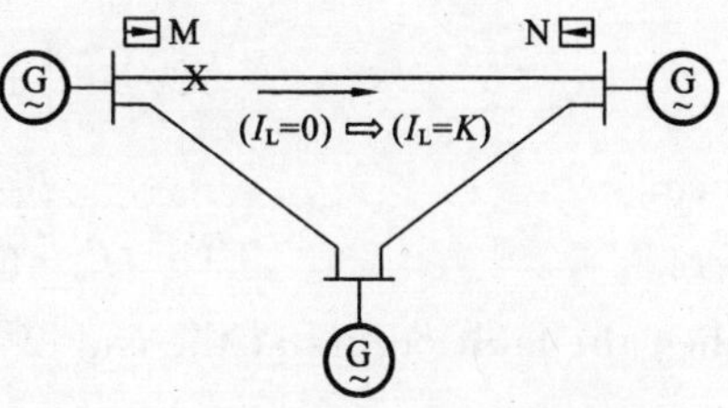

Fig. 3 Load Flow Sudden Variation

the fault occurs inside the line MN, and the direction comparison carry current protection would mal-operate if the set-up current of the protection is less than this close-up load-flow current. In other word, the setting value of the set-up element must higher than this load flow current.

We can say that the fault component protection can improve the sensitivity of the protection for HIF, but this method is difficult to fit the requirement of HIF strictly.

(2) Double deflection angles I_0 polarization reactance protection.

Theoretically, the reactance relay is an ideal selection to the used for HIF. But in practice, the over-reach and under-reach situation still exists. Because the type of HIF mainly is one phase to ground, the performance of I_0 polarization with deflection angle is the best selection.

Reference[1] show that the I_0 polarization reactance relay would mal-operate when it locate at the receiving end of the transmission line when the fault resistance is higher than some critical value. Authors of this paper have added an auxiliary criterion to change the main criterion[2] to resolve this defect and put this method to a practical protection.

The continuous analysis and test show that overreach would happen in some special case. The strict analysis and simulation found that it must use two deflection angles before and after the change of criterion, the overreach can be avoided at any operating situation.

The operating equations of the double deflection angle I_0 polarization reactance relay (SXP) is as the following.

$$put\ A:B \triangleq \{A=1\ when\ B\ is\ true, else\ A=0\}$$

$$T_p: \sin\left[\arg \frac{U'_y}{I_0 e^{-j\theta_1}}\right] \leqslant 0$$

$$T_n: \sin\left[\arg \frac{U'_y}{I_0 e^{-j\theta_y}}\right] \geqslant 0$$

$$C_1: \sin\left[\arg \frac{(\dot{I}_A + K3\dot{I}_0)}{I_0 e^{-j\theta_1}}\right] \leqslant 0$$

$$C_y: \sin\left[\arg \frac{(\dot{I}_A + K3\dot{I}_0)}{I_0 e^{-j\theta_y}}\right] \geqslant 0$$

Then
$$T = T_p C_y \cup T_n C_1$$

Here
$$\dot{U}'_y = \dot{U} - (\dot{I} + K3\dot{I}_0) Z_y$$

When the fault occurs at the end of the line,

$$\theta_1 = \arg \frac{\dot{I}_0}{\dot{I}_{0f}}$$

When fault point located at the setting point,

$$\theta_y = \arg \frac{\dot{I}_0}{\dot{I}_{0f}}$$

Z_y: the setting impedance.

When $T=1$, then trip.

4 The simulation analysis of the double deflection angle I_0 polarization reactance relay (SXP)

We took two methods to research and analyze the performance of this relay. First of them is the digital simulation. The second is the physical dynamic simulation. We developed a special program AIR (the analysis of the impedance relay). For the analysis of the digital simulation, we selected five sets of parameters of the power system, five phase angles differences of the sources, 50 fault points at the line. The simulation results are shown in the Fig. 4. R-axis is the critical fault resistance. D-axis is the distance from the fault point to the relay locating point (Fig. 4). In the simulation, we can put the length of the line L equal the 100%, and the value of R equal to the ratio of R_{real} to $R_L \times 100\%$.

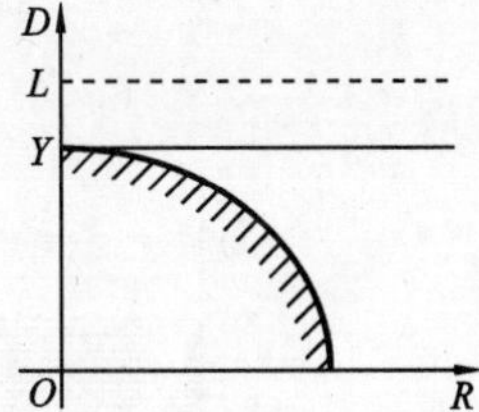

Fig. 4 Tape Resistance Characteristic

After a lot of simulation analysis, we can get several conclusions about the SXP relay as the following.

(1) When the SXP relay locates at the sending terminal of the line, the grounding resistance sensitivity of the relay is much higher than other relay, and the overreach would not happen. Fig. 5 is an example of the performance of SXP relay in sending terminal situation.

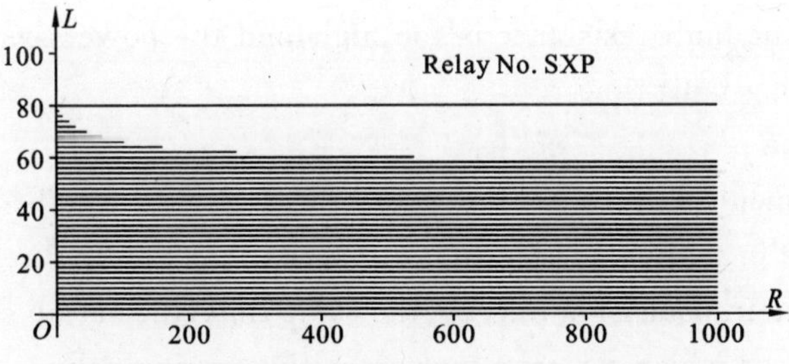

Fig. 5 SXP relay at sending terminal

(2) When the relay locates at the receiving terminal of the line, the tape characteristic (Fig. 6) is divided by three part, the left part corresponds with the operating condition before the change of the criterion. The right part corresponds with the op-

erating condition after the change of criterion. Between these two parts there is a dead zone. From Fig. 7, we know that the dead zone would move to the right or left according to the phase between the EMF's of two sources.

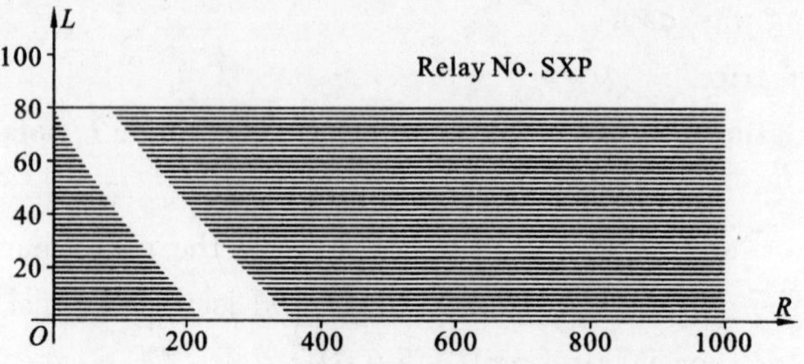

Fig. 6 SXP relay at receiving terminal(30°)

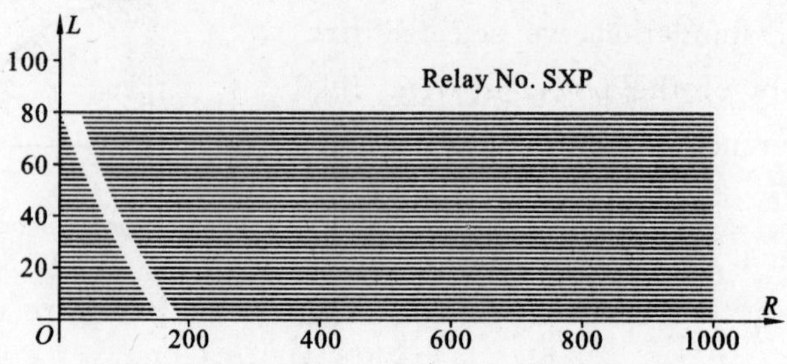

Fig. 7 SXP relay at receiving terminal(60°)

(3) The HIF can be trip by one of the SXP at two ends of the line at least. Some special cases, when the HIF locates at some place inside the line, the relays at two terminals could not trip immediately. But after a short time, the phase angle between two sources changes and the dead point in the tape resistance characteristic move away. After then, the relay at the sending point will trip continuously, because at that time, the line operates with one source only. In this simulation, the circuit breakers trip with a short time delay. But this is not a serious problem for the power system, because the fault resistance is too high, and the power system stability can be keep with a long fault time.

5 Conclusion

The requirement of HIF to the protective relaying can be satisfied by the scheme presented in this paper. The scheme needs that the SXP relay must be used at two ends of the transmission line. At the same time, the set-up element could use the fault component which can take more sensitive setting value.

REFERENCES

[1] Wang Meiyi et. The protection relaying theory and technical[B]. 1981.

[2] Peng Hua, Chen Deshu, Liu Pei. Microcomputer Based Grounding Distance Protection With Improved I_0 Polarization. Proceeding of CUS-EPSA 1988. 11 Xi-An, P. R. China.

[3] Ye Ping, Chen Deshu. A New Scheme of the I_0 Polarization grounding distance relay without steady state overreach. (1) proceeding of protective Relaying conference of Hubei society of EE. 1992. 9 (2) Journal of CSEE, 1995, No. 3.

[4] A. Mechrasui, D. W. P. Thomas. A New Distance Protection Scheme which can Operate During Fast Power Swings. 6th Int. Conf. on Developments in Power System Protection, IEE Pub., 1997, 434:206-209.

第3章 差动保护

3.1 采样值电流差动微机保护的一些问题[①]

1 前言

常规的模拟式电流差动继电器反应的差电流是流入被保护设备的各支路电流之和,其不平衡值是一个随时间变化而变化的正弦量,也许还包括一些谐波。作为继电器的反应原理,可以反应有效值,或平均值,等等。目前已有的各种微机差动保护,其原理大多与常规差动保护的相同。即将每一支路电流的若干个采样值用于某一种算法,计算出相应的基频分量的虚、实部,然后求出各支路电流的相量和,作为差动电流。再根据采用的动作特性判据构成差动保护。

本文所述的差动保护构成方法,是作者近年来在与南京电力自动化设备总厂和许昌继电器研究所分别合作研制的微机母线差动保护和为一些短线路研制的光纤纵差保护中采用的方法——采样值差动原理。由于在概念上与传统的计算机保护对信号处理的基本概念有较大的差异,这就要求对一些问题作必要的探讨。

2 采样值差动原理

根据基尔霍夫定律,流入一个节点的各支路电流之和为零。这个定理首先是按各支路电流的瞬时值计算的。各支路正弦电流相量和为零是这一定律的推广。差动保护是基于这一定律研制的,也就是说,当被保护设备内没有短路故障,即没有新增一个额外支路时,原来各支路电流的瞬时值之和应该等于零。

对微机差动保护来说,当各支路电流在同一时刻采样时,所采得的是各支路电流在同一时刻的瞬时值,在被保护设备没有横向短路故障时,采样值之和为零。当发生横向短路故障,亦即被保护设备额外增加一个支路时,原来各支路电流的瞬时值之和便等于新增故障支路电流的瞬时值。

采样值差动保护就是利用此采样值电流之和(称为采样值差动电流)按动作判据构成的。

差动保护所取的各支持路电流是电流互感器的二次侧电流,而一般电流互感器都存在一个激磁电流。如众所周知,差动电流为

---

① 本文发表于1996年11月《电力自动化设备》。

$$I_d = i'_1 + i'_2 + \cdots + i'_n = \frac{1}{n_T}(i_1 + i_2 + \cdots + i_n) - \frac{1}{n_T}(i_{1\mu} + i_{2\mu} + \cdots + i_{n\mu})$$

这是假定铁磁回路具有线性特性，各电流互感器变比都一致的情况。当被保护元件没有短路故障时，

$$i_1 + i_2 + \cdots + i_n = 0$$

此时的

$$i_d = \frac{1}{n_T}(i_{1\mu} + i_{2\mu} + \cdots + i_{n\mu}) = i_{ub}$$

即所谓不平衡电流。当电流互感器的磁通未及饱和时，i_μ 值很小，而且与输入电流 i 成线性关系，此时 $i_d = i_{ub} \approx 0$，此不平衡电流随一次侧电流的增加而增加。由于铁芯的非线性特性，当电流增大到一定程度以后，i_{ub} 增加的速度越来越大。因此和常规差动保护一样，需要采用非线性的制动性。

与常规差动保护原理相比，采样值差动保护有一个显著的特点。在稳态过程常规的差动保护中，用的是有效值。差动电流 I_d 和不平衡电流 I_{ub}，以及施加的制动电流 I_T，都是一个不随时间变化而变化的确定值。但是对采样值差动保护来说，采样值是随时间变化而周期变化的。因此，i_d、i_{ub}、i_T 都随时间变化而变化。对每一个采样点，它的采样值制动特性的关系都不会一样。有一些采样点制动效果较差，而另一些采样点制动效果较好。这就要采取措施使得在被保护设备无内部短路情况时，保护的判据能避开制动效果差的采样点，而又不影响内部短路时保护能正确动作。这样，上述特殊矛盾便可得到解决。我们选用的方法是重复多次判断方法。具体说就是连续 R 次采样判决中有 S 次及以上符合动作条件则判决输出动作信号。这里要求 S 次重复是为了防止少量采样点的制动不足。一般，R 次比 S 次多 2 次则是为了保证内部短路时可靠动作，不受个别采样点误判的影响。

现在问题是 R、S 值如何取法，制动特性判据如何设定。

3 关于重复判断次数问题

为了讨论方便，先假定采样值差动的制动特性动作判据为（设支路数 $n=2$）

$$i_d = i_1 + i_2 \geqslant K i_T = K(|i_1| + |i_2|)$$

与之相应的常规差动保护的判据则为

$$I_d = |\dot{I}_1 + \dot{I}_2| \geqslant K I_T = K(|I_1| + |I_2|)$$

先从具体实例观察一下，假定 $|I_1| = |I_2|$，但相位差为 $180° + 1°$，则 $I_d \approx 0.0175 I_1$，$I_T \approx 2I_1$。常规差动保护保证在这种情况下不误动。此时，有

$$I_d / I_T = 0.0175/2 \approx 0.0089$$

对采样值差动保护来说，假定采样率为 12 点/周。对采样点 t_1（见图 1），有

$$i_1 = 0$$

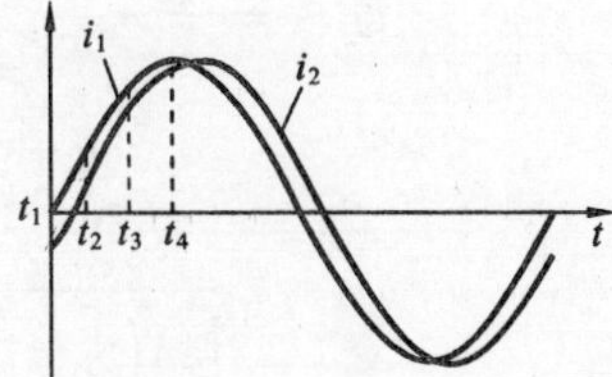

图 1 不同采样时刻制动效果示意图

$$i_2=-0.0175$$

则
$$i_d=0.0175$$

$$i_T=0.0175,\quad i_d/i_T=1$$

对采样点 t_2，有

$$i_1=0.5,\quad i_2=0.4848$$

$$i_d=0.0152,\quad i_T=0.9848$$

$$i_d/i_T=0.01543$$

对采样点 t_3，有

$$i_1=0.866,\quad i_2=0.8572,\quad i_d=0.00883$$

$$i_T=1.7232,\quad i_d/i_T=0.00513$$

当采样点位于 45°时，有

$$\Delta\delta=1^\circ,\quad i_1=0.707,\quad i_2=0.6947$$

$$i_d=0.0125,\quad i_T=1.402,\quad i_d/i_T=0.00892$$

$$\Delta\delta=2^\circ,\quad i_1=0.707,\quad i_2=0.682$$

$$i_d=0.025,\quad i_T=1.389,\quad i_d/i_T=0.018$$

由上可见，当采样时刻落在 45°附近时，制动效果（以 i_d/i_T 表示）与相量差动相当。

当 I_1 与 I_2 的相位差等于 2°或 3°时，也可以得到相近的结论，即采样点在 45°附近时所得 i_d/i_T 值与相量差动所得误差相近。

下面我们作进一步的分析，令 $\Delta\theta=\arg(\dot{I}_1/\dot{I}_2)$，为误差角，并设$|I_1|=|I_2|$，$\theta_1$ 为 i_1 的采样角。可得，工频量的差值为

$$I_d=2I_1\sin\frac{\Delta\theta}{2}$$

误差相对值为

$$I_d^*=\frac{I_d}{I_1}=2I\sin\frac{\Delta\theta}{2}$$

采样值差为

$$i_d=i_1-i_2=I_1\sin\theta_1-I_2\sin(\theta_1-\Delta\theta)$$

其相对值为

$$i_d^*=\frac{i_d}{i_1-\dfrac{i_d}{2}}=\frac{2i_d}{2i_1-i_d}=\frac{2I_1[\sin\theta_1-\sin(\theta_1-\Delta\theta)]}{2I_1\sin\theta_1-I_1[\sin\theta_1-\sin(\theta_1-\Delta\theta)]}$$

$$=2\frac{\tan\dfrac{\Delta\theta}{2}}{\tan\left(\theta_1-\dfrac{\Delta\theta}{2}\right)}=2M$$

当 $\Delta\theta\to0^\circ$时，近似有

$$\tan\frac{\Delta\theta}{2}\cong\sin\frac{\Delta\theta}{2}$$

可得，$I_d^*=i_d^*$ 的条件是

$$\tan\left(\theta_1-\frac{\Delta\theta}{2}\right)=1$$

即 i_1、i_2 采样时刻相位的绝对值接近 45°。

图 2 及表 1 给出了当 $\Delta\theta=2°$ 时，不同时刻（即 θ_1）采样时的 M 值变化曲线，此时的

$$\sin\frac{\Delta\theta}{2}=0.0174524$$

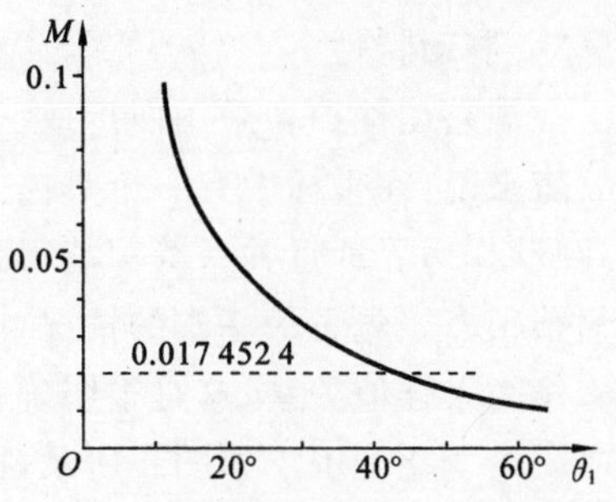

图 2 不同时刻采样时的 M 值变化曲线

从图 2 可见，当采样角度减小时，相对误差 M 将迅速增大。

表 1 不同时刻采样时的 M 值

θ_1/(°)	0	10	20	30	40	45	46	50	60	70
M	1	0.110 2	0.050 7	0.031 5	0.021 6	0.018 08	0.017 455	0.015 2	0.010 5	0.006 7

由此可得结论，为了保证采样值差动保护的制动性能不低于常规相量差动保护，采样点重复次数应不低于以下所包括的采样点数，即当采样点数

$$S\geqslant\frac{45+45}{360}\times\frac{T}{T_s}+1$$

时可保证其中一个以上的采样值差动保护判据与常规相量差动保护的制动效果相当。

对 12 点采样，$T/T_S=12$，可得 $S\geqslant4$，即保护必须有连续 4 点以上判定动作才允许保护输出动作信号，这样才能确保其制动特性等于或优于常规相量差动保护。

内部故障时，可能有一个采样点遇上过零点，此采样点可能判断为不动作点。因此要求

$$R\geqslant S+2$$

4 关于提高采样率的效果问题

存在这样的一种设想，即认为提高采样率可以有下列好处：一是提高动作速度，即在相同的 R、S 值下，采样率高或采样周期短，则总的动作时间可以缩短；二是在动作时间不变的情况下可以增加重复次数，从而提高了可靠性。

如上面分析，采样点重复次数不是随便决定的，也不是提高采样率后可以保持原样的。它要求采样点在 2×45°范围及以上的采样点作为重复范围。因此，提高采样率对动作速度的提高是非常有限的。动作速度的上限是 5 ms。

当保持动作速度，同时提高采样率和重复次数时，可以从重复次数的提高而使可靠程度有适度的提高。但实际上在多次重复计算过程中，可能产生错误结论的概率极小，而且即使产生，也仅是这若干重复次数中的一次。因此在适当的采样率（例如一般的 12～16 点/周）的基础上过多地增加采样率的效果是不大的。

5 制动特性

常规差动保护多采用两折或三折的折线型制动特性(见图 3)。对一个具体的外部故障来说,在坐标中有一个具体的 I_T 和 I_d,如图 3 中的“A”点所示,则保护动作与否,距动作边界远近关系等都能得到比较具体结论。但对采样值差动保护来说,情况就复杂很多。先看最基本的情况,即特性曲线起始段,$i_d \geqslant i_{d0}$。

作为采样值关系,这是很明确和肯定的,但对应工频正弦量来说,却是不确定的,存在一个变化范围。如图 4 所示,曲线 A,t_1,t_2 时刻的采样值刚好大于 i_{d0},此时对应的峰值为 i_A,假定是 12 点采样,即 T_S 对应为 30°,算法判据取重复 4 次(S 值),则有

$$\frac{i_{d0}}{i_A}=\cos(30°+15°)=0.707$$

或

$$i_A=1.414 i_{d0}$$

对应有效值为

$$I_A=i_{d0}$$

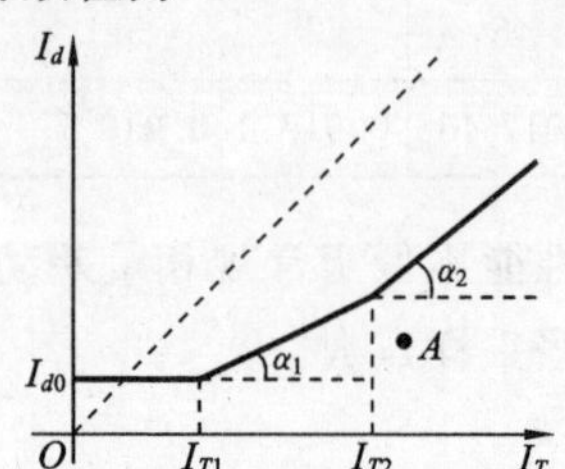

图 3 折线型制动特性曲线

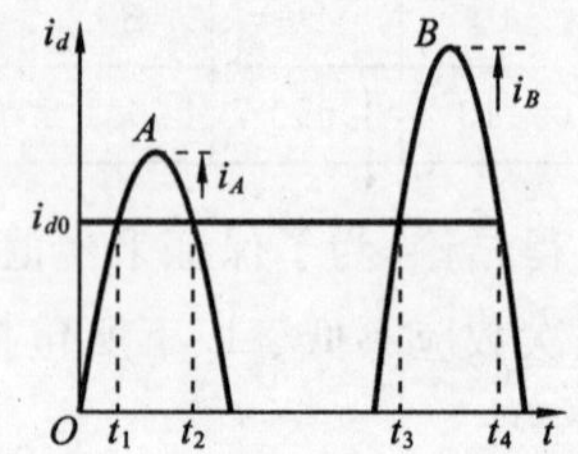

图 4 不同采样时刻引起电流动作值变化示意图

但对于曲线 B,t_3 时刻采样值恰好略小于 i_{d0},而 t_4 时的采样值略大于 i_{d0}。故有

$$i_B=i_{d0}/\cos(30°+30°)=2i_{d0}$$

对应有效值为

$$I_B=\sqrt{2}i_{d0}$$

由此可见,在相同的 i_{d0}、采样率和重复次数的情况下,仅仅由于采样时刻的相位状态不一样,输入的正弦电流动作值(正弦量)就会由 i_{d0} 变至 $\sqrt{2}i_{d0}$。

将上述关系推广到一般形式,则动作的低值为

$$i_A=i_{d0}/\cos\left(\frac{S-1}{2}\cdot\frac{2\pi}{N}\right)=\frac{i_{d0}}{\cos\left[(S-1)\cdot\frac{\pi}{N}\right]}$$

高值为

$$i_B=i_{d0}/\cos\left(\frac{S}{2}\cdot\frac{2\pi}{N}\right)=\frac{i_{d0}}{\cos\left(S\cdot\frac{\pi}{N}\right)}$$

高值与低值之比,亦即变化范围(倍数)为

$$n=\frac{i_B}{i_A}=\frac{\cos\left[(S-1)\cdot\frac{\pi}{N}\right]}{\cos\left(S\cdot\frac{\pi}{N}\right)}$$

S 为重复次数，N 值越大，变化越小。

上面为一个变量与一个常量比较的判别式所发生的情况。对于制动段，即 i_d 与 i_T 相关的特性段，作为采样值之间的关系，是严格按照瞬时值制动特性进行判断的，对于每一时刻的采样值关系是否能保证其制动要求，与采样点的相位情况有关。而保护的正确工作，是利用如上所述的重复次数来保证的。所以用电流采样值实现制动判据的要求是充分可靠的。相应的制动特性表达式为(对应图 5)

$$\begin{cases} i_d \geqslant i_{d0}, & i_T < i_{T1} \\ i_d \geqslant i_{d0} + (i_T - i_{T1})\tan\alpha_1, & i_{T1} \leqslant i_T \leqslant i_{T2} \\ i_d \geqslant i_{d0} + (i_{T2} - i_{T1})\tan\alpha_1 + (i_T - i_{T2})\tan\alpha_2, & i_T > i_{T2} \end{cases}$$

这种方法是有效的，但存在一个独特的问题，那就是其制动特性不易用工频电流，特别是用试验方法测试。这是由于各电流采样相位之间不存在一个固定的关系，因此用正弦量表达时存在分散性。

在具体的装置的实践中，为解决不易测试的问题，采用了较为简便的制动特性，它由两个判据组成，当两个判据同时满足时，动作跳闸。判据是

$$i_d \geqslant i_{d0}, \quad i_d \geqslant K \cdot i_T$$

第一个判据存在的问题和上面分析的情况是一样的，但由于这一段主要是防止负荷状态下保证保护不误动，而灵敏度一般都是很高的，裕度很大，即使考虑其他的不定的变化范围，也不影响保护的动作性能。

上述的第二个判据实际要求 $i_d/i_T \geqslant K$，在电流 I_d 与 I_T 同相位时，任一采样时刻存在

$$i_d/i_T = I_d/I_T$$

这样，在通常的试验条件，即 I_d 与 I_T 同相位情况下，可以测出与理论曲线一致的结果。

如前面所述，实际的 I_d 与 I_T 不同相，不能每一个采样点都满足制动特性的要求。此时主要依靠重复次数来保证足够的制动特性。

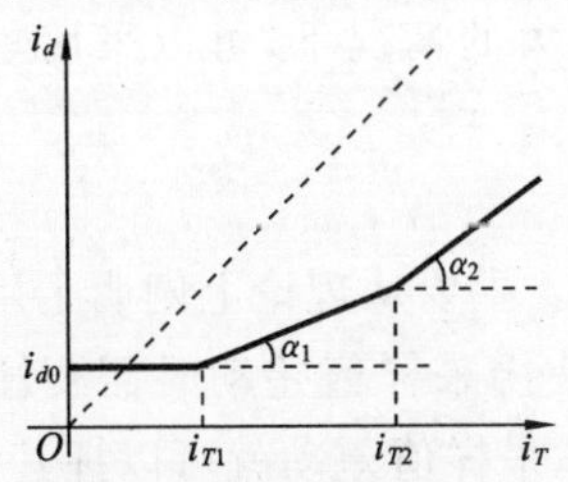

图 5 折线式制动特性曲线

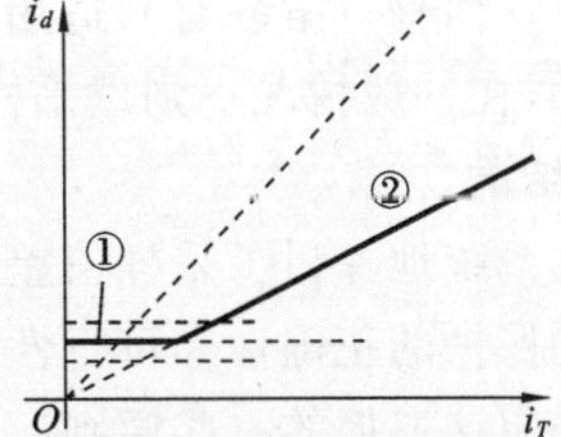

图 6 过零点的制动特性曲线

过零点的制动特性曲线(见图 6)好像难以取得如相量差动折线式特性的制动效果，即在 I_T 较小情况下灵敏度比较高(制动系数取小一些)，I_T 较大情况下制动作用强一些，以对付 CT 饱和的影响。但对微机保护来说，实际情况并非如此。

微机保护用的是数字比较方法。这种方法裕度的作用是克服数字误差的影响。

而模拟式保护除了要克服误差影响外，还要考虑物理量(u_1，i，M)的余量是否有足够能力驱动下一级元件，是否影响其动作速度，等等。因此，数字式差动保护的灵敏度裕度将较常规模拟式保护的高。另一方面，数字式差动保护还同时采用CT饱和判据技术，足以防止i_T很大时i_d非线性增大问题。所以采用制动特性过坐标原点的方案不会存在特性不满足要求的问题。

6 采样值差动的CT饱和判别

当CT饱和不是非常严重时，通常的制动特性可以保证不会误动作。当CT进入深度饱和时，现在比较成功的解决方法是采用时差法，即内部短路时，差动元件与故障启动元件几乎是同时刻动作的。而外部严重故障，CT深度饱和时，差动元件总要较启动元件晚一定时间以等待差流出现，差动元件才动作。这样，利用启动元件与差动元件时差的多少、有无，就可判别是否出现严重饱和。饱和判别元件动作后，常规办法是将保护闭锁100 ms。这样，在外部严重故障，CT饱和，但故障发展至内部(如母线差动)时，保护将会延后100 ms跳闸。虽然这样故障的概率很小，但万一出现，对电力系统的危害是很大的。为此，我们针对采样值差动保护研制出了饱和后闭锁保护时间不超过20 ms的技术，已经成功地通过动模试验，并已运用于实际保护之中。

7 采样值差动与短数据窗算法

由于采样值差动要求重复判别若干次，这就存在一个问题，即这种情况下用短数据窗算法是否也有某种长处。

从初步分析来看，短数据窗算法的长处在于数据窗稳定。从短路瞬间开始，如用三点采样值积算法，加上差分滤波算法，也要求4个采样点，这对于12点/周算法与采样值差动算法是相同的。但在内部故障时，不需要像采样值差动保护那样用6取4的办法，因此动作时间比较稳定。但短数据窗算法也存在一个不足，那就是它的频谱特性不太好，受谐波影响比较大，使得在设计其制动特性时不得不因误差较大而影响灵敏度。同时，在出现CT严重饱和后就不能应用这种算法。因此，不能用重复次数办法提高运算的可靠性。

所以这两种方案各有其适用性。在谐波问题不大的情况下，可以采用短数据窗算法差动，在一般情况下则以采样值差动较好。

8 结语

本文系统地探讨了采样值差动的主要几个方面。主要从理论上阐明了用采样值构成差动保护的正确性和可行性，并进一步阐明了使用采样值差动时需要注意的一些问题和应该遵循的一些原则。只要遵循这些原则，采样值差动就可以挥其优越性。

参考文献

[1] 华中工学院，电力系统继电保护原理与运行[M]. 水利电力出版社，1981.

3.2 再谈采样值差动保护的一些问题①

1 概述

我们研究小组在20世纪90年代初，在研究微机母线差动保护时，即研究了用采样值差动原理取代常规的相量电流差动保护。当时的出发点是采样值差动易于考虑CT饱和问题。在当时就遇到了R次取S次重复问题，在实践中取得了一些经验，摸索到一些规律。1996年作者在文献[1]中强调了一个问题，即不管采样率的高低，用于采样值差动保护的有效信息周期要大于或等于1/4工频周期，才能保证其制动特性等于或优于常规的相量差动保护。此外，还要求$R-S\geqslant 2$。

此后，研究小组又进一步展开应用研究，研究其应用于短线电流差动保护和变压器差动保护的有关问题，并先后发表了文献[2]、[3]。进一步的研究使我们认识到，采样值差动保护除能很好地实现一般差动保护的制动特性外，还具有很好的波形识别能力。根据需要识别的波形的特点，和需要解决的问题不同，就有不同的R、S选取方式，R、S值选取得恰当与否，影响着保护整体性能的好坏。

为弄清其中的规律，需要对一些基本的概念和原则作进一步的明确。

2 采样值差动与瞬时值差动

常规的模拟式差动保护，其输入量都是瞬时值，而其差动判据多是取其中的有效值或平均值进行判别的，如果有一个很大的瞬时干扰脉冲，其有效值或平均值很大时，它也可能误动作。

我们所说的采样值差动保护，是对每一个时刻的采样值进行差动判别。但仅凭一个采样值的判别结果，不容许马上作出跳闸判定。它需要有若干个连续的采样值判别结果按R次取S次的规则才能作出最后判别。因此，一个采样值判别结果，甚至若干个(小于S次)判别结果是受干扰而误判的，但R次中不足S次，保护就不会误判。所以说，这种差动保护的可靠性将远高于有效值差动或瞬时值差动保护的。

我们将采样值差动保护和瞬时值差动保护区分开来。尽管我们原来没有很重视这种区分，有时把这二者等同起来，但在这里我们还是明确地将二者区分开来。

3 $R-S$值的选取

1) 取$R-S=0$

由于$i_d(t)$是个交流电流，存在瞬时值过零时刻。当$R-S=0$时，若由短路发生

① 本文发表于2000年《电力自动化设备》。

时刻 t_0 至其后的过零点只有 $S-1$ 个采样值，则过零前的 $S-1$ 个采样值的连续性被其后的过零点中断而变为无用值。保护将从过零点后重新计算其动作次数。因此，保护将延时 $(S-1)T_S$ 动作，并且必须 $ST_S<\pi$。否则，保护将永远不能动作，不应考虑取 $R-S=0$。

2）取 $R-S=1$

此时有两种临界情况，如图 1(a)所示，过零点恰好为采样时刻，i_1、i_2 刚好大于启动值 $i_{p\cdot u}$，此时的峰值 i_m 满足以下关系：

$$i_{p\cdot u}\approx i_1=i_m\sin(\omega T_S)$$

另一临界情况如图 1(b)所示，过零点在两采样点中间，此时，有

$$i_{p\cdot u}\approx i_1=i_m\sin\frac{\omega T_S}{2}$$

即图 1(a)对应于

$$i_{ma}=\frac{i_{p\cdot u}}{\sin(\omega T_S)}$$

的情况为最灵敏情况，而图 1(b)对应于

$$i_{mb}=\frac{i_{p\cdot u}}{\sin\frac{\omega T_S}{2}}$$

的情况为最不灵敏情况。

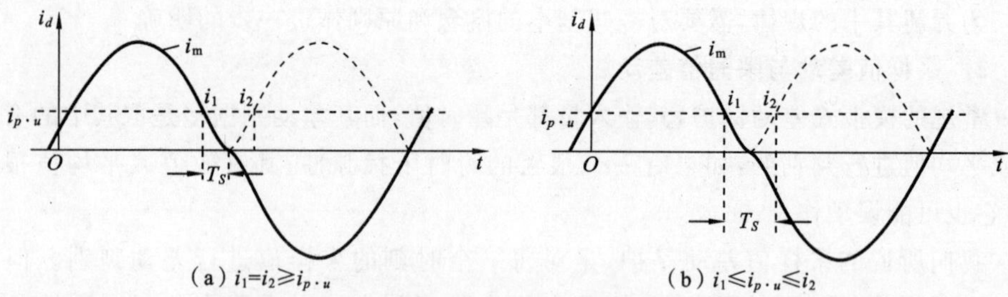

图 1 $R-S=1$ 时的临界情况

当采样率 $f_S=600$，即每工频周期采样点数 $N=12$ 时，有

$$i_{ma}=2i_{p\cdot u},\quad i_{mb}\approx 4i_{p\cdot u}$$

而且必须 $S\leqslant 10$，才能保证持续动作能力。当 $S>\frac{N}{2}$，电流靠近临界值时，可能延时动作。只在 $S<\frac{N}{2}$时，可不延时动作。

3）取 $R-S=2$

如图 2(a)所示的为最不灵敏情况，有

$$i_{ma}=\frac{i_{p\cdot u}}{\sin(\omega T_S)}$$

图 2(b)所示的为最灵敏情况，有

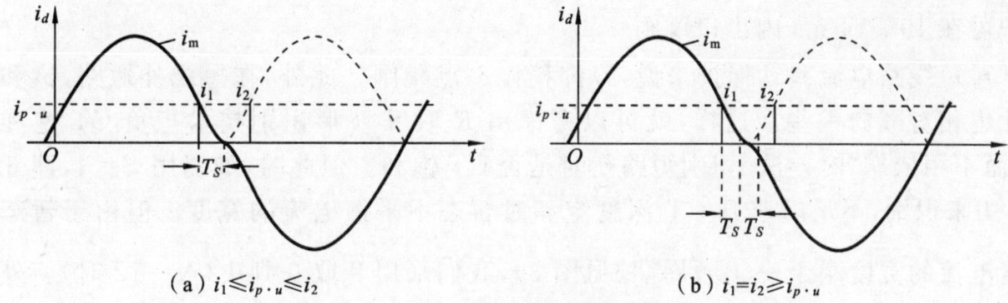

图 2 $R-S=2$ 时的临界情况

$$i_{\mathrm{mb}}=\frac{i_{p\cdot u}}{\sin\left(\frac{3}{2}\omega T_S\right)}$$

当 $N=12$ 时，有 $i_{\mathrm{ma}}=2i_{p\cdot u}$， $i_{\mathrm{mb}}\approx\sqrt{2}i_{p\cdot u}$

在此种临界情况下，能保证保护连续工作。

从上述分析可推论，当 $N-S\geqslant 3$ 时，最灵敏情况和最不灵敏情况的差别将进一步缩小。保护动作的可能性也会增大，但对保证保护可靠工作方面，会有所削弱。

一般来说，取 $R-S=2$ 比较适合。

4 关于 S 的选取

文献[1]提出，S 值的选取，应考虑 S 值的覆盖范围大于 $\frac{1}{4}$ 个工频周期。但在这一前提下，究竟取值多少。根据经验，这取决于对波形识别功能的要求。下面仅就我们小组研究领域对 S 值的考虑作一些讨论。

(1) 在母线差动保护中，S 取 4（$N=12$ 时）或 5（$N=16$ 时），即用 6 取 4 或 7 取 5 判决。后续饱和判别时用 12 取 8。母线差动保护的一个突出问题是判别短路时是否 CT 饱和。我们的对策是在刚发生短路时用“时差法”判别，即 i_d 出现时刻和故障发生时刻的时差。当此时差 $\Delta t\geqslant 4$ ms（实为 3.75 ms）时，判为 CT 饱和。这是基于短路初时 CT 不会立即饱和这一前提提出的。这一原则是有效的，问题是判为 CT 饱和后，将差动保护闭锁时间多长，过去的办法是闭锁 100 ms。这是考虑 100 ms 以后，CT 的深度饱和状态已衰减到一般饱和状态。比率制动特性已可起到防止误动的作用。但在这 100 ms 时间内，如外部短路发展为内部短路（在实际中，这种情况是存在的），差动保护将拒动。直到 100 ms 闭锁时间过后，才开放差动保护。这对电力系统的威胁是很大的，很多运行单位不愿意接受。

我们的对策是只闭锁 20 ms。在第二工频周期以后采用波形识别技术，即用采样值差动中的 R 取 S 技术，上述矛盾就可以解决。

(2) 在短线差动保护中，情况与母线差动保护的稍有差别。它对动作速度的要求不如后者。在母线差动保护中，用 6 取 4 判决，其判决时间为 $\left(\frac{1}{3}\sim\frac{1}{2}\right)$工频周期。

保护可在 10～14 ms 内出口跳闸。

对短线路电流差动保护来说,容许稍慢一点跳闸。此外,在短线外短路,饱和严重性也相对减弱一些。这样,就可以考虑由 R 取 S 波形识别技术担负 CT 饱和识别,而不用依靠"时差法"识别短路初时是否 CT 饱和。但此时,如仍用 $S=4$,即 6 取 4 办法来识别,不足以避开 CT 深度饱和时暂态不平衡电流的宽度。但由于暂态不平衡电流的宽度小于$\frac{1}{2}$工频周期(见图 3),我们采用 8 取 6 判决($N=12$ 时)。外部短路时的动模试验证明这种方法的效果是很好的。大多数情况下,其差流达到动作值的次数为 4 次及以下。在严酷的条件下做试验,个别曾达到 5 次。未出现有 6 次的情况。

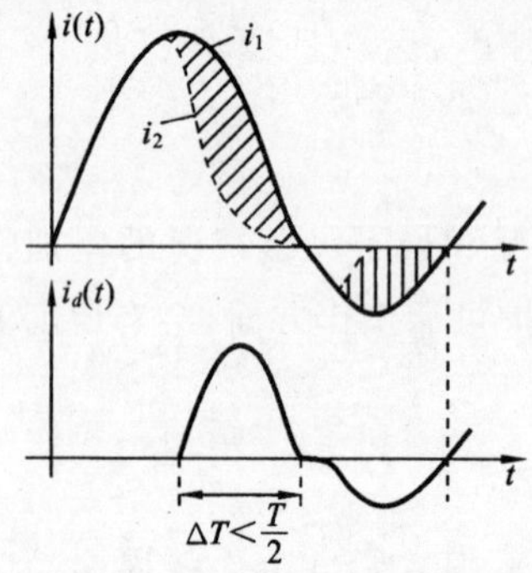

图 3　CT 饱和时的不平衡电流

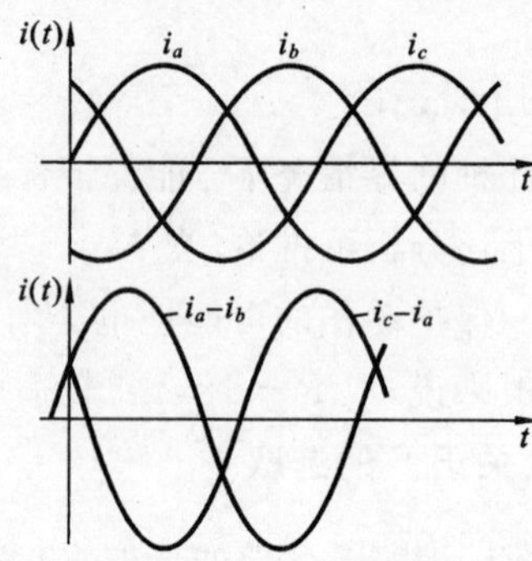

图 4　纯正弦时差动回路的电流

(3) 在变压器差动保护中利用 R 取 S 技术识别励磁涌流。

变压器励磁涌流的波形与 CT 饱和后二次电流的波形不同。

当变压器内部发生三相短路,各相电流没有非周期分量,即电流为纯正弦特性时,其波形如图 4 所示。高压侧输入差动回路的电流为两相电流之差,但仍为正弦特性,两个过零点之间的宽度为 180°。在涌流情况下,一相电流基本上偏于时间轴的一侧,如图 5 所示。两相电流差,如 i_c-i_a,将出现一个基部较宽,并基本偏于时间轴一侧的暂态波形,其基部宽度在 240°范围以内。考虑启动门坎值的作用,在门坎值以内的波形基部的宽度应当小于 240°。因此,当采样率为 $N=12$ 次/周时,S 值取 8 是恰当的。动模试验表明,用 10 取 8 技术,在各种涌流条件下未出现过误差。涌流时,记录到的动作点数不超过 6。

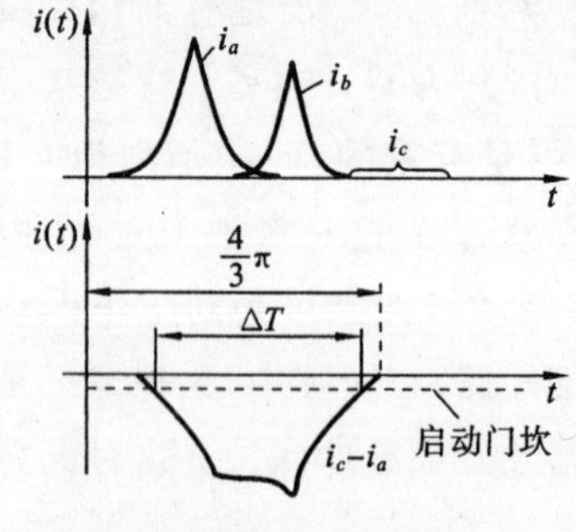

图 5　励磁涌流的波形

5　结束语

实践表明,对差动保护来说,采样值差动原理比较简单,但具有一些常规差动原理不同的属性。运用得当,可以使保护整体性能更好一些。问题是如何运用得当。本文提出了一些问题,可供参考。

参考文献

[1] 陈德树,马天浩,刘沛,等.关于采样值差动保护的一些问题[J].电力自动化设备,1996,11.

[2] 胡玉峰,陈德树.基于采样值差动的励磁涌流鉴别方法(待发表).

[3] 袁荣湘,陈德树.一种新型差动保护的研究.第七届全国继电保护研讨会[C],1998.

3.3 故障分量差动保护与故障变化量差动保护①

0 前言

迄今,电流差动保护所需要的电流信息,是通过电磁式电流互感器传变取得的。其传变误差,一般来说,是随着电流的增大而增大的。由这样的电流信息构成的电流差动保护,在无内部故障时,其不平衡电流也是随穿越电流的增大而增大的。为克服这种特殊性,出现了比率制动式差动保护。由于制动量与负荷电流有关,因此,差动保护的灵敏度受到负荷电流的影响和制约。为了克服这一矛盾,出现了故障分量差动保护[3][4]或利用故障分量的新型差动保护[1][2]。其制动量只采用两侧电流的故障分量而不用故障时电流的全量,这样就免除了负荷电流的影响。

故障分量是“重叠原理”的产物。它等于“有故障状态”下的电量与“无故障状态”下的电量之差。当发生故障以后,“有故障状态”下的电量是实时可测的,但此时对应的“无故障状态”下的电量是不可测的。因此,在实践上,常用“故障后状态”与“故障前状态”之差作为故障分量的近似值。这样近似的假设前提是认为在短路后很短的时间(一般取 40 ms)内,电力系统各种参数没有发生变化,或变化很小,可以忽略。这样,故障后短时间内的“无故障状态”与故障前的状态相同或近似,所以就用“故障前状态”代替故障后的“无故障状态”,并由此取得故障分量的近似值。

在上述技术处理的前提下,“故障分量”变成可测量。由此,在原理上用故障分量构成的各种保护原理、保护判据便得以实现和在实际上得以广泛应用。但是,基于上述处理的“故障分量”有一个天然的缺点,即它只在 20～40 ms 以内能得到和被应用,此后就不能应用。此后的保护功能必须转移到其他保护原理或判据承担。或者说,“故障分量”的优点不能继续发挥。

1 故障变化量差动保护

电力系统发生故障后,系统的参数总会发生快或慢的变化,例如,发电机电势的大小、相位,负荷的变化,等等。在时间稍长的情况下,基于“重叠原理”的“无故障状态”与“故障前状态”逐渐偏离。用上述处理方法得到的已不是“故障分量”。本文在这里将故障后一定时刻的“故障状态”与“故障前状态”之差称为“故障变化量”。这样达到的“故障变化量”究竟能否作判据基础使用?这是要具体问题具体分析的。本文将要阐明,用“故障变化量”构成差动保护是可以的。

差动保护最基本的要求是,保护区内无故障时,任何情况下都不能误动。

图 1 表示在外部故障时(K_1 点,见图 2)故障分量差动和故障变化量差动的相关

① 本文发表于 2008 年第 9 期《电力系统自动化》。

状态。图中，下标“f”表示发生了故障；下标“o”表示在故障后的初瞬间，例如，在20～40 ms以内的状态；下标“1”表示是在40 ms以后的某一时刻，例如，在80～120 ms时的状态；符号“Δ”表示故障分量或变化量；下标“|0|”表示故障前的量。

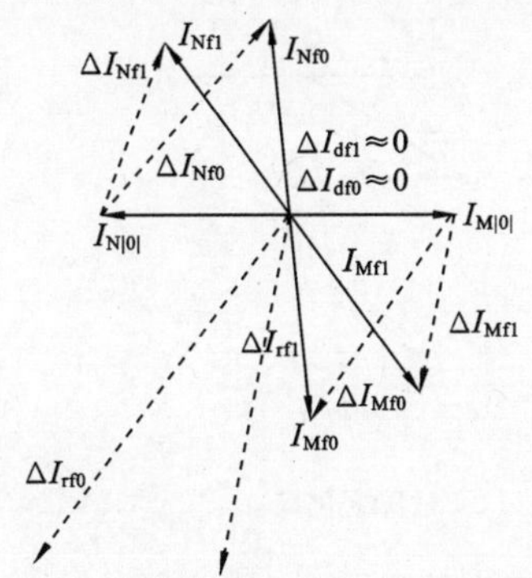

图1 外部故障前后各电流的相量

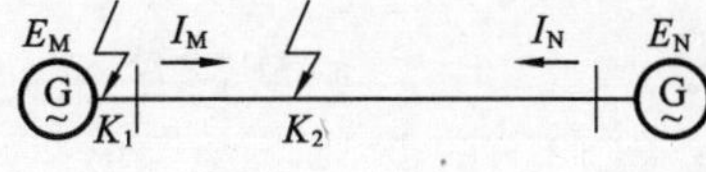

图2 系统接线图

根据前述定义，故障分量差动

$$\left.\begin{aligned}\Delta I_{dfo}=(I_{Mfo}-I_{M|0|})+(I_{Nfo}-I_{N|0|})\\ \Delta I_{rfo}=(I_{Mfo}-I_{M|0|})-(I_{Nfo}-I_{N|0|})\end{aligned}\right\} \tag{1}$$

故障变化量差动

$$\left.\begin{aligned}\Delta I_{df1}=(I_{Mf1}-I_{M|0|})+(I_{Nf1}-I_{N|0|})\\ \Delta I_{rf1}=(I_{Mf1}-I_{M|0|})-(I_{Nf1}-I_{N|0|})\end{aligned}\right\} \tag{2}$$

由式(1)可得

$$\left.\begin{aligned}\Delta I_{df0}=(I_{Mf0}+I_{Nf0})-(I_{M|0|}+I_{N|0|})=I_{df0}-I_{d|0|}\\ \Delta I_{rf0}=(I_{Mf0}-I_{Nf0})-(I_{M|0|}-I_{N|0|})=I_{rf0}-I_{r|0|}\end{aligned}\right\} \tag{3}$$

而

$$\left.\begin{aligned}\Delta I_{df1}=(I_{Mf1}+I_{Nf1})-(I_{M|0|}+I_{N|0|})=I_{df1}-I_{d|0|}\\ \Delta I_{rf1}=(I_{Mf1}-I_{Nf1})-(I_{M|0|}-I_{N|0|})=I_{rf1}-I_{r|0|}\end{aligned}\right\} \tag{4}$$

内部故障(K_2点)时，各种电流的关系如图3所示。从图3及上述公式可见，当内部短路，两侧电流的相位差增大时，差流变小，制动电流变大，逐渐趋向常规全量差动特性。

由此可以得到下面的初步结论：故障变化量差动保护在任何外部故障情况下的理想差动电流为零(仅余不平衡电流)。制动电流初时由故障分量构成，逐渐过渡到由全量电流构成。与常规全量差动保护近似，依运行方式的不同，灵敏度有不同程度的下降。

上述分析是从相量分析出发的，但是上述结论对瞬时值或采样值构成的差动保护也是适用的。

2 故障变化量差动保护的应用

根据上面的分析，故障变化量差动保护可以用在相量差动、采样值差动，也可以

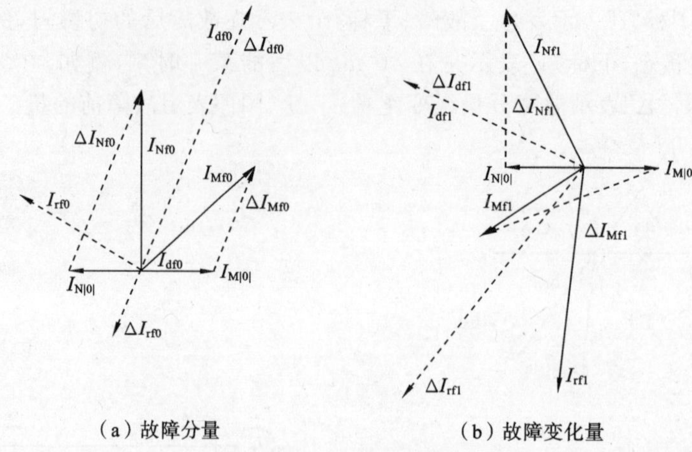

(a) 故障分量　　　　(b) 故障变化量

图 3　内部故障前后电流相量

用在相关差动等原来使用故障分量差动原理的场合。与故障分量差动不同的是，故障分量差动要求在故障 40 ms 以后停止使用，其后的保护功能转移到其他保护判据，而故障变化量差动则在 40 ms 以后仍继续工作，不要求将保护转移到其他判据。其性能则是逐渐过渡，在 40～100 ms 期间仍能部分地保持故障分量保护的优越性，从而可以提高转换性、相继性故障发生时的保护性能。

3　故障变化量相关差动保护

进入实用程度的相关差动保护是依赖于故障分量的，其主要判据是

$$S=\sum_{j=0}^{k}\Delta i_{M}(j)\times\Delta i_{N}(j)\geqslant S_{set} \tag{5}$$

i_M、i_N 为两侧电流采样值，以流向被保护设备为正向。k 为当前采样序号，以故障发生时刻为零。以每工频周期采样 20 点为例，在 $5\leqslant k\leqslant(20\sim40)$ 时为有效工作时区，在 $k\leqslant5$ 时(即 5 ms 以前)判据不工作。其内部和外部短路时 S 值的变化过程如图 4 所示。图中考虑外部短路时两侧电流相位差在 120°以上，相应地内部短路时两侧电流相位差在 60°以下。之所以选定在 20～40 ms 以后退出保护，主要考虑两点：一是获取故障分量在此后已不合适；二是外部短路时，S 累计的“－”值越来越大，外部故障相继发展到内部短路时，S 值由“－”变“＋”需要较长延时，保留此保护意义

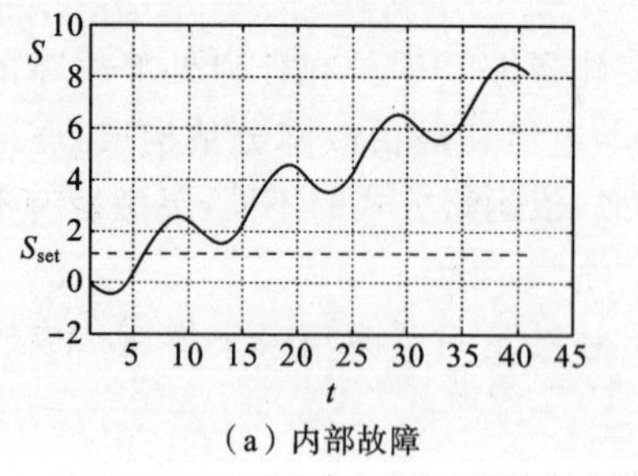

(a) 内部故障

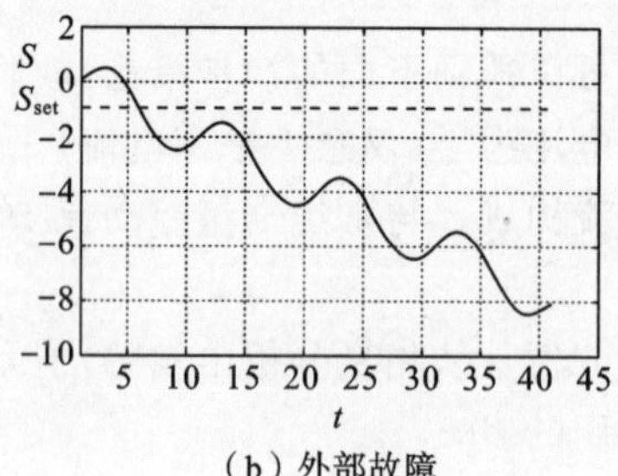

(b) 外部故障

图 4　S 值的变化

不大[2]。将此后的保护功能转交给其他判据比较合适。

本文根据前述故障变化量的分析，提出用故障变化量代替故障分量以实现相关差动保护方案，并辅以下面的技术措施，克服原有的故障分量相关差动保护的不足。主要改变如下。

(1) 以故障变化量代替故障分量。从故障启动元件启动，定出故障发生时刻起计算“S”值。故障发生 5 ms 后，自 $S \geqslant S_{set}$起，连续动作 5 ms 以上时，保护出口跳闸。以此代替原有的启动后 5 ms 开放保护的措施。这样的可靠性更高，动作时间也较短。同时也可防止下面一项措施引起的故障误动的可能。

(2) 为缩短“外转内”故障的动作延时，当由式(5)得到时刻 k 的 S 值为“－”，并超出限值 S_{set-} 时，若$\frac{\Delta S}{\Delta t} \leqslant 0$，即 S 值负得更多，且小于 S_{set-}，则强令 $S(k)=S_{set-}$；若$\frac{\Delta S}{\Delta t}>0$，则 $S(k)=S(k-1)+\Delta S$。

如此记录的 $S(k)$值将恒大于 S_{set-}。此时，若出现转换性内部短路，则 S 值将从 S_{set-} 往上增加，至 $S>S_{set}$并延续 5 ms 时，保护跳闸。与第一次直接发生内部短路比较，增加的动作延时一般将在 20 ms 以内(与短路电流大小有关)。

从图 5 可见，当持续性外部短路且相位差小于 90°时，S 值将间歇性高于 S_{set-}，但每一次的延续时间短于 5 ms。为防止高于 S_{set-} 值时误动，采取上述要求连续动作 5 ms 以上才出口跳闸，这将进一步提高可靠性。

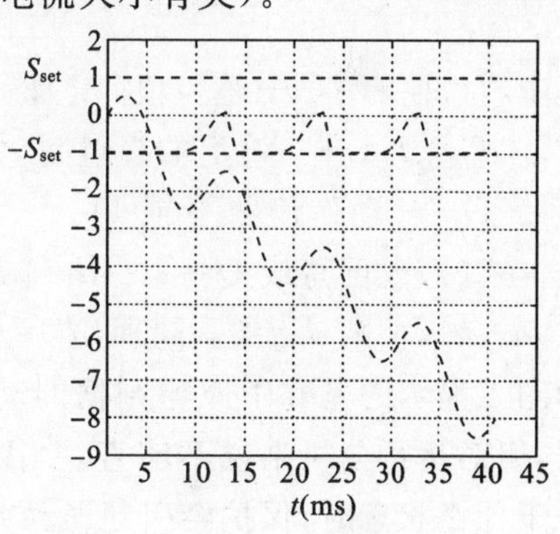

图 5 相关差动的改进措施

4 结语

本文提出用故障变化量代替故障分量构成差动保护，可以扩充后者的功能。

一般的故障分量差动保护没有必要在 40 ms 后非得退出，可以适当延长。

参考文献

[1] 袁荣湘，陈德树．一种新型差动保护的研究．第七届全国继电保护学术研讨会论文[C]．1998．

[2] 袁荣湘，陈德树，马天皓，等．采样值电流差动保护原理的研究[J]．电力自动化设备，2000，20(1)：1-3．

[3] 尹项根，陈德树，张哲，等．故障分量差动保护[J]．电力系统自动化，1999，23(11)．

[4] 洪良山．普通纵差与故障分量纵差保护的分析比较[J]．电力自动化设备，1997，3．

3.4 差动保护运行动作特性的相量分析①

1 引言

电力系统的继电保护广泛采用差动保护原理。为防止保护区外短路时，差动回路出现不平衡电流，导致差动保护误动作，通常采用“穿越制动特性”。其一般的表达式为

$$D=(I_d\geqslant I_0)\cap(I_d\geqslant k_1 I_T+I_{01})\cap(I_d\geqslant k_2 I_T+I_{02}) \tag{1}$$

式中(以两端差动为例)，

$$\dot{I}_d=\dot{I}_M+\dot{I}_N,\quad \dot{I}_T=f(\dot{I}_M,\dot{I}_N)$$

$$k_1=\frac{I_0-I_{01}}{I_{T01}}$$

$$k_2=\frac{k_1 I_{T02}+I_{01}-I_{02}}{I_{T02}}=k_1-\frac{I_{02}-I_{01}}{I_{T02}}=\frac{I_0-I_{01}}{I_{T01}}-\frac{I_{02}-I_{01}}{I_{T02}}$$

其中，I_0、I_{01}、I_{02}——整定值(I_{01}、I_{02}通常为负值)；

I_{T01}、I_{T02}——设定的拐点制动量；

D——动作信号(0 或 1)。

式(1)也可写成 $D=d_0\cap d_1\cap d_2$(d_0、d_1、d_2 为 0 或 1)，$d_0=(I_d\geqslant I_0)$。当 $I_d\geqslant I_0$ 时，$d_0=1$，否则 $d_0=0$。同理，$d_1=(I_d\geqslant K_1 I_T+I_{01})$，$d_2=(I_d\geqslant K_2 I_T+I_{02})$。式(1)和图 1 显示的是基于原始判据的动作特性表达方式。这种表达方式忠实于原始判据，但对运行分析来说不够直观，因为还要经过转换才能观察到两侧电流 I_M 和 I_N 处于什么状态时，保护会引起误动或者不会误动。为此，有一种以

$$I_M=f(I_N) \tag{2}$$

表达的临界动作表达式。图 2 是设 I_M 与 I_N 相位差 180°时动作的模值关系，当 I_M 与 I_N 的相位差改为不是 180°时，此曲线将发生变化。必须以曲线族的形式才能较全面地反映各种情况下的运行动作特性。

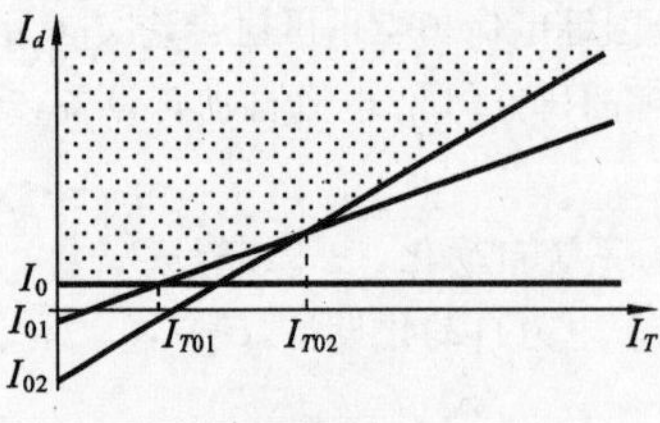

图 1 三折线式制动特性

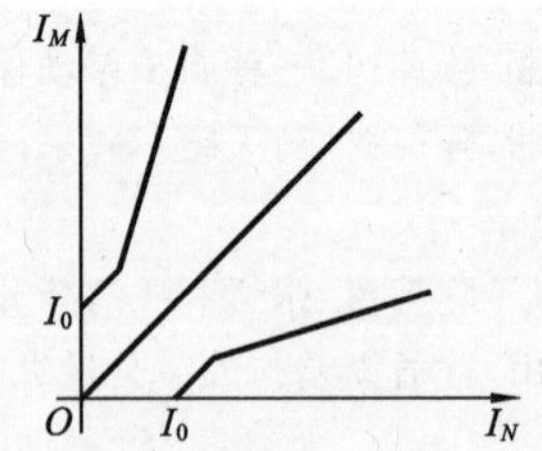

图 2 $I_M=f(I_N)$的动作特性

① 本文发表于 2002 年 4 月《继电器》。

为了能更好地反映差动保护制动原理的运行动作特性，本文提出尽可能地用相量分析方法以克服上述的不足。

2 差动保护制动特性的相量分析方法

式(1)的动作判据，实际上是三个判据 d_0、d_1、d_2 的逻辑组合。作特性分析时，要求对每个判据作单独的分析，最后才进行逻辑组合。其中 d_1 和 d_2 的形式是一样的，这里只讨论 d 即可。

假定$\dot{I}_M$、$\dot{I}_N$，都是纯正弦量，其他分量如直流分量、谐波分量可作为引起误差的因素来处理。

1) d_0 的运行动作特性

设两电流中较大的为 I_M，较小的为 I_N，则 d_0 判据可写成

$$\left|\frac{\dot{I}_0}{\dot{I}_M}\right| \leqslant \left|1+\frac{\dot{I}_N}{\dot{I}_M}\right| \tag{3}$$

令$\dfrac{\dot{I}_N}{\dot{I}_M}=\dot{J}$，此处以$\dot{I}_M$ 作为基准值，则 $\dot{J}$ 是$\dot{I}_N$ 的归一化形式相对值，也可说成是比值。

式(3)可写成$|1+\dot{J}|\geqslant\left|\dfrac{I_0}{I_M}\right|=A$。临界动作时，有$\dfrac{1+\dot{J}}{A}=1\mathrm{e}^{\mathrm{j}\theta}$，即

$$\dot{J}=-1+A\mathrm{e}^{\mathrm{j}\theta} \tag{4}$$

$\dot{J}$ 的轨迹为一圆，其圆心在“-1”，其半径为 A。

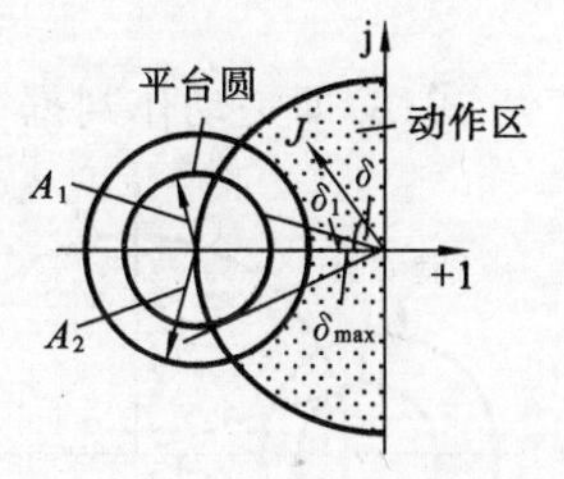

图3 d_0 的运行动作特性

图3便是 d_0 的基于相量分析的运行动作特性，即$\dot{I}_N$ 的相对值落在圆内时判为外部短路，是闭锁区，在圆外时则满足 d_0 判据的动作条件。图中，δ 为 $\dot{J}$ 的偏移角，δ_1 为临界特性上 $\dot{J}_1$ 的偏移角，δ_{max}为最大偏移角，当 $\delta>\delta_{max}$时，不管任何比值，d_0 判据都会动作，也反映在区外短路时 d_0 判据允许的最大角误差。超出此值时，则必须依靠 d_1 或 d_2 判据进行制动。从图3还可看出一些其他关系，如 δ_{max}与$|J|$的关系等。因主要靠 d_1、d_2 防止区外短路TA饱和时保护误动，这里不再进一步讨论。

从图3可见，半径 $A_2>A_1$，对应的 $I_{M2}<I_{M1}$，即当 I_0 一定时半径与 I_M 值成反比。

2) d_1 判据运行动作特性

d_1 判据与制动电流 I_T 有关。常用的 I_T 有下列几种组成方式。其共同的出发点是在区外短路时，制动电流与穿越电流成正比。在理想状态下，制动电流等于负荷电流。

方案一：和、差制动

$$I_T=\frac{1}{2}|\dot{I}_M-\dot{I}_N|$$

方案二：最大值制动

$$I_T=\max(|\dot{I}_M|,|\dot{I}_N|) \tag{5}$$

方案三:模值和制动

$$I_T=\frac{1}{2}(|\dot{I}_M|+|\dot{I}_N|)$$

(1) 和、差制动的相量分析。

和、差制动判据为

$$|\dot{I}_M+\dot{I}_N|\geqslant\frac{k_1}{2}|\dot{I}_M+\dot{I}_N|+I_{01},\quad k_1<2$$

令$\dot{I}_M=I_M e^{j0}$,两侧同除以$\dot{I}_M$,得$\dot{I}_N/\dot{I}_M=\dot{J}$,则

$$|1+\dot{J}|\geqslant\frac{k_1}{2}|1-\dot{J}|+\frac{I_{01}}{I_M},\quad J\leqslant 1 \tag{6}$$

先分析 $I_{01}=0$ 时的情况,即图 1 的制动特性线过坐标原点。此时式(6)可写成

$$\frac{1+\dot{J}}{1-\dot{J}}=\frac{k_1 e^{j\varphi}}{2},\quad 360^\circ\geqslant\varphi\geqslant 0^\circ \tag{7}$$

由文献[1]的式(Ⅰ-40)、式(Ⅰ-41)可得临界动作时,$\dot{J}$ 的轨迹为一圆,其圆心、半径分别为

$$\left.\begin{aligned}\dot{O}&=\frac{-4-k_1^2}{4-k_1^2}\\ \rho&=\frac{4k_1}{4-k_1^2}\end{aligned}\right\} \tag{8}$$

式(8)即是动作判据 d_1 的动作特性。如前所述,这是在 $I_{01}=0$ 时的特性,即是 d_1 制动特性曲线过坐标零点时的特性。其相量特性见图 4。由于 $J\leqslant 1$,所以图中阴影区为动作区。根据上面的分析,图中的制动圆在给定 k_1 值的情况下是固定的。

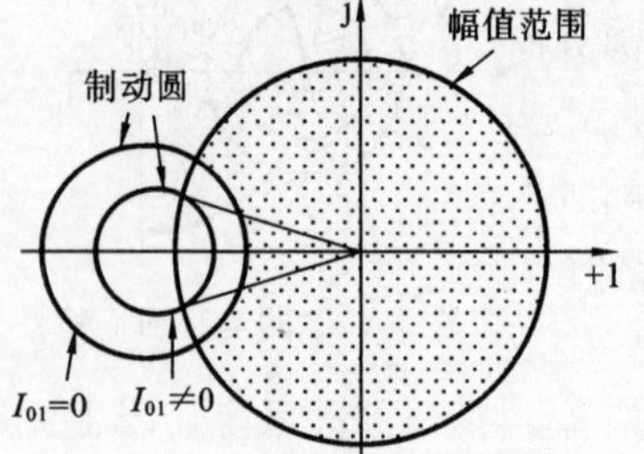

图 4　和、差制动 d_1 判据的动作特性

下面分析一下 $I_{01}\neq 0$ 时的情况。式(6)由于多了一个依赖于 I_M 的常数项,便不能简化成如式(7)那样的二阶线性分式,也就是 $\dot{J}$ 的轨迹不再是普通的圆或直线等的二次曲线。本文采用数字仿真方法。此时,式(6)的临界式写成

$$|1+Je^{j\delta}|-\frac{k_1}{2}|1-Je^{j\delta}|-\frac{I_{01}}{I_M}=0,\quad J\leqslant 1$$

当给定 k_1 和$\frac{I_{01}}{I_M}$后,可用搜索方法找出与某一 δ 值对应的 J_1、J_2 值,图 4 是一个具体的实例,当 k_1 和 I_{01} 给定时,每一个 I_M 值将会得出一条曲线,也就是说,可以得到与 I_M 值相关的一组曲线。

(2) 最大值制动的运行动作特性。

当制动量 I_T 采用最大值时,假定式(1)的 $I_{01}=0$,则有

$$|\dot{I}_M+\dot{I}_N|\geqslant k_1 I_M,\quad k_1<1$$

$$\left.\begin{aligned} |1+\dot{J}| \geqslant k_1 \\ \text{或 } 1+\dot{J}=k_1 e^{j\varphi}, \quad \dot{J}=-1+k_1 e^{j\varphi} \end{aligned}\right\} \tag{9}$$

其特性见图 5。

当 $I_{01} \neq 0$ 时,式(9)可改写为 $|1+\dot{J}| \geqslant k_1+\dfrac{I_{01}}{I_M}$,相应的,临界特性为

$$\dot{J}=-1+\left(k_1+\frac{I_{01}}{I_M}\right) e^{j\phi} \tag{10}$$

由式(10)可见,当 I_{01} 为正值时,其动作特性圆将比 $I_{01}=0$ 时缩小,即闭锁区缩小,动作区扩大。而随着 I_M 的增大,差别逐渐减小。

(3) 模值和制动的运行动作特性。

同样,先令式(1)的 $I_{01}=0$,模值和动作判据变为

$$|\dot{I}_M+\dot{I}_N| \geqslant \frac{k_1}{2}|\dot{I}_M+\dot{I}_N|, \quad k_1<2$$

$$|1+\dot{J}| \geqslant \frac{k_1}{2}(1+\dot{J}), \quad J \leqslant 1 \tag{11}$$

令 $\dot{J}=Je^{j\delta}$,解式(11)可得 J 的临界动作特性为

$$J^2+\frac{4}{4+k_1^2}\left(2\cos\delta-\frac{k_1^2}{2}\right)J+1 \geqslant 0 \tag{12}$$

式(12)的 J 的轨迹不是一个圆,还是适宜用数值方法求解。k_1 整定后,δ 在 0～360°中均匀取值,用探索法可求出此时的 J 值,如图 6 所示。图中 k_1 取 0.5。

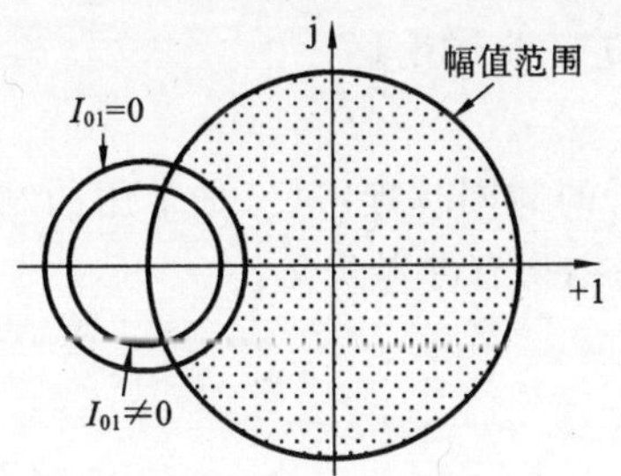

图 5 最大值制动 d_1 判据动作特性

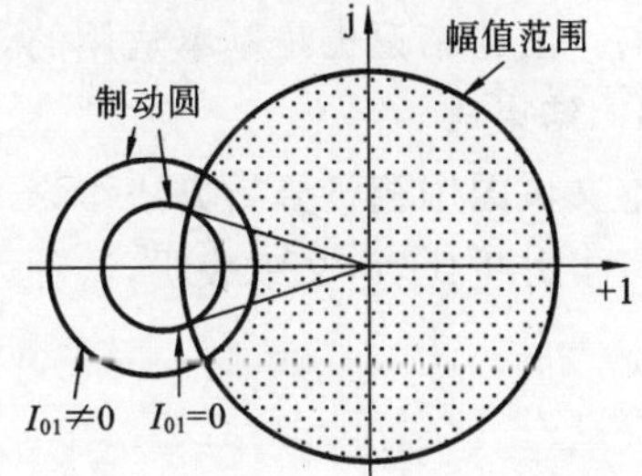

图 6 模值和制动 d_1 判据的动作特性

当 $I_{01} \neq 0$ 时,式(11)变为

$$|1+Je^{j\phi}|-\frac{k_1}{2}(1+J)-\frac{I_{01}}{I_M}=0 \tag{13}$$

用仿真方法求得的结果见图 6。图中取 $\dfrac{I_M}{I_{01}}=30$。

3 在相量分析方法基础上各种制动方法的比较

如上述,可以将式(5)的三种制动方法置于同一条件下进行分析比较。式(5)中和、差制动方式与模值和制动方式的系数都取 $k_1/2$。这样可使在外部短路的理想状态下三种制动方式的制动量相同。因此,所采用的制动系数取同一值以便在同等条

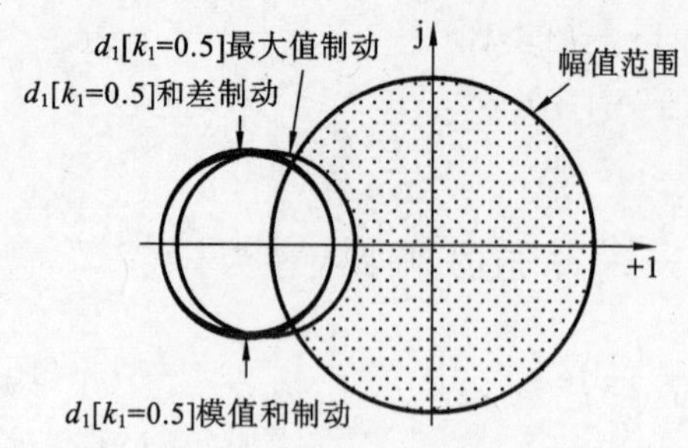

图 7　三种制动方式的比较

件下进行比较。图 7 是在此条件下的一种例证。由此，可以得出以下几种结论。

① 模值和制动的动作特性与和、差制动的动作特性非常接近。

② 最大值制动是三者之中制动能力最强的一种，反过来说，在内部短路时抗 CT 饱和能力也稍弱。

③ k_1 值的选取，有两种不同的出发点，本文的出发点是为了使外部故障时不同制动方式的制动能力相近，因而各种制动方式下的 k_1 值相同。另一种出发点是在单侧电源内部短路时，制动能力相同，这样 k_1 会差 1 倍。

④ 对多侧(多支路)差动保护来说，靠近外部短路侧，本应为最大值支路，但出现 CT 严重饱和时，其电流可能小于另一支路的电流，因而使最大值制动的制动能力减弱。此时其制动能力反而不如模值和制动。

⑤ 对相量差动，当发生轻微内部故障时，差流较小而穿越负荷电流使制动电流较大。故应以灵敏度为重。宜用和、差制动方法。

对故障分量差动，内部故障时不可能出现两侧电流相位差在 180°附近，此时应以制动性能为重，宜取最大值制动方式。

$I_{01}\neq0$ 的情况比较复杂，不太利于同条件下比较。但其基本属性与 $I_{01}=0$ 时是一致的。上述结论也是基本适用的，此处暂不做进一步讨论。

4　结束语

本文试图用相量分析方法作为运行特性分析的共同基础，对三种常用的制动方式进行了分析比较，文中表明，这种方法及其分析结果有参考意义。

参考文献

[1]　华中工学院.电力系统继电保护原理与运行[M].北京:水利电力出版社,1981.

3.5 一周波动作电子式相差高频保护的初步研究①

1 前言

本文综述了我院研究的一周波动作电子式相差高频保护的基本原理，分析了目前各种相位比较方法的特点和在快速动作时的主要矛盾，缩短动作时间的主要的途径和存在的问题，提出了任何瞬间都能进行相位比较的新原理和方案。文中扼要地说明了整个保护装置各主要部分的基本观点和措施。最后附有总接线图。文中对总接线图的启动部分、操作部分作了较多的说明。

在还没有出现更新、更完善的保护原理以前，超高压电力系统中输电线路主要采用高频保护，以便能最迅速地切除线路故障，提高电力系统动态稳定。

提高保护装置的动作速度，对系统动态稳定，特别是对相间短路时的动态稳定有良好的效果。目前三峡电力系统考虑切除故障时间为 0.1 s 即 5 个周波，其中给予高压断路器的动作时间为 3 个周波，即要求继电保护在 2 个周波以内动作。这个要求是偏于保守的，因为按目前世界水平，高频闭锁距离方向保护已达 1 个周波水平。高频闭锁距离方向保护的缺点是它需要装设复杂的振荡闭锁装置。采用高频闭锁负序功率方向保护也可以做到 1 个周波动作，但是在非全相运行和单相重合闸时，需要退出工作。相差高频保护则没有上述缺点。但是目前世界上所达到的速度为 2 个周波以上，要使动作时间少于 2 个周波必须克服许多困难。

自 1958 年以来我国沈阳中心试验所、长春电力设计院、阿城继电器厂和华中工学院等单位都在进行少于 2 个周波动作的用于三峡电力系统的相差高频保护的研究。华中工学院的研究结果表明，用于三峡电力系统的相差高频保护的动作时间完全可以达到少于 1 个周波，而且在其他方面也有较高的指标。

取得最高的动作速度与全面保证选择性，灵敏度，可靠性等要求是改进相差高频保护的主要矛盾。而动作速度是矛盾的主要方面，其他许多问题是由它引起的。首要解决的是由于加快动作速度而引起的系列的问题。

在提高动作速度与满足其他要求的各种矛盾中，最重要的是保证选择性问题，也就是要在 1 个周波内正确判断两侧电流的相位问题。分析世界各国所用相差高频保护的各种相位比较方法可以得出结论，它们基本上都是通过量测输电线两侧电流共同出现同极性(或异极性)情况的延续时间长短来判断相位的。这种比较相位的方法对使动作速度少于 1 个周波是一个首要的障碍。它的保证动作时间极限为 $360°+\varphi_{bl}$。这里 φ_{bl} 为保护装置的闭锁角。采用正负半周两半套比较回路时也只缩短为

① 本文发表于 1960 年《华中工学院学报》。

$180^{\circ}+\varphi_{bl}$。要用这种方法进一步减少相位比较所占用的时间需大大增加相位比较回路数目，而且所得的效果并不显著。为了减少动作时间必须彻底改变原来的相位比较方法，要求不需要等待，而在任何时间都能进行相位比较。我院提出了两个任何瞬间都能进行比较的原理和三种接线方案。一个称为幅值比较法，另一个称为瞬时比较法。瞬时比较法又有用微分、平方和乘法组件实现的接线方案和用霍尔效应继电器的接线方案。目前幅值比较法已取得肯定结果，瞬时比较法的前一接线方案在继续研究中。我院已作好的试验装置中暂时用幅值比较原理的接线。

对动作时间的第二个限制是什么时候才允许比较相位。这主要取决于电力系统和保护装置瞬时过程对电流相位影响的程度。因此要求送至相位比较回路的电流信号中暂态分量最小，暂态过程时间足够短。使送至相位比较回路的电流信号中完全消除暂态分量是不可能的，但是可以把它的延续时间减小到最低限度。长期以来一般认为为了避开这些暂态过程的影响，要求第二启动元件 A_2 带一定时延 t_{A2} 才接通相位比较回路，即等待暂态过程“消失”以后才允许进行相位比较。

对电力系统故障时暂态过程的分析表明，上述观点是不正确的，它不能保证保护装置在外部发生故障时不误动作。上述观点假定系统故障时只有一次“突变”，因此认为只要使 t_{A2} 大于这个“突变”所引起的电流信号暂态过程的延续时间即可以不误动作。事实上电力系统常常可能在很短时间内发生几次“突变”。例如，外部短路自单相接地变为两相接地；两相短路后串联补偿电容器的保护间隙先后击穿，外部两相接地的先后切除等。在第一次“突变”时，如 A_2 延时动作，是可以躲开这一暂态过程的影响的。然而当 A_2 在已动作状态下再发生一次“突变”时，如果不能正确判断相位，则保护装置会误动作。

为了克服上述矛盾，我们提出过两个方案。一个方案是用 A_2 躲开第一次“突变”引起的暂态过程，用出口跳闸回路延时来躲开第二次“突变”引起的暂态过程。第二个方案是 A_2 瞬时动作完全由出口跳闸回路延时来躲开连续两次的暂态过程。

我们认为第二个方案更好些。第一个理由是延时回路只有一个，比较简单。第二个理由是在某些情况下其效能比第一个方案更好。例如，当外部故障切除时，开关接点不同时断开，此时 A_2 原已处在动作状态，由于开关先后断开，使暂态过程延续时间可能增为 2 倍。用第一个方案时可能发生误动作。用第二方案原来就考虑躲开两次“突变”所引起的暂态过程，因此可以保证不误动作。但第二个方案要求在内部故障时两侧电流信号的相位差在上述时间内都处于动作区内。因此要求在一侧有信号，非周期分量在 0.5 周波以内基本上衰减掉。

每一次电力系统的“突变”引起送至相位比较回路的电流信号暂态过程延续时间的长短取决于操作信号暂态过程延续时间的长短，也取决于操作回路的性能本身。一方面取决于操作回路中滤波回路对一次系统非周期分量的滤过程度，另一方面取决于操作回路本身的自由非周期分量。根据我院的科研结果，对两侧信号的差值，其暂态过程的延续时间为 0.3～0.4 个周波。因此出口回路的延续时间可以整定至0.8

个周波。因启动元件 A_1 和 A_2 的动作时间为 0.15～0.2 个周波，故整套保护动作时间保证在 1 个周波以内。当采用第一个方案时可以整定 A_2 为 0.6 个周波(见图 1)，出口回路整定为 0.4 个周波。

图 1 A_1、A_2 动作时间图

2 启动部分

由于大容量长距离输电的电力系统中，线路上装有串联补偿电容器，短路电流变化范围很大，在最小情况下可能小于负荷电流。故采用负序和零序电流作为启动分量时，其灵敏度较差，特别是对小电源侧。为此，采用负序和零序电压分量，它可以满足于长距离输电线路对保护装置的选择性和灵敏度的要求。保护装置不考虑装设三相启动元件。一方面可以简化接线，另一方面事实上也不需要，因纯三相短路状况不可能在 1 个周波内出现。

为了保证在被保护线路外部发生不对称短路或线路非全相运行时，被保护线路两端的两个半套保护装置中所反应的负序和零序电压相等，必须装设负序和零序电压补偿装置以补偿至线路中点，此外并装有补偿零序互感影响的回路(见图 2)。但当在平行线之一发生接地故障时，由于互感的影响，被保护线路两端所反应的补偿后的零序电压值并不相等，其大小与故障点位置和系统运行方式等有关，需采取专门措施保证两侧同时启动。

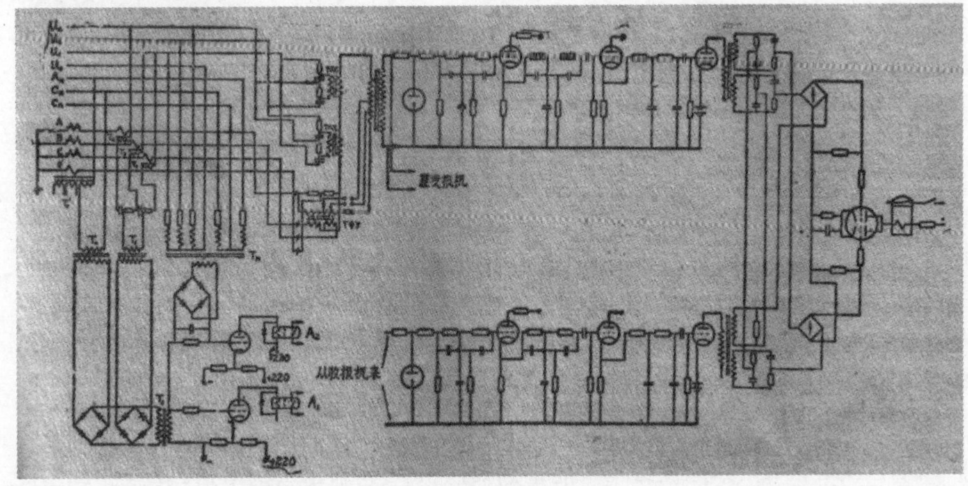

图 2 继电保护部分总图

负序和零序启动电压分量由整流器输出后控制电子管的栅极。在正常情况下，电子管由一定的栅偏压截止，保护在不动作状态，因此只要调节栅偏压到一定数值就可以均匀地调节 A_1 的启动值。

在正常情况下，启动元件 A_2 由电位计供给一负栅压使保持在不通电状况，同样地调节这一负栅压数值，即可均匀地调节 A_2 的启动值。

提高 A_1 和 A_2 动作速度的方法，原则上要求 A_1 的动作时间越快越好，不能大于0.1个周波，而 A_2 的动作时间与 A_1 一样，只是启动值比 A_1 大 k 倍。它的作用是保证在外部故障情况下，能同时启动双方的发讯机，使不致由于仅启动一方的发讯机，而引起保护装置的误动作。

为了缩短过渡过程的时间，在负序电压过滤器的变压器回路串接一个 500 Ω 电阻，同时考虑到在负序过滤器后面的整流输出波形如图 1 所示，这样电压信号从零开始，在最严重的情况下，6H1Π 电子管要延至 1/4 个周波以上才点燃。为此在整流器输出后串接一个微分变压器使其输出变成图 3 所示的波形。

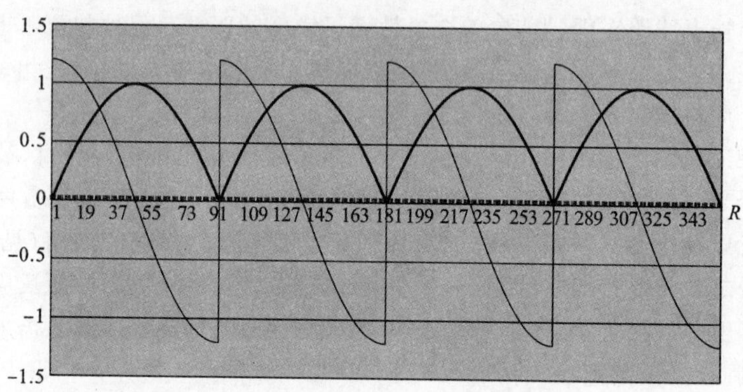

图 3 微分变压器一次侧、二次侧波形图

极化继电器两端并接一个锗二极管是为了防止极化继电器的跳动，由于继电器线圈的惯性作用，有一个短时间能使继电器的接点延时返回，这样达到 A_1 的快速启动，并延时返回。

所用的电压回路断线闭锁装置，当二次回路内发生断线的故障时，由于 T_H 变压器磁通平衡被破坏，电子管的栅极回路内会产生一栅负压，不致引起 A_2 的误动作，在高压系统内发生短路故障时，闭锁装置将不产生动作，因为此时并不破坏 T_H 铁芯内磁动势的平衡状态。当 A_2 需要延时时，可在 A_2 的三极管栅极回路装设一电阻电容延时回路（图 2 中未画出）。

3 操作部分

操作部分主要任务是供给一个能正确反映故障电流相位的电压，并用此电压波对发讯机进行 50 周调幅，由于线路较长，因此还必须对线路电容电流进行补偿。

由于保护装置的相位比较部分采用了幅值比较原理，而且线路本侧的故障电流信号由本侧的操作回路直接供给，并用它与收讯机接收对侧的信号进行比较，这样就对操作电压提出了较为严格的要求。

① 要求操作回路最后输出为一良好的正弦波，且其相位能正确反映本侧故障电流基波的相位。

② 为了保证整组保护的动作时间在 1 个周波内动作，要求操作回路的暂态过程必须很短。

③ 为了相位比较部分能对两侧电流相位进行比较，此正弦波的幅值应不变或在允许的范围内变动。

由上述三点要求，决定了操作回路应由下面两个部分组成：一是复式滤过器，以及线路电容电流补偿装置；二是稳压滤波放大等装置。

复式滤过器及线路电容电流补偿器，这一部分与苏联 ДФЗ-400M 型保护装置基本相同，比较的是复合电流 I_1+kI_2，与 ДФЗ-400M 型不同的是电容电流补偿变压器二次线圈不是装在操作升压变压器的二次侧，而是装在一次侧。这是考虑复式滤过器本身的内阻大，因为我们是按弱电化二次回路设计的，对 I_1+kI_2 复式滤过器就不得不采用较大的内阻。升压变压器的励磁阻抗很小，以致在升压变压器二次侧输出的电压不能正确保持原有的电压相位。因此将电容电流补偿变压器接于二次侧时，不能正确补偿。接入一次侧将发生另一缺点，即使得补偿变压器的变比过大，例如对正序电容电流的补偿，变压器变比约为 1000/1，这样就很难正确地在数值上精确补偿电容电流，误差也比较大。

这里电容电流的补偿是考虑在线路两侧进行补偿。具体实现电容电流的补偿方法与 ДФЗ-400M 型的保护完全相同。

稳压滤波与放大装置，即包括操作升压变压器二次侧以后的各元件，这一部分对苏联 ДФЗ-400M 型保护装置来说有很大差别。

这一部分主要任务是使操作最后一级输出为一良好的正弦波，而且在各种不同的运行方式及不同的短路形式的故障下，保证其幅值不变，并能真实反映故障电流基波相位。

这一部分接线特点如下。

(1) 采用了具有较小时间常数和有良好效率的滤波回路，包括一个专门截止一次故障电流所含的低次谐波——主要是 25 周的"双 T"滤波器和一个专门用于滤去经稳压后含有很大成分三次谐波的 150 周"双 T"除波器。其他更高的谐波则用最后的低通滤波器滤除其大部分。

(2) 各滤波器之间用电子管隔离。这主要是考虑这样隔离其总的时间常数不会增加，因此可保证有较短的暂态过程。

(3) 电子管用阴极输出级，这主要考虑到用阴极输出具有较短的暂态过程。

(4) 因用阴极输出，电压放大率小于 1。因此最后一级滤波输出电压数值很小，而相位比较部分需要有一定的功率推动，因此增加了功率放大装置，并用变压器耦合输出。图4即为采用上述措施后的瞬时过程示波图。

图4　滤波回路在信号倒换方向时瞬时过程图

4　结论

(1) 根据我院的初步研究结果,相差高频的动作时间可以小于1个周波。

(2) 按照推荐的幅值比较法或瞬时值比较法,相位比较回路可以不需要等待任何时间,即任何瞬时都可以进行相位比较。

(3) 为了避免超高压电力系统特有的高次谐波、低次谐波,以及操作回路稳压的要求对相位比较的影响,必须有短暂态过程的带通滤波器。它本身要求滤波效率好,电压大小稳定,暂态过程短。应该指出,这几个要求之间存在一系列的矛盾,按照我院研究结果,这些矛盾要求基本可以满足。

(4) 启动元件建议采用负序补偿电压和零序补偿电压。对平行线建议采用零序互感补偿。

(5) 启动元件应采用无专门延时元件。为了避免外部故障时保护装置可能产生的误动作,出口回路应有足够延时。

(6) 对瞬时值比较法应进一步研究,并应积极研究利用霍尔效应的继电器以简化保护装置。

(7) 应进一步研究更简单的,滤波效率更高的,瞬时过程短的滤波回路。

3.6 非全相状态下相差动及幅相差动高频保护动作特性及纵向电压补偿①

电力系统在某些运行情况下会出现非全相状态或其他纵向不对称状态。例如，输电线路一相或两相断线，开关一相或两相断开，串联补偿电容一相或两相短接，等等。当输电线路采用单相自动重合闸时，重合过程就会出现开关的一相断开状态。在这些非全相状态下同时存在着短路情况时，常常仍要继电保护装置正确动作。例如，在单相自动重合闸动作后，一侧开关因故未合闸，另一侧开关重合于永久故障时，如果保护装置不能正确反应，则开关可能拒绝跳闸，这会扩大系统事故。

20世纪40年代即已发现在一些非全相状态下内部短路时，采用负序电流分量的相差高频保护会拒绝动作的现象。文献[1]、[2]、[3]等相继也作了分析。当时苏联即已研究同时比较电流幅值和电流相位的"幅相差动高频保护"的方法。但由于比较电流幅值在通道技术上存在的许多问题解决得不够完善，这种保护方式未得到实际应用。在1961年前后，文献[3]在通道问题上作了巨大的工作，并进一步分析了负荷电流对非全相状态相差高频保护的相位特性的影响。

然而过去的研究工作没有充分的证明，采用幅相差动高频保护是否就可以满足保护要求。

下面的分析表明，幅相差动保护在单相断线且单相接地短路时，相位比较元件和幅值比较元件仍将同时拒绝或灵敏不足。有人曾提出用全电流差动高频保护，以解决非全相状态下短路的保护问题，但由于通道技术上存在的问题更多，因此实际上并未开始这种保护的研究。

本文的日的在于研究在系统各种情况下，非全相状态下短路时的比幅-相差特性，以及幅相差动保护是否能满足要求。当幅相差动不能满足要求时，是否存在其他技术可能解决上述问题。针对单相自动重合闸的情况，本文提出了采用纵向电压补偿的方法以解决上述问题。

还要提出，到目前为止，由于非全相状态下内部短路时保护装置的灵敏度不足，实际上采用单相自动重合闸时在重合过程中主要依靠阻抗选相元件代替保护装置，而阻抗选相元件在系统失步状态下会误动作。目前采取的措施就是限制输送功率，使在振荡过程中不至于失步。然而目前对系统综合稳定的研究表明，系统在失步一二个周期以后仍有可能拉入同步，如果限制输送功率，则这将是对系统不利的。如果高频保护装置本身能保证在非全相状态下内部故障时有足够的灵敏度，则可以不用选相元件代替保护元件，上述对输送功率的限制就不必要了。

---

① 本文发表于1964年《华中工学院学报》。

1 分析的前提

(1) 分析是对一般常见的网络进行的。

主要是针对平行线分析，分析时令故障线阻抗为 Z_l，平行线阻抗为 Z_l，互感抗则为 Z_{m0}。这样，$Z_T=\infty$，$Z_{m0}=0$，即单回线状态。当 $Z_l=Z_T$ 时，变成双回线。当 $Z_T\neq Z_l$ 而 $Z_{m0}=0$ 时，变成为两电源的环形网络。至于更多电源环形网络，以及环中有双回线等情况这里没有分析。尽管如此，所得结果已可见一斑了。

(2) 分析中没有考虑线路的分布电容，不考虑分布电容时分析已很复杂了。

如果考虑分布电容则结果将更复杂许多，而且在内部短路时分布电容的影响是较小的，可以认为，忽略分布电容，对实际上的输电线路的保护装置不失其准确性。

(3) 对变量的分析。

线路两侧负序电流的幅值和相位与系统一系列参数有关，即

$$\frac{\dot I_{R2}}{\dot I_{S2}}=f(\dot E_{K(H)},\dot I_{P(H)},Z_{R1},Z_{R2},Z_{R0},Z_{S1},Z_{S2},Z_{S0},Z_{l1},Z_{l2},Z_{l0},Z_{T1},Z_{T2},Z_{T0},Z_{m0},\alpha,\dot n_{1k})$$

式中，$\dot E_{K(H)}$ 为短路点故障前电压，$\dot I_{P(H)}$ 为断线点故障前电流，Z_S 为断线侧系统电源阻抗，Z_R 则为对侧系统电源阻抗，α 为短路点距 R 侧的距离，在 R 侧短路时 $\alpha=0$，在 S 侧短路时 $\alpha=1$，$\dot n_{1k}$ 为短路点正序网络算子，取决于短路时相别。因 $\dot n_{1k}\dot n_{2k}=1$，故 $\dot n_{2k}$ 亦可化为 $\dot n_{1k}$，又因断线点只分析单相断线情况，故 $\dot n_{1p}=\dot n_{2p}=\dot n_{0p}=1$。

系统的正常运行情况如用 $\dot E_R$、$\dot E_S$ 或 $\dot E_R$、$\dot E_R e^{j\delta}$ 表示则更好一些，但用 $\dot E_{K(H)}$、$\dot I_{K(H)}$ 则方便一些。二者不难直接变换而得。

当系统各阻抗已定时，则

$$\frac{\dot I_{R2}}{\dot I_{S2}}=f(\dot E_{K(H)},\dot I_{P(H)},\alpha,\dot n_{1k})$$

如以 $\dot E_{K(H)}$ 为基准，则只有 $\dot I_{P(H)}$、α、$\dot n_{1k}$ 三个变量。故可以固定 $\dot n_{1k}$ 值，求出 $\frac{\dot I_{R2}}{\dot I_{S2}}=f(\dot I_{P(H)},\alpha)$ 的特性曲线族以表征保护装置的比幅-相差特性。

至于系统各阻抗的影响，如以 $Z_{l1}=Z_{l2}=1$，可以分析 Z_R、Z_S 各项增加、减少时对特性曲线族的影响。

(4) 故障形式。

纵向不对称，一般有断相和串联补偿电容不对称短接两种情况。本文只分析断相情况，至于串联电容不对称短接的情况，从基本问题的性质上是类似的，详细的分析有待进一步工作。对断线情况则只考虑单相重合闸有关的单相断线情况，至于两相断线及非断线相故障情况都不考虑。

短路情况则仅考虑单相接地和两相短路，而不考虑两相接地短路，前两种故障都可能由单相自动重合闸动作切除一相，而两相接地短路则必须切除三相。

实际上意义较大的是 $P^{(A)}K^{(A)}$、$P^{(A)}K^{(AB)}$、$P^{(A)}K^{(CA)}$ 三种故障情况。

(5) 计算方法。

文献[3]采用正序网络[4]的计算方法。本文则采用复合序网上的计算方法，其优

点是在计算过程中，用D型方程及Y型方程时，都计算出断线点的电压差值，由此可以直接计算出用断线电压补偿后，两侧电流的相位特性。

2 $P^{(1)}K^{(1)}$的分析

$P^{(1)}K^{(1)}$的复合序网属于D型网络。文献[2]已得出其短路点的电流和断线点的电压分别为

$$\dot{I}_k=-\frac{1}{\dot{n}_{1p}}\frac{D_{kk}}{|D|}\dot{I}_{p(d)}+\frac{1}{\dot{n}_{1k}}\frac{D_{pk}}{|D|}\dot{E}_{k(d)} \tag{1}$$

$$\dot{U}_p=\frac{1}{\dot{n}_{1p}}\frac{D_{kp}}{|D|}\dot{I}_{p(d)}-\frac{1}{\dot{n}_{1k}}\frac{D_{pp}}{|D|}\dot{E}_{k(d)} \tag{2}$$

需要进一步计算的是所用的典型网络各D值，以及已知故障点电量后分布到各保护装置处的电流值$\dot{I}_{R2}$及$\dot{I}_{S2}$。

对图1，可写出下列矩阵方程

$$\begin{bmatrix}1 & 1 & 0\\ -\alpha Z_{l2} & (1-\alpha)Z_{l2} & Z_{T2}\\ Z_{R2} & -Z_{S2} & Z_{\Sigma 2}\end{bmatrix}\cdot\begin{bmatrix}\dot{I}_{R2}\\ \dot{I}_{S2}\\ \dot{I}_{T2}\end{bmatrix}=\begin{bmatrix}-\dot{I}_{k2}\\ \dot{U}_{p2}\\ 0\end{bmatrix}$$

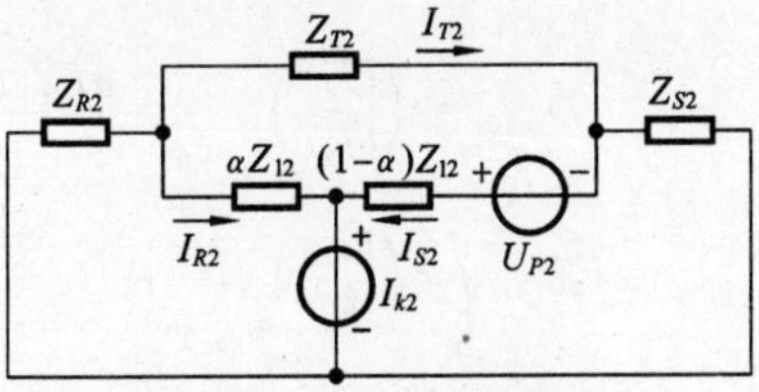

图1 负序等值网络图

此处，$Z_{\Sigma 2}=Z_{R2}+Z_{S2}+Z_{T2}$，解得

$$\dot{I}_{R2}=\frac{1}{\Delta_2(d)}\begin{vmatrix}-\dot{I}_{k2} & 1 & 0\\ \dot{U}_{p2} & (1-\alpha)Z_{l2} & Z_{T2}\\ 0 & -Z_{S2} & Z_{\Sigma 2}\end{vmatrix}$$

$$=\frac{1}{\Delta_2(d)}\{[(1-\alpha)Z_{l2}Z_{\Sigma 2}+Z_{S2}Z_{T2}](-\dot{I}_{k2})-Z_{\Sigma 2}\dot{U}_{p2}\} \tag{3}$$

$$\dot{I}_{S2}=\frac{1}{\Delta_2(d)}\begin{vmatrix}1 & -\dot{I}_{k2} & 0\\ -\alpha Z_{l2} & \dot{U}_{p2} & Z_{T2}\\ Z_{R2} & 0 & Z_{\Sigma 2}\end{vmatrix}=\frac{1}{\Delta_2(d)}[(\alpha Z_{l2}Z_{\Sigma 2}+Z_{R2}Z_{T2})(-\dot{I}_{k2})+Z_{\Sigma 2}\dot{U}_{p2}] \tag{4}$$

$$\Delta_2(d)=Z_{l2}Z_{\Sigma 2}+(Z_{R2}+Z_{S2})Z_{T2} \tag{5}$$

根据图1及式(4)，可求得各D值(取$\dot{I}_{p2}=\dot{I}_{S2}$，以$\dot{I}_{S2}$方向为正向)分别为

$$\left.\begin{aligned}
D_{kk(1)}&=\left(\frac{U_{k1}}{U_{p1}}\right)_{I_{k1}=0}=\frac{\alpha Z_{l1}Z_{\Sigma 1}+Z_{R1}Z_{T1}}{\Delta_1(d)}\\
D_{kp(1)}&=\left(\frac{\dot{U}_{k1}}{\dot{I}_{k1}}\right)_{U_{p1}=0}\\
&=\frac{Z_{R1}Z_{S1}(Z_{T1}+Z_{l1})+Z_{R1}Z_{T1}Z_{l1}+\alpha Z_{l1}(Z_{S1}Z_{T1}+Z_{l1}Z_{\Sigma 1}-Z_{R1}Z_{T1})-\alpha^2 Z_{l1}^2 Z_{\Sigma 1}}{\Delta_1(d)}\\
D_{pk(1)}&=\left(\frac{\dot{I}_{p1}}{\dot{U}_{p1}}\right)_{I_{k1}=0}=\frac{Z_{\Sigma 1}}{\Delta_1(d)}\\
D_{pp(1)}&=\left(\frac{\dot{I}_{p1}}{\dot{I}_{k1}}\right)_{U_{p1}=0}=\frac{-(\alpha Z_{l1}Z_{\Sigma 1}+Z_{R1}Z_{T1})}{\Delta_1(d)}=-D_{kk(1)}
\end{aligned}\right\} \tag{6}$$

因负序网络与正序网络结构相同,故负序各 D 值只需将式(6)中各下标"1"改为"2"即可,此处不重写。

当考虑互感时,零序网络如图 2 所示,与式(6)对应可得

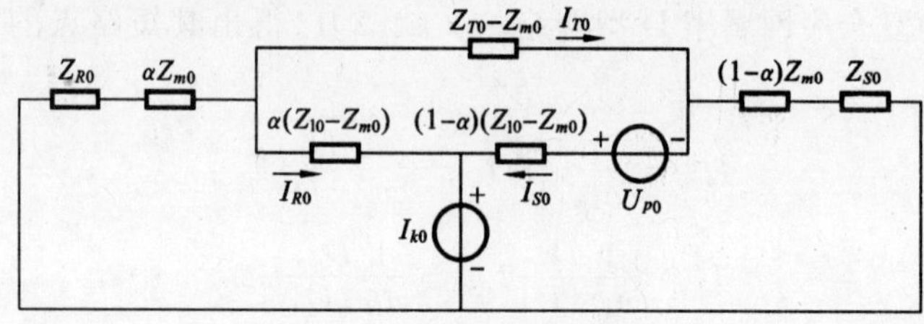

图 2　零序等值网络图

$$
\left.\begin{aligned}
D_{kk(0)}&=\left(\frac{\dot U_{k0}}{\dot U_{p0}}\right)_{I_{k0}=0}=\frac{\alpha(Z_{l0}-Z_{m0})Z_{\Sigma0}+(Z_{R0}+\alpha Z_{m0})(Z_{T0}-Z_{m0})}{\Delta_0(d)}\\
D_{kp(0)}&=\left(\frac{\dot U_{k0}}{\dot I_{k0}}\right)_{U_{p0}=0}\\
&=\frac{1}{\Delta_0(d)}\{(Z_{R0}+\alpha Z_{m0})(Z_{S0}+Z_{m0}-\alpha Z_{m0})(Z_{R0}+Z_{T0}-2Z_{m0})\\
&\quad+(Z_{R0}+\alpha Z_{m0})(Z_{T0}-Z_{m0})(Z_{l0}-Z_{m0})+\alpha(Z_{l0}-Z_{m0})\\
&\quad[(Z_{S0}+Z_{m0}-\alpha Z_{m0})(Z_{T0}-Z_{m0})+(Z_{l0}-Z_{m0})(Z_{\Sigma0})\\
&\quad-(Z_{R0}+\alpha Z_{m0})(Z_{T0}-Z_{m0})]-\alpha^2(Z_{l0}-Z_{m0})^2Z_{\Sigma0}\}\\
D_{pk(0)}&=\left(\frac{\dot I_{p0}}{\dot U_{p0}}\right)_{I_{k0}=0}=\frac{Z_{\Sigma0}}{\Delta_0(d)}\\
D_{pp(0)}&=\left(\frac{\dot I_{p0}}{\dot I_{k0}}\right)_{U_{p0}=0}=-D_{kk(0)}
\end{aligned}\right\}\tag{7}
$$

式中

$$Z_{\Sigma0}=Z_{R0}+Z_{S0}+Z_{T0}\tag{8}$$

$$\Delta_0(d)=(Z_{l0}-Z_{m0})Z_{\Sigma0}+(Z_{R0}+Z_{S0}+Z_{m0})(Z_{T0}-Z_{m0})\tag{9}$$

以式(1)、式(2)、式(5)~式(9)代入式(3)、式(4),并考虑

$$
\left.\begin{aligned}
D_{kk}&=\frac{\dot n_{1p}}{\dot n_{1k}}D_{kk(1)}+\frac{\dot n_{2p}}{\dot n_{2k}}D_{kk(2)}+D_{kk(0)}\\
D_{kp}&=D_{kp(1)}+D_{kp(2)}+D_{kp(0)}\\
D_{pk}&=D_{pk(1)}+D_{pk(2)}+D_{pk(0)}\\
D_{pp}&=\frac{\dot n_{1k}}{\dot n_{1p}}D_{pp(1)}+\frac{\dot n_{2k}}{\dot n_{2p}}D_{pp(2)}+D_{pp(0)}
\end{aligned}\right\}\tag{10}
$$

可得

$$
\begin{aligned}
\dot I_{R2}=\frac{1}{\Delta_{2(d)}}\Big\{&(Z_{S2}Z_{T2}+Z_{l2}Z_{\Sigma2}-\alpha Z_{l2}Z_{\Sigma2})(-\dot n_{2k})\left[\frac{-1}{\dot n_{1p}}\frac{D_{kk}}{|D|}\dot I_{p(d)}+\frac{1}{\dot n_{1k}}\frac{D_{pk}}{|D|}\dot E_{k(d)}\right]\\
&+(-Z_{\Sigma2})\dot n_{2p}\left[\frac{1}{\dot n_{1p}}\frac{D_{kp}}{|D|}\dot I_{p(d)}-\frac{1}{\dot n_{1k}}\frac{D_{pp}}{|D|}\dot E_{k(d)}\right]\Big\}
\end{aligned}
$$

$$=\frac{1}{\Delta_{2(d)}|D|}[(Z_{S2}Z_{T2}+Z_{l2}Z_{\Sigma 2}-\alpha Z_{l2}Z_{\Sigma 2})(\dot{n}_{2k}D_{kk})+(-Z_{\Sigma 2})(D_{kp})]\dot{I}_{p(d)}$$

$$+[(Z_{l2}Z_{\Sigma 2}+Z_{S2}Z_{T2}-\alpha Z_{l2}Z_{\Sigma 2})(-\dot{n}_{1k}D_{pk})+(-Z_{\Sigma 2})(-\dot{n}_{2k}D_{pp})]\frac{\dot{E}_{k(d)}}{\Delta_{2(d)}|D|} \quad (11)$$

$$\Delta_{2(d)}|D|\dot{I}_{R2}$$

$$=\{(Z_{l2}Z_{\Sigma 2}+Z_{S2}Z_{T2}-\alpha Z_{l2}Z_{\Sigma 2})\Big[\dot{n}_{1k}\frac{\alpha Z_{l1}Z_{\Sigma 1}+Z_{R1}Z_{T1}}{\Delta_{1(d)}}+\frac{\alpha Z_{l2}Z_{\Sigma 2}+Z_{R2}Z_{T2}}{\Delta_{2(d)}}$$

$$+\dot{n}_{2k}\frac{\alpha(Z_{l0}-Z_{m0})Z_{\Sigma 0}+(Z_{R0}+\alpha Z_{m0})(Z_{T0}-Z_{m0})}{\Delta_{0(d)}}\Big]$$

$$+(-zZ_{\Sigma 2})\Big\{\frac{Z_{R1}Z_{S1}(Z_{l1}+Z_{T1})+Z_{R1}Z_{T1}Z_{l1}+\alpha Z_{l1}(Z_{S1}Z_{T1}+Z_{l1}Z_{\Sigma 1}-Z_{R1}Z_{T1})-\alpha^2 Z_{l1}^2 Z_{\Sigma 1}}{\Delta_{1(d)}}$$

$$+\frac{Z_{R2}Z_{S2}(Z_{l2}+Z_{T2})+Z_{R2}Z_{T2}Z_{l2}+\alpha Z_{l2}(Z_{S2}Z_{T2}+Z_{l2}Z_{\Sigma 2}-Z_{R2}Z_{T2})-\alpha^2 Z_{l2}^2 Z_{\Sigma 2}}{\Delta_{2(d)}}$$

$$+\frac{1}{\Delta_{0(d)}}[(Z_{R0}+\alpha Z_{m0})(Z_{S0}+Z_{m0}-\alpha Z_{m0})(Z_{l0}+Z_{T0}-2Z_{m0})+(Z_{R0}+\alpha Z_{m0})(Z_{T0}-$$

$$Z_{m0})(Z_{l0}-Z_{m0})]+\frac{\alpha}{\Delta_{0(d)}}[(Z_{l0}-Z_{m0})(Z_{S0}+Z_{m0}-\alpha Z_{m0})(Z_{T0}-Z_{m0})+(Z_{l0}-$$

$$Z_{m0})^2 Z_{\Sigma 0}-(Z_{R0}+\alpha Z_{m0})(Z_{T0}-Z_{m0})(Z_{l0}-Z_{m0})]-\frac{\alpha^2}{\Delta_{0(d)}}[(Z_{l0}-Z_{m0})^2 Z_{\Sigma 0}]\Big\}\dot{I}_{p(d)}$$

$$+\Big\{(Z_{l2}Z_{\Sigma 2}+Z_{S2}Z_{T2}-\alpha Z_{l2}Z_{\Sigma 2})\dot{n}_{1k}\Big[\frac{-Z_{\Sigma 1}}{\Delta_{1(d)}}+\frac{-Z_{\Sigma 2}}{\Delta_{2(d)}}+\frac{-Z_{\Sigma 0}}{\Delta_{0(d)}}\Big]+(-Z_{\Sigma 2})\Big[\frac{Z_{R1}Z_{T1}+\alpha Z_{l1}Z_{\Sigma 1}}{\Delta_{1(d)}}$$

$$+\dot{n}_{1k}\frac{Z_{R2}Z_{T2}+\alpha Z_{l2}Z_{\Sigma 2}}{\Delta_{2(d)}}+\dot{n}_{2k}\frac{(Z_{R0}+\alpha Z_{m0})(Z_{T0}-Z_{m0})+\alpha(Z_{l0}-Z_{m0})Z_{\Sigma 0}}{\Delta_{0(d)}}\Big]\Big\}\dot{E}_{k(d)} \quad (12)$$

$$\dot{I}_{S2}=\frac{1}{\Delta_2(d)}\Big\{(Z_{R2}Z_{T2}+\alpha Z_{l2}Z_{\Sigma 2})(-\dot{n}_{2k})\Big[\frac{-1}{\dot{n}_{1p}}\frac{D_{kk}}{|D|}\dot{I}_{p(d)}+\frac{1}{\dot{n}_{1k}}\frac{D_{pk}}{|D|}\dot{E}_{k(d)}\Big]$$

$$+(Z_{\Sigma 2})\dot{n}_{2p}\Big[\frac{1}{\dot{n}_{1p}}\frac{D_{kp}}{|D|}I_{p(d)}-\frac{1}{\dot{n}_{1k}}\frac{D_{pp}}{|D|}\dot{E}_{k(d)}\Big]\Big\}$$

$$=[(Z_{R2}Z_{T2}+\alpha Z_{l2}Z_{\Sigma 2})(\dot{n}_{2k}D_{kk})+Z_{\Sigma 2}(D_{kp})]\frac{\dot{I}_{p(d)}}{\Delta_{2(d)}|D|}$$

$$+[(Z_{R2}+Z_{T2}+\alpha Z_{l2}Z_{\Sigma 2})(-\dot{n}_{1k}D_{pk})+(Z_{\Sigma 2})(-\dot{n}_{2k}D_{pp})]\frac{\dot{E}_{k(d)}}{\Delta_{2(d)}|D|} \quad (13)$$

式(13)中各[ ]内之数值与式(11)相同，已在式(12)内求出，兹不重写。

3 $P^{(1)}K^{(2)}$的分析

$P^{(1)}K^{(2)}$的等值复合序网如图3所示，文献[2]没有直接给出与这种网络结构相应的方程式，但不难看出，这种网络仍属Y型网络。各序矩阵方程可写成如下形式

$$\begin{bmatrix}\dot{I}_{1k}\\ \dot{I}_{1p}\end{bmatrix}=\begin{bmatrix}Y_{kk(1)} & \frac{\dot{n}_{1p}}{\dot{n}_{1k}}Y_{kp(1)}\\ \frac{\dot{n}_{1k}}{\dot{n}_{1p}}Y_{pk(1)} & Y_{pp(1)}\end{bmatrix}\cdot\begin{bmatrix}\dot{U}_k\\ \dot{U}_p\end{bmatrix}+\begin{bmatrix}\frac{1}{\dot{n}_{1k}}\dot{I}_{k(y)}\\ \frac{1}{\dot{n}_{1p}}\dot{I}_{p(y)}\end{bmatrix}$$

$$\begin{bmatrix}\dot{I}_{2k}\\ \dot{I}_{2p}\end{bmatrix}=\begin{bmatrix}Y_{kk(2)} & \frac{\dot{n}_{2p}}{\dot{n}_{2k}}Y_{kp(2)}\\ \frac{\dot{n}_{2k}}{\dot{n}_{2p}}Y_{pk(2)} & Y_{pp(2)}\end{bmatrix}\cdot\begin{bmatrix}\dot{U}_k\\ \dot{U}_p\end{bmatrix}$$

$$\begin{bmatrix}0\\ \dot{I}_{0p}\end{bmatrix}=\begin{bmatrix}0 & 0\\ 0 & Y'_{pp(0)}\end{bmatrix}\cdot\begin{bmatrix}\dot{U}_k\\ \dot{U}_p\end{bmatrix}$$

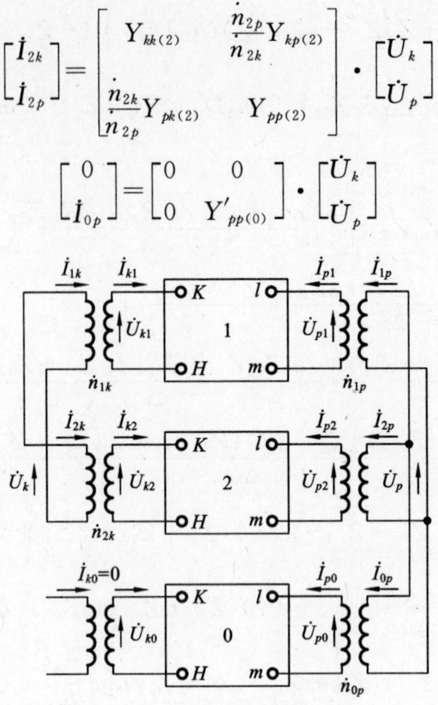

图 3 $P^{(1)}K^{(2)}$复合序网图

可见与完整的 Y 型网络的差别仅在于

$$Y_{kk(0)}=Y_{kp(0)}=Y_{pk(0)}=0 \tag{14}$$

但这里 $Y'_{pp(0)}$ 的定义和其他的 Y_{pp} 值不同。此处 $Y'_{pp(0)}$ 是当$\dot{U}_{k0}$处开路时，即 $I_{k0}=0$ 时自 P 处看到的 Y 值。

考虑这一条件后，即可完全应用 Y 方程的结果，文献[2]已得出

$$\left.\begin{aligned}\dot{U}_k&=\frac{1}{\dot{n}_{1p}}\frac{Y_{kp}}{|Y|}\dot{I}_{p(y)}-\frac{1}{\dot{n}_{1k}}\frac{Y_{pp}}{|Y|}\dot{I}_{k(y)}\\ \dot{U}_p&=-\frac{1}{\dot{n}_{1p}}\frac{Y_{kk}}{|Y|}\dot{I}_{p(y)}+\frac{1}{\dot{n}_{1k}}\frac{Y_{pk}}{|Y|}\dot{I}_{k(y)}\end{aligned}\right\} \tag{15}$$

下面求分布电流，图 4 与图 1 的差别在于以$\dot{U}_{k2}$代替$\dot{I}_{k2}$。由图 4 可写出

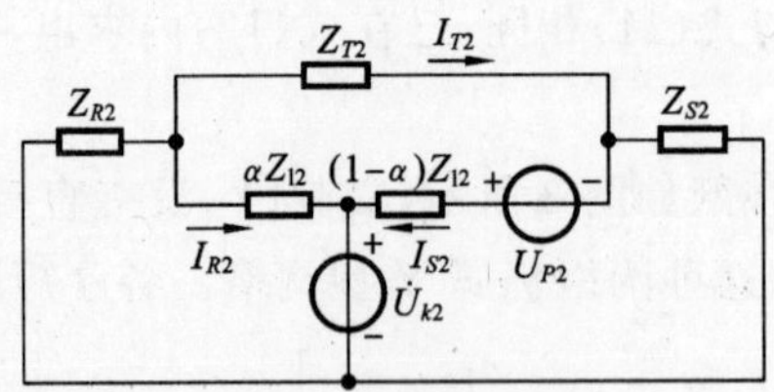

图 4 负序等值网络图

$$\begin{bmatrix} Z_{R2} & -Z_{S2} & Z_{\Sigma2} \\ -(Z_{R2}+\alpha Z_{l2}) & 0 & -Z_{R2} \\ 0 & Z_{S2}+(1-\alpha)Z_{l2} & -Z_{S2} \end{bmatrix} \cdot \begin{bmatrix} \dot{I}_{R2} \\ \dot{I}_{S2} \\ \dot{I}_{T2} \end{bmatrix} = \begin{bmatrix} 0 \\ \dot{U}_{k2} \\ \dot{U}_{p2}-\dot{U}_{k2} \end{bmatrix}$$

由此可得
$$\dot{I}_{R2}=\frac{1}{\Delta_{2(y)}}\begin{bmatrix} 0 & -Z_{S2} & Z_{\Sigma2} \\ \dot{U}_{k2} & 0 & -Z_{R2} \\ \dot{U}_{p2}-\dot{U}_{k2} & Z_{S2}+(1-\alpha)Z_{l2} & -Z_{S2} \end{bmatrix}$$

$$=\frac{1}{\Delta_{2(y)}}[Z_{S2}Z_{T2}+(1-\alpha)Z_{l2}Z_{\Sigma2}]\dot{U}_{k2}+\frac{1}{\Delta_{2(y)}}Z_{R2}Z_{S2}\dot{U}_{p2} \tag{16}$$

$$\dot{I}_{S2}=\frac{1}{\Delta_{2(y)}}\begin{bmatrix} Z_{R2} & 0 & Z_{\Sigma2} \\ -(Z_{R2}+\alpha Z_{l2}) & \dot{U}_{k2} & -Z_{R2} \\ 0 & \dot{U}_{p2}-\dot{U}_{k2} & -Z_{S2} \end{bmatrix}$$

$$=\frac{1}{\Delta_{2(y)}}(Z_{R2}Z_{T2}+\alpha Z_{l2}Z_{\Sigma2})\dot{U}_{k2}+\frac{1}{\Delta_{2(y)}}[-(Z_{R2}+\alpha Z_{l2})Z_{\Sigma2}+Z_{R2}^2]\dot{U}_{p2} \tag{17}$$

$$\Delta_{2(y)}=-(Z_{S2}Z_{T2}+Z_{S2}Z_{l2}+Z_{l2}Z_{T2})Z_{R2}+\alpha Z_{l2}[-Z_{l2}Z_{\Sigma2}+(Z_{R2}-Z_{S2})Z_{T2}]+\alpha^2 Z_{l2}^2 Z_{\Sigma2} \tag{18}$$

由式(16)、式(17)即可求出 Y 方程的各 Y 值。

$$\left.\begin{aligned} Y_{kk(2)}&=\left(\frac{\dot{I}_{k2}}{\dot{U}_{k2}}\right)_{U_{p2}=0}=\left(\frac{-\dot{I}_{R2}-\dot{I}_{S2}}{\dot{U}_{k2}}\right)_{U_{p2}=0}=\frac{-1}{\Delta_{2(y)}}(Z_{l2}Z_{\Sigma2}+Z_{S2}Z_{T2}+Z_{R2}Z_{T2}) \\ Y_{kp(2)}&=\left(\frac{\dot{I}_{k2}}{\dot{U}_{p2}}\right)_{U_{k2}=0}=\left(\frac{-\dot{I}_{R2}-\dot{I}_{S2}}{\dot{U}_{p2}}\right)_{U_{k2}=0}=\frac{1}{\Delta_{2(y)}}(Z_{R2}Z_{T2}+\alpha Z_{l2}Z_{\Sigma2}) \\ Y_{pk(2)}&=\left(\frac{\dot{I}_{p2}}{\dot{U}_{k2}}\right)_{U_{p2}=0}=\left(\frac{\dot{I}_{S2}}{\dot{U}_{k2}}\right)_{U_{p2}=0}=\frac{1}{\Delta_{2(y)}}(Z_{R2}Z_{T2}+\alpha Z_{l2}Z_{\Sigma2})=Y_{kp(2)} \\ Y_{pp(2)}&=\left(\frac{\dot{I}_{p2}}{\dot{U}_{p2}}\right)_{U_{k2}=0}=\left(\frac{\dot{I}_{S2}}{\dot{U}_{p2}}\right)_{U_{k2}=0}=\frac{-1}{\Delta_{2(y)}}(Z_{R2}Z_{T2}+Z_{R2}Z_{S2}+\alpha Z_{l2}Z_{\Sigma2}) \end{aligned}\right\} \tag{19}$$

对正序网络而言，结果与式(19)相同。

对零序网络，由图5可得

$$Y'_{pp(0)}=\left(\frac{\dot{I}_{p0}}{\dot{U}_{p0}}\right)_{U_{k0}=\infty}=\frac{Z_{\Sigma0}}{\Delta_{0(d)}} \tag{20}$$

此外，$\dot{I}_{k(y)}$、$\dot{I}_{p(y)}$ 是指断线点接通，短路点短接而电源不变的情况下的电流，这要

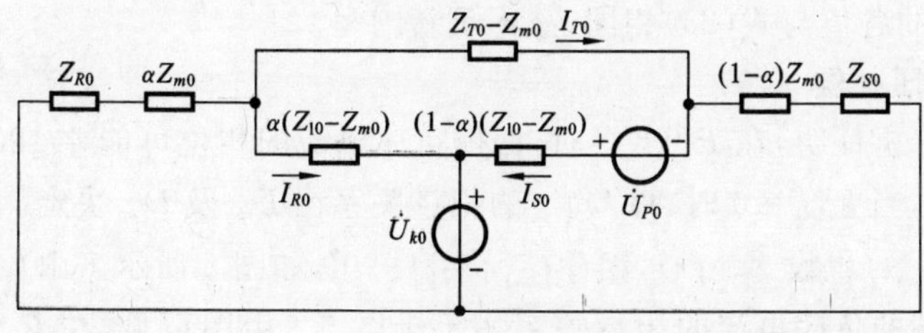

图5 零序网络图

进行很繁复的计算。故将$\dot{I}_{k(y)}$及$\dot{I}_{p(y)}$变换为$\dot{E}_{k(d)}$及$\dot{I}_{p(d)}$值。从文献[2]可得

$$\left.\begin{aligned}\dot{I}_{k(y)}&=-Y_{kk(1)}\dot{E}_{k(d)}\\ \dot{I}_{p(y)}&=-Y_{pk(1)}\dot{E}_{k(d)}+\dot{I}_{p(d)}\end{aligned}\right\}\tag{21}$$

将上述各式代入式(16)、式(17)可得

$$\begin{aligned}\dot{I}_{R2}&=\frac{1}{\Delta_{2(y)}}(Z_{S2}Z_{T2}+Z_{l2}Z_{\Sigma2}-\alpha Z_{l2}Z_{\Sigma2})\dot{n}_{2k}\dot{U}_k+\frac{1}{\Delta_{2(y)}}(Z_{R2}Z_{S2})\dot{n}_{2p}\dot{U}_p\\ &=\frac{1}{\Delta_{2(y)}|Y|}\left\{(Z_{S2}Z_{T2}+Z_{l2}Z_{\Sigma2}-\alpha Z_{l2}Z_{\Sigma2})\dot{n}_{2k}\left[\frac{1}{\dot{n}_{1p}}Y_{kp}\dot{I}_{p(y)}-\frac{1}{\dot{n}_{1k}}Y_{pp}\dot{I}_{k(y)}\right]\right.\\ &\quad\left.+(Z_{R2}Z_{S2})\dot{n}_{2p}\left[-\frac{1}{\dot{n}_{1p}}Y_{kk}\dot{I}_{p(y)}+\frac{1}{\dot{n}_{1k}}Y_{pk}\dot{I}_{k(y)}\right]\right\}\end{aligned}\tag{22}$$

故

$$\begin{aligned}\Delta_{2(y)}|Y|\dot{I}_{R2}=&\{(Z_{S2}Z_{T2}+Z_{l2}Z_{\Sigma2}-\alpha Z_{l2}Z_{\Sigma2})[\dot{n}_{2k}Y_{kp}(-Y_{pk(1)})+\dot{n}_{1k}Y_{pp}Y_{kk(1)}]\\ &+(Z_{R2}Z_{S2})[Y_{kk}Y_{pk(1)}-\dot{n}_{2k}Y_{pk}Y_{kk(1)}]\}\dot{E}_{k(d)}\\ &+\{(Z_{S2}Z_{T2}+Z_{l2}Z_{\Sigma2}-\alpha Z_{l2}Z_{\Sigma2})[\dot{n}_{2k}Y_{kp}]+(Z_{R2}Z_{S2})[-Y_{kk}]\}\dot{I}_{p(d)}\\ =&\left\{(Z_{S2}Z_{T2}+Z_{l2}Z_{\Sigma2}-\alpha Z_{l2}Z_{\Sigma2})\left[\left(\dot{n}_{1k}\frac{Z_{R1}Z_{T1}+\alpha Z_{l1}Z_{\Sigma1}}{\Delta_{1(y)}}+\frac{Z_{R2}Z_{T2}+\alpha Z_{l2}Z_{\Sigma2}}{\Delta_{2(y)}}\right)\right.\right.\\ &\left(\frac{-Z_{R1}Z_{T1}-\alpha Z_{l1}Z_{\Sigma1}}{\Delta_{1(y)}}\right)+\dot{n}_{1k}\left(\frac{-Z_{R1}Z_{S1}-Z_{R1}Z_{T1}-\alpha Z_{l1}Z_{\Sigma1}}{\Delta_{1(y)}}\right.\\ &\left.\left.+\frac{-Z_{R2}Z_{S2}-Z_{R2}Z_{T2}-\alpha Z_{l2}Z_{\Sigma2}}{\Delta_{2(y)}}+\frac{Z_{\Sigma0}}{\Delta_{0(d)}}\right)\left(\frac{-\Delta_{1(d)}}{\Delta_{1(y)}}\right)\right]+(Z_{R2}Z_{S2})\left[\left(\frac{-\Delta_{2(d)}}{\Delta_{2(y)}}\right)\right.\\ &\left.\left.\left(\frac{Z_{R1}Z_{T1}+\alpha Z_{l1}Z_{\Sigma1}}{\Delta_{1(y)}}\right)-\left(\dot{n}_{1k}\frac{Z_{R2}Z_{T2}+\alpha Z_{l2}Z_{\Sigma2}}{\Delta_{2(y)}}\right)\left(\frac{-\Delta_{1(d)}}{\Delta_{1(y)}}\right)\right]\right\}\dot{E}_{k(d)}\\ &+\left\{(Z_{S2}Z_{T2}+Z_{l2}Z_{\Sigma2}-\alpha Z_{l2}Z_{\Sigma2})\left[\dot{n}_{1k}\frac{Z_{R1}Z_{T1}+\alpha Z_{l1}Z_{\Sigma1}}{\Delta_{1(y)}}+\frac{Z_{R2}Z_{T2}+\alpha Z_{l2}Z_{\Sigma2}}{\Delta_{2(y)}}\right]\right.\\ &\left.+(Z_{R2}Z_{S2})\left[\frac{-\Delta_{1(d)}}{\Delta_{1(y)}}-\frac{-\Delta_{2(d)}}{\Delta_{2(y)}}\right]\right\}\dot{I}_{p(d)}\end{aligned}\tag{23}$$

$$\dot{I}_{S2}=\frac{1}{\Delta_{2(y)}}\{(Z_{R2}Z_{T2}+\alpha Z_{l2}Z_{\Sigma2})\dot{n}_{2k}\dot{U}_k+(-Z_{R2}Z_{S2}-Z_{R2}Z_{T2}-\alpha Z_{l2}Z_{\Sigma2})\dot{n}_{2p}\dot{U}_p\}\tag{24}$$

$$\begin{aligned}\Delta_{2(y)}|Y|\dot{I}_{S2}=&\{(Z_{R2}Z_{T2}+\alpha Z_{l2}Z_{\Sigma2})[\dot{n}_{2k}Y_{kp}(-Y_{pk(1)})+\dot{n}_{1k}Y_{pp}Y_{kk(1)}]+(-Z_{R2}Z_{S2}-\\ &Z_{R2}Z_{T2}-\alpha Z_{l2}Z_{\Sigma2})(Y_{kk}Y_{pk(1)}-\dot{n}_{2k}Y_{pk}Y_{kk(1)})\}\dot{E}_{k(d)}+\{(Z_{R2}Z_{T2}+\alpha Z_{l2}\\ &Z_{\Sigma2})[\dot{n}_{2k}Y_{kp}]+(-Z_{R2}Z_{S2}-Z_{R2}Z_{T2}-\alpha Z_{l2}Z_{\Sigma2})(-Y_{kk})\}\dot{I}_{p(d)}\end{aligned}\tag{25}$$

式(25)中[ ]内的各值与式(23)相同,兹不重新细写。

4 纵向电压补偿

过去很多分析证明,在$P^{(1)}K^{(1)}$时,两侧负序电流的相位可能差180°。从式(1)、式(2)分析可知,当$I_{p(d)}=0$时,$\dot{I}_k$与$\dot{U}_p$的相量关系由D_{pk}及D_{pp}决定。D_{pk}的量纲为$1/\Omega$,D_{pp}为负实数(俱设$Z=\mathrm{j}x$),因此$\dot{I}_k$落后$\dot{U}_p$ 90°,如图6所示。由$\dot{I}_k$及$\dot{U}_p$产生的分布于线路两端的负序电流的相量关系亦示于图6。由图可见,在R侧,由$\dot{I}_k$及$\dot{U}_p$产生的电流接近同相;在S侧,则二者相位相反。如$|\dot{I}_{S2(u)}|>|\dot{I}_{S2(i)}|$,则$I_{R2}$与$I_{S2}$反

向，因此自然产生这样的想法，如在断线侧加进一补偿电流，令此电流由$\dot{U}_{p2}$在一特设的阻抗上产生，其方向与$\dot{I}_{S2(u)}$相反，则补偿后R及S两侧的电流$\dot{I}_{R2}$及$\dot{I}_{S2(k)}$的相量仍能保持接近同相。

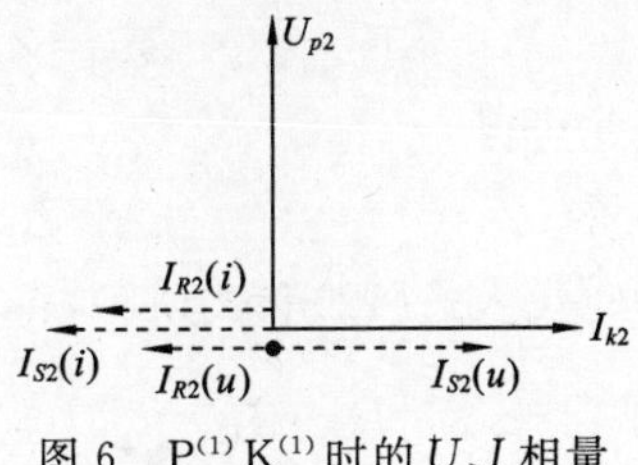

图6 $P^{(1)}K^{(1)}$时的U、I相量

$P^{(1)}K^{(2)}$时的影响可从式(15)进行研究。将式(21)代入式(15)可得

$$\left.\begin{aligned}\dot{U}_k&=\left(-\frac{1}{\dot{n}_{1p}}\frac{Y_{kp}Y_{pk(1)}}{|Y|}+\frac{1}{\dot{n}_{1k}}\frac{Y_{pp}Y_{kk(1)}}{|Y|}\right)\dot{E}_{k(d)}+\frac{1}{\dot{n}_{1p}}Y_{kp}\dot{I}_{p(d)}\\ \dot{U}_p&=\left(\frac{1}{\dot{n}_{1p}}\frac{Y_{kk}Y_{pk(1)}}{|Y|}-\frac{1}{\dot{n}_{1k}}\frac{Y_{pk}Y_{kk(1)}}{|Y|}\right)\dot{E}_{k(d)}-\frac{1}{\dot{n}_{1p}}Y_{kk}\dot{I}_{p(d)}\end{aligned}\right\}\tag{26}$$

设$\dot{I}_{p(d)}=0$，考查$\dot{E}_{k(d)}$的系数，因Y_{kp}与Y_{kk}反向，Y_{pp}与Y_{pk}反向，如$\dot{n}_{1k}=1$时，则$\dot{U}_k$与$\dot{U}_p$同向，如$\dot{n}_{1k}\neq 1$，则$\dot{U}_k$与$\dot{U}_p$间可能存在一角度差，其大小取决于$\dot{n}_{1p}$项与$\dot{n}_{1k}$项系数的数值差，一般相差不大。当二者较接近时，$\dot{U}_p$的作用在R侧是同向增加，在S侧则反向，由于$\dot{U}_p$的作用，可能使R及S侧间负序电流相位相差很大的角度。如采用纵向序电压补偿，则可改善两侧相位差特性。

从式(4)可得，要补偿掉$\dot{U}_p$所产生的电流分量需加进$\dfrac{-Z_{\Sigma 2}U_{p2}}{\Delta_{2(d)}}$的补偿电流，在单回线时则为在$(Z_{l2}+Z_{R2}+Z_{S2})$上产生的电流。为保证补偿的效果，宜用过补偿，即可用最大运行方式时的最小系统阻抗数值。

实现纵向电压补偿的必要条件为取得断线点两侧的电压，这只对开关外侧、内侧同时有电压互感器时才能实现，此外对串联补偿电容装于变电所内时也能实现，但补偿值应另外计算。

如所用补偿阻抗为Z_k，则只要将式(13)以$Z_{\Sigma 2}$为系数的项改以$\left(Z_{\Sigma 2}-\dfrac{\Delta_{2(d)}}{Z_k}\right)$为系数即可解得补偿后加进保护装置的电流$\dot{I}_{S2(k)}$的计算式。对式(25)则将$(-Z_{R2}Z_{S2}-Z_{R2}Z_{T2}-\alpha_2 Z_{l2}Z_{\Sigma 2})$改为$\left(-Z_{R2}Z_{S2}-Z_{R2}Z_{T2}-\alpha Z_{l2}Z_{\Sigma 2}-\dfrac{\Delta_{2(y)}}{Z_k}\right)$即可。

5 实例计算

计算的实例所取参数是按远距离输电考虑的，约与文献[3]所采情况相当以便校核。所有参数取相对值整数，以便于计算。此时，送自然功率时的相对电流约为0.25。计算时取负荷电流自0→0.3。

下面两个算例的参数都是相同的，以便比较。一个是$P^{(1)}K^{(1)}$的情况，第二个则是$P^{(1)}K^{(1)}$的情况。其中对$P^{(A)}K^{(A)}$、$P^{(A)}K^{(AB)}$及$P^{(A)}K^{(CA)}$三种情况作了较详细的计算。

实例计算之一($P^{(1)}K^{(1)}$)：所有参数采取相对值，取正序阻抗等于负序阻抗。忽略电阻和分布电容，令

$$Z_{S1}=Z_{S2}=Z_{R1}=Z_{R2}=\mathrm{j}1,\quad Z_{l1}=Z_{l2}=Z_{T1}=Z_{T2}=\mathrm{j}2$$

$$Z_{S0}=Z_{R0}=\mathrm{j}1,\quad Z_{l1}=Z_{T0}=\mathrm{j}6,\quad Z_{m0}=\mathrm{j}2$$

依此可得
$$Z_{\Sigma1}=Z_{\Sigma2}=\mathrm{j}4,\quad Z_{\Sigma0}=\mathrm{j}8$$

并得
$$\Delta_{1(d)}=\Delta_{2(d)}=\mathrm{j}12,\quad \Delta_{0(d)}=\mathrm{j}48$$

以此代入式(12)和式(13)，得

$$\begin{aligned}-\Delta_{2(d)}|D|\cdot\dot{I}_{R2}=&\Big\{(10-8\alpha)\Big[\Big(\frac{2}{12}+\frac{8}{12}\alpha\Big)(\dot{n}_{1k}+1)+\dot{n}_{2k}\Big(\frac{1}{12}+\frac{10}{12\alpha}\Big)\Big]\\&-4\Big(\frac{26}{12}+\frac{88}{12}\alpha-\frac{88}{12}\alpha^2\Big)\Big\}\dot{I}_{p(d)}-\mathrm{j}\Big\{\dot{n}_{1k}(-10+8\alpha)\Big(\frac{10}{12}\Big)\\&+4\Big[\frac{-2-8\alpha}{12}(\dot{n}_{1k}+1)+\dot{n}_{2k}\frac{-1-10\alpha}{12}\Big]\Big\}\dot{E}_{k(d)}-\Delta_{2(d)}|D|\dot{I}_{S2}\end{aligned}$$

$$\begin{aligned}-\Delta_{2(d)}|D|\cdot I_{S2}=&\Big\{(2+8\alpha)\Big[\Big(\frac{2}{12}+\frac{8}{12}\alpha\Big)(\dot{n}_{1k}+1)+\dot{n}_{2k}\Big(\frac{1}{12}+\frac{10}{12}\alpha\Big)\Big]\\&+4\Big(\frac{26}{12}+\frac{88}{12}\alpha-\frac{88}{12}\alpha^2\Big)\Big\}\dot{I}_{p(d)}-\mathrm{j}\Big\{\dot{n}_{1k}(-2-8\alpha)\Big(\frac{10}{12}\Big)\\&-4\Big[\frac{-2-8\alpha}{12}(\dot{n}_{1k}+1)+\dot{n}_{2k}\frac{-1-10\alpha}{12}\Big]\Big\}\dot{E}_{k(d)}\end{aligned}$$

这里仅研究 $P^{(A)}K^{(A)}$ 的情况。此时 $\dot{n}_{1k}=\dot{n}_{2k}=1$，计算 $\alpha=0,0.5,1$ 三点。

当 $\alpha=0$ 时，

$$K_{d(0)}\dot{I}_{R2}=-\frac{54}{12}\dot{I}_{p(d)}+\mathrm{j}\,\frac{120}{12}\dot{E}_{k(d)},\quad K_{d(0)}\dot{I}_{S2}=\frac{114}{12}\dot{I}_{p(d)}$$

当 $\alpha=0.5$ 时，

$$K_{d(0.5)}\dot{I}_{R2}=-\frac{84}{12}\dot{I}_{p(d)}+\mathrm{j}\,\frac{132}{12}\dot{E}_{k(d)}$$

$$K_{d(0.5)}\dot{I}_{S2}=\frac{300}{12}\dot{I}_{p(d)}-\mathrm{j}\,\frac{12}{12}\dot{E}_{k(d)}$$

当 $\alpha=1$ 时，

$$K_{d(1)}\dot{I}_{R2}=-\frac{42}{12}\dot{I}_{p(d)}+\mathrm{j}\,\frac{144}{12}\dot{E}_{k(d)}$$

$$K_{d(1)}\dot{I}_{S2}=\frac{414}{12}\dot{I}_{p(d)}-\mathrm{j}\,\frac{24}{12}\dot{E}_{k(d)}$$

采用纵向断线电压补偿，即在断相侧加进$\dfrac{-\dot{n}_{2p}\dot{U}_pZ_{\Sigma2}}{\Delta_{2(d)}}$的补偿电流，此时$\dot{U}_{2p}$所产生的分量被完全补偿掉，故 D_{kp} 及 D_{pp} 项变为零，得当 $\alpha=0$ 时，

$$K_{d(0)}\cdot\dot{I}_{S2(k)}=\frac{10}{12}\dot{I}_{p(d)}+\mathrm{j}\,\frac{20}{12}\dot{E}_{k(d)}$$

当 $\alpha=0.5$ 时，

$$K_{d(0.5)}\cdot\dot{I}_{S2(k)}=\frac{108}{12}\dot{I}_{p(d)}+\mathrm{j}\,\frac{60}{12}\dot{E}_{k(d)}$$

当 $\alpha=1$ 时，

$$K_{d(1)}\cdot \dot I_{S2(k)}=\frac{310}{12}\dot I_{p(d)}+\mathrm{j}\,\frac{100}{12}\dot E_{k(d)}$$

实例计算之二($\mathrm{P}^{(1)}\mathrm{K}^{(2)}$)：

$$\begin{aligned}\Delta_{1(y)}=\Delta_{2(y)}&=\mathrm{j}\{[1\times 2+2(1+2)]\times 1+[2\times 4-(1-1)\times 2]2\alpha-2^2\times 4\alpha^2\}\\&=\mathrm{j}(8+16\alpha-16\alpha^2)\end{aligned}$$

代入式(23)及式(25)得

$$\begin{aligned}\Delta_{2(y)}|Y|\dot I_{R2}=&\left\{(10-8\alpha)\left[-(\dot n_{1k}+1)\left(\frac{2+8\alpha}{8+16\alpha-16\alpha^2}\right)^2\right.\right.\\&+\dot n_{1k}\left.\left(\frac{6+16\alpha}{8+16\alpha-16\alpha^2}+\frac{1}{6}\right)\left(\frac{12}{8+16\alpha-16\alpha^2}\right)\right]\\&\left.+1\times\left[\left(\frac{-12}{8+16\alpha-16\alpha^2}\right)\left(\frac{2+8\alpha}{8+16\alpha-16\alpha^2}\right)(1-\dot n_{1k})\right]\right\}\dot E_{k(d)}\\&-\mathrm{j}\left\{(10-8\alpha)\left[(\dot n_{1k}+1)\frac{2+8\alpha}{8+16\alpha-16\alpha^2}\right]+1\times\left[\frac{-12\times 2}{8+16\alpha-16\alpha^2}\right]\right\}\dot I_{p(d)}\end{aligned}$$

$$\begin{aligned}\Delta_{2(y)}|Y|\dot I_{S2}=&\left\{(2+8\alpha)\left[-(\dot n_{1k}+1)\left(\frac{2+8\alpha}{8+16\alpha-16\alpha^2}\right)^2\right.\right.\\&+\dot n_{1k}\left.\left(\frac{6+16\alpha}{8+16\alpha-16\alpha^2}+\frac{1}{6}\right)\left(\frac{12}{8+16-16\alpha^2}\right)\right]\\&\left.+(-3-8\alpha)\left[\left(\frac{-12}{8+16\alpha-16\alpha^2}\right)\left(\frac{2+8\alpha}{8+16\alpha-16\alpha^2}\right)(1-\dot n_{1k})\right]\right\}\dot E_{k(d)}\\&-\mathrm{j}\left\{(10+8\alpha)\left[(\dot n_{1k}+1)\frac{2+8\alpha}{8+16\alpha-16\alpha^2}\right]\right.\\&\left.+(-3-8\alpha)\left[\frac{12\times 2}{8+16\alpha-16\alpha^2}\right]\right\}\cdot\dot I_{p(d)}\end{aligned}$$

当 $\alpha=0$ 时，

$$K_{y(0)}\dot I_{R2}=\left(-1+\frac{27}{2}\dot n_{1k}\right)\dot E_{k(d)}-\mathrm{j}\left(\frac{11}{2}+\frac{5}{2}\dot n_{1k}\right)\dot I_{p(d)}$$

$$K_{y(0)}I_{S2}=\left(1+\frac{3}{2}\dot n_{1k}\right)\dot E_{k(d)}-\mathrm{j}\left(-\frac{17}{2}+\frac{1}{2}\dot n_{1k}\right)\dot I_{p(d)}$$

当 $\alpha=0.5$ 时，

$$K_{y(0.5)}\dot I_{R2}=(-2+6\dot n_{1k})\dot E_{k(d)}-\mathrm{j}(5+3\dot n_{1k})\dot I_{p(d)}$$
$$K_{y(0.5)}\dot I_{S2}=(2+3\dot n_{1k})\dot E_{k(d)}-\mathrm{j}(-11+3\dot n_{1k})\dot I_{p(d)}$$

当 $\alpha=1$ 时，

$$K_{y(1)}\dot I_{R2}=\left(-5+\frac{15}{2}\dot n_{1k}\right)\dot E_{k(d)}-\mathrm{j}\left(\frac{11}{2}+\frac{5}{2}\dot n_{1k}\right)\dot I_{p(d)}$$

$$K_{y(1)}\dot I_{S2}=\left(5+\frac{15}{2}\dot n_{1k}\right)\dot E_{k(d)}-\mathrm{j}\left(-\frac{41}{2}+\frac{25}{2}\dot n_{1k}\right)\dot I_{p(d)}$$

补偿后 $\alpha=0$ 时，

$$K_{y(0)}\dot I_{S2(k)}=\frac{5}{2}\dot n_{1k}\dot E_{k(d)}-\mathrm{j}\left(-\frac{1}{2}+\frac{1}{2}\dot n_{1k}\right)\dot I_{p(d)}$$

$\alpha=0.5$ 时，

$$K_{y(0.5)}\dot{I}_{S2(k)}=5\dot{n}_{1k}\dot{E}_{k(d)}-\mathrm{j}\{-3+3\dot{n}_{1k}\}\dot{I}_{p(d)}$$

$\alpha=1$ 时，

$$K_{y(1)}\dot{I}_{S2(k)}=\frac{25}{2}\dot{n}_{1k}\dot{E}_{k(p)}-\mathrm{j}\left(-\frac{25}{2}+\frac{25}{2}\dot{n}_{1k}\right)\dot{I}_{p(d)}$$

6 对结果的分析

这个分析是同时考察幅-相差动高频保护和带纵向电压补偿的相差高频保护在非全相情况下内部短路时的动作性能的。

从上面分析结果可以得出以下结论。

(1) 单独使用 I_2 分量的幅值比较或相差动式高频保护都不能满足非全相情况下内部短路时对量测元件提出的灵敏度的要求。

(2) 幅-相差动高频保护不能满足 $P^{(1)}K^{(1)}$ 时对灵敏度的要求，而 $P^{(1)}K^{(1)}$ 是单相自动重合闸最易遇到的情况。此外，幅值比较部分的高频通道较现行的收发讯机复杂。

(3) 纵向电压补偿式相差高频保护能很好改善内部短路时的相位特性，能满足 $P^{(1)}K^{(1)}$ 及 $P^{(1)}K^{(2)}$ 时的要求，从保护部分来说是比较简单的。但是最大的缺点是要求开关的线路侧应装有电压互感器，而且开关的母线侧也要有电压互感器(或经变压器后有电压互感器)，这在一般情况下在经济上是不很合适的，但在特殊的情况下则是有可能的。我国有些线路在开关两侧都有电压互感器。

(4) 实例计算的结果与文献[3]的相似。差别在于这里多考虑了双回线间的互感，和 $\dot{E}_{k(d)}$ 与 $\dot{I}_{p(d)}$ 间的相位差，后一情况在文献[3]假设为 0。在一般情况下这两因素影响不大，但在临界情况下，这一不大的误差却有很重要的意义。

(5) 当 Z_R 增大，Z_S 减少，即断相侧阻抗减小，非断相侧阻抗加大，$P^{(A)}K^{(A)}$ 时电流比值会减小，相位差更趋于 180°，此时，断线电压补偿的作用也更大。

(6) 按相近的原理，电容器设在变电所出口的串联电容补偿所产生的纵向不对称电压有可能用补偿原理以克服由它产生的灵敏度不足。

(7) 有些情况下，两侧电流幅值比很大，但此时实质是断线侧电流很少，此侧保护可能不动，但能相继动作。

(8) 有待于在我院的电力系统静态模拟上进行模拟试验以检验上述结果的正确性。

参考文献

[1] 瓦文. 相位比较式高频保护(内部资料).

[2] Г. И. Атабеков. Теоретические Основы Редейной Защиты Высоковольтных Сетей，1957.

[3] 贺家李. 650～750 千伏输电线高频幅相差动保护某些问题的研究，1961.

[4] Чернин. Короткие Замыкания Прн неполнофазных Режимах Электрических Систем，1952.

附表 比幅-相差特性算例结果

（考虑 $\dot{E}_{k(p)}$ 与 $\dot{I}_{p(p)}$ 间相位差）

故障点 负荷值	α=0							α=0.5							α=1							是否满足要求		
负荷值 补偿情况	−0.3	−0.2	−0.1	0	0.1	0.2	0.3	−0.3	−0.2	−0.1	0	0.1	0.2	0.3	−0.3	−0.2	−0.1	0	0.1	0.2	0.3	比幅	相差	幅相
无 $P^{(A)}K^{(A)}$	−90° 3.45	−89.5° 5.23	−90° 10.6	∞	−90° 10.6	89.5° 5.23	90° 3.45	−108.5° 1.39	−109° 2.18	−116° 4.90	180° 11	116° 4.09	109° 2.18	108.5° 1.39	−114° 1.12	−114° 1.64	−124° 2.95	180° 6	124° 2.95	114° 1.64	114° 1.12	×	×	×
无 $P^{(A)}K^{(AB)}$	−26° 3.25	−33° 4.2	−38° 6.35	−44° 31	−43° 31	121° 27.3	120° 10.8	−54° 0.9	−54.5° 1.22	−55.5° 1.7	−57° 2.7	−57° 5.5	−102° 67	125° 7.1	−87° 0.69	−78° 0.85	−72° 1.12	−64° 1.66	−61° 3.07	−64° 14.4	1.43° 5.35	×	×	√
有 $P^{(A)}K^{(A)}$	−16.6° 5.6	−10.8° 5.82	−5.8° 5.95	0° 6	5.8° 5.95	10.8° 58.2	16.6° 5.6	−16° 6.05	−11.2° 6.05	−5° 6.05	0° 2.2	5° 6.05	11.2° 6.05	16° 6.05	−52° 1.16	−36.5° 128	−19° 1.37	0° 1.44	19° 1.37	36° 1.28	52° 11.6	×	√	√
有 $P^{(A)}K^{(AB)}$	−7 4.7	−5.5 5	−4.5 5.35	−4 5.6	−3 5.8	0 6	3 6.1	−2.8 1.02	−24 1.16	−19 1.3	−12 1.45	7 1.61	−2 1.78	4 1.92	−54 0.65	−42 0.7	−33 0.78	−24 0.87	−13.5 1	−4 1.17	7.5 1.39	×	√	√

注：表中下面数字为幅值比，上面为相位差。幅值比大于 2 或小于 0.5，相位差大于 255°或小于 105°时满足要求（考虑裕度为 15°，闭锁角为 60°）。

3.7 虚拟三次谐波制动式变压器差动保护①——原理与实践

1 前言

几十年来,变压器内部故障的保护主要依靠谐波(特别是二次谐波)制动的差动保护,这方面积累了丰富的运行经验,人们对它既依赖,又越来越感到不足。对它依赖,是因为在正确使用的情况下,在原理上它有足够的经过长期考验的安全性,可以满足运行的要求。感到不足,是因为变压器的容量越来越大,工作所在电网的电压越来越高,对安全性要求越来越高,要求采用不同原理的双重化配置。另一方面,二次谐波制动的变压器差动保护的动作速度也越来越满足不了大容量变压器的要求。

为了解决上述矛盾,继电保护工作者长期以来前仆后继,提出了各种各样的方案。其中,有一些得到了一定范围的应用,在 20 世纪 70—80 年代,我国王祖光等提出的间断角保护便是一例。

我们曾为我国的 500 kV 电力系统研制了 WBZ-500 型的大型变压器保护装置,已在我国得到了很好的应用,它是基于二次谐波制动原理的。本文主要讨论我们近来提出的新原理方案,希望能更好地满足大型变电器保护的要求。

2 "奇对称"与"偶对称"

为了更好地说明虚拟三次谐波制动的原理,这里先简单地回顾一下正弦波基波与奇次谐波叠加时的特征,和基波与偶次谐波叠加时的特征。

设正弦基波电流为

$$i_1 = I_1 \sin(\omega_1 t), \quad \omega_1 \text{ 为基波角频率} \tag{1}$$

则奇次谐波为

$$i_{o,n} = I_{o,n} \sin[(2n+1)\omega_1 t], \quad n=1,2,3,\cdots \tag{2}$$

偶次谐波为

$$i_{e,n} = I_{e,n} \sin[(2n)\omega_1 t], \quad n=1,2,3,\cdots \tag{3}$$

为简化分析,这里暂设初相角为 0°,这不会影响后面分析的结论。

当考查波形的基波前半周与后半周的关系时,有

$$I_1 \sin(\omega_1 t) = -I_1 \sin(\omega_1 t + \pi) = -I_1 \sin\left[\omega_1\left(t+\frac{T}{2}\right)\right] \tag{4}$$

$$I_{o,n} \sin[(2n+1)\omega_1 t] = -I_{o,n} \sin\left[(2n+1)\omega_1\left(t+\frac{T}{2}\right)\right] \tag{5}$$

这表示,基波及奇次谐波在基频前半波的波形与后半波波形存在平移$\frac{T}{2}$并反号后相

① 本方案已申报中国国家专利,发明专利公报:1998 年 14 卷第 29 期。

等的关系。为简单叙述方便，这里把这种关系称为“奇对称”。

对偶次谐波作类似处理，前半周与后半周关系有

$$I_{e,n}\sin(2n\omega_1 t)=I_{e,n}\sin\left[2n\omega_1\left(t+\frac{T}{2}\right)\right] \tag{6}$$

与奇次谐波的不同点在于平移$\frac{T}{2}$后并不需要反号，但二者相等。同样这里把这种关系称为“偶对称”。

下面讨论奇次谐波与基波混合（相加）后的情况。

将式(4)与式(5)相加，得

$$\begin{aligned}&I_1\sin(\omega_1 t)+I_{o,n}\sin[(2n+1)\omega_1 t]\\&=-\left\{I_1\sin\left[\omega_1\left(t+\frac{T}{2}\right)\right]+I_{o,n}\sin\left[(2n+1)\omega_1\left(t+\frac{T}{2}\right)\right]\right\}\end{aligned}$$

其结果仍符合平移$\frac{T}{2}$后变号的关系，即是说，基波与奇次谐波混合相加后仍为“奇对称”。

将式(4)与式(6)相加，得

$$I_1\sin(\omega_1 t)+I_{e,n}\sin(2n\omega_1 t)=-I_1\sin\left[\omega_1\left(t+\frac{T}{2}\right)\right]+I_{e,n}\sin\left[2n\omega_1\left(t+\frac{T}{2}\right)\right]$$

此等式右侧两项异号。可见，基波与偶次谐波混合相加后，既非“奇对称”，也非“偶对称”，即前半周与后半周不对称。

由上述分析可以得出以下几点结论。

(1) 一个基频周期信号如果是“奇对称”的，即前后半周平移并反号后相等的，则此信号仅含有基波和奇次谐波，不含偶次谐波。

(2) 一个基频周期信号如果是“偶对称”的，则此信号仅含有偶次谐波，不含基波及奇次谐波。

(3) 如果信号前后半周不对称，即既非“奇对称”，又非“偶对称”，则此信号包含有基波、奇次谐波和偶次谐波。至于基波、奇次谐波、偶次谐波的含量比例，则视此信号是接近“奇对称”特性与否。越靠近“奇对称”，则奇次谐波含量越高，偶次谐波含量越小。

3 变压器励磁涌流波形的特征与差动保护的对策

由于变压器铁芯磁化特性的非线性，剩磁和空载合闸时电压的初相角等因素的影响，初始合闸时的暂态电流——励磁涌流，呈现严重的非线性变形，远远偏离电压的正弦形特征，典型的励磁涌流波形显示出明显的非对称性。因此，此类电流波形包含基波及各种高次谐波。由于尖脉冲涌流波形远离“奇对称”性，其中的偶次谐波远高于奇次谐波。所以，变压器保护从早期[1]的谐波制动很快便转为二次谐波制动[2]。

多年来，二次谐波制动的变压器差动保护，在国内外占了主导地位，积累了丰富的运行经验，对它的优点和问题也研究得相当透彻。

二次谐波制动的变压器差动保护的主要生命力在于存在一个谐波比 $m_{r,2}$（一般为 0.15～0.2）。在绝大多数情况下，它能够区分是励磁涌流，抑或是内部短路电流，但它的完善还有赖于很好地克服它的不足。第一个问题就是 Y_0/Δ 接线的三相电力变压器常会出现所谓“对称性”谐波，由于在 Y_0 侧的 CT 二次电流流向差动回路是两相电流之差，两相涌流可能延迟 120°出现，当这两相电流幅值相近时，易使得综合差流近似对称。而这种对称接近于“奇对称”。因此，其偶次谐波含量较少。此时如用按相制动则可能会误动作。为此，一般不用按相制动，而用三相综合制动。问题是如何综合。有用最大谐波比制动的，但在空载合上带匝间短路的变压器时，非故障相的励磁涌流将会使保护闭锁，直至涌流衰减足够时，才能将故障变压器切除。结果，在最严重情况下可能使故障变压器延迟至 0.265″[5]才能切除，使变压器严重扩大故障范围。这在高电压大容量变压器是不允许的，折中的办法是用最大二次谐波相与最大基波相计算谐波比，这样，仍会因非故障相谐波致使保护延迟跳闸，但试验对比说明，在同样情况下，最大延迟时间将小于 0.057″[5]。

第二个问题是变压器外部存在电容（例如长线分布电容、无功补偿电容）时发生内部短路。此时谐振的原因会产生各种谐波分量。当其中的二次谐波分量的比重足够大时，保护被制动，直至此谐波分量衰减足够，才能开放保护[3][4]。这种延时，可达 0.1″～0.2″，对变压器同样构成不利的影响。为此，也研制出一些对策，如电压控制式二次谐波制动保护[4][9]等。

除二次谐波制动式变压器差动保护外，在我国还有称作间断角制动原理的变压器差动保护[6][11]。此外，还有利用前半周和后半周波形不对称的原理[7][8][10]等，因与本文关系不大，这里不赘述。

4 “虚拟三次谐波”制动原理与实现

本文提出的“虚拟三次谐波”制动的方案利用励磁涌流中信息量最为丰富的以尖脉冲为中心的半周波形作为一个周波信息的前半周，并利用“平移”、“变号”原则虚拟构成后半周信息，前后合起来构成一个完整的周波信息。这一合成信号符合“奇对称”原则。所以它只含基波和奇次谐波，不含偶次谐波。

这一虚拟合成信号不仅在单侧尖脉冲涌流（见图 1(a)）时含有丰富的三次谐波分量，在“对称性涌流”（见图 1(b)）时，也含有比较多的三次谐波分量。这可以避免二次谐波制动原理在这种合闸情况下，由于有一相谐波比过低而引起保护误动。

此外，更重要的一点是这种方案仅用工频半周期信息，可使算法要求的信号窗口大大缩短，从而大大加快了保护的动作速度，保护在故障后半个周波加一个采样点的时间（10～12 ms），即可发出跳闸脉冲，加上出口继电器动作时间，约 15 ms 即可跳闸。

“虚拟三次谐波”制动的变压器差动保护，仅在计算机继电保护中才易于实现，要在模拟式保护中实现则非常困难。

上述原理在实现时，算法非常简单，实际上相当于用半周傅里叶算法计算基波及三次谐波即可，但在具体付诸实用时，尚有一些问题需要解决。

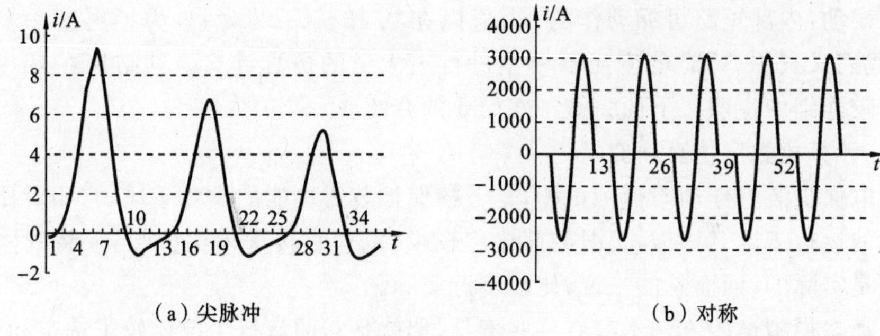

图1 涌流波形

1）直流分量影响问题

一个恒定直流量用上述虚拟方法，即平移反号产生后半周信号时，会形成一方块波周期函数。作频谱分解时，其中含有基波和三次谐波，方块波中的基波与尖脉冲波中的基波是同相的，但二者的三次谐波是反相的，如在尖脉冲波的下面叠加一个非周期分量时，谐波比会下降，不利于整个保护判据的应用。这种情况在运行中有可能存在。例如，在特大型变压器有些涌流波形全部处于时间轴的一侧（所谓“不过零”），即相当于在尖脉冲波上叠加一直流分量，为了克服这一不利影响，在实用中宜先采取一定措施处理直流分量问题。

2）“数据窗”位置的影响

对一个涌流信号，用半工频周期的数据窗截取后进行拟合时，所得的基波及三次谐波的比值，将与这个数据窗在信号上的前后位置（相位）情况有关。因此，从故障后第一半波的信息得出的谐波比并不一定是最佳的。可能将数据窗后移 1～2 个采样点会得到更高的谐波比。

在实际应用时，有几种方案可供选择。

(1) 连续重复计算 2～3 次，每次将数据窗后移一个采样点，取其中谐波比最大值，这种方案的主要问题是影响保护动作速度，也增大计算量。

(2) 三相谐波比都计算，取其大者。这种方案最大问题是在内部故障时，非故障相差电流很小，可能出现虚假谐波比，误将保护闭锁一段时间。

(3) 在三相中取最大基波分量与最大三次谐波分量，计算此综合的谐波比。试验和分析表明，这一方案比较可行，既可以保证高速度，又可保证在空投健全变压器时不会误动。但这一方案仍稍为影响一些灵敏度，即在投入空载变压器同时带有很轻微的匝间短路时，保护可能被闭锁。为此，我们采用了一些虽稍慢但更灵敏的措施帮助。

3）临界谐波比 m_3

对运行经验很成熟的二次谐波制动的变压器差动保护来说，其临界谐波比 m_2 一般设定为 0.15～0.2，更多地采用 0.16～0.177[6]。但对虚拟三次谐波制动来说，其制动比 m_3 必须另外专门研究。

作者对动态模拟试验的多次空载合闸试验数据进行分析，认为要可靠保证空载合闸不误动，内部短路可靠动作的 m_3 值以在 0.16～0.22 为宜，为了更进一步充分论证，我们又利用 ATP 的变压器模型进行了大量的仿真计算。其结果在另一篇文章中作较详细的说明。下面先做一些简要的介绍。

5 计算机数字仿真研究

继电保护装置作动态模拟试验，是考核保护装置性能的重要手段，它相对比较接近实际的运行工况。这样，工况的简化比较少，电量直接送入保护装置，装置内部的状态也是实际的，因而总的来说，比较接近实际。

但动态模拟试验方法本身有一些不足，那就是它的运行工况比较难选定和受控。为此，本文除动模试验之外，还作了大量的数字仿真。在变压器的数字仿真试验时，考虑了不同的合闸角、剩磁和饱和倍数。然后对所得的各个仿真曲线，用虚拟三次谐波方法分析其三次谐波含量和比例。

图 2 是仿真励磁涌流的一例，是在 A 相剩磁为 0.7，B 相剩磁为－0.7，C 相剩磁为－0.7，A 相电压合闸角为 30°，饱和磁通为工作磁通 1.4 倍时的情况。

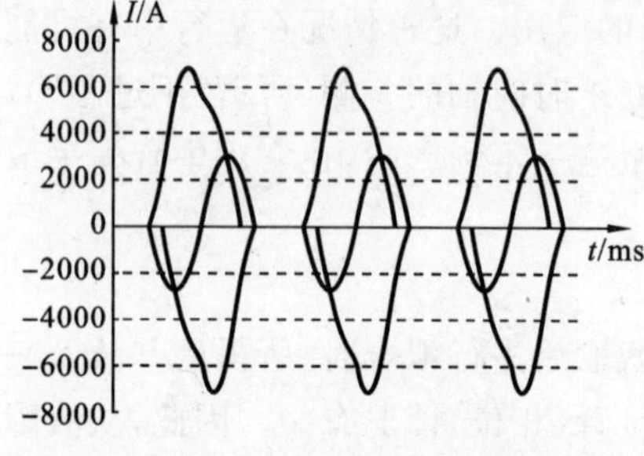

图 2 仿真的励磁涌流

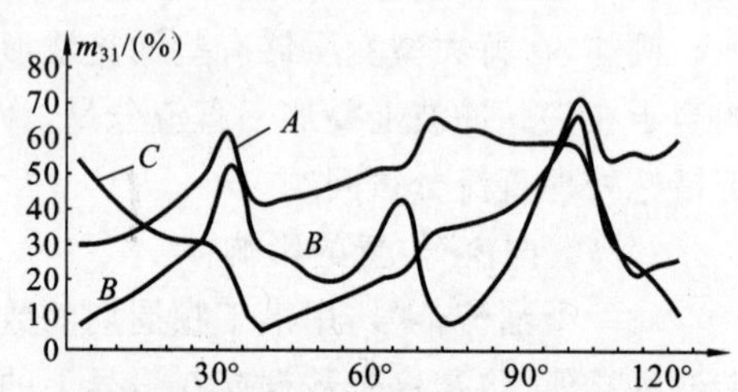

图 3 励磁涌流的虚拟三次谐波分析

在仿真时，合闸角选择了每隔 5°计算一次，剩磁则考虑±0.7 以内的各种情况，饱和磁通与工作磁通之比则考虑 1.4 倍和 1.15 倍两种情况。

变压器的磁化特性采用 ATP 中的变压器模型。

图 3 所示是对一组 0°～120°合闸角时三相涌流的虚拟三次谐波分析，很明显，虚拟三次谐波含量与合闸角有关。为了避免在内部故障时非故障相的三次谐波比过高使保护被误闭锁，我们采用虚拟三次谐波最大相与基波最大相构成的谐波比 m'_{31} 实现制动的方案。图 4 是 m'_{31} 的一例。

仿真分析的主要目的，是探明在各种可能的工况下虚拟三次谐波的谐波比 m'_{31} 的最小值 $m'_{31,\min}$。根据 $m'_{31.\min}$ 可以定出保护的制动比的整定值 $m'_{31.\text{set}}$，当 $m'_{31} \geqslant m'_{31,\text{set}}$，时将差动保护闭锁。从大量仿真分析的结果来看，$m'_{31,\text{set}}$ 可取 0.16～0.22。

6 虚拟三次谐波制动式变压器差动保护的动态模拟试验

动态模拟试验实际上分两阶段进行。

第一阶段是利用一套基于 V40 工控机的变压器保护装置样机在电力系统动态模拟上作大量的变压器空投试验和各种内部短路试验。试验的办法是录取大量的动模试验实测数据，然后离线进行虚拟三次谐波分析，从数据分析中证实虚拟三次谐波制动的合理性和可行性，并初步找出合适的制动比。

第二阶段也是利用一套基于 V40 工控机的变压器保护装置的硬件平台，但按照虚拟三次谐波制动的判据重新编写一套保护程序，构成一套实时的虚拟三次谐波制动式差动保护，然后在动态模拟上进行真机的动态模拟试验。试验时，保护判据先后采用过分相制动差动和三相综合制动差动。

试验一次接线如图 5 所示，两个无穷大电源是做不同电源内阻抗的影响试验时分别加入的。一个内阻抗约为 2 Ω，另一个约为 25 Ω，变压器漏抗是 10 Ω 左右。在变压器高压侧还接有一条 260～340 km 的 500 kV 输电线路模型，主要是检验外部电容对内部短路时是否产生谐波，从而是否导致对保护延时动作影响。

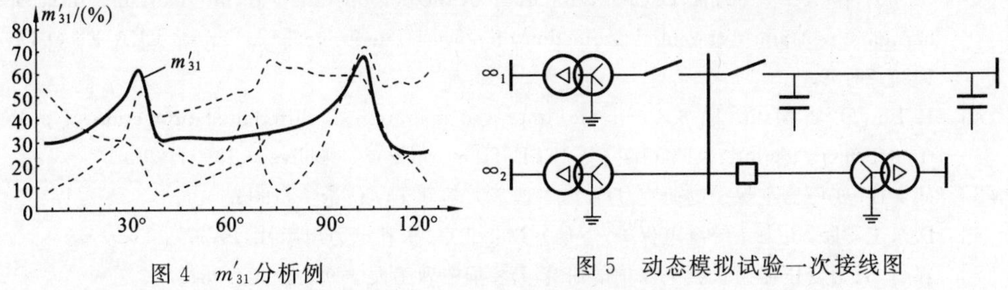

图 4 m'_{31}分析例

图 5 动态模拟试验一次接线图

在数百次的试验中，可以得出下面一些有益的结果。

(1) 当 $m'_{31,\mathrm{set}}$ 选用 0.22 时，绝大多数情况下励磁涌流不会使虚拟三次谐波制动的差动保护误动。在系统阻抗特别大时，$m'_{31,\mathrm{set}}$ 选用 0.16 较好。

(2) 内部短路时，保护在半工频周期加一个采样点即可发出跳闸指令，外加约 3 ms的出口继电器动作时间即可跳闸，即在硬件条件允许时，在 15 ms 以内保护即可跳闸。

(3) 一般内部短路及匝间短路时，都能正确跳闸，但当外部有较大的分布电容或静态补偿电容，空投上带匝间短路的变压器时，此方案会拒动，待此方案有效时间结束后，改由另一方案跳闸。

(4) 初始半周信号所构造的虚拟三次谐波是效果最好的。此后，同一励磁涌流所截取的半周信号虚拟出的波形所含三次谐波迅速减少，不能闭锁保护，所以本原理只适用于故障开始后的半周以内，至多顺延 1～2 个采样点。其后，需将保护功能转交其他方案的差动保护。

7 结语

(1) 虚拟三次谐波制动原理能有效地防止励磁涌流引起保护误动，且不存在对称性涌流问题。

(2) 配合采样值差动，保护能以很高的速度动作，约在 12 ms 前后即可发出跳闸指令，这是本原理方案的有效时间。

(3) 在有效时间以后需由其他原理方案继续执行保护功能，作者为此采取了 R

取S技术的采样值差动原理[12][13]，既能保证涌流不误动，也能有较高的动作速度，其发出跳闸指令时间为18～21 ms。

(4) 谐波制动比$m'_{31,set}$可在0.16～0.22之间整定。

参考文献

[1] L. F. Kennedy, C. D. Hayward. Harmonic-current-restrained relays for differential protection [J]. AIEE Trans, 1938, 57: 71-262.

[2] W. E. Glassburn, R. L. Sharp. A transformer differential relay with second-harmonic restraint [J]. AIEE Trans, 1958, 77: 18-913.

[3] G. S. Hope. , O. P. Malik, D. Chen, etc. Study of the non-operation for internal faults of second harmonic restraint differential protection of power transformer[J]. Trans. CEA E&O Div, 1989, 28: 89.

[4] P. Liu, O. P. Malik, D. S. Chen, etc. Improved operation of differential protection of power transformers for internal faults[J]. IEEE Trans. on Power Delivery, 1992, 7: 92.

[5] 邱文征. 变压器主保护的研究[D]. 华中理工大学硕士学位论文, 1998.

[6] 山东工学院. 电力系统继电保护(下册)[M]. 北京: 水利电力出版社, 1979.

[7] 郭勇. 大型变压器微机继电保护的研究[D]. 华中理工大学硕士论文, 1987.

[8] 何奔腾, 徐习东. 波形比较法变压器保护原理[J]. 中国电机工程学报, 1998, 6: 395.

[9] 徐进亮, 陈德树. WBZ-500型微机变压器保护[J]. 电力自动化设备, 1994(3).

[10] 孙志杰. 波形对称原理的变压器差动保护[J]. 电力系统自动化, 1996, 4: 42.

[11] 王祖光. JCD型变压器差动保护[J]. 技术通讯, 1976, 3.

[12] 陈德树. 采样值电流差动微机保护的一些问题[J]. 电力自动化设备, 1996, 11.

[13] 陈德树, 尹项根, 张哲, 等. 再谈采样值电流差动微机保护的一些问题[J]. 电力自动化设备, 2000, 4.

3.8 The Analysis of Operation Characteristic of Transformer Differential Protection Based on Virtual Third Harmonic Theory①

1 Introduction

Since 1958, the transformer differential protection based on the second harmonic restraint was used widely in the power system[1]. It is well known that there are some features of this scheme do not satisfy the requirement of the modem power transformer, especially its operating speed.

In this few years, a lot of new schemes were presented in the papers of difference publication. One of them is the socalled virtual third harmonic component restraint differential protection was put forward by the authors in severe years ago.[2] After that, a lot of study was going on and a prototype was installed in a substation.

In this duration, the prototype operated correctly even there were many times switch off and switch on of the power transformer but there was one mal-operate in close on of the power transformer in a special case. After the analyses, a cause is found that the residual flux was too high before the switch in operation. It may be higher than 0.9 times of the rating flux.

After that, the second prototype was installed. A lot of simulation study was completed. All this will be introduced in this paper in detail.

2 The Proposed Scheme

According to the nonlinear characteristic of the magnetic circuit of the transformer, in the actual inrush current, the third harmonic component would be much less than the second harmonic component. So the third harmonic component in the inrush current has not been used in the transformer protection.

Usually the first half cycle of the inrush current has a (cuspidal) peaked wave form and the second half cycle of inrush current has a flat bottom wave form (Fig. 1). In this wave form, the even components are much higher than the odd components. But in the three-phase transformer, the inrush current sometimes has a so call symmetric wave form. In this situation, the even component would be much less

① This paper was published in Proceeding of International Conference on Power System Technology, 2002.

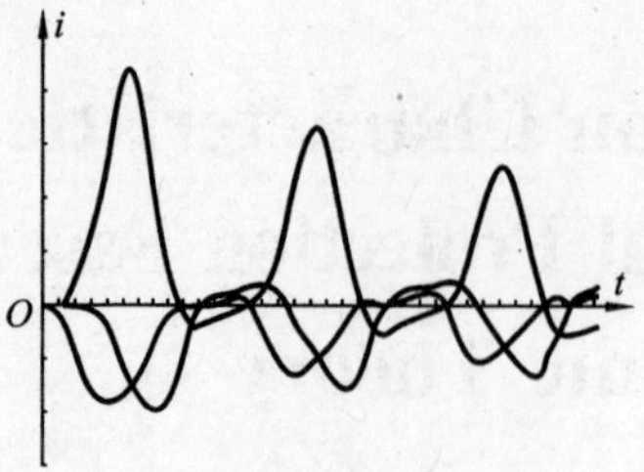

Fig. 1 Typical inrush current

than the odd component.

In this paper, the authors suggested a new scheme for the restraint of the differential protection of the transformer. The second half cycle of the real signal will not be used and instead of it the virtual wave form is used. It is assumed that the second half of the wave is the same as the first half wave but the sign of the signal is the opposite. Then this virtual wave has an odd symmetric characteristic. The fundamental and odd components are including only. According to the non-linear characteristic of the magnetism of the transformer, the percentage of third harmonic component is higher than the other components.

3 Studies on A Digital Simulation

The restraint function is

$$I_{d3} \geqslant K_3 I_{d1}$$

and

$$\frac{I_{d3}}{I_{d1}} = R_{31}$$

Here I_{d3}—third harmonic component in the virtual wave;

I_{d1}—fundamental component in the virtual wave;

K_3—restraint coefficient.

The important problem is what value of K_3 is suitable.

According to some data from the physical dynamic simulation experiment, the value K_3 must less than 0. 22. But it must be considered that several factors would affect to the content of the third harmonic component in the virtual wave, such as the voltage close up angle, residual magnetic flux, the voltage value, the source impedance etc. From the physical dynamic experiment, it is hard to find the effect of some parameter independently and the other parameters are kept as a constant. At the same time, the residual magnetic flux can not be measured.

The digital simulation method has been used to overcome these deficiencies and to help us to fine the suitable value K_3[4].

Fig. 2 is an example to find the effect of the voltage close up angle to the content of the third harmonic component[4]. The analysis result in reference[4] shows that K_3 must be less deficiencies than 0. 16.

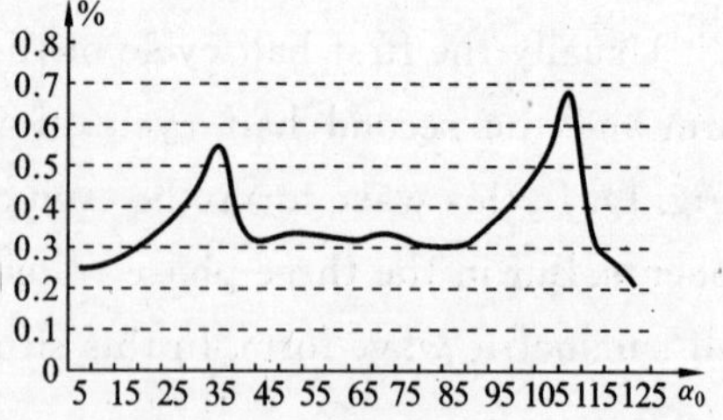

Fig. 2 The ratio R_{31} at different close up angle

4 Evaluation of Physical Dynamic Simulation

The authors have developed two prototypes. One of them has been made in 1998 and installed at one 110 kV substation until now. It is based on V40 CPU. The next one was done before April 2002 and was installed at a 500 kV hydraulic power station. It is based on TMS320C32 DSP.

Before the field operation, a lot of test has been done on the physical dynamic modal of HUST (Huazhong University of Science and Technology).

Fig. 3 is one record of the test result of the second prototype when the fault is inside the protected zone. The operating time is 16 ms, including 3ms of the output relay. Fig. 4 is the next record when the power transformer was closed up to the power system of the modal. The relay did not operate, because the third harmonic component of the virtual wave is high enough for restraint.

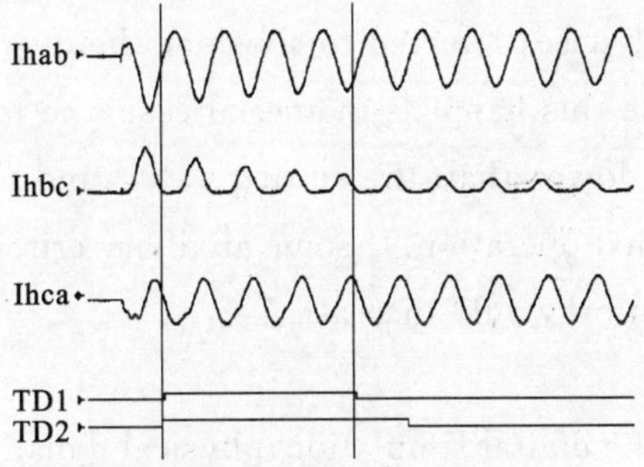

Fig. 3 Inside fault test

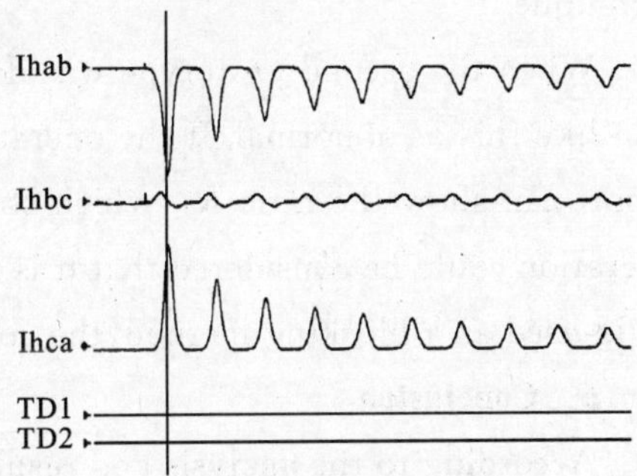

Fig. 4 The close up test

5 The Result of Field Operation

The first prototype put into operation at a 110 kV substation since July, 1998. Until now, it operates about 3 years. The second prototype put into operation since June, 2002.

For the collection of operation experience, in all two prototypes, two types of report are given: trip report and pick up report.

In these three years, a lot of reports from the first prototype were gotten, including the normal operation of the power transformer, close up operation, cut off the outside fault etc. In these three years, all the operation of the first prototype was correctly, but mal-operation in Nov, 1998 when the power transformer did the close up operations to the power system. In the first operation and the second operation, the prototype operated correctly. But it gave trip signal at the third close up operation.

According to the data of the trip report, the ratio R_{31} of the virtual wave is less than 0. 1. After the analysis, it can be affirmed that the low value of ratio R_{31} is introduced by the residual magnetic flux of the power transformer. The time interval between the second operation and the third operation was very short. It means that cut off operation after the second close up operation was very short. So the power transformer could work on high flux density when the circuit breaker cut off, because the inrush current did not decay enough. Assume that the residual flux was a little bit higher than 0. 9 times of the rating flux. The ratio R_{31} would much less than 0. 15.

One problem is put forward. The operation like this is normal or abnormal. If the operation like this is abnormal, can the mal-operation like this be not considered or not. If it must be considered, it must be considered to add some special blocking technique.

When the second prototype was designed, it is preferred to consider the operation like this as abnormal. If the operation like this happens in special case, the trip report can show the ratio R_{31} which could be lower than the setting value, and the operation could be considered that it is not a mal-operation. If some auxiliary criterion is used as a blocking method, the complication would increase.

6 Conclusion

According to the analysis and results of the digital simulation, physical dynamic experience and field operation result, the following conclusions can be drawn.

The transformer differential protection based on the virtual third harmonic component restraint can satisfy the requirement of the protection. This principle has lots of advantage such as rapidly cleared faults (only need about 10ms), unaffected by symmetrical inrush current etc.

Obviously, an omnipotent principle does not exist. The proposed scheme face the main problem is that it can work in the first half cycle only. It means that it should be used combining with other principle which can operate after 15 ms.

REFERENCES

[1] W. E. Glassburn, R. L. Sharp. A Transformer Differential Relay with Second-Harmonic Restraint[J]. AIEE Transactions, 1958, 77: 913-18.

[2] Deshu Chen, Xianggen Yin, Zhe Zheng, etc. Virtual third harmonic restrained transformer differential protection-principle and practice[J]. The Proceeding of the CSEE, 2001, 21(8): 19-23.

[3] Yufeng Hu, Deshu Chen, Xianggen Yin, etc. Development of a new power transformer protection[J]. Power System Technology, 2001, 25(6): 67-70.

[4] Yufeng Hu, Deshu Chen, Xianggen Yin, etc. Study on the simulation of transformer differential protection based on virtual third harmonic theory[J]. Automation of Electric Power System, 2002, 2: 38-44.

3.9 发电机单元件横差保护的一些问题①

1 前言

同步发电机定子绕组的横差电流保护在几十年前已被用做两分支以上的发电机匝间短路保护。限于当时继电保护的理论和技术水平，其灵敏度不能满足日益增大的大容量的发电机保护的需要。

随着继电保护技术的飞速发展，集成电路型和微机型继电保护本身的动作功率较前已大为减小。滤波技术的发展使我们可以获得很高的滤过比。发电机内部各种短路的计算和分析理论已有长足的进展。这些成就使得昔日的发电机横差电流保护，包括单元件和多元件横差保护的灵敏度大大地提高。但其中的一个重要环节，即对所用的电流互感器的选择却没有充分地研究。国内外的一些保护认为采用降低电流互感器变比的方法就可以提高灵敏度。本文就此问题展开一些探讨，认为应从灵敏度的基本概念和发电机的具体情况出发来合理地设计和选择电流互感器，才能充分地发挥这种保护的优越性。

2 两种灵敏度与单元件横差保护的特点

在实用中，继电保护遇到的灵敏度问题，可能有两种。第一种灵敏度问题是继电保护装置的动作功率引起的。这种情况常见于距离保护和功率方向元件等多量比较的测量元件。在阻抗元件中存在精确工作电流问题，功率方向元件存在电压死区问题。装置的动作功率减小，则精确工作电流、电压死区等都会大大减小。过去使用电磁式器件时，动作功率比较大，因而精确工作电流、电压死区等问题比较突出。出现电子式保护以后，特别是出现集成电路、微机保护等以后，装置的动作功率大大下降，一般对额定为5 A的电流回路，精确工作电流可达0.5 A以下，如采用性能优良一些的A/D元件，此电流降至0.3 A以下应无问题。相应地，电压回路也可达0.3 V以下。这样，这种灵敏度问题已变得不会影响保护的功能了。

第二种灵敏度问题是继电保护系统要求在非内部故障工况下不能误动作，因而要设定某一整定值。在故障情况下，相应动作量应超出这一整定值。换言之，若轻微故障时这一故障量低于整定值，则保护不动作。所以，这种灵敏度实质上是系统故障状态量与整定值(可换算至系统一次值)之比，与装置的动作功率没有直接的关系，即使装置的动作功率降至非常之小，也不能提高这类保护系统的灵敏度。例如，普通的过电流保护，要求动作电流的整定值应大于最大负荷电流 I_n 的 K 倍。这样在保护范围内短路时的短路电流 I_k 应大于 KI_n 一定程度。这种“一定程度”就是属于第二

① 本文发表于2001年第八届全国继电保护学术研讨会论文集。

种灵敏度的问题。

单元件横差保护是安装于发电机两个中性点之间的连线上的电流保护，在理想发电机的正常负荷状态和外部短路状态下，应该是没有电流流过的。但实际的发电机总有一些不平衡，因此在上述工况下，总或多或少地会流过一些稳态的或暂态不平衡电流，其中，包括基频电流、谐波电流和非周期分量。但在内部发生不对称短路时，将会有很大的短路电流流过此连线。当然，在轻微的匝间短路等不对称短路时，也可能只有很小的短路电流流过。

3　单元件横差保护用电流互感器的设计和选择

如上所述，这种电流互感器的工作条件和普通电流互感器不完全一样。它不存在"额定电流"问题。正常状态只流过很小的不平衡电流。但对它的要求却是一样的，一是高压、低压隔离，一是电流大小变换。从继电保护的要求看，在一次侧短路电流可能出现的最大值与最小值的范围内，要基本做到线性传变。即使在有最大的非周期分量情况下也是这样，但剩磁问题可以不作考虑。换言之，在可能的最大短路电流流过时，不应出现严重饱和，最小短路电流情况下，传变误差也不超出容许范围，例如不超出10%。

为此，这种电流互感器可有两种处理方法：专门设计或在常用互感器中选择合适的。

1）专用电流互感器设计的一些问题

现在，我国最低限度有三套软件可以计算出发电机内部不对称短路的短路电流。通过大量计算，可以找出中性点连线上可能的最大短路电流 $I_{K\max}$ 和最小短路电流 $I_{K\min}$。但电流互感器的精确工作范围存在上、下限值。如图1所示，n_{TA}^* 是电流传变的一个归一化变比。精确传变时，此比值为1。假定允许误差为10%，则当 $n_{TA}^*=0.9$ 以下为误差越限。这样，电流互感器的稳态精确工作范围是 $I_{\max}\geqslant I_K\geqslant I_{\min}$。上、下限两电流的比值设为 N_i。普通的电流互感器在其二次侧的负荷为额定值的情况下，N_i 值可达200以上。为了使保护工作满意，最好令 $I_{\max}>I_{K\max}$，且 $I_{\min}<I_{K\min}$。当考虑非周期分量影响时，上限范围最好留有一定的裕度（见图1）。

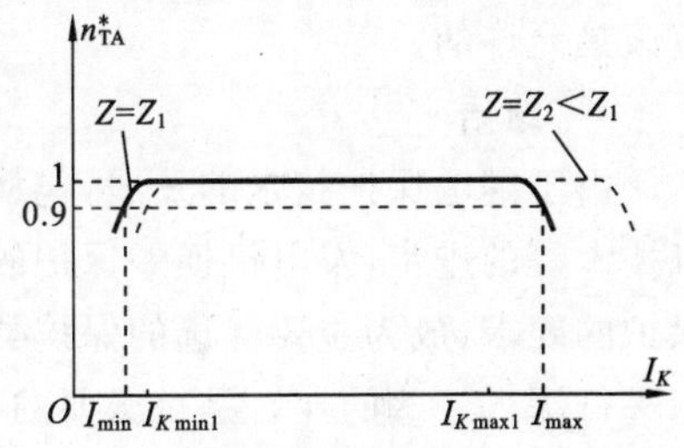

图1　电流互感器工况示意图

曾对一台大型水轮机作过计算，此电流的 $I_{K\max}$ 可达20000 A以上，其暂态值达70000 A以上。最轻微短路时，其 $I_{K\min}$ 在100 A以下。其最大、最小的比值 N_i 近300。这要求对电流互感器设计来说是比较苛刻的。为此，有两个措施会有效。

第一个措施是采用小气隙铁芯，这可以降低非周期分量的影响，从而降低互感器的饱和程度。

第二个措施是可以适当降低互感器的二次负载。如图1所示，当降低负载时，曲线的低端变化不大，但高端由于二次电压下降使磁通或磁密下降，也就降低互感器的饱和程度，从而使 I_{max} 加大，亦即使 N_i 值增大。当 N_i 值趋近 N_k 值时，互感器即可满足要求。

但在实用中，最好不要把希望过多地寄托在人为地降低二次负载以满足上述要求。因为，在设计中，以及在新安装后一段时间内，会以设计的二次负载值运行，但在以后的长过程中不排除会有技术改造，导致二次负载增加。在增加时一般还是会注意到一般的电流互感器负担，但不一定能注意到降低负担的特殊要求。

2）选用常用的标准电流互感器时的考虑

从上可见，即使作专门电流互感器设计，留给我们的余地也是很少的。因此在选用标准互感器时，可能不像上述那么理想。

同上，在互感器额定负载条件下，考虑一次电流为其额定电流的 20～30 倍时不会出现过度的严重饱和，则选择标准的互感器额定电流便应为 $I_{K\max}/30 \sim I_{K\max}/20$。例如，上述发电机的 $I_{K\max}$ 为 70000A，则电流互感器的变比最好为 3000/1～2000/1。此时保护能精确反应的最小电流将为 150～100A。但动作电流整定值究竟选多大，还得看可能的最大不平衡电流（滤除三次谐波以后）。当决定一次侧的整定电流 I_{set} 以后，才能求得灵敏度。如果最小短路电流 $I_{K\min} < I_{set}$，则对这些最轻微的故障将不予保护。由于这些最轻微故障多是在很小匝数的线棒之间发生的，其故障前的电压差也相对很低，实际上发生短路的可能性很小。因此，在不得已的情况下保护不动作应该是允许的。

4 结语

由于继电保护技术的发展，包括发电机内部故障的仿真计算法、滤波技术、计算机技术等的进步，发电机横差保护的灵敏度大为提高，基本上可以满足发电机对继电保护的要求，成为主要优选的保护类型。但为了充分发挥其优势，对应用中的一些问题进行深入一些的探讨是有必要的。本文提出的对横差保护用的电流互感器的专门设计或选用标准电流互感器的考虑可供参考。

参考文献

[1] 王维俭. 电气主设备继电保护原理与应用[M]. 北京：中国电力出版社，1996.

[2] 邰能灵. 大型水轮发电机继电保护新原理及小波分析应用的研究[D]. 华中科技大学博士论文，2000.

第4章 微机保护

4.1 关于计算机继电保护的发展与展望①

1 计算机继电保护的发展

1）计算机继电保护的提出

1965 年初英国剑桥大学的 P. G. McLaren 等提出利用采样技术实现输电线路的距离保护[1]。接着，1966 年下半年，澳大利亚新南威尔士大学的 I. F. Morrison 预测了输电线路和变电所采用计算机控制的前景[3]，包括计算机用做继电保护的前景，接着他们进一步进行了计算机式保护的理论研究[5][7][10][11][12]，主要研究适用于继电保护的种种算法。Last[2] 和 Harmittion[4] 等人都讨论了这方面的发展前景问题。

1969 年前后，美国西屋公司的 G. D. Rockeffeller 等开始进行具体装置的研制[8][9]，并于 1972 年发表该装置的试运行样机的原理结构[23] 与现场试验结果。这是第一套比较完整的用于现场的计算机继电保护样机，它具备了计算机继电保护的基本组成部分。

1972 年 7 月，在 P. G. McLaren 的指导下，剑桥的 G. K. Laycock 完成了一篇以计算机距离保护为研究课题的博士论文[25]，主要研究计算机继电保护中的信息处理技术。1977 年英国巴斯(Bath)大学的 M. A. Martin 又以计算机继电保护为题发表了他的博士论文[110]，主要研究有限变换的频谱分析方法，以缩短超高压长线路的计算机距离保护的动作时间。此外也有以计算机距离保护作为硕士论文的[117]。

自 20 世纪 70 年代初出现大规模集成电路后，很快就为计算机式保护所应用。1975 年初英国 GEC 公司 P. B. Allison 和 T. H. Lomas 的文章发表了，报道了他们用微处理机作为变电所的控制与自动重合闸的情况。

1977 年日本投入了一套以微处理机为基础的控制与继电保护装置，全部代替了老的设备，大大减少了变电所的控制室占地，并于 1980 年初发表了试运行的结果[128]。

2）各主要国家发展的特点

目前国外计算机继电保护研究工作发展比较好的国家是美、加、英、日、澳等国

① 本文发表于 1982 年电力系统计算机在线应用会议论文集。

家，苏、西德、法、捷等国虽有研究，但开展得很少，中国香港地区亦有研制及试用的。

① 美国。

美国是研制具体装置最早的国家，迄今仍是研制装置最多的国家，但主要是以小型机为基础，其主要力量为 Westing house 公司的 Rockefeller 和 Udren 等，GEC 公司的 Chen、Breingan 和 Gallen 等，IBM 公司的 Mantlay 和 Horton 等。

Westinghouse 公司在 20 世纪 60 年代末以 Rockefeller 为首开始研究，其后则以 Udren 为主继续开发，一直到现在。在 1970—1972 年间与 PGE 公司合作制成了样机 PRODA-70[23]，其后又与 PPL 公司合作研制新装置。

GEC 公司则在 20 世纪 70 年代下半时期从事研究，1977 年发表了试验室研究结果[98]，1979 年则发表了现场试验结果[125]。

IBM 公司未见发表现场试验结果，主要在一台 IBM-7 系统上进行试验室试验，研制了一套比较完整的计算机距离保护样机[56][69][107]。

② 英国。

英国剑桥大学的 McLaren 是将计算技术引进继电保护领域的最早倡议者之一。剑桥大学的主要力量，除他以外，还有 Laycock。除剑桥大学外，还有帝国大学的 Cory 和 Ranjbar，巴斯大学的 Johns 等也进行了很多研究。英国的特点与美国不同，偏重于理论研究与试验室试验。与各大学相配合的则有 CEGB 的 Munday、Luckett、Murray 等人和 GEC 公司的 Allison 和 Chectham 等人。

③ 日本。

日本的特点是早期发展稍慢，而后来进展迅速，而且一开始研究了一段时间小型机保护[93]，但后来就转为着重研究微型机，在学术观点上则主张研究滤波而不着重进行输电线路等原型的理论研究，这与英国恰成对照。

日本的主要力量是日立的 Y. Miki 和东京电力的冈村正已等合作，而三菱的 Mori、Suzuki 等则与关西电力的 Tanaka 等合作，他们以研究实用的变电所微型机控制与保护装置为重点。

④ 加拿大。

加拿大在 20 世纪 70 年代初即已开始这项研究，而且相当活跃，加拿大的主力是大学，这与英国情况相似。主力是 Calgary 大学的 Hope 和 Malik、Dash 等人，稍后则有 Brunswick 大学的 Smolinski。在生产部门有几个电力公司如 Saskatchewan 电力公司等也比较活跃。自动化与电子系统研究所也在这方面开展了一些研究。但加拿大的特点是高等学校是研究的主力，而且研究的领域比较广泛，从发电机变压器到输电线路保护等各方面都有研究，而企业部门的研究人员很多是受这些大学影响的，如上述研究所的 Umamaheswaren 在校当研究生时就研究这个课题，到研究所后仍继续这方面的工作。

⑤ 澳大利亚。

澳大利亚新南威尔士大学的 Morrison 是计算机继电保护最早倡议人之一，后与

Mann 合作，开展了很多研究，到现在仍是计算机保护方面最有影响的人物。美国的PRODA-70机采用的算法也是他们的研究成果。但澳大利亚本身除该大学外，其他方面开展得不多，他们主要与美国有关部门合作。近来，与澳大利亚的电力部门合作，也展开一些现场试点工作。

3）计算机保护采样算法的研究情况

从提出计算机保护开始到现在，十多年来对算法进行了很多研究，现在还在继续发展。但目前仍是百花齐放状态，在理论上尚未系统化。有些人作了一些工作，但尚不成熟。下面仅就数值计算、比较技术等方面进行初步的综合。

数值计算包括电压、电流模值计算，相位计算，阻抗(或电阻、电感、电抗)计算，频率计算等。

(1) 电流电压(正弦量)模值计算。

① 直接算法(或采样值记忆算法)：取半周采样最大值作为幅值。

② 半周积分算法：用平均值求幅值。

③ 导数算法[7][10][16][23]。

$$U_k^2+(U'_k/\omega)^2=U_m^2 \quad \text{或} \quad (U'_k/\omega)^2+(U''_k/\omega^2)^2=U_m^2$$

④ 采样值积算法(曲线拟合法)。

$$U_m^2=\frac{U_1^2+U_2^2-2U_1U_2\cos(\omega\Delta T)}{\sin^2(\omega\Delta T)}$$

或

$$U_m^2=\frac{U_1^2+U_3^2-2U_2^2\cos(2\omega\Delta T)}{2\sin^2(\omega\Delta T)} \quad \text{(Gilbert[43])}$$

⑤ 正交样品函数算法[33][54][56][69][78]。

$$U_{Rn}=\frac{2}{T}\int_{-T/2}^{T/2}U(t)\cos(n\omega t)\,dt$$

$$U_{Xn}=\frac{2}{T}\int_{-T/2}^{T/2}U(t)\sin(n\omega t)\,dt$$

$$U_n=\sqrt{U_{Rn}^2+U_{Xn}^2}$$

⑥ 正交样品函数(沃尔希函数)算法[54][78]。

$$W_K=\frac{1}{N}\sum_{I=1}^{N}U_1\,\mathrm{Wal}\left(k,\frac{1}{N}\right)$$

$$F_1=0.9W_1-0.373W_5-0.074W_9$$

$$F_2=0.9W_2+0.373W_6-0.074W_{10}$$

$$F_{1M}=\sqrt{2(F_1^2+F_2^2)}$$

⑦ 最小二乘算法[86](见下面阻抗算法)。

(2) 相位及比较算法。

① 过零点算法[53]。

② 导数算法。

$$\theta=\arctan\left(\frac{\omega i'_{K}}{i''_{K}}\right)-\arctan\left(\frac{\omega U'_{K}}{U''_{K}}\right)$$

③ 采样值积算法。

$$\theta=\arctan\frac{U_1 i_2-U_2 i_1}{U_1 i_1+U_2 i_2},\quad \theta=\arctan\frac{U_1 i_2-U_2 i_1}{U_1 i_1+U_3 i_3-U_2 i_2}$$

④ 正交样品函数。

$$\theta_{n}=\arctan\frac{U_{Xn}}{U_{Rn}}$$

⑤ 正交样品函数算法——沃尔希函数算法。

⑥ 长输电线上的行波法(纵联差动)。

$$\varepsilon(t)=i_{R}(t)+i_{S}(t-\tau)-\frac{1}{Z}[e_{R}(t)-e_{S}(t-\tau)]\leqslant\varepsilon_0$$

(3) 阻抗算法。

距离保护即阻抗保护计算阻抗时,有两种基本方法。一种是计算其测量阻抗的模和相位,一种是将继电器要求的动作条件表示成采样值的数学表达式。计算测量阻抗时有一些是利用上述电流、电压幅值及相位的算法求阻抗幅值和相位的,另一些则用较直接的表达方式。现将主要算法的结果综述如下。

① 直接算法(Rockeffeller)[3]。

利用采样值记忆半周中最大值为幅值,计算阻抗模值。

② 过零测量算法(Mantney-McLaren)[1][9]。

$$Z=\frac{\pm V_0}{I_{90^\circ}}+\mathrm{j}\,\frac{V_{90^\circ}}{I_{90^\circ}}=\frac{\pm V\cos\varphi}{I_{90^\circ}}+\mathrm{j}\,\frac{V\sin\varphi}{I_{90^\circ}}$$

③ 导数算法(Mann-Morrison)[7][10][16][23]。

$$|Z|^2=\frac{V'^2_{K}+(V''_{K}/\omega)^2}{I'^2_{K}+(I''_{K}/\omega)^2}$$

$$\phi=\arctan\left(\frac{\omega i'_{K}}{i''_{K}}\right)-\arctan\left(\frac{\omega V'_{K}}{V''_{K}}\right)$$

④ 联立方程法(Poncelet)[29][41]。

$$\int_{t_1}^{t_2}V_{K}\,\mathrm{d}t=\int_{t_1}^{t_2}Ri_{K}\,\mathrm{d}t+L(i_{y2}-i_{y1})$$

$$\int_{t_3}^{t_4}V_{K}\,\mathrm{d}t=\int_{t_3}^{t_4}Ri_{K}\,\mathrm{d}t+L(i_{y4}-i_{y3})$$

⑤ 曲线拟合(三采样值)法(Gilbert)[43]。

$$Z=\frac{2V_{K-1}i_{K-1}-V_{K}i_{K-2}-V_{K-1}i_{K}}{2(i_{K}^2-i_{K-2}i_{K})}+\mathrm{j}\,\frac{V_{K-1}i_{K}-V_{K}i_{K-1}}{2(i_{K}^2-i_{K-2}i_{K})}$$

⑥ 样品函数算法(Hope-Umamaheswaren)[33][54][78][56][69][79]。

见电流电压算法。

⑦ 样品函数(Walsh)算法(Horton)[54][78]。

$$|Z|=\frac{\{1.0822(|W_{(1)}|+|W_{(2)}|)+0.414(|W_{(2)}|+|W_{(1)}|)\}\text{电压}}{\{\text{同上}\}\text{电流}}$$

$$W_{(1)}=0.900F_1$$

$$W_{(2)}=0.900F_2$$

$$F_1=0.900W_1-0.373W_5-0.074W_9$$

$$F_2=0.900W_2+0.373W_6-0.074W_{10}$$

$$W_1=\frac{1}{8}\left(\frac{1}{2}g_1+g_{1+s}+g_{2+s}+g_{3+s}-g_{5+s}-g_{6+s}-g_{7+s}-\frac{1}{2}g_{8+s}\right)$$

$$W_2=\frac{1}{8}\left(\frac{1}{2}g_s+g_{1+s}-g_{3+s}-g_{4+s}-g_{5+s}+g_{7+s}+\frac{1}{2}g_{8+s}\right)$$

$$W_5=\frac{1}{8}\left(\frac{1}{2}g_s-g_{2+s}+g_{6+s}-\frac{1}{2}g_{8+s}\right)$$

$$W_6=\frac{1}{8}\left(\frac{1}{2}g_s-g_{4+s}+\frac{1}{2}g_{8+s}\right)$$

⑧ 相关函数法(Hope-Malik-Dash)[90]。

$$R_L=\varphi_0=\frac{\varphi_{ui(0)}}{\varphi_{ii(0)}}=\frac{\frac{1}{N}\sum_{K=1}^{N}U\left(K\frac{T}{N}\right)i\left(K\frac{T}{N}\right)}{\frac{1}{N}\sum_{K=1}^{N}i^2\left(K\frac{T}{N}\right)}$$

$$X_L=\varphi_{\pi/4}-R=\frac{\varphi_{ui(\pi/4)}}{\varphi_{ii(\pi/4)}}-R=\frac{\frac{1}{N}\sum_{K=1}^{N}U\left(K\frac{T}{N}\right)i\left(K\frac{T}{N}+\frac{\pi}{4}\right)}{\frac{1}{N}\sum_{K=1}^{N}i\left(K\frac{T}{N}\right)i\left(K\frac{T}{N}+\frac{\pi}{4}\right)}-R$$

⑨ 最小乘法(Brook)[86]。

$$|Z|=K_{2V}/K_{2A},\quad \angle Z=\beta_V-\beta_A=\beta_V^*-\beta_A^*$$

$$K_2=[C_1^2+(2C_2)^2]^{1/2},\quad \beta=\arctan\left(\frac{-2C_2}{C_1}\right)-\omega t_s$$

$$C_1=M_1\Sigma Y_iZ_i+M_2\Sigma Y_iZ_i^3,\quad C_2=M_3\Sigma Y_i-M_4\Sigma Y_iZ_i^2$$

$$M_1=\frac{1}{\Sigma Z^2}\left[1-\frac{(\Sigma Z^4)^2}{(\Sigma Z^4)^2-(\Sigma Z^6)(\Sigma Z^2)}\right]$$

$$M_2=\frac{\Sigma Z^4}{(\Sigma Z^4)^2-(\Sigma Z^6)(\Sigma Z^2)}$$

$$M_3=\frac{\Sigma Z^2}{(\Sigma Z^2)^2-N(\Sigma Z^4)}$$

$$M_4=\frac{N}{(\Sigma Z^2)^2-N(\Sigma Z^4)}$$

⑩ 有限积分法(Martin-Johns)[74][114]。

$$Z(j\omega_e)\approx\frac{\bar{V}_r(j\omega_e)-R_f\tau\bar{u}/(1+j\omega_e\tau)}{\bar{i}_r(j\omega_e)-\tau\bar{u}/(1+j\omega_e\tau)}$$

$$R_f=\frac{I_m\{\overline{V}_r(j\omega_e)/\overline{W}\}}{I_m\{\bar{i}_r(j\omega_e)/\overline{W}\}}$$

$$\overline{W}=(1+j\omega_e\tau)i_r(j\omega_e)-\tau\bar{u}$$

$$\bar{u}=\{i_r(T_1)e^{-j\omega_e T_1}-i_r(T_2)e^{-j\omega_e T_2}\}$$

⑪ 单 π 模型法(Smolinski)[124]。

$$[\boldsymbol{R}_1\boldsymbol{L}_1]^T=\boldsymbol{P}=[\boldsymbol{E}-\boldsymbol{F}\boldsymbol{H}^{-1}\boldsymbol{G}]^{-1}[\boldsymbol{V}_1-\boldsymbol{F}\boldsymbol{H}^{-1}\boldsymbol{V}_2]$$

$$\boldsymbol{V}_1=[U_K \quad U_{K+1}]^T$$

$$\boldsymbol{V}_2=[U_{K+2} \quad U_{K+3}]^T$$

$$\boldsymbol{E}=\begin{bmatrix} i_K & \frac{1}{2h}(i_{K+1}-i_{K-1}) \\ i_{K+1} & \frac{1}{2h}(i_{K+2}-i_K) \end{bmatrix}$$

$$\boldsymbol{G}=\begin{bmatrix} i_{K+2} & \frac{1}{2h}(i_{K+3}-i_{K+1}) \\ i_{K+3} & \frac{1}{2h}(i_{K+4}-i_{K+2}) \end{bmatrix}$$

$$\boldsymbol{F}=\begin{bmatrix} -\frac{1}{2h}(U_{K+1}-U_{K-1}) & \frac{1}{h^2}(U_{K+1}-2U_K+U_{K-1}) \\ -\frac{1}{2h}(U_{K+2}-U_K) & \frac{1}{h^2}(U_{K+2}-2U_{K+1}+U_K) \end{bmatrix}$$

$$\boldsymbol{H}=\begin{bmatrix} -\frac{1}{2h}(U_{K+3}-U_{K+1}) & \frac{1}{h^2}(U_{K+3}-2U_{K+2}+U_{K+1}) \\ -\frac{1}{2h}(U_{K+4}-U_{K+2}) & \frac{1}{h^2}(U_{K+4}-2U_{K+3}+U_{K+2}) \end{bmatrix}$$

⑫ 动作特性法(Y. Miki 等)[102]。

按 Mho 或电抗特性以采样值写动作方程。

4）计算机保护装置的样机研究概况

国外，研究计算机保护的多是利用试验室原有的计算机、控制机，比较完善一点的具有过程通道设备，可以进行动模试验。条件差一点的，甚至仅用故障录波仪录下的波形数据，变成数字量输入计算机，以研究其提出的算法。如澳大利亚的 N. S. W. 大学、加拿大的 Calgary 大学等就属于前者，他们在这些试验设备上作了大量的理论与试验研究工作，发表大量的研究论文[3][7][10][15][16][17][24][39][42][62][95][20][31][33][55][75][76][77][79][85][88][90]。另一方面，以大公司或重要研究所为主，制造厂(研究所)与运行部门合作则着力于研制适于现场运行的样机，其比较成功的有下面几套。

① 美国 PGE 公司-Westinghouse 公司合作研制的 PRODA-70 装置[23]。

这是一套以线路距离保护为主的专用装置，主机是 Westinghouse 的 P-2000 小型机。在一条 38 英里(约 61 km)的 230 kV 线路上试运行。1970—1971 年投入试运行。

② 美国 AEP 公司与 IBM 公司合作研制的一套样机(未发表型号名称)[56][69]。

这也是一套专用距离保护装置,在一条 345 kV 线路上试运行,主机是 IBM 公司的 IBM-7 系统,约在 1974 年前后投入试运行。

③ 美国 PPL 公司与 Westinghouse 公司合作研制的一套装置,尚未发表,日本已报道了他们在研制[107]。

④ 日本、关西电力公司与三菱合作研制的一套小型机[93]。

该装置以 MELCOM350-5F 小型机为基础构成,1974—1976 年投入,在一条 154 kV 线路上试运行。

⑤ 澳大利亚的新南威尔士(NSW)电力厅等与 NSW 大学合作研制的一套变电所控制与保护装置[39],1974 年投入。

⑥ 日本、关西电力公司与三菱合作研制的一套变电所微型机控制与保护系统——SDCS-1。

该系统控制与保护 4 条 77 kV 线路,三台变压器与 36 条 6.6 kV 线路于 1977 年开始投入试运行。

⑦ 英国 CEGB 公司与中国香港 China Light & Company 合作研制的一套变电所控制与保护系统(主要是后备保护)[60][61],于 1974 年前投入试运行。

⑧ 日本日立公司与东京电力公司合作研制一套微型机距离保护[102],1977 年发表了动模试验阶段成果,尚未见有现场运行的报道。

⑨ 加拿大的有关研究所与运行部门结合,研制了两套微机型距离保护装置,已投入了试运行。我国电力部南京自动化研究所的梁合庆同志 1979—1980 年间到加拿大参加了第二套的研究、调整工作。其试运行情况尚未见报道。

5)我国的动态

我国在计算机继电保护方面做工作的主要是几所大学和电力部南京自动化研究所等。在大学中,除我院较早时就翻译一些这方面的文章[78][85][105]外,华北电力学院也刊印了一个译文集,南京自动化研究所出版了两本译文集。大学着手进行工作的,已知有华中工学院、河北电力学院、南京工学院和重庆大学、浙江大学等。我院和华北电力学院和重庆大学、南京自动化研究所等则有这方面的研究生。南京工学院的教师史世文发表了这方面的文章,西安交大的葛耀中,南京自动化研究所的王祖光、梁合庆等都发表过一些综述性文章[112][113][118][121][123][113a]。

2 分析与估计

从计算机保护的倡议开始,一直到现在,都不断有人对它的发展、前途和优缺点等作评述与估计[2][3][4][26][27][28][29][47][49][65][71][80][104][107][108][112][113][118][120][121][123][130][131]。以美、英、日等国的分析较为全面[65][80][107]。

1) 对计算机继电保护优缺点的看法

西屋公司认为[80](1976年)它的优缺点如下。

优点：

① 自适应性程序，可依系统运行状态而自动改变整定值；

② 有可存取的存储器；

③ 在现场可灵活地改变继电器特性；

④ 用数学方程方法较之用继电器元件特性方法可以使保护得到更大的改进；

⑤ 有自检的能力；

⑥ 有利于事故后分析；

⑦ 可与计算机交换信息；

⑧ 对现有硬件可增加其功能；

⑨ 可在低功率传变机构内工作。

缺点：

① 与传统的保护有根本性的背离；

② 使用者较难维护；

③ 对硬件和软件都要高度可靠；

④ 特殊的程序价格过高；

⑤ 硬件很快地过时；

⑥ 使用变电所总计算机时，为了故障程序需要采取分时；

⑦ 在操作和维护过程中，使用人员易出错误。

日本则有研究人员认为[107]应该用微型机，且与全变电所计算机控制作整体考虑，同时要用二重化、自检测等提高可靠性措施，同时对丧失保护功能、丧失 A/D 变换功能等故障要研究对策，对运行维护人员要进行专门训练，此外还应研究便于检查的标准化程序才行。同时对半导体保护和电磁型保护作了具体比较(见表 1)。

表 1　各种保护比较

	半导体式	计算机式	电磁型
动作速度	可以高速	同左	一般稍慢
选择性	较电磁型易得各种特性	同左	为高灵敏度和防止误动要花大工夫
输入波形异常	可能误动，要模拟滤波	要模拟及数字滤波	较左两者优越
耐浪涌	要慎重考虑	用 LSI 时，能力特弱	强
自动更改定值	难	可集中管理	难
可靠性	附加自检系统较电磁型多	要检测系统	高
盘面积	与电磁型大体相同(要另外电源)	较其他小	最大
经济性	同电磁型	可能提高经济性	—
检测监视	容易	最容易	复杂

我国有几篇综述性文章[112][113][118][121][123]对计算机保护都作了很高的评价，但似乎对存在的问题阐述得不够，这与我国尚缺乏实践条件这一因素有关。

但是，优缺点一方面取决于技术本身，另一方面与各国的技术经济发展状况有关。例如，计算机继电保护对现有继电保护维护运行人员来说是完全不熟悉的，在计算机、微型机比较发达的国家来说比较容易克服，但对技术较落后的国家来说，要普遍使用则是一个大问题。虽然如此，但技术本身的优缺点仍是客观存在的。

在技术上计算机保护有一个优点，目前利用和强调得不够，那就是它的长记忆功能。这一功能目前主要利用在故障检测（启动元件）和事故后分析（相当于故障录波）方面，但它可使继电保护得到改善。在技术上半导体或电磁型保护不能和它相比。在后一方面，现在研究和发展得仍很不够。

2）计算机继电保护的发展速度问题

计算机继电保护从提出到1980年已15年，目前处于样机试运行阶段。在理论和技术上，目前各种保护装置，包括输电线、发电机、变压器、母线等的保护装置都可以用计算机实现。已从1972年开始投入各种装置试运行，但是尚未有正式产品。

这个发展速度是快还是慢？

半导体器件自20世纪40年代末出现后，1960年以前就已有不少国家研究半导体保护，20世纪60年代已有很大的发展。20世纪60年代后半期，实际上已有很多正式产品运行。计算机是20世纪40年代出现的，1965年才提出计算机继电保护。微型计算机是20世纪70年代初出现的，在20世纪70年代中期即已引进继电保护中，发展过程之所以是这样，完全取决于技术本身。从技术和经济角度看，完全不可能将大、中型机用于继电保护，这是不言而喻的。只有在小型机出现以后才有可能将计算机用于继电保护问题提到议事日程上来。而微型机几乎在一出现不久就被引进到继电保护中去，也是由于它的技术经济指标和性能已克服了许多过去的计算机存在的矛盾。但是，由于继电保护是解决安全运行（也就是与经济有关）的主要技术手段之一，所以计算机的可靠性问题不可避免地成为计算机继电保护发展的重要障碍之一。只有克服这些问题并在经济上显示出足以压倒其他继电保护装置，才能得到真正的发展，否则，只能处于研究、试验、试制、试运行的阶段。

3）学校、研究所、制造厂、运行部门在计算机继电保护发展中的作用

从计算机继电保护发展看，高等学校起了先驱、奠基、理论探讨、试验室试验研究，与制造部门、运行部门合作研制样机，培养这方面人才等作用。

在国外，主要的大学有澳大利亚的N. S. W大学和加拿大的Calgary大学，此外有英国的Cambrige Imperial大学和Bath大学，美国的Ohio大学，加拿大的Brunswich大学等。

正式样机几乎都是制造厂与运行部门合作研制出来的。例如，Westinghouse与PGE、PPL，IBM与AEP，三菱与关西电力，日立与东京电力，英国的CEGB与中国香港的中国电灯公司等。但其中不少人在学校时的学位论文就是这方面的内容，到制

造厂或运行部门后就继续这方面的工作，成为骨干。例如，美国的 Rockefeller(Newark College of Engineering)、加拿大的 Umamaheswaren(Calgary)、Martin(GEC 英)等。

如前所述，在这一方面，各个国家或地区的特点不同，有以学校为主，有以制造、运行部门为主，有些国家则开展得比较少，如苏、德、法等，虽有少量研究，但不多。

从研究所的角度看，则日、加等国开展得较多一些，但相对来说并未投入很多力量。

3 我国计算机保护发展之我见

如前所述，计算机继电保护本身有无可辩驳的技术上的优点，尤其在微型机出现并高速发展的情况下更是这样，它适宜于继电保护的分散的、小型的、经济的要求，但是目前的发展，似乎没有重视研究计算机在技术上的优势，而偏重于用计算机实现常规保护的功能，致使引进计算机后没有显得有重大的突破，而在总的技术经济指标上，尚未呈现对常规保护的压倒优势，因而影响了它的发展速度。

从我国的现状来看，目前正处在国民经济的调整期，而计算机特别是微型机的生产尚处于初始阶段，试验室的条件尚不满足要求。

从这些情况出发，我认为我国在计算机继电保护方面应采取如下方针，即积极研究、稳重发展、重点布点、微型入手、发挥优势。

我们之所以需要积极研究，是因为在技术上、理论上不要与世界发展造成过大的差距，以便在经济条件、其他技术条件具备时，能迅速赶上，适应国民经济的要求。因此，从研究的角度来说，应该抱积极的态度。

但是从发展的角度来看，应该看到我们的经济基础和技术基础(特别是 LSI 和微型机技术)是薄弱的，以为很快就会有很大改变，这是不现实的，在这方面就不能来一个普遍开花。应该在积极研究的基础上，较有把握地稳重发展。

因此，我们应该首先重点布点开展研究，在有条件的基础上，重点选择试点单位(中型变电所或小型水电站)进行样机试制、试运行。

关于研究力量的布点，除电力部南京自动化研究所有一定力量和条件外，我认为电力部和一机部电工局应该支持高等学校进行研究。如前所述，这些先行工作、基础理论、试验研究工作，应该充分发挥高等学校的长处，在一定的研究基础上再回过头来与制造、运行部门结合，进一步开展样机研制工作。

参考文献(略)

4.2 计算机继电保护技术的现状与展望①

0 引言

电力系统继电保护的发展，取决于两个方面：电力系统的发展和实现继电保护功能的技术手段的发展。计算机继电保护，就是随着现代大电力系统的发展，和数字计算机技术的发展而发展起来的。

从20世纪60年代后期起，计算机在线控制开始进入继电保护领域[65-1][66-1]。十多年来，人们在理论、实践上进行了大量的研究，使计算机继电保护不断在广度和深度上发展，在20世纪80年代初终于达到实用化阶段[81-19]。目前，除美国、英国、日本、加拿大、澳大利亚、西德、法国、印度一些大学、研究所和厂家进行研究外，从文献上看，还有苏联、瑞典、瑞士、奥地利、比利时、东德、荷兰、意大利、南斯拉夫、捷克斯洛伐克、葡萄牙、西班牙、南非、以色列、沙特阿拉伯和中国香港地区在进行这方面的工作。我国一些大学和研究所也已开展研究。根据搜集到的1965—1982年间发表的385篇文献或摘要(国外363篇，国内22篇，不包括学位论文)各年度分布情况，计算机继电保护文献数量基本上逐年上升，而且近年来数量已相当可观。十多年来的发展历史表明，计算机继电保护正受到日益广泛的、越来越大的重视(见表1)。

表1 文献数量统计

年度	1965	1966	1967	1968	1969	1970	1971	1972	1973	1974	1975	1976	1977	1978	1979	1980	1981	1982
文献数量	1	1	2	2	3	12	8	11	9	10	28	25	32	35	44	59	57	46(未全)

1 计算机继电保护的发展趋势

根据文献的统计分析计算机继电保护发展有如下趋势。

1) 由开发性研究向实用化研究的发展

研究计算机继电保护，使用了三种试验方式。

(1) 离线模拟计算：用于在线试验条件不具备，或对算法、软件作初步原理性研究。

(2) 实验室在线试验：将计算机与被保护对象的物理模型联机试验，研究保护原理、软硬件设备与技术。

(3) 装置现场试验：在现场情况下，对初步装置作长时间连续的综合性考验。

这三种方式，后一种比前一种更接近实际情况。不同试验方式文献的分布情况如表2所示。

---

① 本文主要由张之哲执笔，发表于1983年《继电器》。

表 2　不同试验方式文献的分布情况

年度	1965—1969	1970	1971	1972	1973	1974	1975	1976	1977	1978	1979	1980	1981	1982
模拟计算		4		3	3	3	4	4	5	5	2	1	4	5+8(国内)
在线试验			1	1	2	1	2	3	5	6	7	6	3	8
现场试验							2	3	4	5	9	10	16	10(未全)
实际使用													2	5

可见试验方式由开发性研究向实用化研究发展的趋势如下：

模拟计算→在线试验→现场试验→实用运行

计算机继电保护装置投入实际使用首先是在日本进行的[81-19][82-4]。

2) 计算机继电保护随着电子计算机技术的发展而发展

在计算机继电保护中使用的有小型机、微型机和多微系统，可见：

(1) 微处理机问世后，使用小型机减少，微型机和多微系统使用增多；

(2) 近几年基本上主张用微型机，并出现采用多微系统方式(多微处理机分担计算量、分布式微机网络)(见表 3)。

表 3　不同机型文献的分布情况

年度	1965—1969	1970	1971	1972	1973	1974	1975	1976	1977	1978	1979	1980	1981	1982
小型机		5	5	7	3	3	4	3	6	4	4	3	1	2(国内)
微型机							1	2	6	10	17	23	20	28
多微系统								1		4	2	6	6	7
计算机发展	小型机													

3) 计算机继电保护随着电力系统应用计算机控制技术而发展

计算机继电保护从系统结构上看有以下三种方式。

(1) 集中方式：用一台小型机执行所（厂）中多种或全部保护功能[71-1]、[72-5]、[75-20]、[76-4]、[77-10]、[79-21]。

(2) 分散方式：用一个或多个微处理机的系统执行一种保护功能。

(3) 综合方式：用一个主机和多个取分散方式的微处理机子系统接成一统一的系统，对所(厂)实行综合性控制与保护[74-4]、[78-4]、[78-5]、[80-3]、[80-10]、[80-16]、[80-20]、[80-21]、[80-35]、[82-3]、[82-4]。

由表 4 可见，综合方式趋于增加，集中方式趋于衰微。因综合方式兼有另两种方式的长处，而集中方式在技术经济比较中不能和用微型机的另两种方式抗衡。目前研究最多的、最经济可行的是分散方式的计算机继电保护装置。

表 4　不同系统结构文献的分布情况

年度	1965—1968	1969	1970	1971	1972	1973	1974	1975	1976	1977	1978	1979	1980	1981	1982
集中方式		1	2	1	2	2	1	5	3	3	0	2	2	0	0
综合方式							1	0	1	1	3	4	4	3	6

4）保护对象的扩展与研究内容的深化

计算机继电保护文献所涉及保护对象情况，统计如表5所示。

表5 计算机继电保护文献所涉及保护对象情况

对象	输电线			发电机	变压器	母线	断路器失灵保护	电动机	电缆	水电站	配电所	工业电力系统	煤矿电力系统	平行双回线	故障测距
	距离	高频	过流												
文献数量	90	20	2	10	21	5	6	3	1	1	8	1	1	7	16

研究对象一直主要是输电线距离保护与高频保护，但近几年向常规保护对象的各个方面扩展，研究内容也不断深化。

2 计算机继电保护的可行性问题

计算机继电保护是否可行？一直备受关注。继电保护领域引入一种全新的技术，这是一种自然的现象。只有通过长期研究实践积累丰富材料，由此进行充分的技术经济可行性研究，才可能逐渐得出清楚的结论。这可能是计算机继电保护虽已研究多年进展似乎不快的一个主要原因。

1）可行性

对可行性问题的探讨，基本上按以下两种方式进行。

（1）对计算机继电保护和常规继电保护进行技术经济比较。

计算机继电保护只有证明其优于常规继电保护才能被接受，所以进行这种比较是必然的。大量文献进行了讨论，对计算机继电保护的优点得到渐趋一致的认识[78-35]、[79-4]、[79-18]、[79-39]、[80-24]、[81-20]、[81-53]，主要是：功能改进，自检能力，适应性和扩展性，系统间信息交换，装置的标准化、小型化、低功率化。尚未取得一致意见的是可靠性、经济性、使用维护的难易问题，这正是继电保护最重要的问题。对此有以下两点值得注意。

① 比较只可能就现状而言，计算机继电保护尚在随计算机技术的发展而发展，因而评价比较的讨论将会继续下去。

② 可靠性等问题最终必须由实践作答，结论尚需长期大量的工作。

文献[81-53]指出，现阶段不宜对计算机继电保护进行很高评价，应对存在的问题进一步深入踏实探讨。这样有利于加快计算机继电保护发展的速度。

（2）开发原理，制作装置，进行试验，从实践中来研究计算机继电保护是否可行。

可行性问题从根本上说是一个实践的问题。研究中已反映出一种趋势即越来越注重实践，而不停留于评价比较。至今，在研究实践中已做了大量工作。

① 原理上的开发和验证。已提出和验证了许多实际可行的算法和软件设计技术。但在保护原理上还未见对常规继电保护有重大突破，也许这是计算机继电保护发展不够快的又一原因。

② 装置的研制和试验。为综合地考虑提出的原理，向实用目的靠近，必须制作装置，

并通过充分的实验室模拟试验和长期的现场考验[72-5]、[75-20]、[78-23]、[78-26]、[79-12]、[80-3]、[81-6]、[82-4]、[82-83]。一方面为揭露问题积累经验改进装置，另一方面为证明计算机保护实际可行以取得人们的信任[72-5]、[75-20]、[81-35]。

装置通过反复试验与改进，经受长期现场考验之后，合乎逻辑的结果是有一些装置投入了实际的运行[81-19]、[82-4]。虽然这尚未最后一般性地证明计算机继电保护优于常规继电保护而普遍可行，但在这些具体场合证明了它的切实可行和优越之处。值得注意，已投入实用的装置，是用常规继电保护难以满足要求的情况（都市地区的多端输电线），发挥了计算机继电保护的某些长处（信息交换能力）。

2）可靠性

可靠性对继电保护最重要，涉及因素又最复杂。大量文献讨论了计算机继电保护的可靠性问题，提出种种提高可靠性的措施[71-3]、[79-18]、[79-27]、[79-34]、[80-7]、[80-34]、[80-53]、[81-35]、[81-50]、[82-12]。

作技术经济比较时，可靠性问题可分为三个方面作为比较的基础，即综合可靠性、不拒动的可靠性、不误动的可靠性[79-81]。从严格的定量观点看，可靠性是统计的概念，有赖于大量经验数据。计算机继电保护装置尚未大量投入实际运行，虽有用概率统计方法分析可靠性的尝试[80-34]，但还不可能作出有说服力的可靠性定量分析。目前，就可靠性问题，对计算机继电保护和常规继电保护孰优孰劣，还没有作出可信的结论。这方面的进一步探讨是一件重要的工作。

现阶段，计算机继电保护研究所关注的，主要是可靠性对策问题[81-35]，包括以下几个方面。

(1) 系统的可靠性设计。

(2) 软件的可靠性措施，如软件的冗余结构和软件的标准化等。

(3) 装置耐环境的可靠性措施，如用光缆对付电磁干扰[81-7]。已有装置在变电所现场考验相当时期，表明足以耐受热、尘、湿、冲击波和噪声干扰[82-4]。

(4) 计算机的连续监视与自检。这是许多文献所主张，并已为另一些装置所实现的重要可靠性措施[79-20]、[81-6]、[81-39]、[81-41]、[82-4]。普遍认为这是计算机继电保护胜于常规继电保护的一个重要优点，对提高继电保护可靠性非常有利。其揭露装置隐患的能力，在一些装置的现场试验中已得到证实[81-6]、[81-19]。这一长处可能将在今后的研究和设计中受到进一步的注意和发挥。

3）经济性

经济性是计算机继电保护可行性问题另一重要方面，最终分析时是最重要的因素[79-4]。十多年来计算机一直在迅速发展，这直接决定着计算机继电保护发展趋势和速度的变化，及人们对其经济性的评价。主要的因素有[79-18]、[80-40]以下几方面。

(1) 计算机硬件价格一直下降，国际市场上 20 世纪 70 年代下降了约一个数量级。

(2) 常规继电保护装置价格在同期内一直上升，增加了一倍左右。

(3) 微型机继电保护系统的价格/性能比一直下降，而常规继电保护的却一直上升，尤以机电型的为甚。

(4) 随着电力系统的发展，用多微系统兼作测量、控制和保护带来的综合经济效益，这是过去评价中有所忽视之处。

(5) 在工业发达国家和发展中国家电力工业与计算机发展情况有很大差别，故不能用同一经济尺度来衡量计算机继电保护的经济性问题。这种差别，是造成世界各国计算机继电保护发展状况不平衡的主要原因之一。

回顾计算机继电保护的发展历史，可以得出以下结论。

(1) 小型机价格昂贵，故初期自然要采用集中方式的系统结构。即使如此，在20世纪70年代后也无法与微型机抗衡而趋于衰微。

(2) 由于微型机价格上的竞争力，问世后即受到重视并往综合方式的系统结构发展。综合方式具有技术经济上的优点，将进一步促进计算机继电保护的发展[79-4]、[80-16]。

目前，研制计算机继电保护装置的花费仍比购买常规继电保护装置的花费多，但已有文献指出，在将来数字式继电保护和控制系统的价格就会降到常规设备的水平[82-4]。还应提出，采用新技术的设备的研制费，较之成熟产品的购买费，所含的费用复杂得多，不宜进行简单的比较，这是在评价时应当注意的问题。

我国是一个发展中国家，对于计算机继电保护宜于采取适合我国情况的发展方针，即“积极研究，稳重发展，重点布点，微型入手，发挥优势”[81-53]。计算机和大规模集成电路技术的发展，正受到国家的高度重视，这必将有力地促进计算机继电保护在我国的发展。

3 输电线保护

输电线保护是计算机继电保护研究的重点，发表文献最多。其主要原因可能有以下几方面。

(1) 输电线保护机理最复杂，对应用计算机的技术可行性是最大的考验。

(2) 输电线常规继电保护装置最昂贵，用微型机取代企图在经济上显得更有价值。

(3) 初期用小型机作变电所集中控制的历史发展所致。

迄今作成装置并接受现场试验的几乎都是输电线保护，包括距离保护、高频保护等。

(1) 距离保护。

距离保护可参见文献[75-20]、[76-5]、[78-23]、[79-34]、[80-6]、[80-40]、[80-56]、[81-16]、[81-24]、[81-34]、[81-39]、[81-40]、[81-41]、[81-42]、[81-48]、[81-49]、[82-12]、[82-23]。

(2) 高频保护。

高频保护可参见文献[77-26]、[78-26]、[79-10]、[79-12]、[79-20]、[79-30]、[79-31]、[79-36]、[80-46]、[81-6]、[81-19]、[81-33]。

对输电线的过流保护[76-13]、[81-8]与后备保护、故障测距、故障录波也作了不少研究。平行双回线的保护受到注意[79-36]、[81-19]、[81-33]、[81-40]、[81-41]、[81-42]、[82-28]，某些用常规保护难以解决问题的场合特别适于用计算机保护[81-23]。

近几年有采用综合方式的趋势，将输电线保护的功能纳入变电所综合式控制保护系统中去[80-3]、[80-44]、[81-13]、[82-3]、[82-4]、[82-20]。

1) 硬件

由于计算机尚在发展之中而且各国情况不一，使用硬件情况比较复杂。目前比较趋于一致的基本考虑有以下几点。

(1) 硬件结构必须包括五个部分：输入部分、运算处理部分、存储部分、输出部分和人机联系部分(整定和显示等)。

(2) 一般认为使用至少16位字长微处理机比较合适，目前多用M68000、Z8000、Intel8086机型。

(3) 使用12位以上的A/D转换器，尽可能采用DMA通道传送A/D数据。

(4) 采样率因所用算法及运算量而异，一般为工频每周采样4～40次。

一般认为硬件结构将渐趋一致并可广泛实现标准化，是计算机保护一长处。但微型机发展换代很快，这利于保护性能的提高，但不利于保护装置的定型标准化及推广使用。如何解决这个矛盾，可能是今后会遇到的一个问题。

为适应计算机继电保护的需要，近年有一种趋势，将电流互感器、A/D转换器、光纤传输设备等组装在一起制成数字式传感器[80-48]、[80-49]、[81-7]作为装置的输入部分，这有利于提高硬件可靠性和实现装置标准化。

2) 软件

继电保护功能由软件实现，是计算机继电保护异于常规保护的基本特点。由此计算机继电保护有如下特点。

(1) 继电保护系统的设计制作，主要工作量在于软件。

(2) 装置成本包括硬件成本和软件成本，软件成本是主要部分。

(3) 软件开发为新原理、新技术、新方法提供了广阔场地。

算法是软件的核心问题，表现出计算机继电保护在运算功能上的优越性及有待开发的潜力。程序设计是算法的具体实现，需要丰富的经验，涉及广泛的知识。目前，程序设计一般使用汇编语言，也有认为用高级语言(PASCAL)是降低软件成本的一条途径[82-3]。

距离保护的程序包括四个基本部分，即故障检查、故障分类、故障测定和跳闸判定程序[70-6]、[77-20]、[79-37]、[80-38]、[82-16]。注意利用计算机的长记忆能力、复杂运算能力等来提高继电保护性能，例如以下几方面。

① 用记忆数值方法检查电压变化[70-6]、频率变化[81-24]、[81-35]、[82-23]、[82-24]和确定近区故障[75-14]、[77-7]、[77-20]等。

② 用种种算法计算故障检测量和实现各种继电器特性。

③ 在跳闸判定程序中提高可靠性的各种措施[80-38]、[80-40]、[80-3]、[81-24]。

行波差动保护对传送的数据码用软件检错[79-31]，用“查表法”实现过电流继电器特性[82-9]等都反映出软件的广泛用途。

目前，输电线的计算机继电保护基本上是用软件模仿执行常规继电保护功能，还没有原理上的重大突破，这可能是以下两个原因。

(1) 研究注意于和常规继电保护比较，以证明其可行性。

(2) 对软件技术这一完全不同于硬件技术的新领域缺乏经验。

充分发挥计算机长处，注意开发和应用软件技术，以提高和发展继电保护性能，这是一个可能将最终决定计算机保护前途的重要问题，会引起越来越大的重视。随着计算机保护进入实用阶段，系统地研究软件、设计和配置标准化的程序包，也是要面临的实际问题。

3) 算法

算法是讨论最多的问题。一般文献所说的距离保护的算法，是指行波法和从故障暂态量中抽取(或滤出)基频电流、电压，从而算出视在阻抗的算法。

任何一种算法，都从某种输电线模型出发，对故障暂态量作了某种假定，并考虑相应的前置予滤波措施。输电线保护算法可概括如表6所示。

为选用最好的算法，作了大量评价比较工作[75-1]、[76-19]、[77-15]、[78-8]、[78-13]、[79-2]、[79-6]、[79-24]、[79-28]、[79-32]、[81-10]、[82-7]。评价的指标主要是速度和准确度。至今，这种评价比较基本上还是经验的和定性的，没有得出完全一致的结论。这可能因为以下因素。

表6 模型——算法——滤波

<table>
<tr><td colspan="2">线路模型</td><td colspan="4">集中参数模型</td><td>分布参数模型</td></tr>
<tr><td colspan="2">算法类型</td><td>基频分量计算法</td><td>相关法</td><td>微分方程法</td><td>最小平方拟合法</td><td>行波法</td></tr>
<tr><td colspan="2">有效的(暂态量)成分</td><td>基频分量</td><td>基频分量，直流分量，高次谐波</td><td>基频分量直流分量</td><td>基频分量，直流分量，有限个高次谐波</td><td>暂态量的全部分</td></tr>
<tr><td colspan="2">应由滤波器滤除的成分</td><td>直流分量高次谐波</td><td>无</td><td>高次谐波</td><td>未考虑的高次谐波</td><td>无</td></tr>
<tr><td rowspan="2">滤波方法</td><td>模拟低通滤波</td><td>需要，因为
①采样定理
②滤高次谐波</td><td>需要，因为
①采样定理</td><td>需要，因为
①采样定理
②滤高次谐波</td><td>需要，因为
①采样定理
②滤高次谐波</td><td>需要，因为
①采样定理</td></tr>
<tr><td>数字滤波</td><td>需要，因为滤直流与高次谐波</td><td>不必要</td><td>需要，因为滤高次谐波，但可不用</td><td>可不用</td><td>不需要</td></tr>
</table>

续表

线路模型	集中参数模型				分布参数模型
文献*		[68-1][72-1] [75-1][75-15] [75-17][75-25] [76-7][76-9] [76-19][76-22] [77-15][78-13] [78-28][79-13] [80-57][80-59] [81-14][81-55] [82-33][82-40] [82-45]	[70-8][75-1] [75-19][77-15] [77-20][78-3] [78-15][78-32] [79-1][79-8] [80-27][80-45] [80-57][81-47] [82-45]	[75-24][77-8] [77-15][79-13] [82-13][82-23] [82-38]	[77-4][77-17] [78-9][78-10] [78-14][78-23] [79-10][79-31] [80-4][80-27] [80-44][81-36] [82-44]

* 参考文献出自华中工学院编录的《计算机继电保护文献目录》。

注:此外还有一类不算出基频正弦量幅值,直接用采样值实现继电器动作方程的算法[77-7]、[77-27]、[82-41]。

(1) 影响速度和准确度的因素多而复杂,排开其他因素单独分析算法的影响比较困难。

(2) 软硬件未标准化,不能提供便于比较算法的统一的试验手段。

(3) 对保护的速度和准确度在理论上探讨不够,尚未建立它们和各主要影响因素间的定量关系。

比较一致的认识是:选用一种算法,必须在速度和准确度两者间加以权衡和作出折中,并结合现有处理机的能力和采样率的选择等考虑[79-4]。

算法影响速度的主要因素是数据窗和运算量,这两者因各种算法采用不同的数学原理与数值处理方法而异。

算法影响准确度的主要因素,是算法滤除故障暂态量中非基频成分的能力。从数字信号处理的观点,算法也是数字滤波器[76-9]、[78-8]、[79-13]、[79-24]、[81-10],在这方面进行了许多研究。

(1) 用数字滤波器(及模拟滤波器)与算法配合,以消除暂态量中非基频成分[69-2]、[79-13]、[82-39]。

(2) 寻求各种消除非基频分量的数字滤波器[75-23]、[77-29]、[82-39]。

(3) 把算法看做数字滤波器,从这一观点对算法作统一的分析、比较和评价[79-13]、[79-24]。

应当注意,以上研究都基于这一假定:暂态量中高频分量的频率是基频的正整倍数。显然这种假定与实际情况不符,会导致误差。针对这一情况,近年有文献提出使用卡尔曼滤波方法,把非工频分量作为随机噪声来处理[81-1]、[82-16]。

对于算法的比较选择，至今仍是一个有吸引力的问题。根据文献发表数量看，相关法（傅里叶法与沃尔什函数法）、微分方程法、最小二乘法、乘积法（日本）和行波法用得较多（见表7）。

表7 算法文献分布

算法	微分方程法	采样导数法	傅里叶变换算法	沃尔什函数法	正弦曲线拟合法	最小二乘法	多项式曲线拟合法	乘积法	面积法	两采样值法	过零法	直接相位比较	直接用采样值实现动作方程	行波法
文献数量	15	5	15	6	4	8	2	9	4	3	1	2	3	14

4 变压器、发电机、母线的保护

对变压器、发电机母线保护所进行的研究远比输电线保护的少，这可能由于以下两个原因。

(1) 输电线保护对使用计算机的可靠性考验更严重，其研究更具代表性。

(2) 一般倾向于将变压器、发电机、母线保护功能纳入所（厂）的计算机控制、保护系统作统一考虑[76-3],[76-18]、[80-16]、[80-33]、[82-3]，对研制专用的上述计算机继电保护装置不大注重。

但是值得强调的是，根据我国国情，实现所（厂）的综合式控制、保护系统还要相当时期，而研制变压器、发电机的专用式微型机继电保护装置比较现实可行。这方面工作有待加强。

1) 变压器保护

变压器计算机继电保护目前尚处于可行性研究，未达到实用阶段。主要研究算法，在实验室作模拟试验，未见有作成装置接受现场考验的报道。一般研究单相变压器和三相两绕组变压器保护，近年对三相三绕组变压器的保护也有探讨[82-10]。所研究的方案主要是二次谐波制动的差动保护，对其他的差动保护也有探讨[72-7]、[78-7]、[81-36]、[82-17]。

与常规继电保护一样，变压器的计算机差动保护面临的一个关键问题，仍是如何正确区分励磁涌流和内部故障电流。算法的研究工作重心在此，从以下三方面提出了计算二次谐波和基波分量或其比值的各种方法。

(1) 数字滤波器：使用了递归带通滤波器[72-9]、[81-38]和有限长单位脉冲响应滤波器[77-14]。

(2) 相关方法：用正弦函数或奇偶方波函数作正交样品函数[76-6]、[77-5]、[79-28]、[82-8]、[82-43]。

(3) 最小二乘曲线拟合法[81-3]、[82-6]。

有文献注意到二次谐波比值在故障电流和涌流中的概率密度不同，认为可用于故障判定[81-36]。用概率统计方法给保护原理开辟了一条新途径，可能使保护性能得到较大提高。

2）发电机保护

尚处于实验室模拟试验的可行性研究阶段，发表文献很少。所涉及的保护有以下几种。

(1) 纵差保护[73-4]、[73-7]、[77-11]。

(2) 匝间短路保护(发电机内部短路保护)：用励磁电流二次谐波分量作动作信号，用发电机端负序功率作制动信号[77-16]。

(3) 负序电流保护[79-6]。

有文献提出新的差动保护方案，借助计算机记忆能力对故障前的信息加以利用[82-17]。这样看来，关于发电机的计算机保护有大量工作有待开发，今后可能会受到更大程度的重视。

3）母线保护和断路器失灵保护

母线的计算机继电保护，专门的研究文献极少[70-2]，但是在变电所统一的计算机继电保护系统的功能中，一般考虑了母线保护的功能[69-2]、[80-16]、[82-3]。已有文献报导研制出专用的数字式母线保护装置，并通过了实验室模拟试验和现场考验[82-30]。

断路器失灵保护受到一定的注意[69-2]、[74-4]、[77-2]、[77-3]、[80-21]、[82-21]。主要提出了两种方案：用一个专用的计算机系统执行多台断路器的失灵保护功能[77-2]、[80-21]，或由变电所的一个计算机后备保护系统把断路器失灵保护的功能包括进去[82-21]。目前，断路器的计算机式失灵保护处于实验室研究阶段。

5 计算机继电保护引入的新原理、新技术和新方法

数字计算机应用，给整个工业生产造成了巨大的变革。计算机在线应用于继电保护领域，引入了一系列的新原理、新技术和新方法，为继电保护在理论和技术上的发展打开了一个有着广阔发展前景的新天地。

1）计算机的硬件和软件技术

计算机继电保护的软硬件设计包括以下几方面。

(1) 关于计算机总体结构的考虑。

(2) 微型机系统设计，涉及微处理器、存储器、输入/输出设备和接口，以及作为调试手段的开发系统。一般是用现成的微型机系统或单板机作基础进行修改和配备需要的外部设备。

(3) 软件，包括系统软件和应用软件。软件工作的重点是应用软件的建立。

2）A/D变换技术

把时间上连续的电量波形变换为离散的数字量并送入计算机，涉及模拟滤波、采样和保持、多路转换器和A/D转换器。只有各个部分设计配合适当，并与继电保护运算相配合，才能得到良好的总体性能。

其中，采样率涉及因素复杂，其选择十分重要，对计算机继电保护的速度和准确度有重要影响[71-3]、[75-22]、[76-14]、[77-5]、[77-31]、[78-32]、[79-4]、[82-23]。

3）数值方法

计算机只能执行算术运算和逻辑运算，因此任何涉及连续变量的计算问题都要通过离散化后，用某种近似的方法即数值方法才能解决。

计算机继电保护文献中使用了数值微分[70-6]、[72-5]、数值积分[79-19]、[71-4]、[70-8]、最小平方拟合[75-24]、[77-8]等数值方法。对于一种继电保护原理的实现，寻求可能的数值方法、误差小的数值方法、最优的数值方法；是有实际意义的重要问题，这是算法研究的内容。还应注意应用非数值计算的方法[78-17]。

4）频域分析

继电保护中涉及的电压和电流信号，在常规保护中一般用时域方法表示和分析，在计算机继电保护中还可用频域方法表示和分析[75-16]、[79-13]、[79-43]、[81-52]。

信号的频谱通常是原始信号的一种更为简单的表达方式，易于解释和表征。在计算机继电保护中，像模拟滤波、数据窗长短和采样率等都是根据频率特性选择的。所涉及的信号处理技术是按保护要求在频域中进行分析的。频域分析有利于探讨与设计新的算法，提供了分析与设计继电保护的一条新途径。

5）正交函数与变换方法

正交函数是具有相当一般性质的一类函数，可用正交函数系的展开来描述。继电保护涉及的暂态量信号的数学形式也如此。计算机继电保护中，求出作为特征分量的某些谐波分量的一种方法，就是用正交函数作样品函数，与暂态量时变函数作相关计算[74-5]、[76-6]、[81-14]。目前使用了正（余）弦函数、沃尔什函数等正交函数。

为了便于从暂态量时变信号中抽取和处理特征信号，通常将其变换为频域中的等价形式。用到的变换方法主要是傅里叶变换[78-12]、[81-36]、[82-15]和拉普拉斯变换[80-29]、[82-18]。

作相关计算，用傅里叶级数逼近暂态量，信号收敛较快，但运算要作乘法，而用沃尔什级数逼近，只作加减法，但收敛慢。可以探讨用其他正交函数的级数形式，以取两者之长而避其短。

6）数字滤波

数字滤波是用数学的运算，对输入计算机的数据进行程序滤波处理的一种滤波方法，是在计算机继电保护中用做从暂态量信号中取得特征分量的一种方法。从数字滤波观点分析和评价算法，也是一条有特色途径[79-13]、[79-24]。如何从数字信号处理角度更深入研究计算机保护的机理，是值得关注的问题。

对研究数字滤波器等离散系统的重要工具——Z 变换，文献也有涉及[76-7]、[77-7]、[77-29]、[82-39]。

7）随机分析方法与卡尔曼滤波

在常规保护中，由于运算能力限制，无法利用统计处理方法，有一些明显的随机现象受到了忽视。

（1）在保护区边界上，影响判定因素的随机性质。

（2）由于故障地点、故障类型等的随机性，暂态量中的非基频分量实际上是随机信号。

计算机继电保护可以发挥其长处，利用（1）的随机性质，用统计判定方法来判定故障，可提高判定的准确性[80-37]。把非基频分量视为迭加在基频分量上的随机噪声，用卡尔曼滤波方法对基频分量作最佳估计运算，其收敛可能比其他算法更快[81-1]、[82-16]。

在计算机继电保护中应用概率统计的方法，这是对常规保护的突破，可能使保护性能获得大的改观。这明显地表现出计算机继电保护的信息处理能力优于常规继电保护。

6 计算机继电保护前景的展望

随着微型计算机价格性能比不断降低，随着现代大电力系统对于应用计算机实时控制的要求不断增高，计算机继电保护作为电力系统综合性监测、控制和保护系统中的重要一环，将会受到越来越大的重视。在终于达到实用化阶段的20世纪80年代，发展速度将会较前更快，可能表现在以下方面。

（1）输电线微型机继电保护装置在工业发达国家将会越来越多投入使用，某些类型的装置在20世纪80年代后期可能达到商品化阶段，出现在继电保护设备的国际市场上。

（2）发电机、变压器的微型机继电保护可能会引起重视，得到较快发展，作出一批样机并接受现场考验。

（3）电流电压保护装置，在发达国家的工业中可能会很快达到实用化阶段。

（4）变电所综合式控制、保护系统将显示出越来越大的吸引力，受到深入的研究。

计算机继电保护在技术上可能会迅速发展，在以下方面可能会受到较大的关注。

（1）充分利用和发挥计算机长处，注意于常规保护解决困难的问题，不断提高继电保护性能。

（2）力求对常规继电保护在原理上有更大的重要突破，注意于计算机继电保护已被承认但尚未证实的优越性（例如适应性等）的具体实现。

（3）可靠性问题尤其是可靠性对策的进一步探讨，对连续监视和自检的软硬件技术作系统研究与应用，并对其实效加以总结。

（4）根据现场考验与实际运行经验，对装置进行全面评价，探讨问题与对策，以求不断改进。

（5）对于电力系统状态变化、谐波、互感器饱和等因素对计算机继电保护性能的影响，作进一步的探讨并寻求对策。

（6）对变电所综合式控制与保护系统的主要问题作系统和深入研究，提出解决的原则与具体办法。逐步探讨一些新问题。

① 综合式控制、保护系统中信息的综合优化利用，保护功能与监测、控制功能的

综合实现问题。

② 分层控制系统中，继电保护功能的作用与地位，以及整体优化问题。

③ 分布式多微系统中，微处理机网络的结构与功能设计问题。

参考文献(略)

本文参考了1965—1982年间关于计算机继电保护的385篇参考文献(主要为英文文献，还包括43篇日文文献，13篇俄文文献，22篇国内文献)，此略。如需查阅，请参看华中工学院所印“计算机继电保护文献目录”一文。

第5章　发电机保护

5.1　有限自适应式发电机转子一点接地保护①

1　概述

发电机转子接地保护虽然不能说是发电机的主要保护，但是转子一点接地是发电机(特别是转子水冷的发电机)内部容易发生的一种故障，如不及时发现处理，则故障发展成两点接地就会使转子发生强烈振动，从而危及轴系的安全。因此，中大型发电机毫无例外地要求装设一点接地保护。

目前，使用得最广泛的转子一点接地保护所用的原理如图1所示[1]。实践及分析说明，基于这种原理的保护装置用在大型水轮发电机等情况时，由于转子对地电容比较大(达1 μF以上)，容抗比较小，装置的灵敏度很难满足要求，整定方法稍微有差错，甚至可能出现金属接地时也拒动的情况。

本文结合研制葛洲坝水电站二江电厂一号水轮发电机-变压器组微机继电保护，提出一种有限自适应式发电机转子一点接地保护方法，该方法大大提高了灵敏性。

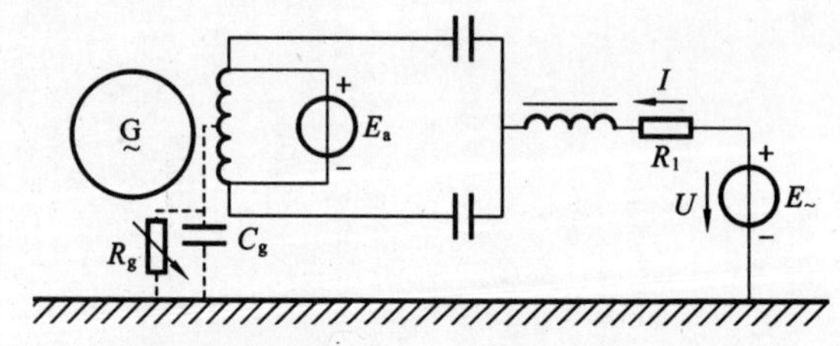

图1　导纳式转子一点接地保护系统

2　一般导纳式转子接地保护的特性与问题

导纳式转子一点接地保护是从外部将工频交流电源加在转子绕组与大地(或大轴)之间，然后在电源端测量其导纳变化来实现保护的方法。当转子绕组发生一点接地时，测量导纳发生的变化，保护装置设计成导纳圆动作特性。当测量导纳落在动作圆内时，保护装置动作。由于转子回路是直流系统，为了与外加交流电源在直流意义

① 本文发表于1995年湖北电机工程学会继电保护学术会议。

下隔离，并使在不同点接地时灵敏度相近，电容分别接在正极和负极上。为了补偿所加电容对导纳测量的影响，在测量回路中串接一个电感，以提高装置的灵敏度(见图 1)，其简化原理见图 2。

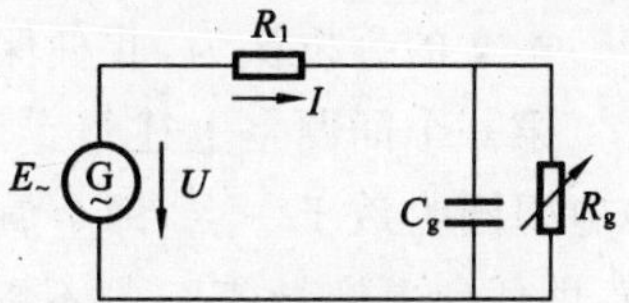

图 2　导纳式转子一点接地保护简化系统图

由图 2 可得出在外加交流电源处的测量导纳。

设测量导纳为 Y，则有

$$\dot{Y}=\frac{\dot{I}}{\dot{U}}=\frac{1}{\dot{U}}\cdot\frac{\dot{U}}{R_1+\dfrac{R_g\cdot\dfrac{1}{j\omega C_g}}{R_g+\dfrac{1}{j\omega C_g}}}=\frac{1+j\omega C_gR_g}{R_1+(1+j\omega C_gR_1)R_g}=\frac{A+BR_g}{C+DR_g}\tag{1}$$

式中　　$A=1,\quad B=j\omega C_g,\quad C=R_1,\quad D=1+j\omega C_gR_1$

由文献[1]附录 1，可得当 R_g 从 $-\infty\to+\infty$ 变化时，Y 的轨迹为一圆，其圆心和半径分别为

$$\dot{O}=\frac{\dot{B}}{\dot{D}}+\left(\frac{\dot{A}}{\dot{C}}-\frac{\dot{B}}{\dot{D}}\right)\frac{1}{2\sin(\Phi_D-\Phi_C)}e^{j(90^\circ-\Phi_D+\Phi_C)}$$

$$=\frac{j\omega C_g}{1+j\omega C_gR_1}+\left(\frac{1}{R_1}-\frac{j\omega C_g}{1+j\omega C_gR_1}\right)\frac{1}{2\sin[\arctan(\omega C_gR_1)]}e^{j(90^\circ-\Phi_D+\Phi_C)}\tag{2}$$

$$\rho=\left|\frac{\dot{A}}{\dot{C}}-\frac{\dot{B}}{\dot{D}}\right|\frac{1}{2\sin(\Phi_D-\Phi_C)}=\left(\frac{1}{R_1}-\frac{j\omega C_g}{1+j\omega C_gR_1}\right)\frac{1}{2\sin(\Phi_D-\Phi_C)}\tag{3}$$

式中　　$\Phi_C=0,\quad \Phi_D=\arctan(\omega C_gR_1)$

文献[2]称这种圆为等导纳圆，意即当转子绕组对地电容为给定值，而接地电阻变化时的测量导纳轨迹。

对于式(1)，取 C_g 为变量，得

$$\dot{Y}=\frac{1+jR_g\omega C_g}{R_1+R_g+jR_1R_g\omega C_g}=\frac{A'+B'C_g}{C'+D'C_g}\tag{4}$$

式中　　$A'=1,\quad B'=jR_g\omega,\quad C'=R_1+R_g,\quad D'=jR_1R_g\omega$

同样可得，当 C_g 自 $-\infty\to+\infty$ 变化时，Y 的轨迹为一圆，其圆心和半径分别为

$$\dot{O}'=\frac{B'}{D'}+\left(\frac{A'}{C'}-\frac{B'}{D'}\right)\frac{1}{2\sin(\Phi_{D'}-\Phi_{C'})}e^{j(90^\circ-\Phi_{D'}+\Phi_{C'})}$$

$$=\frac{j\omega R_g}{j\omega R_gR_1}+\left(\frac{1}{R_1+R_g}-\frac{j\omega R_g}{j\omega R_gR_1}\right)\frac{1}{2\sin(90^\circ-0)}e^{j(90^\circ-90^\circ+0)}=\left(\frac{1}{R_1+R_g}+\frac{1}{R_1}\right)\cdot\frac{1}{2}\tag{5}$$

$$\rho'=\left|\frac{A'}{C'}-\frac{B'}{D'}\right|\frac{1}{2\sin(\Phi_{D'}-\Phi_{C'})}=\frac{1}{2}\cdot\left|\frac{1}{R_1+R_g}-\frac{j\omega R_g}{j\omega R_gR_1}\right|=\frac{1}{2}\left(\frac{1}{R_1+R_g}-\frac{1}{R_1}\right)\tag{6}$$

文献[2]将这种特性圆称为等接地电阻圆，不同的接地电阻构成一组圆族，并指出，当选定某一动作电阻值时，可将继电器特性设计成一导纳圆，使动作圆与相应的等接地电阻圆重合，现在不少现场使用的转子一点接地保护均按这一原理整定。但在运行中发现，此种保护灵敏度不高，甚至转子一极直接接地也拒动。

本文的分析认为，此种保护存在两个主要问题。

第一个问题是上述整定原则不妥当。当接地方电阻 R_g 逐渐减小至零时，等接地电阻圆收敛于一点，即金属短路时的导纳 Y_0。另一方面，此时的对地电容被旁路掉，即任何电容量值 C 都不影响测量导纳值。而当 $C\to+\infty$ 时，交流容抗为零，任何接地电阻值并不影响测量导纳，测量导纳亦为 Y_0。所以，任何接地电阻值都通过 Y_0 点。形成两组正交的圆族都通过 Y_0 点(见图 3)。如果保护的动作导纳圆如图 3 中的黑线所示，理论上在临界情况下，接地电阻动作值保持恒定，与转子对地电容容量无关。但是，当 $R_g=0$ 时，测量导纳亦落在该 Y_0 点，而 Y_0 点处在动作导纳圆的边界上。当选择整定值稍不小心，或保护的测量元件特性稍有变化时，有可能出现在金属短路时保护拒动情况。为克服这一毛病，有必要使动作导纳圆将 Y_0 点包括在内，并适当留有裕度。

第二个问题是，当 R_g 从 $0\to+\infty$ 变化时，导纳测量值沿等电容导纳圆从 $Y_0\to Y_\infty$ 变化，而变化是非线性的，如图 4 所示，由于 Y_∞ 在运行中会因运行工况而有一定的变化。因此，选择动作导纳圆的动作范围时，其动作边界不能太靠近 Y_∞ 而留有足够的裕度，否则将会误动。因此，使保护的灵敏度很难提高。

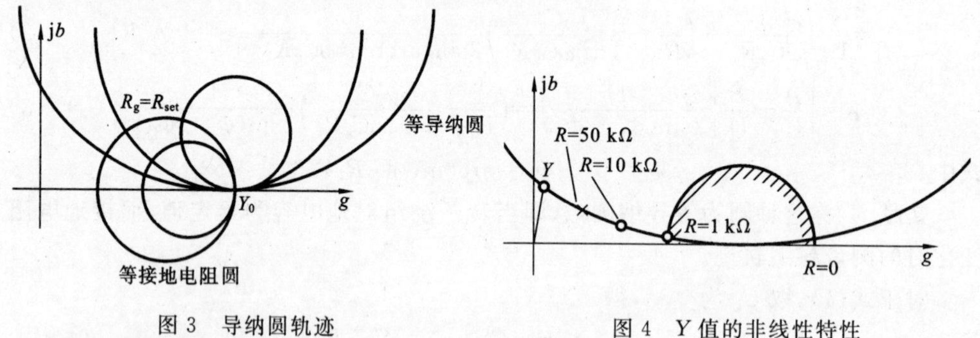

图 3　导纳圆轨迹　　　　图 4　Y 值的非线性特性

3　有限自适应式转子一点接地导纳保护原理

1) 基本原理

基于上述理由，常规的转子导纳原理主要的问题可归结为灵敏度严重不足，而作者所在科研组长期从事自适应式计算机继电保护研究，深感其对提高灵敏度的良好效果，因而提出采用自适应原理以解决其困难。参考在三次谐波式定子接地保护采用自适应原理的经验和转子一点接地与否导纳变化特点，本文提出的是“有限自适应导纳原理”。动模试验和现场试验证明，其灵敏度有显著提高。

令转子未发生接地故障时的测量导纳为 Y_∞，本保护的构成原理是在测量导纳坐标上在 $\dot{Y}_\infty$ 的周围设置一个导纳圆，此圆以 Y_∞ 为圆心，以 ρ 为半径，见图 5。测量导纳在圆内时，保护不动作，在圆外时才动作。转子发生一点接地时，测量导纳发生变化，其变化量 ΔY 随接地电阻不同而不同。当超出圆外时，令继电器动作。此处 Y_∞ 可用突变发生前的测量导纳代替，即可用在计算时刻 k 前 n 个采样周期的导纳测量值代替。

$$\Delta Y=|\dot{Y}-\dot{Y}_{\infty}|\geqslant\Delta Y_{\text{set}}$$

$$\dot{Y}_{\infty}=\dot{Y}(k-n)$$

如此，则上述判据可改写成

$$|\dot{Y}(k)-\dot{Y}(k-n)|\geqslant\Delta Y_{\text{set}}$$

如此判据构成的保护为全跟踪型自适应保护，类似于测量导纳故障分量保护。

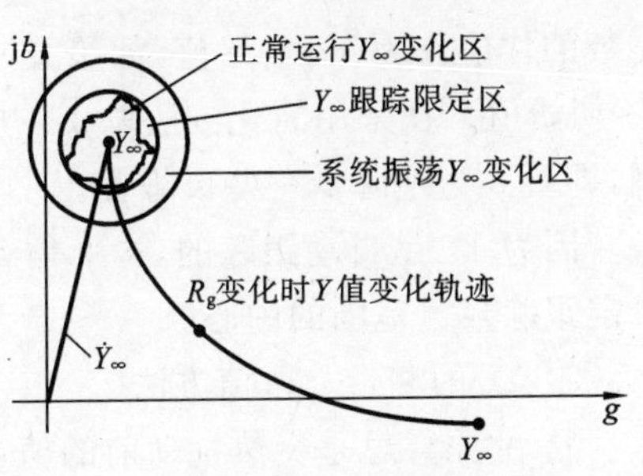

图 5　自适应导纳保护原理

如前所述，转子接地故障前的 $\dot{Y}_{\infty}$ 测量值不是一个恒定值，它随发电机的工况，如有功、无功，以及励磁系统的工况变化而变化。在慢变化过程中，自跟踪系统可以即时跟踪，例如在负荷调节、系统纯振荡等情况下，跟踪情况良好，但在突变性变化时，跟踪系统本身不能正确将其与转子一点接地区分开来。突变性变化主要有外部短路及其随后的故障切除、重合闸等情况，还有系统振荡过程中的解列、机组甩负荷等，但这些情况大致可分为两类，一类是突发扰动前为“正常”状态，而扰动后为非正常状态，第二类是突发扰动前为“非正常”状态（如振荡），而扰动后则为“正常”状态。对于第一类突发扰动，可以用定值，或者定子保护启动元件闭锁转子一点接地保护办法解决，对于第二类突发扰动，我们采用了限制自适应跟踪范围的办法解决，称为有限自适应式保护原理。当测量导纳慢变过程超过正常运行可能范围时，判定为出现发电机异常运行（如静稳失步、失磁等），此时将 Y_{∞} 强行设定为限定区内的一定值。此时即使发生解列、甩负荷等情况，因 $\dot{Y}$ 值已恢复至正常区域，$\dot{Y}_{\infty}$ 又已设定在正常范围内，此时如设定 ΔY_{set} 大于正常区域可能范围，则保护不会误动。

采用 $\dot{Y}_{\infty}$ 限定跟踪范围还有一个作用，即当转子绕组回路绝缘逐渐劣化，对地电阻值缓慢减小时，可以给出预警信号。

2）$\dot{Y}_{\infty}$ 初始值及限定区的选定

在发变组计算机继电保护装置内，已装设了相应的软件，在正常运行状态下，随时可以召唤打印出 $\dot{Y}_{\infty}$ 值（虚、实部形式），可以在发电机投运前或大、小修后实验时记录下各种运行工况下的 $\dot{Y}_{\infty}$ 值。

发电机的正常运行工况主要有以下几种。

① 解列，未加励磁。

② 空载，电压额定。

③ 并网，有功、无功及电压额定。

④ 并网，其他有功、无功组合。

情况①、②、③三种情况下的 $\dot{Y}_{\infty}$ 值容易测出。情况④可选取若干采样点实测，由这些数据即可构成如图 5 所示的曲线“1”（即正常运行 Y_{∞} 变化区）。

对曲线“1”作一外接圆，此圆的圆心即可定为 $\dot{Y}_{\infty}$ 初始值，如果灵敏度足够富裕，也可用简化办法决定 $\dot{Y}_{\infty}$ 值，例如用上述情况②和情况③两相量端点连线终点，或两

复数的均值作为 $\dot{Y}_{\infty}$ 初始值，如果要求更简化也可用情况②或者情况③的实测值作 $\dot{Y}_{\infty}$ 初始值。在采用简化方法取 $\dot{Y}_{\infty}$ 初始值时，必须用大一些的裕度决定跟踪限定范围，即要人为地降低一些灵敏度。

因为 $\dot{Y}_{\infty}$ 是自动跟踪的，本来是无所谓初始值的。$\dot{Y}_{\infty}$ 初始值的主要用途是作为决定跟踪限定范围的中心。

3）$\dot{Y}_{\infty}$ 的测量与取值方法

$\dot{Y}_{\infty}$ 的原意思是突然扰动前的值，用于判断变动量的大小，电力系统振荡也是一种变化的扰动，也存在一个 $\mathrm{d}\dot{Y}_{\infty}/\mathrm{d}t$ 问题。由于在数据计算中只能以差分代替微分，所以，上述两种工况仅能在差分意义下进行区别。电力系统振荡时 $\mathrm{d}Y_{\infty}/\mathrm{d}t$ 与 $\Delta\dot{Y}_{\infty}/\Delta t$ 是比较接近的，但对突然扰动，$\mathrm{d}\dot{Y}_{\infty}$ 与 $\Delta\dot{Y}_{\infty}$ 在突变点是一致的，但 Δt 与 $\mathrm{d}t$ 在意义及数值上的差异，使得差分值与微分值有很大的差别，而差别的大小取决于 Δt 值的大小。

基于上述原因，为了区别是突然扰动还是系统振荡，Δt 应选得越小越好，即前面所述的 $\dot{Y}(K-n)$ 值中的 n 值越小越好，但 n 值的选择，受采样算法的限制。由于是相量计算，并考虑到滤波特性的要求，采用傅里叶变换算法比较适宜，但为了缩短数据窗，宜用半周傅里叶变换算法比较适宜，此时 $n=N/2$，N 为每工频周期采样点数。如果采用比半工频周期更短的数据窗，例如用“三点采样值积”算法[4]，则频谱特性过于不良，受谐波影响过大，因而误差过大。当然，由于转子一点接地导纳式保护所用工频电源直接取自电力系统，谐波含量不会很大，因此不排除采用更短数据窗的可能性。由于稳妥考虑，现在运行的装置采用半周富氏算法。

4）关于 $\Delta\mathrm{set}$ 的整定

$\Delta\mathrm{set}$ 的整定可基于躲过正常最大突然扰动时的 $\Delta\dot{Y}$ 值的整定，由于采用了有限自适应方式，最坏的情况是 $\dot{Y}_{\infty}$ 处于限定圆的圆周上一点，由于突然扰动，突然变到圆周对面的一点 $\dot{Y}$ 值。这样，ΔY_{set} 应大于限定圆的直径，或 $\Delta Y_{\mathrm{set}}>2\rho_b$，此处，$\rho_b$ 为跟踪限定的半径。

4 结束语

本文提出的有限自适应式转子一点接地导纳保护有效地提高了保护的灵敏度，动模及现场试验证明效果良好，也说明将自动控制理论的概念和方法引入继电保护是改进继电保护性能的有效方法。

参 考 文 献

[1] 华中工学院. 电力系统继电保护原理与技术[M]. 北京：水利电力出版社，1981.
[2] 王维俭，侯炳蕴. 大机组继电保护理论基础[M]. 北京：水利电力出版社，1981.
[3] 丁建义. 发电机-变压器组微机保护的研究[M]. 北京：华中理工大学硕士论文，1994.
[4] 陈德树. 计算机继电保护原理与技术[M]. 北京：水利电力出版社，1991.

5.2 The Study of Generator Inter-fault Based on the Digital and Physical Simulation①

1 Introduction

The construction of large hydro-generator is much different with turbo-generator. In a large hydro-generator, the branch numbers of stator windings are usually higher than 3, and the pole numbers of the rotors would be very large. The fault situation in the stator windings within and without the slots may be several thousands. The air gap between the stator and the poles of the rotor is not in the proportional spacing.

As a result of the special situations above mentioned, the calculation and analysis of the fault process would be very complicated and difficult. A lot of research[1,2,4,5,7-11] expected to resolve these problems. But many of these presentations do not satisfy the requirement of a real engineering project such like the Three-Gorge power station in China. Before the design of the protective relaying system for the large hydro-generator, it must be considered that all the faults that may occur inside the generator should be simulated and used for checking the protection scheme of which would fit the security requirement or not. In operation situation, it must be checked that the operation of the protection system is correct or not if the operation was occurred.

For the multi-branch large hydro-generator, three research methods of the calculation and analysis for the fault of the generator exist mainly.

(1) Steady state calculation based on a method such called "multi-loop analysis method". It is based on the phasor algebra equations and gives the phasor results.

(2) Transient simulation based on the differential equation. It gives the time variation curve results.

(3) Calculation based on the finite element method and magnetic analysis. It is mainly to consider the effect of the partial saturation of the generator.

In spite of the digital calculation and simulation developed rapidly, the physical dynamic simulation is still considered with great importance used in the power system in China. The consideration of all is that the neglected in the physical dynamic simulation would be less than in the digital simulation or calculation. Unfortunate-

---

① This Paper was Published in Proceedings of APSCOM, 2006.

ly, the existing generator physical dynamic simulators were built up on the simulation of the external characteristics and not on the construction simulation. They did not simulate the number of branch each phase, the conductor number each branch, the type of stator winding, the number of poles on the rotor, the type of damper winding; etc.

In this paper, it will be introduced the work of our researching group about these area.

2 Multi-Branch Generator Internal Fault Digital Transient Simulation

Let, N—branch number each phase of stator winding;

P—pole number of the rotor;

F—field coil number, $F=1$;

D—damper conductor number each pole;

K—fault path loop number, $K=1$.

Then, the total loop number of a generator will be

$$L=3N+K+P*D+F$$

For example, a large hydro generator with capacity of 600MW, has data as following,

$$N=6,\quad P=48,\quad K=1,\quad D=6,\quad F=1$$

then, $L=308$.

For Three-Gorge power station, its generator (in left bank station) has

$$N=5,\quad P=80,\quad K=1,\quad D=4,\quad F=1$$

then, $L=337$.

So the order number of the differential equations for calculation or simulation of the fault currents in transient process would be higher than 300. The calculation time for one fault may need several minutes. For above large hydro-generator, the fault types would be up to several thousands. So the total calculation time may be very long. On the other hand, digital solving of generator differential equations with such high order is possible to result un-convergence.

The main problem to the researcher is how to simplify the simulation modal.

There are three main phases to simplify the simulation modal.

Except the fault branch, take all "health branch" each phase as an equivalence branch[3].

Take the damper conductors: two in "d" axis and two in "q" axis[12].

Take all the damper conductors to be instead by two equivalence conductors each pole[6,18]. The sketch is shown in Fig. 1.

In all simulation methods above, it is supposed that the generator does not sat-

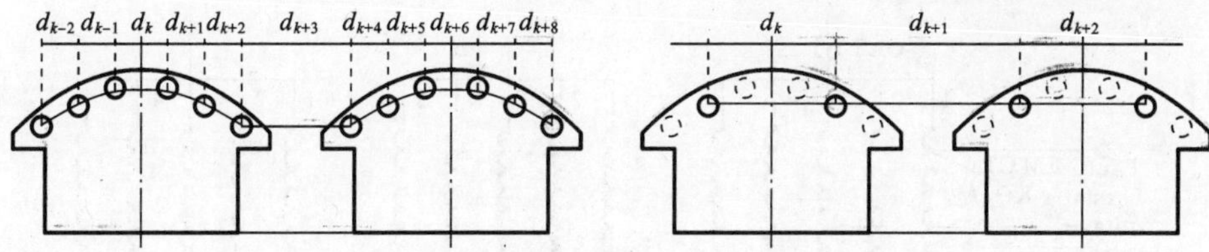

Fig. 1 Damper conductor equivalent method

urate even in fault condition, and the air gap in each pole is identified.

Recently, we developed and used the third phase above to simulate the faults of the generators in Three-Gorge power station and other power plants.

3 The Physical Dynamic Hydro-Generator Simulator Based on the Construction

Until now, all physical dynamic generator simulators are based on the external characteristic simulation. The inter construction of this generator simulator does not simulate the real primary generator. Therefore, the inter faults of the generator such as the phase to phase, turn to turn in the same branch or in different branches, especially in large multi-branch hydro-generator, could not be simulated well and truly.

Last year, in our lab, one physical dynamic hydro-generator simulator based on the construction of the generator in Three-Gorge power station under the support of CHANG JIANG El. POWER Co.

The main parameters of this generator are as follow:

$S=700$ MW, $U=20$ kV, $P=80$, $N=5$, and Tn=36 (Tn is the turn number in each branch). $D=4$, Cd=2 (Cd is conductors in each slot).

For its simulator, $S=29$ kW, $U=200$ V, $P=20$, $N=5$, $D=4$, Tn=36 and Cd =8.

The aspect of this simulator is as Fig. 2, and the inter-connection of this simulator is shown in Fig. 3. The connection is the same as real primary generator and the main external characteristics are almost the same as the primary generator too.

Fig. 2 Physical dynamic simulator of large multi-branch generator

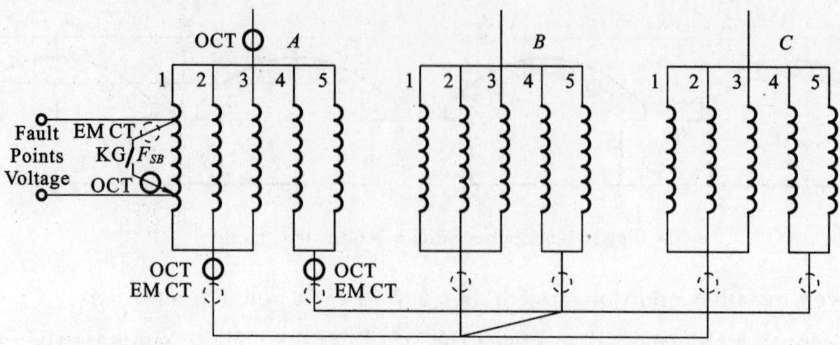

Fig. 3 Inter-connection of physical dynamic simulator

4 The Test Results and the Comparison of the Physical Dynamic Simulator and Digital Transient Simulation

Owing to the validation of the physical dynamic simulator above and the digital transient simulation method above must be testified, it must be done the test on the physical dynamic simulator and the digital simulation on the same fault situation, and then be going to compare their results.

The test is on the physical dynamic simulator.

In Fig. 4, the elicited terminals from the stator of the simulator are shown. The numerical numbers in the figure are the orders of the elicited terminal with beginning number at the terminal of the branch.

Using these elicited terminals, it can be going to do any fault test from one turn

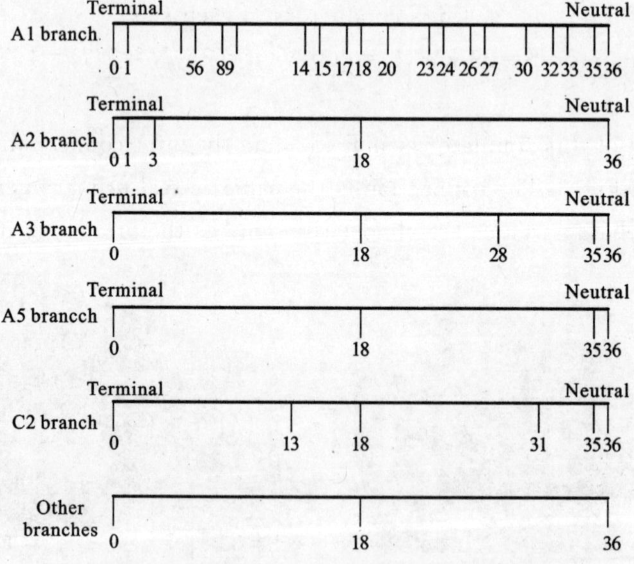

Fig. 4 Elicited terminals of the physical dynamic simulator

of turn to turn fault to full turns of turn to turn fault. For the main types of phase to phase fault, it can simulate too. A lot of these tests have been done.

Check with the digital transient simulation.

Based on the same modal, do the simulation and calculation, we have do some compare with the result from the test on the dynamic simulator. The fault point resistance was measured and considered in the calculation. All the currents, including the fault loop current, were measured by OCT's (Rogowski coil type). All the conventional CT's were bypass in primary terminals.

In Fig. 5 to Fig. 7, some examples were given.

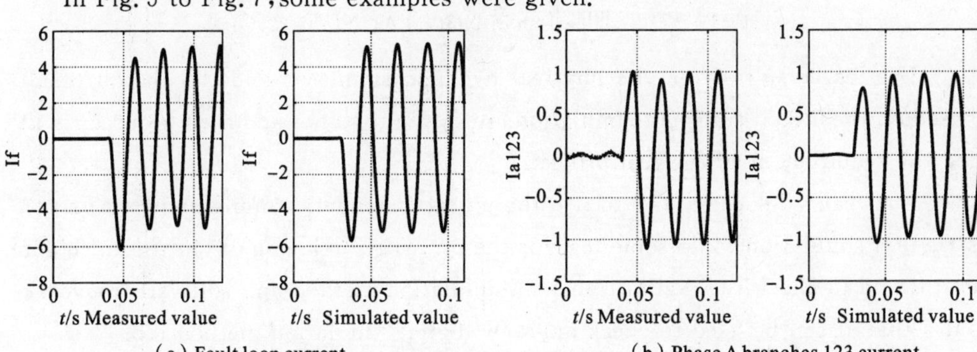

Fig. 5 The comparison of fault on A1_5.00_8.00

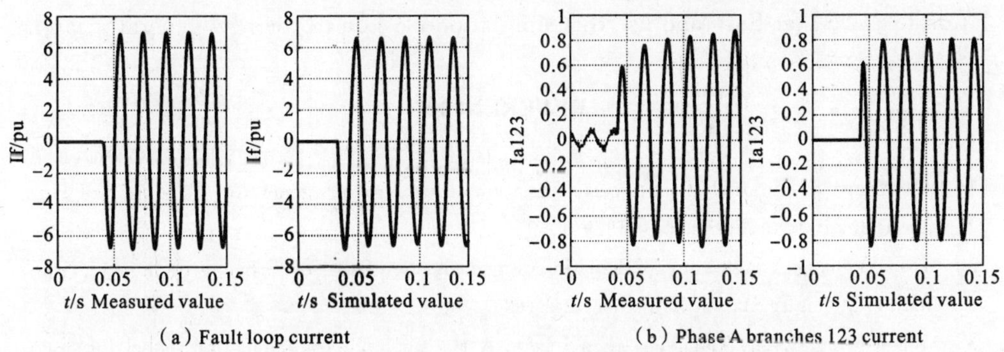

Fig. 6 The comparison of fault on A1_18.00_23.00

5 Conclusion

According to a lot of test on the physical dynamic simulator of Huazhong University of Science & Technology and the simulation result on the digital transient simulation software, we can get some conclusions as follow.

The digital transient simulation on the simplified method with using equivalent damper conductors is suitable for use to analysis the inter-faults of large multi-branch generator. The validity and accuracy is enough for the real project.

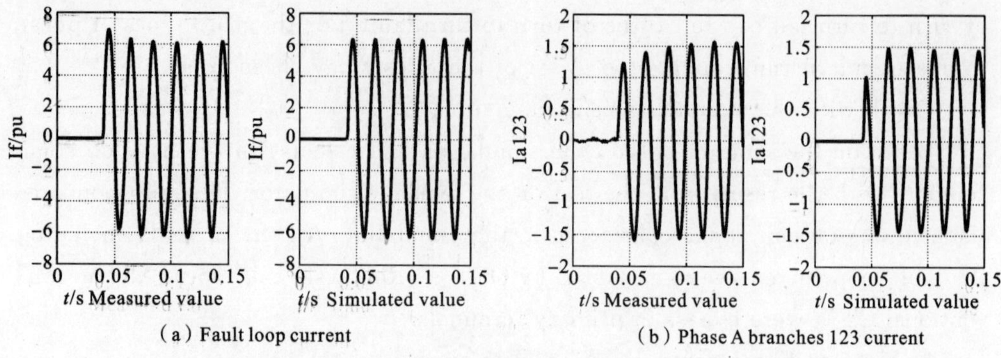

(a) Fault loop current

(b) Phase A branches 123 current

Fig. 7 The comparison of fault on A1_20.00_27.00

The test results from the physical dynamic simulator and calculation results based on the digital transient simulation are closed together and their accuracy is fitted the requirement of the real project.

It is realized successfully to use the physical dynamic simulator based on construction simulation to do some test for the protective relaying of multi-branch generator and to check the digital transient simulation method and software above. Besides that, it can be used to check any new digital simulation method too.

For any other types of generator or simulation method, it can check the new simulation method with the physical dynamic simulator based on construction simulation in HUST at first, and use this simulation method to the new generator later.

REFERENCES

[1] He Yangzhan. Internal short circuit calculation of synchronous generator[J]. Journal of Huazhong Institute of Technology, 1979(1): 140-151.

[2] Hou Xuguang, Yang Shunyi. Calculation of disconnection faults of turbine generator[J]. Automation of Power Station Equipment, 1981(3): 6-8.

[3] Wang Weiguo, Yin Xianggen, Chen Deshu. A transient process simulation model for multi-branch synchronous generator with fault stator windings[J]. Automation of Electric Power Systems, 1999, 23(4): 27-31.

[4] Jiang H, Aggarwal R, Weller G, etc. A new approach to synchronous generator internal fault simulation using combined winding function theory and direct phase quantities[J]. Electrical Machines and Drives, Ninth International Conference, 1999: 105- 111.

[5] Hu Minqiang, Tu Liming, Lin Heyun, etc. Simulation and investigation of internal armature winding faults of the hydro-generator[J]. Proceedings of the CSEE, 1999, 19(5), 3-8.

[6] Xia Yongjun, Yin Xianggen, Chen Deshu, et al. Optimized main protection scheme design of 600MW hydro generator in Pubugou power station[J]. Automation of Electric Power Sys-

tems,2006,30(14):92.

[7] Megahed A I,Malik O P. Simulation of internal faults in synchronous generators[J]. IEEE International Conference,Electric Machines and Drives,1997,TC1/2. 1- TC1/2. 3.

[8] Peter P. Reichmeider,Charles A. Gross,Dale Querrey,etc. Internal faults in synchronous machines. Part I. The machine model[J]. IEEE Transactions on Energy Conversion,2000,15(4):376- 379.

[9] Peter P. Reichmeider,Dale Querrey,Charles A. Gross,etc. Internal faults in synchronous machines. Part Ⅱ. Model performance[J]. IEEE Transactions on Industrial Electronics,2000,15(4):380- 383.

[10] Muthumuni D De S, McLaren P G, Dirks E. Internal fault simulation in synchronous machines[J]. Electrical and Computer Engineering, Canadian Conference, 2002, Vol(2):1202-1206.

[11] Wang Xiangheng. The multi-Loop theory of salient pole synchronous machine and its using in analyzing internal fault of multi-branch windings[D]. Beijing:Tsinghua University,1985.

[12] Yang Jinchao. Study on fault transient simulation for huge hydro-generator and protection technology for generator-transformer units[D]. Wuhan:Huazhong University of Science and Technology,2004.

[13] Sun Yuguang,Wang Xiang,Gui Lin,etc. Transient simulation of internal faults on the stator winding of the three gorges generator[J]. Automation of Electric Power Systems,2002,26(16):56-61 .

[14] Xia Yongjun,Yin Xianggen,Chen Deshu,etc. Simplification and validation of transient simulation model of large dydraulic generator internal short circuit faults[J]. Automation of Electric Power Systems,2006. Relay,2005,33(15):1-4.

[15] Xiao Shiwu,Tu Liming,Su Yi,etc. Simulation and experiment on salient-pole synchronous generator winding internal faults[J]. Automation of Electric Power Systems,2003,27(18):52-56.

[16] Shima K,Ide K,Takahashi M,etc. Calculation of leakage inductances of a salient-pole synchronous machine using finite elements[J]. IEEE Transactions on Energy Conversion,1999,14(4):1156-161.

[17] Lin Yunhe,Tu Liming,Hu Minqiang. Calculation of loop parameters of large hydro generators with finite element method[J]. Proceedings of the CSEE,1998,18(4):258-261.

[18] Xia Yongjun. Study and application on huge hydro generator internal fault transient simulation and optimized Main Protection Scheme[D]. Wuhan:Huazhong University of Science and Technology,2006.

5.3 大型水轮发电机的失励磁保护①

0 前言

同步发电机的失励磁保护，最早采用的是反应转子电压或电流下降的继电器，这种保护选择性比较差。1942 年出现了低压闭锁的无功电流式失励保护[1]，开始用定子电量作为失励的判据。1949 年又出现在第三、四象限动作的方向阻抗继电器作为失励保护[2]。直到现在，国外仍多采用方向阻抗继电器作为失励保护。1967 年西德出现了一种反应电流相量的失励保护[3]。它根据机组同步运行的稳定极限等条件动作，其动作特性也可在阻抗复数平面上进行分析。我国制造的失励保护，也是用方向阻抗继电器作为测量元件形成的。所有这些保护，由于继电器特性的原因，在运行中出现过一些问题，例如，动作时间太晚，在某些情况下拒动等。为了解决这些问题，在我院“电力系统动态模拟实验室”进行了试验和分析，研究了失励基本特性，特殊运行情况下测量阻抗的变化轨迹，电力系统对失励保护的要求，以及现有保护的性能等问题。特别对国产 BZ-1 型失励保护用于大型水轮发电机时的性能作了较多的模拟试验和分析，并提出了新的方案。

本文是根据动模试验研究报告[4]中的主要内容写成的。

1 失励特性

同步发电机失励磁以后，有关电量及转子运动参数都随着时间变化而变化。过去的文献已对其中一些基本特性做过分析，但对这个变化过程的规律没有作深入的揭示，还不足以说明目前所出现的一些问题。根据我们的研究，从失励起到临近失步这段时间内，机端测量阻抗 Z 的变化，是简明的、有规律的。而决定这个变化的主要因素，首先是系统等效发电机的端电压 U_{Σ} 和机组失励前的有功功率 P，“捉住了这个主要矛盾，一切问题就迎刃而解了”。

1）系统等效发电机的端电压

一台发电机失去励磁后，由送出无功功率转变为从系统吸收无功功率，这将引起系统无功功率重新分配，从而引起系统各处电压变化。分析表明，在一台机组失去励磁后，由于无功功率的变化过程比较缓慢，其他发电机的励磁调节器来得及进行调整，如果其调节范围足够，就能维护其本身的端电压基本不变。在简化网络时，这些发电机的内电抗可取为零，因而经归并、化简后的系统等效发电机的端电压 U_{Σ} 可认为基本不变。

下面以其中一台发电机为例进行分析。

---

① 本文发表于 1973 年华中工学院学报。

励磁系统和励磁调节器的方程可简单表示为

$$\Delta E_{de}=-\Delta U\frac{k}{1+T_t p}\text{①} \tag{1}$$

发电机的电磁暂态方程为

$$\Delta E_{de}=\Delta E_d+T'_{do}pE'_d \tag{2}$$

由扰动量(发电机的无功负载 ΔI_Q)引起的发电机电压偏差可近似表示为

$$\Delta U=\Delta E_d-\Delta I_Q X_d=\Delta E'_d-\Delta I_Q X'_d \tag{3}$$

式中,ΔE_{de}——直轴同步电势强制分量(正比于转子励磁电压)的偏差量;

ΔU——发电机端电压的偏差量;

k——励磁调节系统开环放大倍数;

T_t——励磁调节系统时间常数;

ΔE_d——正比于发电机转子电流的直轴同步电势的偏差量;

$\Delta E'_d$——正比于转子励磁绕组磁链的暂态电势的偏差量;

T'_{do}——定子开路时转子励磁回路的时间常数。

由式(1)～式(3)可得到综合方程为

$$\frac{\Delta u(p)}{-\Delta I_Q(p)}=\frac{(1+T_t p)\left(1+\frac{X'_d}{X_d}T'_{do}p\right)}{k+(1+T_t p)(1+T'_{do}p)}X_d=\phi(p) \tag{4}$$

由式(4)所导出的稳态关系为

$$\Delta u_{(t_\infty)}=-\phi(0)\Delta I_{Q(t_\infty)}=-\frac{X_d}{k+1}\Delta I_{Q(t_\infty)} \tag{5}$$

由于 k 值一般为 20～100,设无功负载改变量 $\Delta I_Q=1$(标幺值),$X_d=1$,则相应的电压波动 Δu 的稳态值为 1%～5%,其值很小。实际上当一台发电机失励后,ΔI_Q 是接近于滑差频率为 ω_s 的正弦量变化的。其他发电机分担的无功电流也是这样缓慢变化的。由于 ω_s 很小(例如 $\omega_s=0.314$),所以动态过程的电压波动 Δu 基本上随 ΔI_Q 变化缓慢地变化,其比例系数的数量级仍接近于$\frac{X_d}{k+1}$。因此可以认为,在一台发电机失励的过程中,其他发电机的端电压基本不变。

如果失励机组的容量在系统中所占比重较大,则某些发电机励磁调节可能到达上限,此后其机端电压便要下降。在这种情况下,这些机组转化为 E_d 不变,在简化网络时,其内电抗用 X_d 代替。

2) 失励机组有功功率基本不变

当同步发电机失去励磁(部分或全部)后,它原先所送出的有功功率,在失步以前(几秒钟或十几秒钟内)基本上保持不变。严格地讲,失励机组的有功功率并不是完全恒定的。下面的分析及试验表明,它有百分之几的波动。这种波动可以忽略。

---

① 如系高阶方程,仍可参照下面的分析方法。

关于功率波动的情况，分析如下。

同步发电机的功率平衡方程为

$$\frac{M}{\omega_{ed}}\cdot\frac{\mathrm{d}^2\delta}{\mathrm{d}t^2}+P=P_T-\Delta P \tag{6}$$

式中，P_T——原动机功率；

P——发电机的电磁功率；

ΔP——机械损耗及电磁损耗(在分析中忽略其变化)；

M——机组的惯性常数；

ω_{ed}——额定角频率。

式(6)的第一项代表加速度功率。在失励过程中，如果加速度功率较小，而原动机功率 P_T 也变化较小，则发电机的电磁功率 P 就可认为基本上不变。

现在首先估算加速度功率。根据发电机电磁暂态方程以及电磁功率方程，作为一次近似，设电磁功率 P 为恒量，可导出下列公式。

在失去励磁后，转子相对角由 δ_1 变到 δ_2 所经历的时间为

$$t_{2-1}=\frac{R_L}{R_L+R_W}T'_{do}\frac{X'_d+X_{st}}{X_d+X_{st}}(\ln\sin\delta_2-\ln\sin\delta_1)+\frac{R_L}{R_L+R_W}T'_{do}\frac{X_q-X'_d}{(X_d+X_{st})(X_q+X_{st})}\cdot\frac{u_{st}^2}{P}\left[\frac{\delta_2-\delta_1}{2}-\frac{\sin(2\delta_2)-\sin(2\delta_1)}{4}\right] \tag{7}$$

式中，R_L——转子励磁绕组的电阻；

R_W——转子外串电阻。

在某一角度下，转子的滑差角速度为

$$\frac{\mathrm{d}\delta}{\mathrm{d}t}=\frac{1}{\frac{R_L}{R_L+R_W}T'_{do}\frac{X'_d+X_{st}}{X_d+X_{st}}}\left[\frac{1}{\cot\delta+\frac{u_{st}^2}{P}\cdot\frac{X_q-X'_d}{(X'_d+X_{st})(X_q+X_{st})}\sin^2\delta}\right] \tag{8}$$

参照模拟机组及模拟系统参数，取 $T'_{do}=5.5''$，$X_d=1.0$，$X_q=0.8$，$X'_d=0.45$，$X_{st}=0.13$，$u_{st}=1$，$P=0.875$，$\delta_1=\frac{\pi}{6}$，$\delta_2=\frac{\pi}{2}$，$R_W=0$。

由式(7)，算出 $t_{2-1}=3.5\ \mathrm{s}$

由式(8)，算出 $\left.\frac{\mathrm{d}\delta}{\mathrm{d}t}\right|_{\delta=\frac{\pi}{2}}=0.48\ \mathrm{rad/s}$，

因此，平均加速度为

$$\frac{\mathrm{d}^2\delta}{\mathrm{d}t^2}=\frac{0.482}{3.5}\ \mathrm{rad/s^2}=0.138\ \mathrm{rad/s^2}$$

现取 $M=10\ \mathrm{s}$，算出加速度功率为

$$\frac{M}{\omega_{ed}}\cdot\frac{\mathrm{d}^2\delta}{\mathrm{d}t^2}=\frac{10}{314}\times0.138=0.44\%$$

如果在作第二计算时令 $P=0.875-0.0044$，按上法计算仍可得出$\frac{M}{\omega_{ed}}\cdot\frac{\mathrm{d}^2\delta}{\mathrm{d}t^2}\approx$

0.44%，可见在一次近似中设 P 恒定，基本符合实际情况，用一次近似公式式(7)、式(8)进行计算是合理的。

下面估算调速器对原动机功率的影响，按最严重的情况考虑，设转子以平均滑差角速度 $\Delta\omega$ 摆动，调速器的缓冲机构不投入，这时，调速器的传递函数可简化为

$$\frac{\mu}{\varphi}(p)=-\frac{K/\alpha}{1+\frac{T_s}{\alpha}p} \tag{9}$$

式中，$\mu=\frac{\Delta P_T}{P_{ed}}$——原动机功率改变量；

$\varphi=\frac{\Delta\omega}{\omega_{ed}}$——转速偏差量；

K——测量部件的放大系数，约为 20；

α——残留不平衡机构的放大系数，约为 0.5；

T_s——伺服机构(作用筒)的时间常数，约为 4 s。

设 $\varphi(t)$ 为阶跃函数，即当 $t>0$，$\varphi=\frac{\Delta\omega_a}{\omega_{ed}}$，则式(9)的解为

$$\mu(t)=-\frac{\Delta\omega_a}{\omega_{ed}}\cdot\frac{K}{\alpha}(1-\mathrm{e}^{-\frac{t}{T_s/\alpha}})=-\frac{\Delta\omega_a}{\omega_{ed}}\cdot 40(1-\mathrm{e}^{-\frac{t}{8}}) \tag{10}$$

令 $\Delta\omega_a$ 为几种可能的数值，求出 μ 在时间 $t_a=\frac{\pi/2}{\Delta\omega_a}$ 时的值如表 1 所示。

表 1　对应 $\Delta\omega_a$ 的 μ 值

$\Delta\omega_a$	$\frac{\pi}{2}$/s	$\frac{\pi}{4}$/s	$\frac{\pi}{8}$/s	$\frac{\pi}{16}$/s
$t_a-\frac{\pi/2}{\Delta\omega_a}$	1 s	2 s	4 s	8 s
$\mu=\frac{\Delta P_T}{P_{ed}}$	−2.3%	−2.3%	−2.0%	−1.6%

由此可见，在失步前调速器的影响仅使原动机功率有少量的减小，其值不超过 3%。

由上述分析可知，机组在失励过程中，加速度消耗的功率较小，而原动机减小的功率也较小，故发出的电磁功率可认为基本上恒定不变。

多次模拟试验的示波图表明，从机组失励到继电器动作($\delta\approx90°$)这段时间内，机组的有功功率在原有值的上下有些波动(见图 1)。我国某电站失励试验中，有功功率波动约为 3%，与上面的估算接近。在动模的某一些试验中，功率实际波动的幅度比上面的估算要大，这是由于加速度引起了一个波动分量，另外实验时作为无穷大系统的电源频率和电压都不大稳定，也影响到机组功率的波动，而模拟机组的损耗也有一定影响。

图1 发电机失励动模试验录波图

3）失励机组的测量阻抗轨迹为等有功圆

发电机在失励过程中，根据前面的分析，可以假定有功功率 P 恒定，以及系统等效发电机端电压 U_{st} 恒定。这样，发电机测量阻抗的变化轨迹，在阻抗复数平面上为一个圆。这可用解析方法证明如下。

设 U_{st} 为系统等效发电机的端电压，取作参考量，X_{st} 为失励机组与系统等效发电机间的联系阻抗（为简单起见，忽略电阻）。从发电机端向系统看，测量阻抗为 $\dot{Z}$，发电机端电压为$\dot{U}$，电流为$\dot{I}$，用标幺值表示，则有

$$\dot{Z}=\frac{\dot{U}}{\dot{I}}=\frac{\dot{U}_{st}+\mathrm{j}\dot{I}X_{st}}{\dot{I}}=\frac{\dot{U}_{st}}{\dot{I}}+\mathrm{j}X_{st}=\frac{U_{st}^2}{P-\mathrm{j}Q}+\mathrm{j}X_{st}$$

或

$$\dot{Z}=\frac{U_{st}^2}{2P}+\mathrm{j}X_{st}+\frac{U_{st}^2}{2P}\mathrm{e}^{\mathrm{j}\theta} \tag{11}$$

式中，

$$\theta=2\arctan\frac{Q}{P}$$

其中，P——失励机组送至系统等效发电机端的有功功率；

Q——失励机组送至系统等效发电机端的无功功率，其值由正变到负。

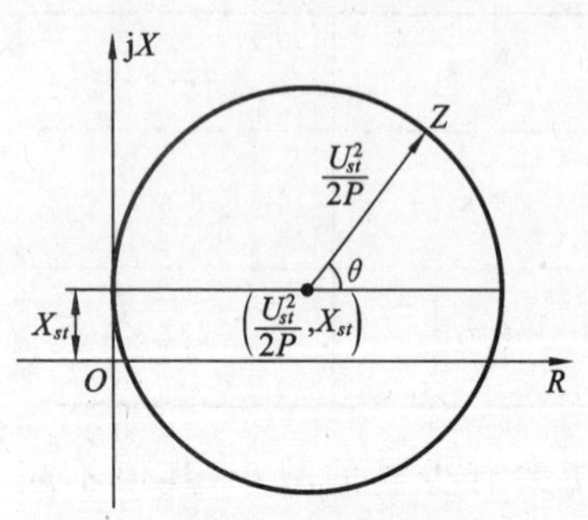

图2 等有功圆

式（11）是一个圆的方程，其圆心坐标为$\left(\frac{U_{st}^2}{2P},\mathrm{j}X_{st}\right)$，半径为$\frac{U_{st}^2}{2P}$，如图2所示。图中所绘的发电机测量阻抗 $\dot{Z}$ 的轨迹，是针对某一有功功率 P 的。对这一轨迹上的各点，P 为恒量，而无功功率 Q 是变化的，故这个轨迹称为等有功圆。对应于发电机不同的有功功率 P，可得到不同的等有功圆，其直径与 P 成反比。有功功率越小，圆的直径越大。

发电机失去励磁后，有关电量随时间变化而变化的规律，可用计算方法求得，或通过实验方法测出。计算方法是根据发电机失励前的初始条件，以及有功功率 P 恒定和系统等效发电机的端电压 U_{st} 恒定的假设，以无功功率 Q 为变量，用电势相量法作出不同 Q 值的一组组相量图。利用相邻两组相量图中的 E_d 及 E'_d 代入发电机的电磁暂态方程的差分表示式

$$\Delta t_k=\frac{\frac{R_L}{R_L+R_W}T'_{do}(E'_{dk-1}-E'_{dk})}{\frac{E_{dk-1}+E_{dk}}{2}-E_{de}}$$

求出各电量由前一种状态转变为后一种状态所需要的时间。在求得所有时差后，即可得到各有关电量随时间变化而变化的曲线，并可算出阻抗的变化轨迹。实验方法是在原型机组上，或在模型机组及模拟系统上，人为地失去励磁，测出有关电量随时间变化而变化的曲线，并算出阻抗的变化轨迹。

下面举出动模试验的结果。

(1) 试验表明，失励机组的测量阻抗轨迹，与理论上的等有功圆很接近。图 3 表示出用计算方法得出的阻抗轨迹（等有功圆）与在同样条件下由实验方法得出的阻抗轨迹，除个别点外，二者非常接近。

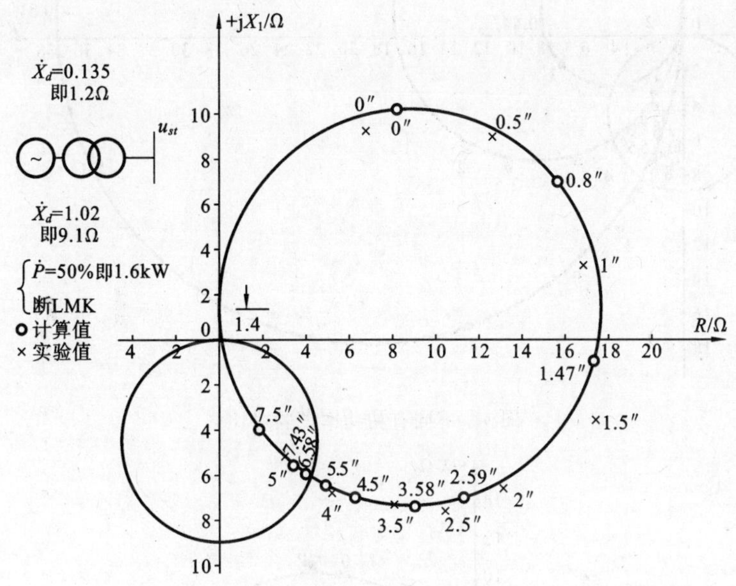

图 3　失励试验与计算结果对比

(2) 机组带不同的有功功率失励，则阻抗轨迹按不同的等有功圆变化。图 4 表示其他条件相同，只是初始的有功功率 P 不同，由实验得出的三条轨迹。前面的分析表明，当有功功率 P 小一半时，圆的直径大 1 倍。图中可以看出这一关系基本上是符合的。

(3) 阻抗轨迹圆的大小和位置主要与 P、U_{st}、X_{st} 有关，而与失励方式关系不大（转子开路这一特殊情况除外）。我们进行了不同失励方式的试验。

① 断开励磁机灭磁开关 LMK。

② 断开发电机灭磁开关 MK（接入灭磁电阻）。

③ 接入续流二极管，退出灭磁电阻，再断 MK（模拟晶闸管励磁系统）。

实验结果表明，这三种失励方式作出的阻抗轨迹圆，除个别点外，基本上是重合的（见图 5）。

(4) 前面的分析表明，发电机测量阻抗轨迹的圆心坐标与联系阻抗 X_{st} 有关。如

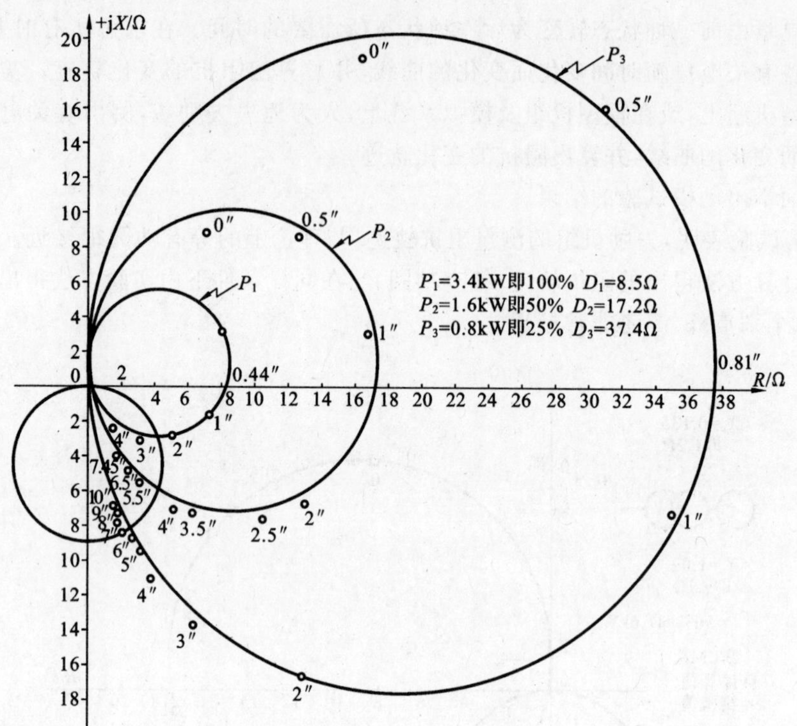

图 4 不同有功功率试验对比

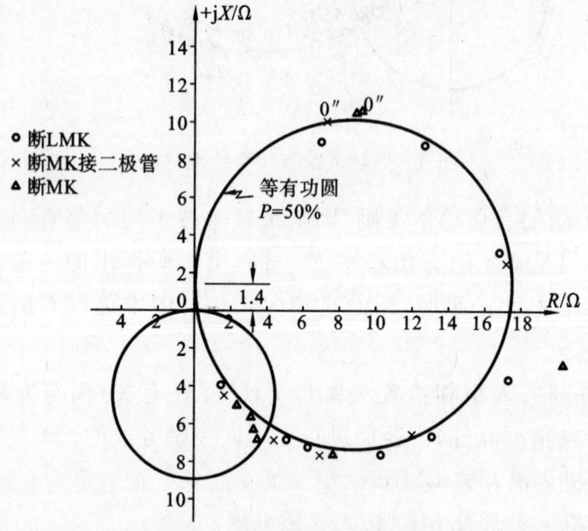

图 5 不同失励方式的比较

$X_{st}=0$，则圆心坐标为$\left(\dfrac{U_{st}^2}{2P},0\right)$，即圆心在横坐标上。如联系阻抗为 jX_{st}，则圆心上移 X_{st}。各次试验所得出的阻抗轨迹，与这一分析是符合的。

(5) 在作一发电机经长线与另一模拟发电机并列运行的失励试验时，因线路电阻不能忽略，又带有负载支路，其联系阻抗 $\dot{Z}_{st}=R_{st}+\mathrm{j}X_{st}$。当计及 R_{st} 时，送到系统等效发电机端的有功功率不再保持恒定不变。由计算及实验得出的阻抗轨迹如图 6 所示。由图 6 可以得出以下结论。

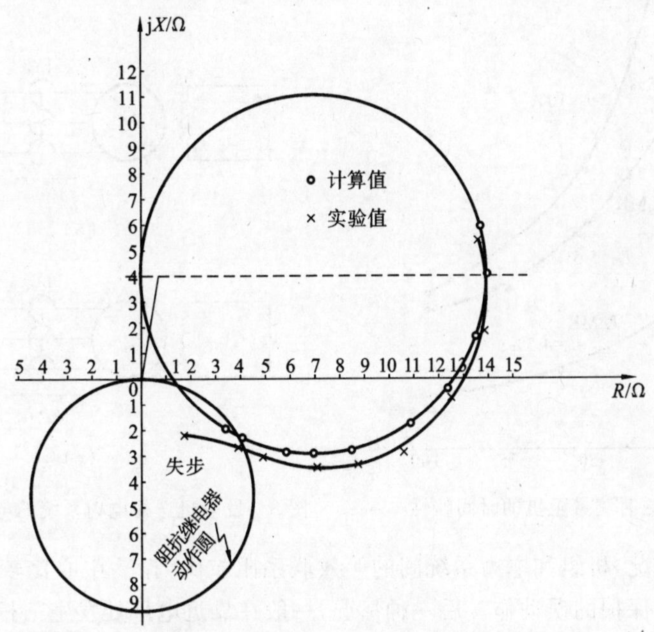

图 6　$R_{st}\neq 0$ 时的失励特性

① 实验曲线与计算曲线比较接近。

② 这时测量阻抗轨迹仍是等有功圆，其圆心坐标为 $\left(\dfrac{U_{st}^2}{2P}+R_{st},\mathrm{j}X_{st}\right)$，半径接近于 $\dfrac{U_{st}^2}{2P}+R_{st}$。

(6) 分析表明，测量阻抗变化的时间特性主要与有功功率 P，时间常数 $\dfrac{R_L}{R_L+R_W}T'_{do}$，及由发电机残压 U_o 决定的 E_{de} 有关。试验所得的关系曲线如图 7 所示。图中各次试验时，起始的功率因数接近额定值。

2　特殊运行情况的试验与分析

失励保护应该在各种特殊运行情况下不误动作。我们对发电机在电力系统中振荡、外部不对称短路、自同期并列及长线充电等特殊运行情况，作了一些试验和分析。

1) 发电机在电力系统中振荡

机组在电力系统中振荡的情况主要有以下两种。

① 在电力系统两部分之间发生振荡，而该机组和本厂各机组保持同步。

② 该机组以外的其他机组保持同步，而该机组相对于它们发生失步。

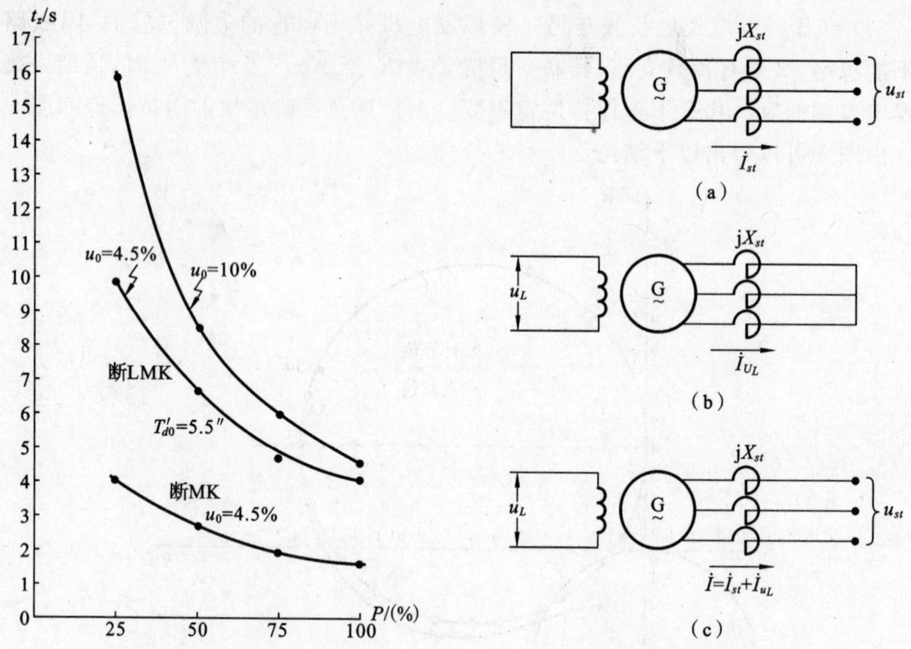

图 7 失磁时测量阻抗的时间特性　　图 8 发电机送往电力系统的电流的计算电路

前一种情况，机组和电力系统间的等效联系阻抗大，振荡中心比较远，一般来说不致造成失励保护的误动作。后一种情况，一般在靠近电厂处发生三相短路后发生。这种振荡虽然出现的可能性不大，但因机组和等效电源之间的联系阻抗小，失励保护误动作的可能性却大。下面的分析，主要针对联系阻抗比较小的情况。

机组在电力系统中振荡，其转速和电力系统电源的同步转速不同，现在令其相对角速度为 ω_s。这时，发电机送往电力系统的电流为 $\dot{I}$，从叠加原理来看，可认为由两部分组成。

① 由电力系统的电源所产生的电流 $\dot{I}_{st}$。

② 由励磁电压所产生的电流 $\dot{I}_{U_L}$。

这两部分电流的计算电路如图 8 所示。

$$\dot{I}_{st}=-U_{st}\left\{\frac{1}{2}\left[\frac{1}{Z_d(\mathrm{j}\omega_s)}+\frac{1}{Z_q(\mathrm{j}\omega_s)}\right]+\frac{1}{2}\left[\frac{1}{Z_q(\mathrm{j}\omega_s)}-\frac{1}{Z_d(\mathrm{j}\omega_s)}\right]\mathrm{e}^{\mathrm{j}2\delta}\right\} \tag{12}$$

$$\dot{I}_{U_L}=\frac{E_{dU_L}}{\mathrm{j}(X_d+X_{st})}\mathrm{e}^{\mathrm{j}\delta} \tag{13}$$

$$\dot{I}=\dot{I}_{st}+\dot{I}_{U_L} \tag{14}$$

式中

$$\frac{1}{Z_d(\mathrm{j}\omega_s)}=\frac{1}{\mathrm{j}(X_d+X_{st})}\cdot\frac{(1+\mathrm{j}\omega_s T'_{do})(1+\mathrm{j}\omega_s T''_{do})}{\left(1+\mathrm{j}\omega_s T'_{do}\dfrac{X'_d+X_{st}}{X_d+X_{st}}\right)\left(1+\mathrm{j}\omega_s T''_{do}\dfrac{X''_d+X_{st}}{X'_d+X_{st}}\right)}$$

$$\frac{1}{\dot{Z}_q(\mathrm{j}\omega_s)}=\frac{1}{\mathrm{j}(X_q+X_{st})}\cdot\frac{1+\mathrm{j}\omega_s T'_{q0}}{1+\mathrm{j}\omega_s T'_{q0}\dfrac{X''_q+X_{st}}{X'_q+X_{st}}}$$

$$E_{dU_L}=\frac{U_L}{U_{L0}}U_{ed}$$

式中，U_{L0}——空载且同步电势为额定值时的励磁电压；

E_{dU_L}——励磁电压所产生的直轴同步电势。

在求出振荡电流$\dot{I}$之后，导纳 $\dot{Y}_{st}$ 就可以相应求出，即

$$\dot{Y}_{st}=\frac{\dot{I}}{U_{st}}=-\frac{1}{2}\left[\frac{1}{\dot{Z}_d(\mathrm{j}\omega_s)}+\frac{1}{\dot{Z}_q(\mathrm{j}\omega_s)}\right]-\frac{1}{2}\left[\frac{1}{\dot{Z}_q(\mathrm{j}\omega_s)}-\frac{1}{\dot{Z}_d(\mathrm{j}\omega_s)}\right]\mathrm{e}^{\mathrm{j}2\delta}+\frac{u_L}{u_{L0}}\frac{U_{ed}}{U_{st}}\frac{1}{\mathrm{j}(X_d+X_{st})}\mathrm{e}^{\mathrm{j}\delta} \tag{15}$$

继而求出发电机的测量阻抗为

$$\dot{Z}=\frac{1}{\dot{Y}_{st}}+\mathrm{j}X_{st} \tag{16}$$

根据式(15)、式(16)，对于一定的 ω_s 和不同的 δ 值，可以作出在振荡时经联系阻抗 $\mathrm{j}X_{st}$ 后的导纳 $\dot{Y}_{st}$ 的轨迹，如图 9 中曲线 b 所示，以及相应的机端测量阻抗 $\dot{Z}$ 的轨迹如图 9 中曲线 d 所示。

分析表明，电流 I_{st} 可用 $-u_{st}/\mathrm{j}(X'_d+X_{st})$ 近似地表示，而得到发电机端测量阻抗的简化形式为

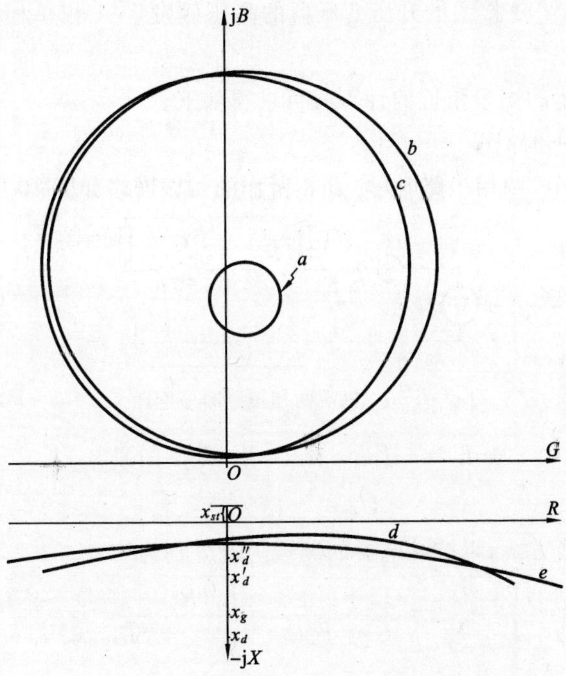

图 9　系统振荡时机端测量导纳与测量阻抗

$$\dot{Z}=\frac{-\mathrm{j}(X'_d+X_{st})}{1-\dfrac{u_L}{u_{Lo}}\dfrac{U_{ed}}{U_{st}}\dfrac{X'_d+X_{st}}{X_d+X_{st}}\mathrm{e}^{\mathrm{j}\delta}}+\mathrm{j}X_{st} \tag{17}$$

其轨迹如图 9 中的曲线 e 所示。

在图 9 中,还作出了励磁电压为零时的振荡导纳轨迹曲线 a,以及简化的振荡时的发电机经联系阻抗 $\mathrm{j}X_{st}$ 后的导纳轨迹曲线 c。

图 9 中所假定的强励作用是比较弱的,所以作出的曲线 e 是比较低的。而当发电机转速大于系统同步转速时,在第四象限中的主要区域曲线 e 又比 d 稍低。可以看出,用图 9 中的曲线 e 来分析振荡对失励保护的影响,是带有一点裕度的。

在模拟机组上,对小联系阻抗情况作了振荡试验。试验结果与用上述分析方法所得结果基本相符。

2)外部不对称短路

失励保护的阻抗继电器接线方式假定为以下两种。

① 测量$\dot{U}_c$ 及$\dot{I}_c$。

② 测量$\dot{U}_{cb}$及$\dot{I}_c-\dot{I}_b$。

对于这两种接线方式,在发生以下两种外部不对称短路时,有可能发生阻抗继电器的误动作。

① 发电机端发生 AC 相短路,短路经过电阻 $R_{(2)}$。

② 在以 Y/Δ－11 接线的升压变压器的高压侧发生 A 相单相接地,短路经过电阻 $R_{(1)}$。

按标幺值表示的测量阻抗的计算式可求得如下。

(1) 机端两相短路。

在发电机端 AC 两相短路时,按 B 相所作的相序网络如图 10 所示。

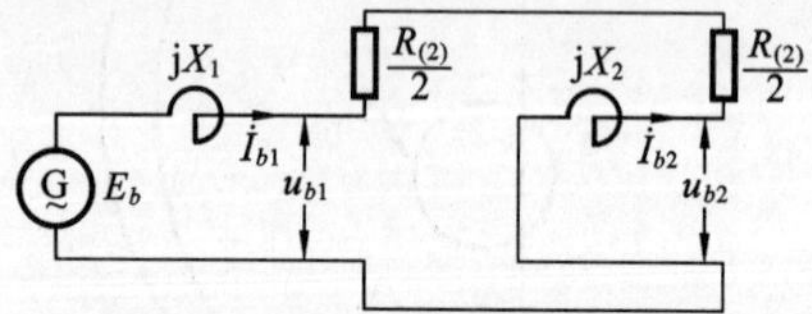

图 10　机端两相短路时序网图

其中
$$\dot{I}_{b1}=-\dot{I}_{b2},\quad \dot{U}_{b1}=\dot{I}_{b1}(R_{(2)}+\mathrm{j}X_2)$$
$$\dot{U}_{b2}=-\dot{I}_{b2}\cdot\mathrm{j}X_2$$

上述两种接线方式,阻抗继电器的测量阻抗分别为

$$\dot{Z}_c=\frac{\dot{U}_c}{\dot{I}_c}=\frac{\dot{U}_{c1}+\dot{U}_{c2}}{\dot{I}_{c1}+\dot{I}_{c2}}=\frac{\dot{U}_{b1}+a^2\dot{U}_{b2}}{\dot{I}_{b1}+a^2\dot{I}_{b2}}=\frac{\dot{I}_{b1}(R_{(2)}+\mathrm{j}X_2)-a^2\dot{I}_{b2}\cdot\mathrm{j}X_2}{\dot{I}_{b1}+a^2\dot{I}_{b2}}$$
$$=\frac{1}{\sqrt{3}}X_2+\frac{1}{\sqrt{3}}R_{(2)}\angle-30^\circ \tag{18}$$

$$\dot{Z}_{cb}=\frac{\dot{U}_c-\dot{U}_b}{\dot{I}_c-\dot{I}_b}=\frac{\dot{U}_{b1}-a^2\dot{U}_{b2}}{\dot{I}_{b1}-a^2\dot{I}_{b2}}$$

$$=\frac{\dot{I}_{b1}(R_{(2)}+\mathrm{j}X_2)+a^2\dot{I}_{b2}\cdot \mathrm{j}X_2}{\dot{I}_{b1}-a\dot{I}_{b2}}$$

$$=\sqrt{3}X_2+R_{(2)}\angle -60^\circ \tag{19}$$

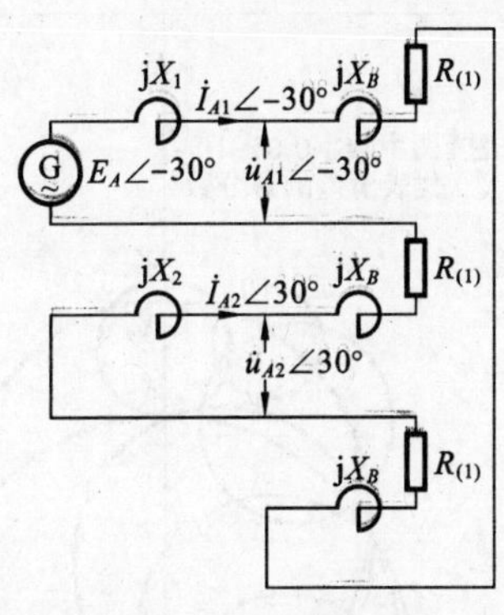

图 11　变压器 Y 形接线侧 $K^{(A)}$ 序网

(2) 变压器高压侧单相接地。

在按 Y/Δ-11 接线的变压器之后发生 A 相接地时，按 A 相所作相序网络如图 11 所示。其中

$$\dot{I}_{A1}\angle -30^\circ=\dot{I}_{A2}\angle 30^\circ$$

$$\dot{U}_{A1}=\dot{I}_{A1}[\mathrm{j}X_2+3(R_{(1)}+\mathrm{j}X_B)]$$

$$\dot{U}_{A2}=-\dot{I}_{A2}(\mathrm{j}X_2)$$

上述两种接线方式阻抗继电器的测量阻抗分别为

$$\dot{Z}_c=\frac{\dot{U}_c}{\dot{I}_c}=\frac{\dot{U}_{c1}+\dot{U}_{c2}}{\dot{I}_{c1}+\dot{I}_{c2}}=\frac{\dot{U}_{A1}+a\dot{U}_{A2}}{\dot{I}_{A1}+a\dot{I}_{A2}}=\frac{\dot{I}_{A1}[\mathrm{j}X_2+3(R_{(1)}+\mathrm{j}X_B)]-a\dot{I}_{A2}(\mathrm{j}X_2)}{\dot{I}_{A1}+a\dot{I}_{A2}}$$

$$=\frac{1}{\sqrt{3}}X_2+\mathrm{j}\sqrt{3}X_B\angle -30^\circ+\sqrt{3}R_{(1)}\angle -30^\circ \tag{20}$$

$$\dot{Z}_{cb}=\frac{\dot{U}_c-\dot{U}_b}{\dot{I}_c-\dot{I}_b}=\frac{\dot{U}_{A1}-\dot{U}_{A2}}{\dot{I}_{A1}-\dot{I}_{A2}}=\frac{\dot{I}_{A1}[\mathrm{j}X_2+3(R_{(1)}+\mathrm{j}X_B)]+\dot{I}_{A2}(\mathrm{j}X_2)}{\dot{I}_{A1}+a\dot{I}_{A2}}$$

$$=\sqrt{3}X_2+\mathrm{j}3X_B\angle -60^\circ+\sqrt{3}R_{(1)}\angle -60^\circ \tag{21}$$

在模拟机组上进行了短路试验，所测定的阻抗值和计算值相符合。

在实际运行中，除本机组之外，还会有其他机组并列运行。一般来说，由于不是三相短路，厂内各机组在短路发生之后是仍然保持同步状态的，所以通过短路电阻的总电流也基本上和该机组所供电流同相。那么，在用等效电阻代替 $R_{(1)}$ 或 $R_{(2)}$ 之后，上述公式仍然适用。但如果情况特殊，在短路时各机组不同步，则须另行分析。

3) 自同期并列

当进行自同期并列时，在发电机开关投入之后，励磁开关投入之前，发电机测量阻抗的幅值比较小。当投入励磁之后，发电机测量阻抗的幅值将逐渐增大，最后进入第一象限。

根据理论分析，在投入励磁之前，发电机测量阻抗的复数值可表示为

$$\dot{Z}=-\frac{1}{2}[\dot{Z}_d(\mathrm{j}\omega_s)+\dot{Z}_q(\mathrm{j}\omega_s)]+\frac{1}{2}[\dot{Z}_d(\mathrm{j}\omega_s)-\dot{Z}_q(\mathrm{j}\omega_s)]\mathrm{e}^{\mathrm{j}\psi} \tag{22}$$

式中
$$\dot{Z}_d(\mathrm{j}\omega_s)=\mathrm{j}X_d\frac{\left(1+\mathrm{j}\omega_s T'_{do}\frac{X'_d}{X_d}\right)\left(1+\mathrm{j}\omega_s T''_{do}\frac{X''_d}{X'_d}\right)}{(1+\mathrm{j}\omega_s T'_{do})(1+\mathrm{j}\omega_s T''_{do})}$$

$$\dot{Z}_q(\mathrm{j}\omega_s)=\mathrm{j}X_q\frac{1+\mathrm{j}\omega_s T''_{qo}\frac{X''_q}{X_q}}{1+\mathrm{j}\omega_s T''_{qo}}$$

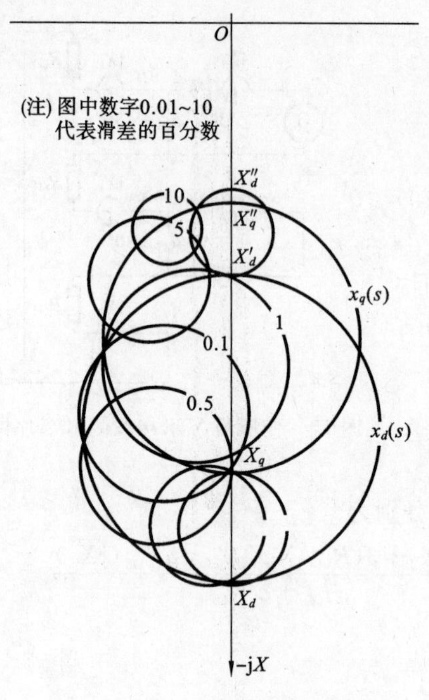

图 12 自同期测量阻抗轨迹图

在水轮发电机的自同期过程中，ω_s/ω_{ed} 一般在 0～10％的范围内变化。根据机组一般参数，将式(22)绘成不同滑差时的阻抗轨迹图，如图 12 所示。如果失励保护的阻抗元件的动作范围与上述阻抗轨迹构成的区域相交，则保护的阻抗元件将误动作。

在模拟机组上进行了多次自同期试验，在投入励磁开关之前，测量阻抗的轨迹都在上述范围之内。在投入励磁开关之后，根据机组开度和励磁整定情况，阻抗轨迹逐渐离开上述区域，经第三、四象限转到第一象限中稳定运行点。

如果发电机需要采用自同期并列方式，可考虑采取下列措施。

① 在自同期过程中将失励保护闭锁。

② 使失励保护的阻抗元件的特性不包含上述区域。

③ 当失励保护的阻抗元件动作范围包含了部分或全部上述区域时，可使失励保护适当地延时，以躲开自同期过程。

4）长线充电

当发电机对空载线路充电时，机端的测量阻抗是电容性质的，线路越长，容抗就越小。

如果失励保护的特性没有包含有 $-\mathrm{j}X_d$ 至 $-\mathrm{j}\infty$ 一段，那么在长线充电时，只要不产生自励磁现象，就不会引起失励保护动作。

动模试验的结果和上述说明是一致的。

3 失励保护装置的分析

前面的分析说明，研究失励保护必须同时考虑两方面的情况，一方面是失励情况，一方面是其他特殊运行情况。失励保护必须在发生失励，而且其后果会危害发电机或电力系统的情况下及时动作，断开发电机主开关。而在其他特殊运行情况下则不应动作。对于水轮发电机不致造成失步的部分失励，和汽轮发电机的短时异步运行，并不危害发电机本身，如果系统电压允许，失励保护可以不动作。

电力系统的大多数运行情况可以在阻抗复数平面上表示，而失励保护也大多采用阻抗型继电器作为测量元件，因此，在阻抗复数平面上分析和评价失励保护的动作是比较好的。

图 13(a)、(b)在阻抗复数平面上同时绘出了失励和其他几种主要运行情况的轨迹。图中：曲线 Z_1 是额定负载下失励时的测量阻抗轨迹；曲线 $Z_{0.5}$ 是半负载下失励

时的测量阻抗轨迹；曲线 Z_t 是调相运行时失励的测量阻抗轨迹；曲线 C 是最大联系阻抗时，系统等值电压与失励发电机电势 E 之间相差 90°时的测量阻抗轨迹（临近失步圆），它可作为发电机接近失步的临界条件；曲线 u 是失励后引起系统中某一监视点电压下降至临界值的测量阻抗轨迹（等电压圆）。作为举例，图上是用高压母线电压下降到 80%作为临界条件而绘出的。由轨迹 Z_1、Z_t、C、u 可定出失励继电器的要求动作区，如图 13 中粗实线所示。此外，图中还作出了继电器要求不动作的某些运行情况下的测量阻抗轨迹。曲线 e 是发电机与系统（包括本厂机组）间振荡时最低的测量阻抗轨迹；曲线 d 是发电机外部某些不对称短路时经不同的等效过渡电阻的测量阻抗轨迹（假定短路时系统没有振荡）；L 是发电机空载对长线路充电或递升加压时，测量阻抗在不同线路参数情况下的轨迹。对于自同期过程，一般采用闭锁措施，所以在图中未绘出其测量阻抗的可能轨迹。

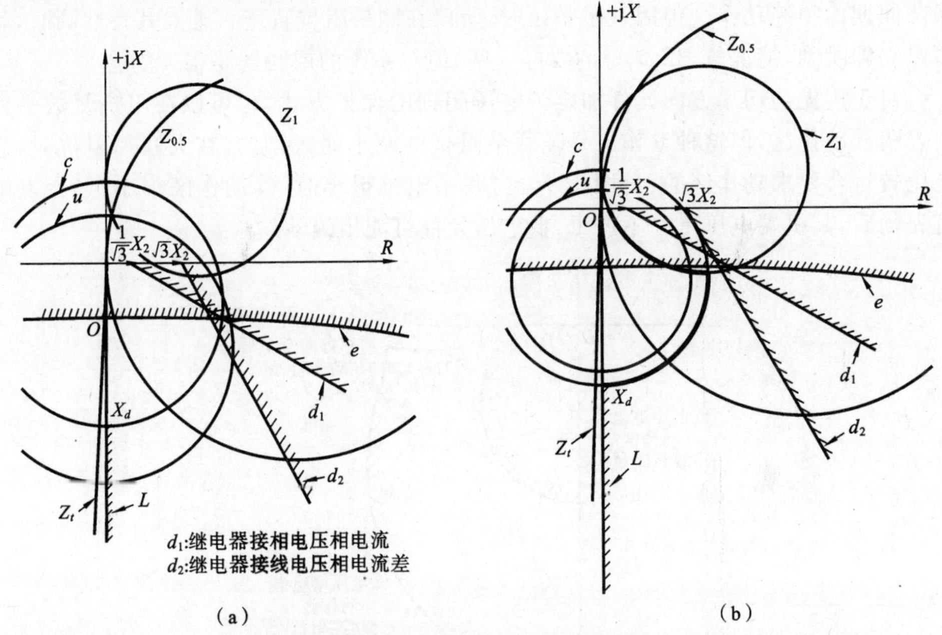

图 13　外部短路时的测量阻抗轨迹

图 14 比较了几种不同系统联系阻抗时的要求动作区。曲线 1 是单机经大联系阻抗（$X_{st}=0.5X_d$）时的要求动作区，曲线 2 是在电厂有两机运行的情况（$X_{st}=0.23$）时的要求动作区。比较这两条线可以看出，系统联系阻抗越大，要求动作区就越大，要求继电器不动作的轨迹（e、d 等）就越容易穿过它。如果 e、d 等轨迹穿过要求动作区，则需要考虑采取闭锁措施。

BZ-1 型失励保护的动作区较上述要求动作区小，特别是在大联系阻抗时相差更大，再加上它又是利用 1.5″延时躲系统振荡，使得在大联系阻抗及大功率情况下发生失励时不能及时动作而造成失步。在失步开始时，测量阻抗的轨迹在阻抗元件动

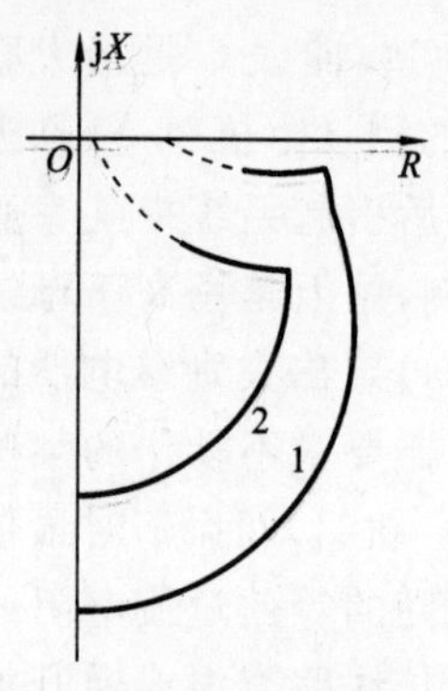

图 14　几种不同系统联系阻抗时的要求动作区

作区内停留的时间很短，直到其轨迹缩小到全部在继电器动作区内后才能跳闸。这可能导致系统崩溃，或使系统中其他保护误动作。在系统联系阻抗较小时，测量阻抗在进入动作区后，停留时间较长，尚能及时动作。

这种继电器在系统振荡及外部不对称短路时不会误动作。由于其所带延时不足以躲开自同期过程，所以仍须采取其他闭锁措施。

采用使特性圆往下偏移躲振荡的方法[2]，将使其特性圆和图 13 中所示的要求动作区，比 BZ-1 型继电器的相差更大，所以在联系阻抗比较大和输送功率也比较大的情况下，其阻抗元件更容易在发电机失励后的前几个振荡周期内拒绝动作。但因其不带延时，所以在测量阻抗轨迹一进入其特性圆时，就可以立即跳闸，情况较 BZ-1 型的要好一些，但对系统的威胁还是很大的。

对于用无功功率方向元件加定子电压闭锁的保护方式，也可以在阻抗复数平面上表明其动作区，但这种动作区是随联系阻抗的减小而减小的，在大联系阻抗时，它是比较符合要求动作区的(见图 15)。当联系阻抗很小时，其动作区很小，一台发电机失励后，其机端电压下降不严重，低电压元件可能拒绝动作。

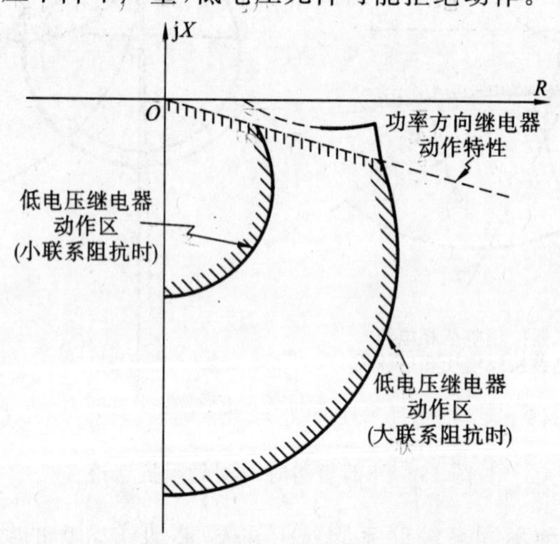

图 15　低电压元件及功率方向元件构成失励继电器

从上面的分析可见，现有的失励保护，其特性与要求动作区不很符合，往往动作太迟，甚至拒动，以致造成严重后果。比较合理的保护方案，应该使阻抗测量元件的动作范围尽可能符合要求的动作区。而对振荡、短路等可能引起误动作的特殊运行情况，可采用闭锁措施。阻抗测量元件如果用多边形或复合图形的阻抗继电器，就可以比较好地适应大联系阻抗时的要求动作区。如果采用往第四象限平移的圆特性阻抗继电器，则可以比较接近于上述要求动作区(见图 16)，而其结果比较简单一些。

其特性应按最大联系阻抗时的要求动作区整定。这样，在大联系阻抗和额定负载下失励时，保证阻抗轨迹有较长时间停留在其特性圆内，从而使继电器可靠而且及时地动作。但在小联系阻抗时，要求的动作区将缩小，继电器将稍为提前一些时间动作。

闭锁措施考虑了两个方案：一是用发电机负序电流闭锁；一是用转子电压闭锁。

用负序电流闭锁时闭锁措施如图 17 所示。在系统短路，由短路引起振荡以及自同期操作时，发电机都将有瞬时负序电流出现。此时负序电流元件通过"固定 6～8 s"回路将保护闭锁。如果由于电力系统的冲击引起励磁系统故障而失励，则阻抗元件可经延时 t（躲开振荡用，并与外部故障的相应保护配合）跳主开关而不等待 6～8 s 以后。

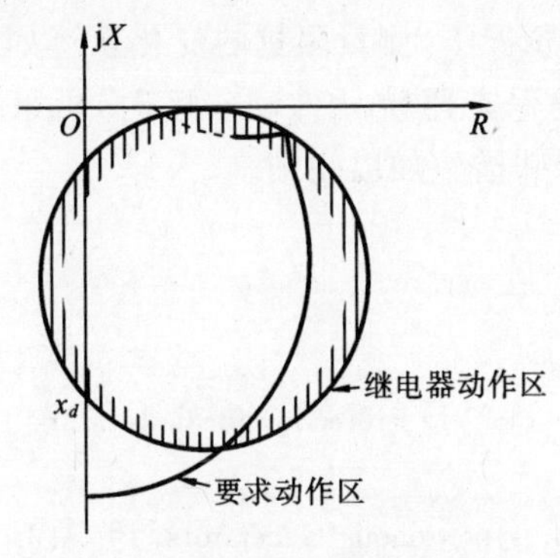

图 16　阻抗元件偏转的方案

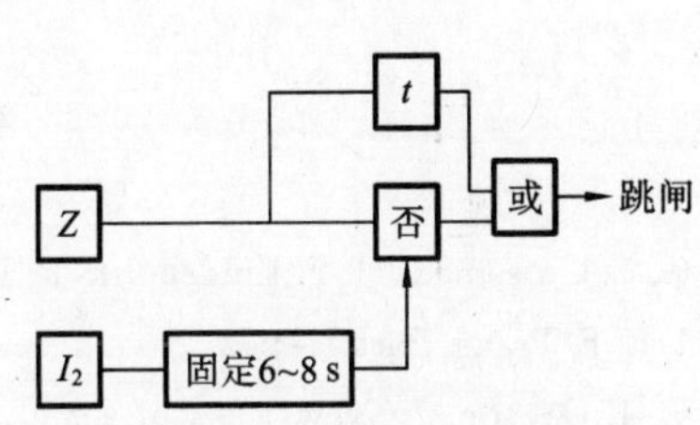

图 17　I_2 闭锁的保护动作逻辑

在发生静稳定破坏的情况时，负序闭锁不起作用。但静稳定破坏往往在联系阻抗比较大的情况下发生，此时测量阻抗的振荡轨迹如图 9 中的曲线 e 将往上移，阻抗元件不动作。

用转子电压闭锁时，可采用如图 18 所示闭锁措施。电压元件的动作电压按下述原则整定。

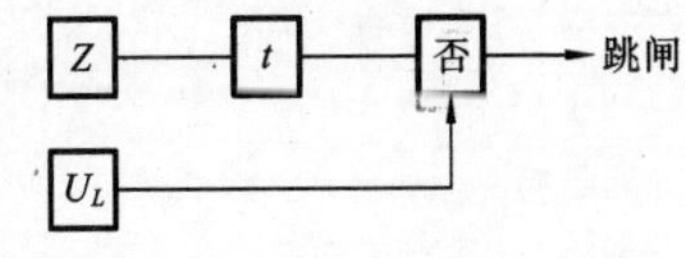

图 18　U_L 闭锁的保护动作逻辑

由于部分失励，u_L 下降到能使机组失步的数值时，转子电压元件不应闭锁。联系阻抗越大，负荷越重，则这一数值越大。u_L 的整定值应大于其最大值。在系统振荡和外部不对称短路等情况下，u_L 将因强行励磁而上升，转子电压元件应能保证闭锁。但强励使 u_L 上升有一个过程，为了保证闭锁，阻抗元件后应带一定延时。

当联系阻抗不出现较大的数值时，要求的动作区比较小，系统振荡和外部不对称短路时的测量阻抗轨迹有可能不穿过它。这就有可能不采用闭锁而使装置简化，在图 19 中采用了往第四象限下偏的圆特性阻抗继电器，满足了这一要求。

4　几点结论

(1) 在系统中运行的同步发电机失去励磁后，其测量阻抗的变化轨迹在失步前一般接近一个圆。圆心位置和半径仅与发电机失励前的有功功率、系统等效发电机

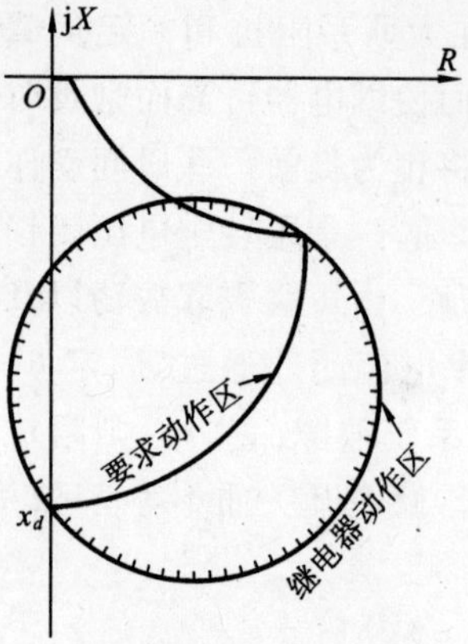

图 19　采用圆特性阻抗继电器的方案

端电压及联系阻抗有关。阻抗轨迹时间特性主要与T'_{do}、转子回路电阻及剩磁等因素有关，可用计算方法求得。

（2）对水轮发电机失励保护，要求其动作的主要条件是，发电机临近失步和系统枢纽点电压降低至临界值。这些条件在阻抗复数平面上都是圆。

（3）根据在最大联系阻抗下送出额定有功功率时的等有功圆、临界失步圆和临界电压圆，就可以确定失励保护的要求动作区。

（4）特殊运行情况下，测量阻抗的变化轨迹如通过实际拟采用的失励保护阻抗元件动作区时，可采用不大的延时或其他特殊措施加以闭锁。

参考文献

[1]　G. C. Crossman, H. F. Lindemuth, R. L. Webb. Loss of-Field Protection for Generators[J]. A. I. E. E Trans. Part I, 1942.

[2]　C. R. Mason. A New Loss of-Excitation Relay for synchronous Generators[J]. A. I. E. E. Trans. Part Ⅱ, 1949.

[3]　Armin Fisher, Erwin Zurowski. A New Type of under-excitation Protection[J]. Siemens Review, Vol. ⅩⅩⅩⅣ No4, April, 1967.

[4]　华中工学院动模试验室. 大型水轮发电机失励磁保护动模试验研究报告，1973.

第6章 自适应保护

6.1 Adaptive Principle in Protective Relaying[①]

0 Intrduction

After the appearance of the computer relaying, it was becoming possible to introduce the automatic control theory to the protective relaying. Especially, the effect of adaptive principle is interested more earlier. Since 1982, a lot of research program has developed in our group. In this paper, we hope to describe the theory of the adaptive principle in protective relaying and some results of application of this principle.

1 The Peculiarity of the Adaptive Protection

The typical description of the adaptive control is as follow: in the working process of an adaptive control system, the state, characteristics or parameters of the controlled system are measured by control system continuously. Then the operation targets will be recognized by this system and compared with the expected value. After that, the strategy is to be made to change the construction 、 parameters or control function of the control system according to the adaptive principle. And then the controlled system would be operated in an optimal or sub-optimal situation in certain meaning.

Protective relaying is a special control system. Its controlled system is protected equipment. Its output is to switch the circuit breaker of the protected equipment off when a fault on the protected equipment occurs. Before the occurring of the fault, the trip signal appears after the occurring of the fault of the protected equipment only. But this chance occurs quite few.

So the characteristics of protective relaying as a control system is quite different from the convention control system with regulating function. And then the similarities and differences between the adaptive protective relaying and conventional

---

① This paper was published in IEEE TENCON 1993(Beijing).

adaptive control system can be summarized as follow at least.

① The basic function of conventional adaptive control system is to keep the controlled system in an expected and optimal status with stability targets. The function of protective relaying is to clear the fault occurred on the protected equipment with selectivity and as possible, but doesn't keep the protected equipment in some optimal condition.

② There is not reference model in the adaptive protection, but in the conventional control system, this model can be used.

③ The adaptive protective relaying can not receive the feedback information from the protected system continuously after acting signal to the protected system adaptively, such as the conventional adaptive control system does. In certain meaning, an adaptive protective relaying is working at open-loop control status, and the conventional adaptive control system is working at close-loop control status.

④ The function of the adaptive block of an adaptive protective relaying would not improve the operation status of the protected equipment such as the conventional adaptive control system does. But its function will improve the measuring characteristics or the logical function, and then improve the operation speed or the selectivity of the conventional relaying.

It's not so easy to distinguish the adaptive protective relaying from the conventional protective relaying strictly, because there was some function in conventional protection which can fit the change of the parameters, construction or operation situation of the protected system or equipment. For example, the degree of saturation of the current transformers can be recognized by some type bus bar protection. After that, the protection can select the strategy to fit the selectivity of the bus bar protection.

There is not much meaning about the controversy of the definition of adaptive protection. The aim at development of application of adaptive principle to the area of protective relaying should be to improve the characteristics of the protection only. But if a basic definition of it is established, the application of the adaptive principle in protective relaying would be developed more quickly and widely.

In Fig. 1, the typical block diagram of an adaptive protection is given. Only in the situation, that an unit or block with adaptive function exists besides the normal protective relaying obviously, this system would be called the adaptive protection.

According to the state variable of operation situation of the power system, the adaptive function includes the automatical change or regulation of the acting value, the characteristics of measuring units, the construction of the protection, the logical

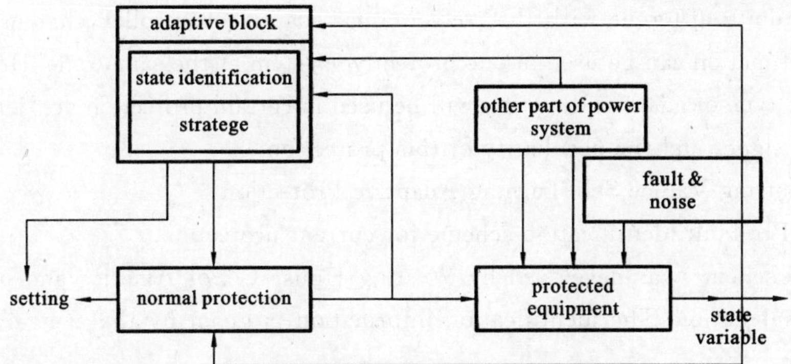

Fig. 1　Block diagram of an adaptive protection

relation between the measuring units or the supporting operating conditions such as the sampling frequency, the proportion constants of the measuring transformers and so on.

At the same time, the function of the normal protective relaying doesn't include above functions. Its measuring units operate at given condition of given correlation.

2　The Classification of the Adaptive Protective Relayng

There are two ways to classify the adaptive protection. The first one is to classify adaptive protection according to the strategy they use. The second one is that different types of state identification.

When the adaptive protections are classified by strategy, they can be classified furthermore as follows.

① Setting valuc self-turning adaptive protection.

② Coefficient self-turning adaptive protection.

③ Construction variation adaptive protection.

④ Condition variation adaptive protection.

When the adaptive protections are classified by the methods of state identification, they would be as follows.

① Per-fault identification adaptive protection.

② Post-fault identification adaptive protection.

Some quantities or construction of the protected equipment or power system don't change suddenly when the fault occurs, such as the frequency of the power system or the connecting diagram of a bus bar. So in this situation, we can use the pre-fault value or construction information as the post-fault state variable. On the other hand, for the state identification, we must use the post-fault quantities because these quantities change suddenly when the fault occurs.

It's quite different with the conventional adaptive controller, that multi-kind adaptive function can be used in one protective system at the same time. How many and what type of adaptive function will be used in certain protection are determined by the designer and the peculiarity of this protection.

1) Setting Valuce Self-Turning Adaptive Protection

(1) Pre-fault identification scheme for current protection.

This scheme was developed by Westing House Co. of America and used in a 500 kV substation. The identification information is given by the central monitor computer.

Owing to the variation of the source impedance, the short-circuit current when the fault occurs at the end of the transmission line changes correspondingly. Obviously, if the setting value of the current relay varieties correspondingly to the variation of the source impedance, then the sensitivity of the current relay will reach to the optimal situation.

In the scheme of Westing House Co., the identification of the source impedance is given by the central monitor computer at normal condition. In other word, it's given before the fault occurring.

(2) Post-fault identification scheme for current protection.

Just like the previous scheme, but the source impedance is not given by the central monitor computer, it's gotten after the calculation using the fault current and voltage acting on the computer relay. According to the superposition theory of the electric circuit we have

$$Z_{1s}=\Delta U_1/\Delta I_1 \tag{1}$$

Here, Z_{1s} is the positive sequence source impedance;

ΔU_1 is the fault component of positive sequence voltage;

ΔI_1 is the fault component of positive sequence current.

It's not difficult to calculate Z_{1s} in the case of using computer relaying. And then we can find the corresponding setting value from a table saving in the computer relay previously.

Reactance relay with variable deflection angle. In the case of existence of source in the opposite side of a transmission line, the resistance at the fault point is not a pure resistance. So the over-reach or under-reach can occur when reactance relay was used. In order to overcome this defeat, an adaptive strategy was suggested[6].

The operating theory was shown in Fig. 2, where $|Z_k|>|Z_y|$. Z_y is the setting impedance; Z_k is the impedance from the fault point to the point that the relay is locating. Z_r is the impedance equivalent to the voltage drop on the resistance at the fault point over the current on the relay point. Owing to the voltage drop of the short-circuit current from opposite source, the total voltage drop on the fault point resistance is not parallel with R axis, and has a deflect angle "α". The end of the vector of the measuring impedance of the relay Z_M would fall in the operating zone of the reactance relay if there is not any method to improve it. Then the relay will be over-reach.

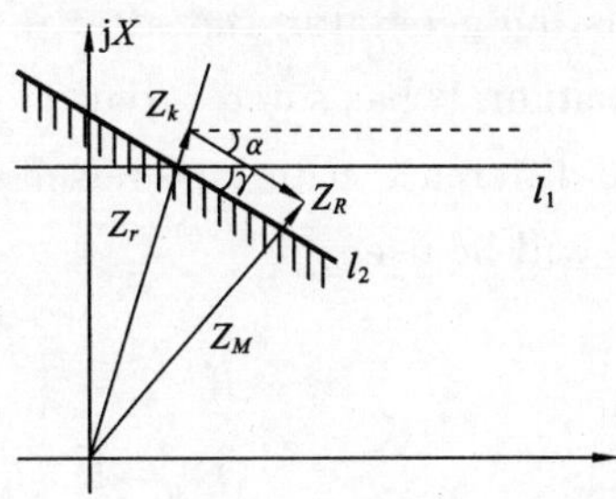

Fig. 2 Adaptive reactance relay

It was suggested by the references[5],[6], the operating boundary of the reactance relay l_1 can rotate to l_2 with an angle "γ", approximately equal to "α". The post-value of currents and voltages are used to identify the angle "α".

$$\alpha = \arg \frac{I_{of}}{I_A + KI_{\alpha}} = \arg \frac{I_{\alpha}}{I_A + KI_{\alpha}} + \theta \tag{2}$$

Here, I_{of} is zero sequence current at the fault point;

I_A and I_{α} are respectively the phase and zero sequence current at the relay location point;

θ is the phase difference between I_{of} and I_{α}, varying according to the fault point location.

When the fault locates at the setting point, $\theta = \theta_y$ is a known value. So the angle "γ" can be determined by the value "α" at that point, i. e.

$$\gamma = \arg \frac{I_{\alpha}}{I_A + KI_{\alpha}} + \theta_{\gamma} \tag{3}$$

When the deflection angle "γ" is used in the reactance relay adaptively, over-reach and under-reach of this relay would be much less than before.

2) Corfficient Self-Turning Adaptive Protection

In the references[4], the coefficient self-turning adaptive protection was suggested. It was used in the grounding fault protection for the stator winding of the generator based on micro-computer.

At normal condition, some third harmonic voltages exist at the terminal and the neutral point of the generator. But the magnitudes and the arguments of these two voltages are not the same. The proportion between these two voltages is a complex P, i. e.

$$U_{3t} = PU_{3n} \tag{4}$$

Proportional coefficient P is mainly determined by the values of the capacitances at these points. So the coefficient P would be a constant approximately for an existing generator. But after investigation, it's found that the coefficient P is not a constant. It has some variation when the load of the generator changes. When a voltage difference criterion is used for the ground fault protection, a constant coefficient K_1 will be used:

$$|U_{3t}-K_1U_{3n}|\geqslant K_2U_{3n} \tag{5}$$

But

$$|U_{3t}-K_1U_{3n}|=PU_{3n}-K_1U_{3n}=(P-K_1)U_{3n} \tag{6}$$

So the operation criterion can be rewritten as (Fig. 3)

$$|P-K_1|\geqslant K_2 \tag{7}$$

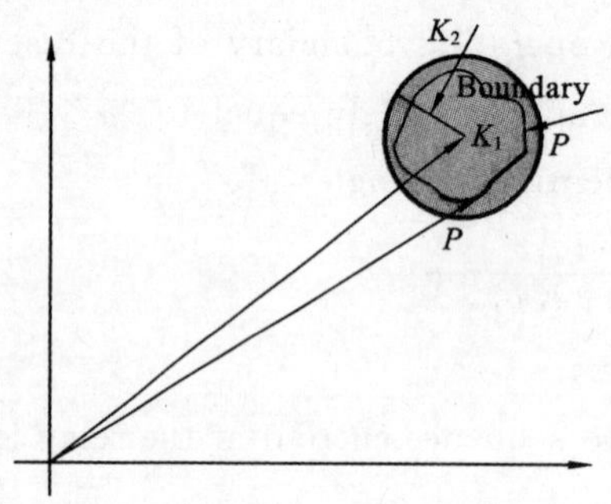

Fig. 3 Relation of coefficients

If it's possible to get the boundary of P, the optional value of K_1 can be gotten. At that time, K_2 will be the minimum. And this will be most sensitive situation of this criterion

Theoretically, if the constant K_1 can be replayed by the variable P, then K_2 will tend to be zero in reference[1], it was suggested to use the pre-fault value P instead of the constant K_1. The criterion is

$$|P-P_-|\geqslant K_2 \tag{8}$$

It was shown by the test on the physical simulation of electric power system, that the sensitivity of this scheme would be 3~4 times higher than the scheme with constant K_1.

In the reference[4], it was suggested to use the pre-fault value to get the post-fault value P_+ with estimation technique to replace the constant K_1. The sensitivity of this scheme will higher than the scheme using P_-.

3) Construction variation Adaptive protection

In some situation, the construction of the protected equipment would change in operation condition. For example, a transmission line would switch from one bus bar to another when double bus bar system was used. In that time, the construction of the bus bar differential protection must change correspondingly to avoid mal-operation. But this is a difficult operation, because the reliability of the bus bar protection is very important.

In the reference[2], it was suggested to use a micro-computer based differential protection for double bus-bar system. In the scheme, the software was used to change the construction of the differential protection instead of the contacts of the relay or the switch gear. At the same time, a recognizer of the operation situation of the bus-bar system was added to the basic bus-bar differential protection. Besides the contact's information, the current's information was used to identify the construction of bus-bar system. In this scheme, the pre-fault information was used.

4) Operation Condition Variation Adaptive Protection

Some parameters of the power system are not the basic one in fault measurement, but still exist some influence upon the accuracy of the measurement. These influences of operation condition variation to the characteristics of the protection can be ameliorated when using the adaptive principle.

① The frequency of the current and voltage of the protected equipment or power system would leave its normal value in some special condition. The deflection of frequency sometimes is very serious, especially in the condition when the generator starts up or shuts down.

The characteristics of some protection unites are effected seriously by the frequency deflection, e. g. the filters of negative currents or voltages using simulative network. In the computer relaying, this problem would be solved easily by using automatic sampling frequency following technique. Usually, the pre-fault power frequency is used considering the frequency variation of the power system is not so fast. Test results in the references showed that effect of this technique is obviously.

② The voltages or currents proportion between the different sides of the power system transformer would vary in the operation condition. In order to guarantee that mal-operation of the differential protection doesn't occur, the setting value of this protection must be high enough. For this reason, the sensitivity of this protection will decrease.

The currents proportion following technique can be used in this situation when switching the turn number of the power transformer occurs, the proportion constant of the power transformer occurs, the proportion constant of the secondary current in the relay changes adaptively. And the pre-fault value of proportion will be used by the protection.

3 Conslusion

The effect of introducing the principle of the adaptive control to the protective relaying is salient.

A definition of adaptive protective relaying was suggested in this paper. It's worthless to dispute about it.

The classification of adaptive protection was presented in this paper. It would be useful for developing this technique.

REFERENCES

[1] Liu, H. G. The Research of Micro Computer Based Grounding Protection of The Stator of The Generator[D]. Master Thesis in Huazhong University of Science & Technology, 1988.

[2] Malik, O. P. , Liu Pei, Chen Deshu, etc. An improved bus-bar protection scheme using a MCS-8096 single chip micro-computer[C]. Presented at the Engineering and Canadian Electrical Association, 1990.

[3] Yin, X. G. The Research of Transient Full-Process Digital Simulation of The Fault In The Stator Winding of Synchronic Generator and The New Principle of its Microcomputer Protection [D]. Ph. D Dissertation in Huazhong University of Science & Technology, 1989.

[4] Yin, X. G. , Malik, O. P. , Hope, D. S. , Chen. Adaptive ground fault protection schemes for turbo-generator based on third harmonic voltage[C]. IEEE/PES Winter Meeting, 1989.

[5] Zhang Zhizhe. The research of Adaptive Distance Protection Based on Microcomputer[D]. Ph. D Dissertation in Huazhong University of Science & Technology, 1985.

[6] Zhang Zhizhe, Chen Deshu. An adaptive approach in digital distance protection[C]. IEEE/PES Winter Meeting, 1988.

第7章　继电保护算法

7.1　变数据窗傅里叶算法之研究①

自从 M. Ramamoorty 1972 年提出傅里叶算法以来[1]，这种算法在计算机继电保护以及其他一些电力系统实时控制系统中得到了广泛的应用。这主要是由于这种算法具有很强的滤波功能，而且当采用 12 点/周采样率时，其计算量也不大，算法也比较简单，虽然这种算法对衰减的直流分量不能完全滤除，但后来的许多研究对非周期分量的抑制已得到比较满意的结果。除此之外，傅里叶算法由于本身的要求，需要有整个工频周期的信息才能充分实现上述优越性能，因而又称为全周波傅里叶算法。这样，虽然得到了好的滤波特性，但也限制了继电保护动作速度的进一步提高。

在一些对滤波和精度要求不太严格的情况下，可以采用所谓半周傅里叶算法[2]。它利用半个工频周期信号的量值。严格地说，用半周期的信息去估算它整个周期的情况是不合适的，因为后半周期的信息是有多种可能的，可能有很大的差别。因此从普遍意义来说，仅用前半周期的信息估计整个周期的情况是不严格的。但是，在实际的电力系统中，如果被测电量的基本属性已知，或者说，根据前半周期的信息基本上可推测出后半周期的状态，甚至可以近似地将前半周信息变换正负号作为后半周的信息时，则用半周波信息进行傅里叶计算，所得结果尽管误差可能大一些，但是可以信赖的。

到目前为止，短数据窗傅里叶算法主要是指半周傅里叶算法。本文从统一的前提出发以常用 12 点全周傅里叶算法为基础导出了 5、6、7、8、9、10、11 点变数据窗傅里叶算法。至于每周 8 点、16 点或其他变数据窗傅里叶算法的短数据窗可由此类推，本文不细述。

本文将说明变数据窗傅里叶算法的前提和原理、算法及其应用以及算法的特性。

1　变数据窗傅里叶算法的前提与算法

我们知道，傅里叶算法是一种正交函数算法。其前提要求输入函数是周期函数，并用正交函数与之相关积分。这样即可得出输入函数中与该正交函数相关的分量的数值。如输入函数为正弦，由于初相角的存在，可分解为两部分，即与正弦函数相关

① 本文发表于 1997 年全国高等学校电力系统及其自动化专业年会论文集。

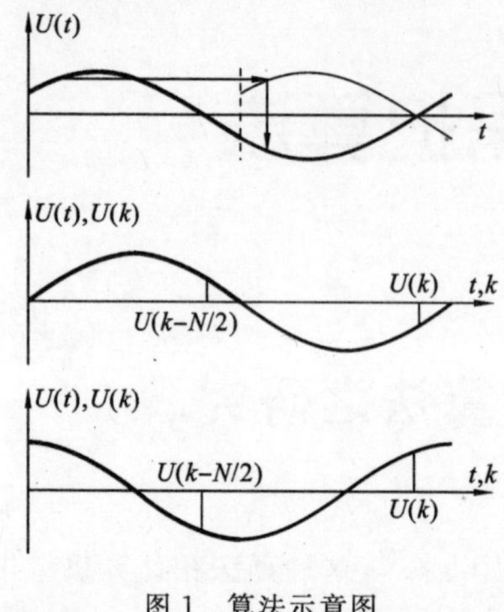

图1 算法示意图

的实数部分和与余弦函数相关的虚数部分。由于正弦函数的正交性，被测函数与正弦相关积分时，其结果与余弦函数部分无关，换句话说，已将余弦函数部分滤除掉。反之，亦然。这是傅里叶算法的一个基本特点，也是基本要求。如果各种短数据窗算法符合这一要求，则能保证基波分量计算的正确性。过去提出的半周傅里叶算法是符合这一要求的。其基本前提是假设后半周数据等于前半周的负值，即将前半周数值向后平移半周后乘以“−1”。如图 1 所示，不管是有初相角的情况，还是纯正弦函数、纯余弦函数，采用“平移然后变号”的处理后，即可仍用原来的全周傅里叶算法进行计算。由此带来的附加误差，即为后半周设定波形与实际后半周波形之差。

上述处理方法的数学描述为被缩短数据窗所挤掉的某采样值可用对应的下述采样值代替，即

$$U(k)=-U(k-N/2) \tag{1}$$

由此可得各种数据窗宽度的算法如下（以 12 点/周期为例），U_{Im} 为虚部，U_{Re} 为实部。

① 12 点算法（即全周波傅里叶算法）。

$$12U_{\mathrm{Im}}=[\sqrt{3}(u_1-u_7-u_5+u_{11})+(u_2-u_8-u_4+u_{10})+2(-u_6+u_{12})]$$

$$12U_{\mathrm{Re}}=[\sqrt{3}(u_2-u_8+u_4-u_{10})+(u_1-u_7+u_5-u_{11})+2(u_3-u_9)]$$

② 11 点算法（即 u_{12} 被替换掉）。

$$12U_{\mathrm{Im}}=[\sqrt{3}(u_1-u_7-u_5+u_{11})+(u_2-u_8-u_4+u_{10})-4u_6]$$

$$12U_{\mathrm{Re}}=[\sqrt{3}(u_2-u_8+u_4-u_{10})+(u_1-u_7+u_5-u_{11})+2(u_3-u_9)]$$

③ 10 点算法（即 u_{11} 也被替换掉，以下类推）。

$$12U_{\mathrm{Im}}=[\sqrt{3}(u_1-u_7-2u_5)+(u_2-u_8-u_4+u_{10})-4u_6]$$

$$12U_{\mathrm{Re}}=[\sqrt{3}(u_2-u_8+u_4-u_{10})+(u_1-u_7+2u_5)+2(u_3-u_9)]$$

④ 9 点算法。

$$12U_{\mathrm{Im}}=[\sqrt{3}(u_1-u_7-2u_5)+(u_2-u_8-2u_4)-4u_6]$$

$$12U_{\mathrm{Re}}=[\sqrt{3}(u_2-u_8+2u_4)+(u_1-u_7+2u_5)+2(u_3-u_9)]$$

⑤ 8 点算法。

$$12U_{\mathrm{Im}}=[\sqrt{3}(u_1-u_7-2u_5)+(u_2-u_8-2u_4)-4u_6]$$

$$12U_{\mathrm{Re}}=[\sqrt{3}(u_2-u_8+2u_4)+(u_1-u_7+2u_5)+4u_3]$$

⑥ 7 点算法。

$$12U_{\mathrm{Im}}=[\sqrt{3}(u_1-u_7-2u_5)+2(u_2-u_4)-4u_6]$$

$$12U_{\mathrm{Re}}=[2\sqrt{3}(u_2+u_4)+(u_1-u_7+2u_5)+4u_3]$$

⑦ 6 点算法(即半周傅里叶算法)。

$$12U_{\mathrm{Im}}=[2\sqrt{3}(u_1-u_5)+2(u_2-u_4)-4u_6]$$

$$12U_{\mathrm{Re}}=[2\sqrt{3}(u_2+u_4)+2(u_1+u_5)+4u_3]$$

⑧ 5 点算法(见下面说明)。

$$12U_{\mathrm{Im}}=[2\sqrt{3}(u_1-u_5)+6(u_2-u_4)]$$

$$12U_{\mathrm{Re}}=[2\sqrt{3}(u_2+u_4)+2(u_1+u_5)+4u_3]$$

根据前面所提到的基本前提,按理短数据窗算法的极限宽度应是 $N/2$,但由于 6 点算法中的实部计算式中不含 u_6,所以在虚部计算式中可以任选能满足取代 u_6 的采样值,而不影响实部计算。上面的 5 点算法能符合上面提出的基本要求,即 5 点短数据窗算法能满足使基波实、虚部计算同时正确的基本要求。

2 变数据窗傅里叶算法的幅频特性

微机继电保护算法的幅频特性反映了该算法从输入信号中准确提取有用频率分量,而抑制不需要的频率分量的程度,因此是衡量该算法性能好坏的一个重要依据。通常利用算法输出的模值与输入信号模值 U_{m} 之比,构成相对幅频特性 H[1]。

$$|H|=\frac{\sqrt{(U_{\mathrm{Im}}^2+U_{\mathrm{Re}}^2)}}{U_{\mathrm{m}}} \tag{2}$$

式中,U_{Im}——计算所得的虚部;

U_{Re}——计算所得的实部;

U_{m}——输入信号的幅值。

通过仿真计算,可得出前述各种算法在不同初始角的情况下的相对幅频特性 H。抽取其中整次谐波的结果,以百分数形式表示如表 1 所示。

表 1 变数据窗傅里叶算法的仿真结果

算法	初始角	2 次谐波	3 次谐波	4 次谐波	5 次谐波	6 次谐波
11 点	90°	50%	0%	65%	0%	0%
	60°	30%	0%	58%	0%	2%
	30°	0%	0%	50%	0%	2%
	0°	30%	0%	30%	0%	0%
10 点	90°	50%	0%	50%	0%	0%
	60°	17%	0%	37%	0%	0%
	30°	15%	0%	36%	0%	0%
	0°	85%	0%	35%	0%	0%

续表

算法	初始角	2 次谐波	3 次谐波	4 次谐波	5 次谐波	6 次谐波
9 点	90°	50%	0%	50%	0%	0%
	60°	70%	0%	45%	0%	0%
	30°	96%	0%	28%	0%	0%
	0°	110%	0%	10%	0%	0%
8 点	90°	95%	0%	28%	0%	0%
	60°	95%	0%	28%	0%	0%
	30°	95%	0%	25%	0%	0%
	0°	90%	0%	22%	0%	0%
7 点	90°	95%	0%	28%	0%	0%
	60°	80%	0%	35%	0%	0%
	30°	95%	0%	38%	0%	0%
	0°	125%	0%	25%	0%	0%
6 点	90°	70%	0%	70%	0%	0%
	60°	98%	0%	61%	0%	0%
	30°	135%	0%	40%	0%	0%
	0°	153%	0%	10%	0%	2%
5 点	90°	132%	200%	30%	0%	0%
	60°	220%	175%	22%	0%	0%
	30°	240%	100%	40%	0%	0%
	0°	210%	0%	55%	0%	0%

从仿真结果可以看出，6 点到 11 点变数据窗傅里叶算法可以较好地滤掉奇次谐波，对偶次谐波则滤波效果较差，且随着输入信号初始角的不同而情况各异。对 5 点算法而言，2 次、3 次以及 4 次谐波的滤波效果都不太理想。出现上述结果的原因为，基波和奇次谐波具有前半周后移半个周波后的波形是后半周波形对横轴的镜像的特点，而偶次谐波则前半个周波与后半个周波完全相同。用数学描述为

基波和奇次谐波 $$U(t)=-U(t\pm T/2) \tag{3}$$

偶次谐波 $$U(t)=U(t\pm T/2) \tag{4}$$

6 点到 11 点变数据窗傅里叶算法采用 $-U(k-N/2)$ 来代替 $U(k)$ 点时，正好与式(3)相吻合，即正确地拟合 k 点的基波和奇次谐波。因而可以将奇次谐波较好地滤除，并完整地保留基波分量。而偶次谐波在后半周波也被拟合成前半个周波对横轴的镜

像，如图2所示。从图中可以明显看出拟合后的偶次谐波包含有成分很重的余弦形式的基波。由于拟合后的偶次谐波里所含的基波分量无法被滤掉，所以，滤除偶次谐波的滤波效果较差。另外，由于傅里叶算法建立在周期函数的基础上，因而计算结果受非周期分量的影响较大。

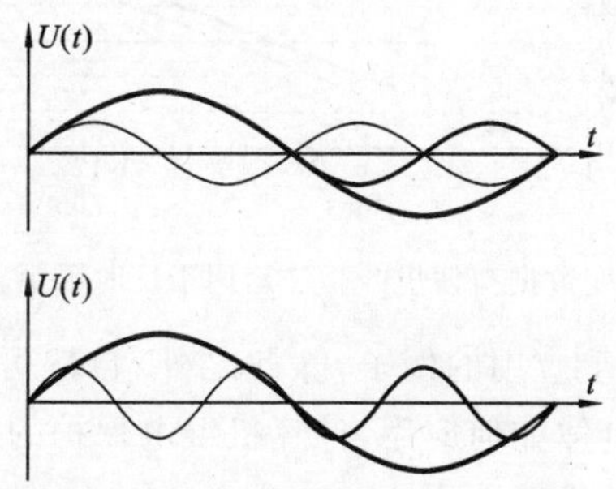

图2　奇次谐波和偶次谐波拟合情况

从上面的仿真结果和分析中，我们可以导出下列结论：当信号为纯基频正弦信号时，采用变数据窗傅里叶算法计算的结果无理论假设引起的误差，有的仅是数字信号的截断误差，比较小。因此，计算结果是很精确的。

当采用6点到11点变数据窗傅里叶算法时，对奇次倍频分量的截止情况良好，对偶次倍频分量的滤过性能较弱，受衰减直流分量的影响较大。采用5点变数据窗傅里叶算法，对谐波的滤过能力有所下降。此时，综合各种因素引起的误差在240%以内。最大误差与正弦模型的“三点采样值算法”相近。

当输入信号含有较强的衰减直流分量时，频谱特性变坏，且对基波值计算结果带来较大误差。因此，最好预先滤除衰减直流分量。

3　变数据窗傅里叶算法的应用

变数据窗傅里叶算法的主要用途是使计算机继电保护的动作速度加快。通常用的全周傅里叶算法比较慢，达不到模拟式集成电路继电保护的动作速度水平。但在精度要求不太严格，而对动作速度要求快的情况下，可以采用短数据窗算法。对一些处于两者之间的情况，则可以采用本文上述的某些算法。

对本文所述算法最突出的一种应用方式是采用变数据窗的递推算法，用以构成反时限特性，或可称为按时间变定值式的自适应式算法。现举例说明，如图3所示。

这里，Z_y 为距离保护Ⅰ段的给定值，Z_{set} 为计算机保护实际使用的定值。这样，在故障后较短的时间内，使用采样点数少的算法，即使计算结果误差较大，由于采用小的整定值，即 Z_{set}/Z_y 值小，继电保护也不会超越，却可以缩短近端故障的切除时间。随着短路点距离的伸长，动作时间稍为增长，但阻抗动作值的精度也随之增加，也不会产生超越，这就协调了动作速度与精度二者的矛盾。

图3的曲线中粗线表示的是没有采用滤波算法滤除衰减直流分量时的时间特性，细线表示的是采用两点差分算法滤除衰减直流分量时的情况。

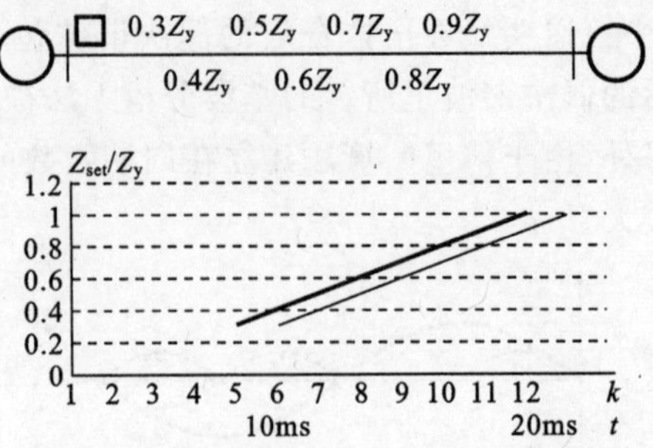

图3 变数据窗傅里叶算法运用于反时限距离保护

上面举的是距离保护上应用的例子，除此之外，自然可以用于电流保护、电流差动保护、电流方向保护。具体如何应用，计算机继电保护的设计者可根据对保护的原理和性能的要求、硬件的条件等选用。

当需要更进一步提高动作速度要求采用 4 点或以下的算法时，变数据窗傅里叶算法不能满足要求，此时可以用其他短数据窗算法，如三点采样值积算法[3]加上差分算法，等等。

4 结束语

本文所提出的变数据窗算法，可供需要加快保护动作速度时之用。

参考文献

[1] M. Ramamoorty. Application of Digital Computers to Power System protection[J]. Journal of lnst. Eng. Idia, EE Division part E1 J. V. 52, N. 10, 1972.

[2] A. G. Phadke, T. Hlibka, M. G. Adamiak, etc. A Microcomputer Based Ultra-High Speed Distance Relay: Field Tests[J]. IEEE V. PAS-100, 1981, 4: 2026-2036.

[3] 陈德树. 计算机继电保护原理与技术[M]. 北京：水利电力出版社，1992.

第8章 继电保护运行统计评价

8.1 继电保护运行状况评价方法的探讨①

0 前言

作者在1996年全国继电保护深圳学术会议上提交过一篇文章，谈及继电保护运行状况评价方面的问题，引起了一些同志的关注。现在已过去3年了，一些同志见面时常问及有什么新的方法。为此，作者又收集了一些意见和问题，并对这些问题作了进一步的探讨，希望找到一些哪怕是很初步的办法，提出来供大家讨论，目的是希望有更多的人关心这一问题，共同探讨，以找出一些比较合适且合用的办法。

这里提出的问题，有些是作者与电力部门的同行交流中提及的，有些则是从中引申而来的。至于所提出的一些新的评价方法，纯粹是作者本人的一些设想，合适与否，希望得到大家的指正。

1 现有评价统计方法

我国现行的统计方法是沿用前苏联采用的“正确动作率”统计方法。这种方法是用一定期限（例如1年）内被统计的继电保护装置的动作总次数和其中的正确动作次数来定义的，即

$$\text{正确动作率}=\frac{\text{正确动作次数}}{\text{动作总次数}}\times 100\%$$

“正确动作率”可以评价该继电保护系统每年的变化趋势，也可用于比较不同的继电保护系统（例如220 kV系统与500 kV系统）之间的情况，从中寻找存在的薄弱环节。

除“正确动作率”指标外，统计部门还将其细分，区分为不同的引起误动作的责任或原因，例如责任属于制造厂商、安装人员、设计人员、调试或运行人员、整定计算人员等；在误动作原因方面也可细分为原理缺陷、元件损坏或特性变化、接线错误、接插不良、抗干扰能力薄弱、误碰，等等。

以上的方法为我国继电保护水平的提高有过很大的启发和指导作用，今后仍会继续起到它应有的作用。

---

① 本文发表于2000年第24卷第1期《湖北电力》，2000年第24卷第3期《电网技术》。

2 “正确动作率”统计方法的缺点

虽然“正确动作率”能大体反映某些继电保护系统的运行状况，但不可否认，这种方法并不能真正准确反映其实际的运行状态和水平，例如：在区外或反方向发生短路时保护装置未误动作，是否反映出该保护装置是“正确动作”呢？因为区外短路或反方向短路时不动作，也是对该保护装置的选择性考验的重要组成部分。现有的统计方法是把区外和反方向短路时误动作计入不正确动作，但不计入其正确选择性动作的次数。无疑，这不能不说是统计不准确或未反映其实际情况的表现。如果某一保护装置在一年内在其保护区内未发生过一次内部故障，但先后发生过100次外部和反方向故障，其中有一次误动，则其统计数据是正确动作率为“0”。对一些只看统计数据，未作详细了解的人看来，这一保护坏透了，居然是正确动作率为“0”，不能再用。这符合实际吗？

与上面一点相关的，就是被保护对象的“故障频率”如何反映到我们的运行统计中去。“正确动作率”的统计方法实质上可以写成

$$\text{正确动作率}=\frac{D}{D+D_m}$$

式中，D——区内故障正确动作次数；

D_m——区外及其他非区内故障时误动作次数。

由此可见，当被保护对象的故障频率很低，或根本在这一统计期限内没有发生过内部故障时，其正确动作率只能是很低，甚至只能为零。其实，这种保护可能经受了许多次非区内故障冲击而未误动作，但这种情况未能被现有统计方法所反映，导致被人们误认为这种保护不能被采用。

统计对象的数量(即投入运行的套数)对统计数据的影响该如何考虑？例如同一电压等级的某类保护在地区甲投入10套，在地区乙投入100套，两地区都是一次正确动作，一次误动作。按常规的统计方法，其正确动作率都是50%，能说这两地区的继电保护运行水平一样吗？其差别是地区乙发生内部故障相对较少，让其“正确动作”的机会不多，但100套设备中仅有一次外部故障误动。相比之下，地区甲在10套设备中就有1次区外故障动作。详细知道这些情况后，自然会得出结论：地区乙的保护运行水平高于地区甲的，而统计数据却是二者相当。

记得有一年，某地区在12月份，初步统计其“正确动作率”未达预期目标，且差距较大，但在元旦前的一次特大的暴风雨中，雷雨交加引起了一连串线路短路，保护多次动作跳闸和重合闸成功。这平添了很多“正确动作”的机会，该地区的“正确动作率”一下子超过了预定指标。很多人说，这阵大雷雨帮了他们大忙！假如这阵大雷雨迟来几天，能说他们的继电保护运行水平就差很多吗？显然这种统计方法未能很好地进行评价。

除了上述与“正确动作率”有关的问题外，还有一些其他问题是有待商榷的。例如，有一些微机继电保护含有几种保护原理，如 I_0 保护、相间和接地距离保护、方向

纵联保护，等等。当线路上发生接地故障时，若 I_0 抢先动作跳闸，但因此将接地距离和本侧纵联保护"屏蔽"掉了，作为整组保护是正确动作了，但若分项评估，后两种保护算"正确"呢？还是算"拒动"呢？还是干脆不统计，当它未遇到故障呢？

可能在实际运行中还曾发生过更多的其他问题，有待于我们共同去探讨如何改进，这里仅仅是提供一个思路，希望能引起关注，找出合适的方法。

3　新统计方法的设想

被保护设备的事故频率有较大的差别，而这些差别将影响统计指标或统计结果的实用性。基于这个事实，建议将保护分为 A、B 两大类：A 类指高事故频率设备的保护，B 类指低事故频率设备的保护。A 类一般指输电线路保护，B 类一般指发电机、变压器、母线等保护。

根据前面提出的问题，可考虑采用下面统计方法与指标。

(1) 保护生效系数 E。

$$E=\frac{D_C}{L}$$

式中，D_C——每年正确切除被保护设备的次数；

L——每年同类设备运行的台数，即一年内有多少台设备投入运行。

(2) 保护失效系数 R。

$$R=\frac{D_R}{L}$$

式中，D_R——每年应该切除而没有切除内部故障(拒动)的次数。

(3) 保护误动系数 M。

$$M=\frac{D_m}{L}$$

式中，D_m——每年不该动作而误动作的次数。

(4) 保护生效率 $\overset{*}{E}$。

$$\overset{*}{E}=\frac{E}{F}$$

式中，F——该类设备的事故频率。

$$F=\frac{f}{L}$$

式中，f——该类设备在该年内的事故次数，所以

$$\overset{*}{E}=\frac{E\cdot L}{f}=\frac{D_C}{f}$$

(5) 保护失效率 $\overset{*}{R}$。

$$\overset{*}{R}=\frac{R}{F}=\frac{R\cdot L}{f}=\frac{D_R}{f}$$

(6) 保护误动率 $\overset{*}{M}$。

$$\overset{*}{M}=\frac{M}{F}=\frac{M\cdot L}{f}=\frac{D_m}{f}$$

如果能够找出一个非区内故障，保护正确不误动的次数为 $\overline{D}_C$，并且将正确动作界定为 $D_C+\overline{D}_C$，则正确动作率 C_r 可写成

$$C_r=\frac{D_C+\overline{D}_C}{D_C+\overline{D}_C+D_m}$$

迄今仍在使用的“正确动作率”C_0 可写成

$$C_0=\frac{D_C}{D_C+D_m}$$

二者差别在于是否计入 $\overline{D}_C$。从理论上讲应计入 $\overline{D}_C$，但实际运用时 $\overline{D}_C$ 很难界定。因为区外故障该考虑多大的范围和如何判定故障范围都很困难，甚至是不可能的。

4 结语

继电保护运行状况的统计分析是一件很重要的工作。它具有指导性的作用。人们可以利用它来观测继电保护各个方面的工作，从中发现薄弱的环节，找出存在的问题，提出改进的方向。这将有利于全面提高电力系统安全运行水平。以上仅就遇到的一些问题，提出了一些初步的设想。目的是抛砖引玉，希望通过更多人的关注，提出更多、更好的意见，最后得出一个更合理、可行的办法，这正是作者撰写本文的初衷。

参考文献

[1] 尹项根，陈德树．主设备保护运行情况评价方法的讨论[J]．电力自动化设备，1996，11．

8.2 变压器保护运行状况评价方法初探①

0 引言

我国电力系统的继电保护工作，自从开展年度统计分析以来，其正确动作率从开始时相对比较低的状况，逐年有所提高。到现在，全网的正确动作率已稳定在 0.99 以上。这说明，经过设计、安装、运行、制造、科研、人才培养各个方面上下通力合作，加强管理，使继电保护的状况得到显著的改善。但是，在这种良好的发展势头中，存在一个奇怪的现象，那就是在各种统计数据中，变压器保护的正确动作率始终在 0.7 上下徘徊，这种现象到目前为止仍继续存在。

二三十年来，为了提高变压器保护的水平，各方面都作了很大的努力。从 20 世纪 70 年代末，王祖光提出间断角保护起，陆续提出了许多新的原理和判据，包括 u-i 图形对称，电流波形对称，相关性判别，故障分量差动，以及笔者先后提出的采样值差动，虚拟三次谐波闭锁，多判据协同，等等，还包括国内外提出和研究的磁制动、参数判别、人工智能、小波、形态学等新的方法。这反映出对变压器保护的关注，绝不少于其他保护。此外，对变压器的暂态磁化特性的研究也是不遗余力的。经过多年来不少继电保护工作者前仆后继进行理论分析、仿真分析、动模试验、现场数据积累等相当有成效的工作，取得了不少成果。

在运行管理部门，为了提高变压器保护的运行水平，通过加强管理和培训，也做了很多卓有成效的工作。

在制造部门，为了加强市场的生存竞争能力，无不从工艺、原理性能、使用方便性、自检等诸多方面下了很大力气，这些年来取得不少进步，劣势的被淘汰了。当然，以前已投入运行但性能较差的设备仍在服役，但由于问题暴露以后，相应地也进行了必要的改进，应该说“隐患”已逐渐减少。

令人不解的是，尽管各方面都作了很大努力，但是变压器保护的正确动作率仍然徘徊在 0.7～0.75。原因何在？决策部门应如何认识这个现象并找出正确的处理方法？这是本文希望探讨的问题。

1 1991 年以来我国 220 kV 及以上变压器及其继电保护运行状况的统计分析

我国多年以来对电力系统事故及继电保护动作情况进行统计分析。表 1 是根据文献[1]～[9]公布的统计数据中关于变压器及变压器保护的运行数据编成的。除个别年份资料不完整外，涵盖了 1991—2003 年的情况，表中除“百台年不正确动作次数”一栏为笔者所加外，其余均为原始数据，为更形象表达其变化特征，将数据转成曲

① 本文发表于 2005 年第五届输配电技术国际会议。

线表示，如图 1 至图 3 所示。

表 1　1991—2003 年间变压器及其保护动作情况统计

		1991—1994	1994	1995	1996	1997	1998	1999	2000	2001	2002	2003
总台数	220 kV	1432～1717	1719	2002	2113	2366	2526	2571	2844	3048	3269	3491
	330 kV		66	60	66	66	84	102	102	117	122	132
	500 kV	70～108	108	138	149	161	221	223	243	274	295	326
总台数/台			1893	2200	2328	2593	2831	2896	3189	3439	3686	3949
本体故障次数	220 kV	70	17	37	26		76	22	22		24	29
	330 kV	3	2	1	2		5	0	1		0	1
	500 kV	9		3	3		3	3	4		7	3
	总共	82	19	41	31		84	25	27		31	33
差动区内故障	220 kV	202	53	56	73			28	36		46	50
	330 kV	25	6	3	4			3	0		0	0
	500 kV	8	5	3	4			0	2		5	8
	总共	235	69	62	81			31	38		51	58
共故障次数/次		317	97	103	112			56	65		82	91
220 kV 及以上保护动作情况	正确/次	730	200	222	225	134	145	138			160	167
	不正确 误 拒/次	310	81	98 95 3	81 79 2	79	73	68	50 49 1		54	49
	总次数/次	1040	281	320	306	213	218	206	201		214	216
	正确动作率/(%)	70.19	71.2	69.4	73.5	62.9	66.51	66.99	75.12	82.54	74.77	76.21
	百台年不正确动作次数/次	5	4.28	4.46	3.48	3.05	2.58	2.35	1.57		1.47	1.21

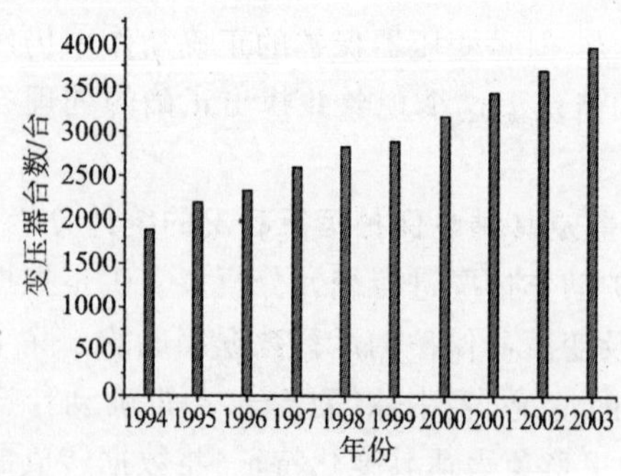

图 1　1991—2003 年间变压器投运台数

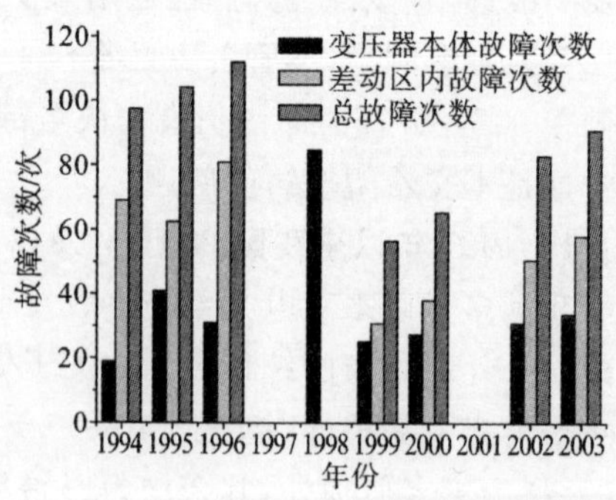

图 2　1991—2003 年间变压器故障次数

从表1及图1～图3，可以得出以下规律。

① 2003年运行变压器的台数较1994年约翻了一番。

② 在此期间变压器本体及差动区内故障的绝对数大致不变，甚至还有下降。

③ 变压器保护不正确动作的绝对次数总体上呈下降的趋势。

④ 变压器保护的正确动作率基本维持在75%以内。

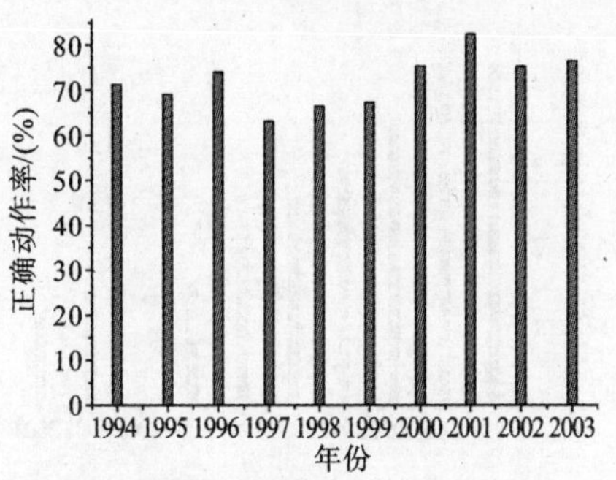

图3　1991—2003年间变压器保护正确动作率

从上面几点不难得出以下的推论：变压器保护的运行水平有较大的提高，变压器保护的正确动作率不能真正地反映其运行水平的变化。

分析变压器保护的正确动作率不能真正地反映其运行水平变化的原因，我们可以先看一看正确动作率 N 是如何求出来的。有

$$N=\frac{C}{T}\times 100\%=\frac{C}{C+M}\times 100\%=\frac{1}{1+M/C}\times 100\% \tag{1}$$

式中，C——正确动作次数；

T——总动作次数；

M——不正确动作次数。

从式(1)可以看出，正确动作率 N 只反映正确动作次数与不正确动作次数的相对关系。它不反映这些数据是多少台变压器保护运行的结果，也不反映这些保护装置的“不动作状态”所蕴含的“正确工作”的信息。从表1可以看出，虽然1991—2003年间变压器投运的台数增加了不少，但变压器故障数目没有跟着增加。这说明变压器运行水平提高了，使得变压器保护正确动作的相对机会下降。如果变压器保护水平没有跟着相应提高，误动次数没有减少，那么，从式(1)可见，当 M 不变而 C 在减小时，正确动作率甚至会下降。现在能使正确动作率维持不变，哪怕是较低值，其实也反映出变压器保护水平的提高已能跟上变压器本身运行水平的提高。

2　百台年不正确动作次数

为了能正确地反映出变压器保护的运行状态及其变化，本文特提出用百台年不正确动作次数 W 这一指标。

$$W=\frac{\text{年不正确动作次数}}{0.01\times\text{变压器年投运台数}} \tag{2}$$

表1中按上述算法算出历年的 W 值。1994—2003年，W 值已由4.28逐年下降至1.21(见图4)。这反映出多年来设计、运行、制造、科研部门的努力是正确、有效的。应该坚持这些年来所采取的正确措施，并进一步研究当前妨碍进一步提高运行水平、降低 W 值的主要方面，再集中力量加以解决。

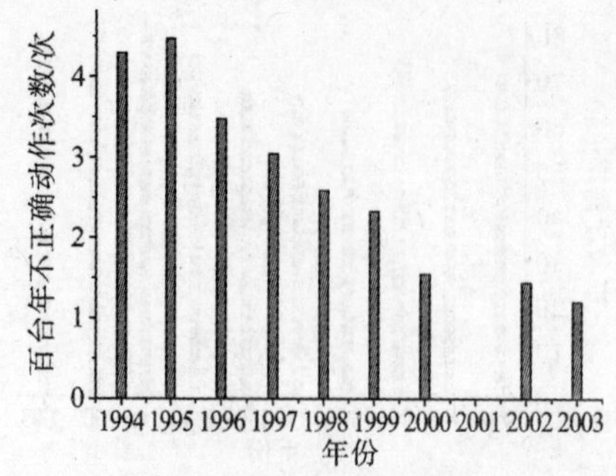

图 4 1991—2003 年间变压器保护百台年不正确动作次数

此外，计算 W 值时也可以考虑用“年不正确动作台次数”代替“年不正确动作次数”。此时不管该台变压器是由多少套保护构成，是一套或几套保护不正确动作，只要其中有一次不正确动作，即算一台次。

3 结论及建议

① 建议继电保护与安全自动装置运行统计部门在现有统计方法之上在变压器保护统计部分增加“百台年不正确动作次数 W”一项。

② 建议继电保护运行管理部门考虑提出提高变压器保护运行水平的目标，例如到明年或××××年，W 值要求达到 1.0 以下(2003 年为 1.21)。为此，可提出相应的技术或管理措施，如“反措”等。

③ 建议超期服役或具有明显隐患的保护及时更换或进行必要的技术改进。

④ 建议继电保护设备制造部门继续努力，生产出性能更好、可靠性更好、更方便使用、智能程度更高的保护装置，包括免整定，自动检测 CT 接线，自动平衡变比，自动监测不平衡电流，抗 CT 饱和能力强，识别励磁涌流能力强，等等。

⑤ 在继电保护人员培训工作中，建议对变压器保护方面给予重视。

⑥ 建议有关主管部门，有关学会和高等学校在适当时候召开一次专门的变压器保护研讨会。从各个不同角度提出提高变压器保护运行水平的建议，交流各方面的经验。

参考文献

[1] 周玉兰. 1991—1994 年发电机、变压器保护运行情况统计分析[J]. 电网技术，1995，19(10)：60-62.

[2] 周玉兰，许勇，王玉玲. 1994 年全国继电保护与安全自动装置保护运行情况统计分析[J]. 电网技术，1995，19(12)：54-57，63.

[3] 周玉兰，许勇，王玉玲. 1995 年全国继电保护与安全自动装置保护运行情况统计分析[J]. 电网技术，1996，20(12)：57-61.

[4] 周玉兰，王玉玲. 1996 年全国继电保护与安全自动装置保护运行情况分析[J]. 电网技术，1997，21(7)：69-75.

[5] 周玉兰，许勇，沈晓凡，等. 1998 年全国电力系统继电保护与安全自动装置保护运行情况[J]. 电网技术，1999，23(11)：62-66，70.

[6] 周玉兰，王俊永，王玉玲，等. 1999 年全国电力系统继电保护与安全自动装置保护运行情况[J]. 电网技术，2000，24(7)：66-70.

[7] 周玉兰，许勇，王俊永，等. 2000 年全国电力系统继电保护与安全自动装置保护运行情况[J].

电网技术,2001,25(8):63-66,75.

[8] 周玉兰,王俊永,舒治淮,等.2002 年全国电力系统继电保护与安全自动装置保护运行情况[J].电网技术,2003,27(9):55-60.

[9] 周玉兰,詹荣荣,舒治淮,等.2003 年全国电力系统继电保护与安全自动装置保护运行情况[J].电网技术,2004,28(20):48-53.

第9章　电力系统安全稳定控制

9.1　大电网安全保护技术初探①

1　引言

2003年8月14日，美国东北部和加拿大东南部发生了举世震惊的大停电事故，严重影响了5000万人的生产、生活，停电持续了长达29小时，损失极其严重。此次大停电事故的原因是什么？全世界都非常关注[1]~[4]。

中国电网发展至今，已进入了全国联网，西电东送的时代。迄今尚没有发生像美、加"8·14"大停电那样的大事故。但是否不存在类似的危险？以中国电网的结构及其发展、现有运行管理方式、继电保护与安全稳定控制等自动控制技术的水平等各方面的因素看，中国电网是否足以防止发生类似的灾难性大停电事故[5]？对于这些问题，迄今没人给出肯定性的回答，恐怕也难给出肯定性的回答，却迫使我们去寻找这些问题的答案。

2　美、加东部"8·14"大停电及多次电网大停电的基本教训

由于事情重大，上下关注，多方寻找事故发生的原因，因此已有不少文章对"8·14"大停电进行了讨论。这次大停电涉及的系统安全因素很多，归结起来主要有以下几方面。

(1) 电网结构方面，包括电源配置、网络结构、电磁环网等诸多方面。

(2) 电力系统运行管理方面，包括运行方式、潮流控制、旋转备用、输电线输送能力限制和备用、事故预想和全网分级调度管理。

(3) 电力系统的安全自动控制方面，包括继电保护、过负荷保护、安全稳定自动装置、机组自动控制装置(励磁系统、调速系统)等。

美、加大停电的主要发展过程如下。

在事故前的高峰负荷期，俄亥俄州一台870MW的大容量核电机组处于检修状态，另一台550MW机组退出运行，如图1所示。不久，从俄亥俄开始，一系列线路直接或间接地因过负荷而引起事故跳闸。期间，又因低电压危及发电机安全，先后引起一些大机组跳闸。此后，密歇根与加拿大系统崩溃，其东部与美国东部各州开始振

---

① 本文发表于2004年第28卷第9期《电网技术》。

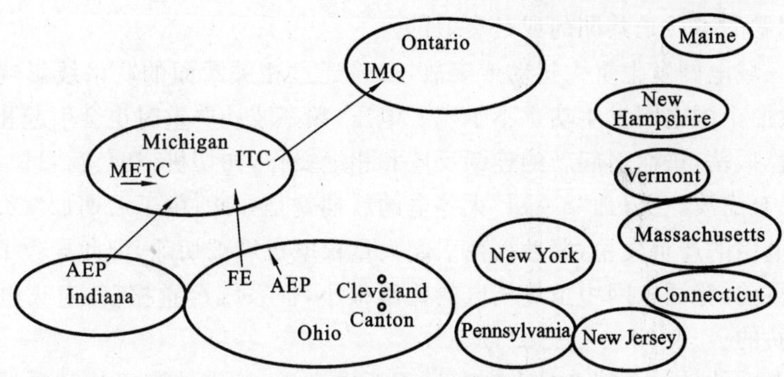

图1 "8·14"美、加大停电前情况

荡,并引起9台核电机组跳闸,美、加东北部全部停电。

此次停电事故的特点是:高峰负荷,线路过负荷先后相继跳闸,区间潮流波动较大,电压下降以至崩溃,调度未能及时处理。

3 全国大联网、西电东送的特点与问题

全国大联网的基本格局如图2所示。实施中可能还有些变化,但基本格局不会有太大的变化。从全国联网的基本结构中可以看出其有几个特点。

① 全国大电网由若干个区域电网互联而成。

② 两区域电网之间的直接连接构成一个断面。这个断面有以下几种输电方式:单回交流线路输电(如东北、山东、福建电网),单回直流线路输电(如华中—南方电网),多回交流线路输电(如川渝—华中电网),交、直流混合输电方式(如南方电网内的西电东送系统)。

③ 对一个区域电网而言,存在对外单线的联系、对外由多线构成一个断面的联系、对外有多断面的联系等三种情况。联系形式不同,面临问题的复杂程度也将有所

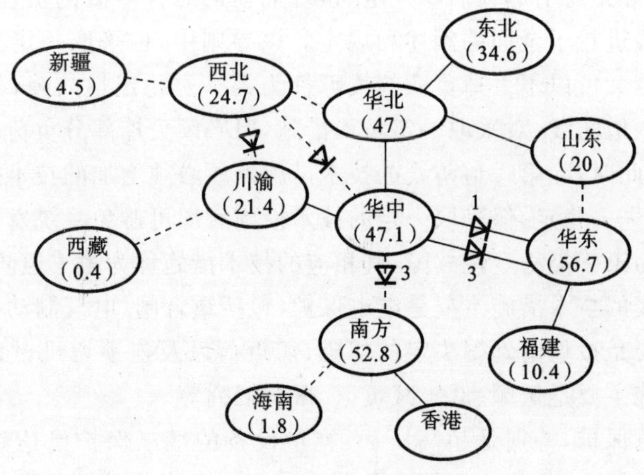

图2 全国联网示意图

差别,但问题的本质是共同的或是类似的。

一个区域电网发生重大扰动或事故,必将通过相关断面的联络线影响相邻的区域电网,致使全国电网发生功率不平衡。电压、频率波动严重时也会引起相关区域电网间的失稳振荡,进而引起新的连锁反应和相继操作,如切机、切负荷,进一步恶化系统工况,以至崩溃。美、加"8·14"大停电的后期就是如此,由于后期加拿大电网与美国东北部电网的严重失稳,恶性振荡引起大量核电机组被切除,因此导致了全区长时间停电。目前,我国电网中虽然核电的比重很小,但系统严重振荡,对火电机组仍是有严重威胁的。

我国电网的另一个特点是大功率远程西电东送,输入功率可达到受端系统出力的5%～10%,该输送断面的突然阻塞将引起受端电网的严重扰动。为了避免这种突发事故对系统的影响,现在大多已采用连锁切负荷、切机的措施,但一般只是针对具体的线路工况而决定采取何种策略。

4 "三道防线"在全国联网,西电东送情况下的作用

美、加"8·14"大停电发生后,在我国出现了一种看法(尽管不是直接的),认为我国电网不太可能出现类似的大停电。在我国,有比较完美的统一(分级)调度,有比较缜密、稳妥的电力系统稳定导则,在自动控制方面还有比较完善的"三道防线"和具有较丰富运行经验的安全稳定控制系统。

在过去相当长的一段时间内,依靠上面这些法宝,我国电网的安全稳定情况的确有较大的改善,多次防止了事故扩大,大大减少了系统稳定性事故。但是,这样的经验和结论主要是在全国联网、大功率的西电东送以前得到的。在新的情况下这些经验和措施是否足够?这个问题牵涉面很广,不是本文能全面讨论的,因此下面仅就"三道防线"的一些重要方面进行初步的探讨。

20世纪80年代初,我国电力系统为防止发生恶性事故,制定了《电力系统安全稳定导则》。该导则对引起大面积停电、系统崩溃的恶性事故的机理、预防的原则和相应技术措施等进行了全面的阐述和规定。该导则中,把采取一定技术措施后就可以保持系统稳定又可以不丢掉负荷的故障称为第一类稳定性故障,其相应的技术措施后来称为第一道防线;对采取一定技术措施,但必须丢掉部分负荷的故障称为第二类稳定性故障,此时,除第一道防线的技术措施外所必须增加的技术措施称为第二道防线;当系统已失去稳定,但采取一定的技术措施后即可避免系统发生大面积停电和崩溃的故障称为第三类稳定性故障,其相应的技术措施称为第三道防线。

第一道防线的技术措施主要是继电保护(包括重合闸、电气制动等);第二道防线的技术措施主要是按稳定判据决定的切机、切负荷以及连锁切机、切负荷等;第三道防线的技术措施主要是低频、低压减负荷,振荡解列等。

我国的继电保护,特别是超高压、大容量设备的继电保护已达到了相当高的水平。在超高压系统中,开关一般都可以在50～70 ms内将故障切除,在厂、站近端切除故障的时间还要快一些,这对于动态稳定来说是一个很好的保证。对系统安全来说，继电保护的主要问题不出在主保护上，而是出在后备保护和过负荷保护上。在输电线或变压器出现长时间过负荷时，为保证它们不被烧毁，一些过负荷保护就令过负荷的输电线或变压器跳闸。但从系统安全的角度看，这样做可能存在很大的危险。因为在这些线路或变压器被切除（包括因故障而被主保护）后，系统潮流将被重新分配，可能引起其他线路或变压器过负荷。如果不加以处理，将引起连锁反应，将新的过负荷线路或变压器切除，直到引起系统崩溃。在我国，过去主要依靠调度员及时处理，转移或切除部分负荷，以减轻线路或变压器的压力。在电网尚不十分复杂、事故预想工作做得好、调度员十分熟练的情况下，上述问题是可以及时处理好的。但现在在全国联网的形势下，情况复杂得多，调度员的精神压力大得多。单纯靠调度员处理不是一个很理想和妥当的办法。

当前的安全稳定控制系统首先装设在电源点和负荷点，逐步发展为小区域电网控制系统，个别研究机构开始将全网准实时信息（EMS）作为基础对重要站点进行控制。稳控系统对保证系统的稳定运行起着相当关键的作用。当前的稳控系统主要做法是基于事前的大量稳定计算形成“策略表”。但形成一个比较完整的策略表需要假以时日。克服的办法是研究出简单、快捷的稳定计算方法和采取在线、准实时地修改、补充策略表的技术方法。这方面的技术已取得了长足的进展，基本上能满足大区电网的稳定控制要求。

至于低频、低压减负荷和振荡解列等技术，现在已发展到相当成熟的阶段。但它们均针对系统处于相当严重的状态情况应用。在全国联网前的大区电网内，有部分地区处于这种状态，其影响范围尚不太大。但全国联网后，若在大区电网范围内发生这种恶性事故，其影响和损失将是不可接受的，应该全力避免这种恶性事故的出现。因此为预防万一，第三道防线是不可不设的。

5　电力系统安全保护系统（EP-SSPS）——系统平衡保护

近一段时期，为了防止长时间、大面积停电的恶性事故的发生，有人提出了（电力）系统安全保护的新概念。按照这一概念，已出现了个别的系统安全保护（SSPS）方案，在初始研究阶段，其先应用于较小的电网中。

从全国大区间联网的情况看，需要在已有的三道防线技术的基础上作更进一步的研究。笔者认为，从全国联网着眼，应该加强、完善和提高第二道防线，避免第三类稳定事故的发生。为此，根据继电保护技术发展的经验，提出实施区域电网的功率平衡保护的方案，作为整个SSPS的基础。这一方案的实现原则是，在大区电网间出现交换功率突变时，根据突变前本区域电网功率平衡状态定出扰动后的功率平衡要求，通过分层分布式快速控制加以实现，以此作为下一步的原有第二道防线控制和保护的基础。

这一方案在20世纪80年代初制定《电力系统安全稳定导则》时是不可能实现的，但现在情况发生了巨大的变化，这些变化使之成为必要和可能。这些变化如下。

① 20世纪80年代初的电网处于从省网发展至大区电网阶段，而现在的电网正

处于大区电网发展至全国联网阶段。

② 20 世纪 80 年代初的计算机技术处于初始应用阶段，而现在的计算机技术在继电保护、自动控制和电网调度控制等方面正处于成熟应用阶段，而且现在的计算机技术本身与 20 世纪 80 年代初相比也不可同日而语。

③ 20 世纪 80 年代初的电网通信以载波为主，而现在则发展至包括广泛应用光纤通信技术在内的多种通信技术并用的阶段，不单在信息量上，而且在通信速率、可靠性等诸多方面发生了巨大的变化。

④ SCADA、EMS 等系统的应用相当普遍和成熟。

1）基于功率平衡的 SSPS 的基本策略——有功平衡保护系统（PBPS）

设一区域电网有 N 台发电机，K 条与外系统连接的输电线，N_0、K_0 为 N 和 K 在大扰动前的数值，并设 $S_{n.i}$ 为第 i 台发电机的额定功率；$S_{o.i}$ 为第 i 台发电机在大扰动前的实际出力；$S_{n.j}$ 为第 j 条与外系统连接的输电线的额定满载功率；$S_{o.j}$ 为第 j 条与外部系统连接的输电线在大扰动前的实际功率；S_j 为第 j 条与外部系统连接的输电线在大扰动后的实时功率；$S_{r.G}$ 为大扰动前本区域电网的旋转备用功率；$S_{r.l}$ 为大扰动前对外连接输电线的总输入功率裕量；P_{o1} 为受本 PBPS 系统控制可切除的各负荷点在大扰动前总负荷功率；P_{o2} 为不受本 PBPS 系统控制切除的各负荷点在大扰动前总负荷功率；P_{ol} 为大扰动前网损及厂用电总功率，P_l 则为其大扰动后的总数值；P_c 为切除的负荷功率。故可得大扰动前的旋转备用功率为

$$S_{r.G} = \sum_{i=1}^{N_0} (S_{n.i} - S_{o.i}) \tag{1}$$

对外系统连接线输送能力裕量为

$$S_{r.l} = \sum_{j=1}^{K_0} (S_{n.j} - S_{o.j}) \tag{2}$$

大扰动前功率平衡方程为

$$\sum_{i=1}^{N_0} S_{o.i} + \sum_{j=1}^{K_0} S_{o.j} = P_{o1} + P_{o2} + P_{ol} \tag{3}$$

按保持在稳定平衡条件下的最小切除的负荷功率最小的原则，则大扰动后的功率平衡方程为

$$\sum_{i=1}^{N} S_{n.i} + \sum_{j=1}^{K-k} S_{n.j} = P_{o1} + P_{o2} + P_{ol} - P_{c1} \tag{4}$$

式中

$$N \leqslant N_0, \quad K \leqslant K_0$$

k——大扰动引起的联络线变化数。

式(4)是考虑将本网及外来的备用功率投入使用时的平衡关系。此时切除负荷最小。但旋转备用功率是不能瞬时产生的，它依赖于各原动机的调速系统，经过一定延时后才能逐步达到平衡，因此在此过程中可能引起频率下降以至系统振荡。

式(4)在考虑功率平衡时，将旋转备用容量和对外联络线的备用输送能力计算在

内。使切负荷最小会带来一定的动态影响。

此时可得要求切负荷的容量(近似令 $P_l \approx P_{ol}$)为

$$P_{c1} = P_{o1} + P_{o2} + P_{ol} - \sum_{i=1}^{N} S_{n.i} - \sum_{j=1}^{K-k} S_{n.j} \tag{5}$$

另一种考虑的出发点是充分保证系统稳定性。不考虑动用各发电机及联络线的备用能力。此时的平衡方程为

$$\sum_{i=1}^{N} S_{o.i} + \sum_{j=1}^{K-k} S_{o.j} = P_{o1} + P_{o2} + P_{ol} - P_c \tag{6}$$

可得

$$P_c = P_{o1} + P_{o2} + P_{ol} - \sum_{i=1}^{N} S_{oi} - \sum_{j=1}^{K-k} S_{o.j} \tag{7}$$

这种方式下切负荷最多,但系统稳定最有保障。

对于具体的电力网,可根据其负荷情况、稳定储备情况等作一些折中的考虑,例如,当断面全部断开时,可考虑允许系统短时少量频率下降,此时切除负荷量可适当减小。

关于上述切负荷的指令的一个重要问题是,何时作出判决和执行。比较合适的时刻是在对外联络的断面上发现功率突变,而且伴有直流输电突然关断,或者交流联络线突然三相跳闸时刻,在单相故障及重合闸过程中不应动作,远方三跳亦应传送信息至本侧。在一些小概率特殊工况下的切负荷量,可做更细微的处理。例如单相偷跳,拒绝重合闸后,非全相运行保护三跳情况下,有两次冲击。此时的切负荷量的基本要求与前面一样,但判据将做一定改变和处理。

可设一个切负荷的低限定值 $P_{c.\text{set}}$,当 $P_c \leqslant P_{c.\text{set}}$ 时,不发出执行命令,这是考虑功率扰动小于 $P_{c.\text{set}}$,对系统不会造成大的冲击,将其影响限于频率会有小的、暂时的下降。

这里还有一些问题需要进一步研究,例如,功率变化速度如何限定,切负荷的低限定值如何限定,多回路断面中的负荷突然转移时的过负荷如何保护和控制,等等。

2) 无功平衡保护系统

大扰动后系统的无功平衡问题较有功平衡问题复杂得多,此时,有一部分负荷与电压变化有关,一部分负荷与电压变化无关,一部分负荷与电压变化的关系小一些,而与系统频率的关系大一些。由于系统频率在短时间内变化不大,但无功功率的突然扰动会使系统内各地方的电压发生不同程度的变化。另一方面,在切除有功负荷时,必然切除与之相关联的无功负荷。理论研究说明,电力系统的电压崩溃不仅与无功功率分布及平衡情况有关,而且与有功功率负载情况有密切关系。所以,为了使电力系统不至于发生电压崩溃,不能仅着眼于无功平衡。

因此,本文认为,处理大扰动引起的无功功率突变比较合适的办法是,在执行上述有功功率平衡的切负荷措施以后,进行一个补充措施,即在必要时按各监控点电压

下降的幅度及其速率补充切除相当的负荷。

6 SSPS 系统的构成

SSPS 的 PBPS 系统是整个系统的重要组成部分。常规的安全稳定系统，低频、低压减载系统，振荡解列系统应是 SSPS 系统的一部分。其间应有适当的配合，本文仅就 PBPS 系统做简略的描述，如图 3 所示。

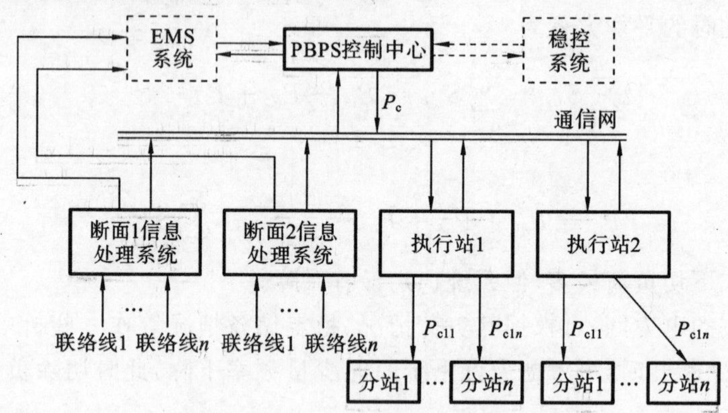

图 3　PBPS 系统构成简图

假设图 3 是一个用于大区电网的 PBPS 系统，该电网与外部大区电网联络有两个断面。执行站可以设为省调，分站设为某些负荷中心站，是直接执行端。分站对各负荷支路按习惯办法排序并按扰动前的负荷功率(不按扰动后功率)依

$$\sum_{k=1}^{K} P_{l.k} \leqslant P_c \leqslant \sum_{k=1}^{K+1} P_{l.k} \tag{8}$$

将前面的 K 条负荷支路切除。如希望保守一些，也可将 $K+1$ 条支路切除。

由于需要知道断面的实时信息，而 EMS 系统是定时刷新数据的，不能满足实时要求。所以要实时传送断面信息，其他故障前的信息则可取自 EMS 系统。

7 结束语

电力系统的安全与稳定是极其重要的问题，在全国联网、大功率西电东送的今天尤其如此。要确保安全需要各方面共同努力，安全保护系统是其中的一个重要方面。本文就此进行了一些初步探讨，主要是在已有的安全稳定技术的基础上寻求一些更直接、快速，容易实现的方法，在大区联网、飞速发展的计算机技术、网络通信技术以及微机继电保护实践经验的基础上提出一些初步的考虑，希望能对电力系统的安全稳定有一点作用。但若想使所提意见完善和成熟可行，还需做很多探索和努力才行。

参考文献

[1] 周孝信，郑健超，沈国荣，等. 从美加东北部电网大面积停电事故中吸取教训[J]. 电网技术，2003，27(9)：1.

[2] 胡学浩. 美加联合电网大面积停电事故的反思和启示[J]. 电网技术，2003，27(9)：2-6.

[3]　赵希正.强化电网安全保障可靠供电[J].电网技术,2003,27(10):1-7.
[4]　印永华,郭剑波,赵建军,等.美加“8·14”大停电事故初步分析以及应吸取的教训[J].电网技术,2003,27(10):8-11.
[5]　唐葆生.伦敦南部地区大停电及其教训[J].电网技术,2003,27(11):1-5.

第 10 章　特高压输电保护

10.1　特高压交流输电继电保护及相关问题[①]

0　引言

特高压交流输电对我国完全是一个崭新的课题。我国电力系统继电保护技术在 500 kV 及以下的电力系统中，从制造到运行都积累了丰富的、成熟的经验，在 750 kV 系统中也得到验证。这为 1000 kV 系统继电保护的研制和运行打下了很好的基础。但由于特高压输电系统还有一些不同的特点，有必要弄清楚它和 500 kV 线路的异同，以便采取更加可靠的技术方案，确保特高压试验示范工程安全可靠投运。

1　特高压交流输电系统的特点

从继电保护的角度，关心的是其电磁暂态过程与超高压系统的电磁暂态过程有哪些重大的差别。其中，结构与参数的差别引起的过程差别最值得注意。

参数：单位线路长度的电感、电容与 750 kV 线路相近。其波阻抗略小于 500 kV 系统的波阻抗。但其衰减时间常数 $T=L/R=0.12''$，而 500 kV 线路的 $T=L/R=0.044''$，差别显著。

结构上的主要特点是线路长而且分段。过电压的研究表明，单段线路长度不宜超过 500 km。拟建的试验示范线路超过 600 km，需在中间加设一个开关站，将线路分为两段，并在每段两侧装设固定高压并联电抗器，带中性点小电抗。这将使故障工况和过程带有其特殊性。

2　短路时电磁暂态过程的特点

继电保护首先关心的是区内故障时保护不要拒动，区外故障时保护不要误动。为了做到这一点，往往需要知道什么情况是最恶劣的。

图 1 为基于试验示范线路参数的仿真模型，在此模型上进行了大量的故障电磁暂态仿真，包括在图中各内、外短路点上发生单相接地和三相短路等故障及重合操作等。仿真结果表明，特高压系统短路时电磁暂态过程具有许多特点。

故障过程的主要特点有以下几点。

(1) 其直流分量衰减时间常数很大。

---

① 本文发表于 2007 年 3 月《继电器》。

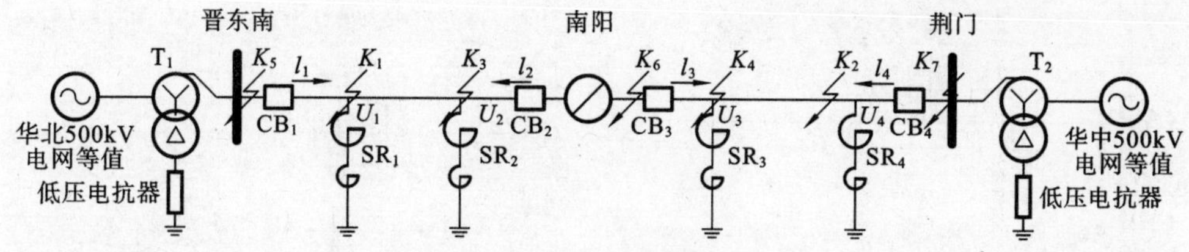

图 1 仿真模型图

图 2 是在图 1 中 K_4 点即南阳开关站南-荆线出口处发生三相短路，短路时电压初相角在 0°附近。如图 2 所示，A 相电流的直流分量衰减时间常数很大。这对微机继电保护来说，不是一个困难问题，有很好的算法可以用来进行处理。但衰减的直流分量对电流互感器饱和将产生影响。采用 TPY 型电流互感器并且留有足够容量裕量时，衰减时间常数大对保护不会构成威胁。

(2) 交变分量衰减慢。

从图 2 亦可看出，与直流分量衰减的同时，交变分量的幅值也在衰减，频率越高，衰减越快。其结果使在直流分量最大情况下，交流分量瞬时值不过零。下面图 3 至图 6 是在 K_3 点即南阳开关站左侧三相短路及切除后的几种情况。

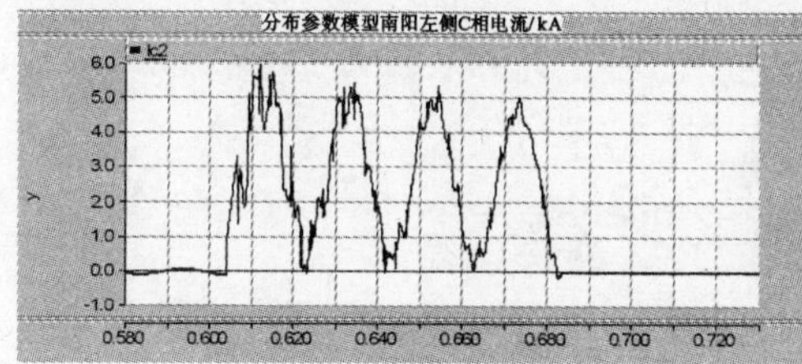

图 2 南阳右侧三相短路，南阳左侧 C 相电流

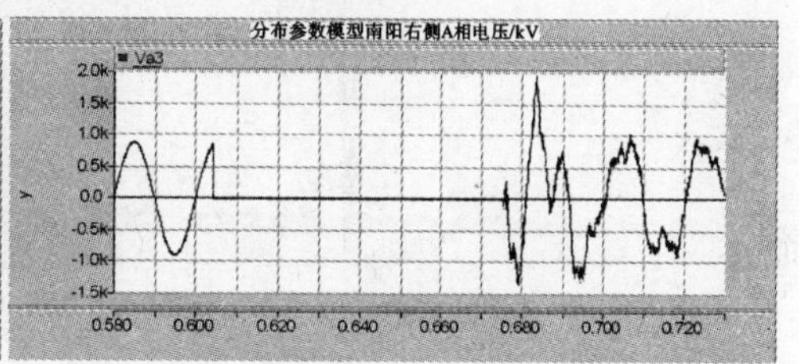

图 3 南阳开关站右侧三相短路切除后的线路首端 A 相电压

(3) 可能出现的高频分量的频率变化范围大。

对于超高压、特高压分布参数输电线，其暂态过程高频分量的主频分量的频率基本上取决于短路点之间的距离。高频分量中主频分量的周期与行波在此两点之间来回一次的时间相当，有些情况则与来回两次的时间相当。以 300 km 线路为例，在线路末端短路时，其主频的周期约为行波走 600 km 的时间，即约为 2 ms 或 4 ms。其频率约为(5/10)f_0。实际的频率是复合的，而且与短路点远近、系统阻抗有关，所以其变化范围是很大的。

从继电保护的角度看，较高的频率分量是要经过模拟滤波和数字滤波的。但较低的频率分量则较难滤除。特别是暂态过程中的自由振荡分量，其振荡频率与工频频率较为接近，需要特别注意，以免引起保护误动。

图 3 至图 5 是在 K_3 点即南阳开关站左侧三相短路及切除后的情况。当短路点改变时，频率变化会更多样。

(4) 一回线故障切除后，需要注意未切除的一回线的暂态电流。

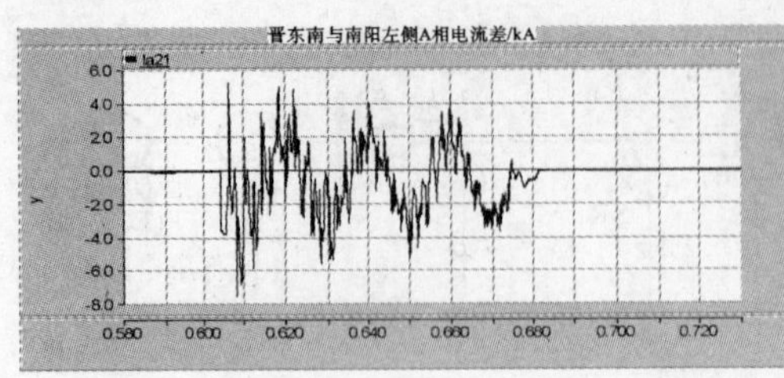

图 4　南阳开关站右侧三相短路切除后的 A 相电流差

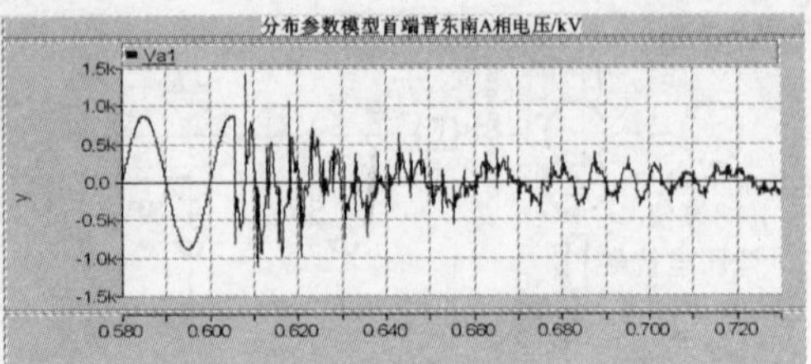

图 5　南阳开关站右侧三相短路切除前后的 A 相电压

由于南阳是开关站，在南阳右侧短路并切除后，其左侧开关的电流为零，但晋东南仍会流过很大的暂态电流。这一电流包含两个分量：由晋东南电源提供的强制分量和由突变点触发的自由分量。自由分量的大小、频率分量、衰减等的特性取决于触发量的大小、分布参数及电源系统参数等。图 6 就是这种情况。此时的初始值近 1 kA，远大于其稳态值。一般的电流差动保护可能误动。如果将定值提高，其灵敏度可能不足。

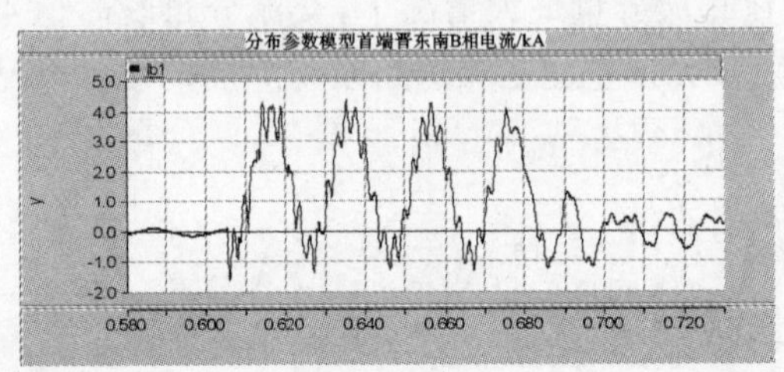

图 6　南阳开关站右侧三相短路及切除后的晋东南侧 B 相电流

(5) 自激振荡问题[1]。

众所周知，小机带长线，在空载时即使励磁很小，也会产生很高的过电压。电源一侧的电流很大，也会使差动保护误动。一般来说，运行部门会禁止这种情况的出现。

(6) 系统参数、结构对电磁暂态的影响。

这一方面的影响将专门进行分析。

3　特高压交流输电系统继电保护要注意的一些问题

根据上述分析得出的特高压系统暂态过程的特点，其继电保护的实现需要注意下面的一些问题。

① 较大的直流分量衰减时间常数的影响；

② 高频分量及频率较低的高频分量的影响；

③ 外部故障切除后的自由振荡分量与自激振荡问题；

④ 独立的调压变压器对变压器差动保护的影响；

⑤ 变压器的外部调压变压器故障的保护问题。

4　结束语

特高压交流输电系统因其传输容量巨大，事故对电网的安全威胁严重。继电保护能否正确动作对系统影响甚大。而特高压输电是全新的工程技术，有必要进行细致的研究。本文是在大量电磁暂态仿真的基础上作出一些分析。深入一些的问题还待进一步的工作。

参考文献

[1] P. Lauper. Protection Against Self-Excitation of Synchronous Machines with Capacitive Load [J]. Bulletin Oerlikon,1957,322:45-49.

[2] 薛士敏，贺家李，李永丽. 特高压输电线基于贝瑞隆模型的距离保护[J]. 继电器，2005,33(19):1-4

[3] 舒印彪，刘泽洪，袁骏，等. 2005 年国家电网公司特高压输电论证工作综述[J]. 电网技术，2006,30(5):1-12.

10.2 特高压线路故障切除的暂态过程研究[①]

0 引言

我国特高压电网的建设是满足未来持续增长的电力需求的基本措施之一，新的电压等级的出现，必然伴随着一些新的问题需要面对。对于继电保护而言，与超高压系统相比，特高压电网的故障、扰动有什么特点？这些特点是否会影响继电保护的正确动作？又如何影响它的动作？这些都是我们需要特别关注的问题。而且，我们重点需要研究那些可能出现的最不利的情况，找出问题并提出相应解决方案，以保证在这些情况下继电保护不误动或拒动。

本文围绕 1 000 kV 晋东南一南阳一荆门特高压试验示范线路，以南阳一荆门段南阳侧三相短路然后切除这一扰动过程为基础，通过逐一改变除特高压线路以外的主要系统参数进行仿真和分析，并提出应该引起注意的问题及其对策。

1 试验示范线路仿真试验模型及参数

按照晋东南一南阳一荆门特高压线路设计参数，在电力系统电磁暂态仿真软件 PSCAD/EMTDC 中建立 1000kV 分布参数线路，全长为 654 km。全线分别由晋东南—南阳以及南阳—荆门两段 1 000 kV 线路组成，两段输电线路通过南阳开关站相连，其中，晋东南一南阳线路长度为 363 km，南阳一荆门线路长度为 291 km。晋东南、荆门分别与华北、华中 500 kV 等值电网相连。每段输电线路的两端均装有高压并联电抗器，线路高抗中性点经小电抗接地。系统等值图如图 1 所示。

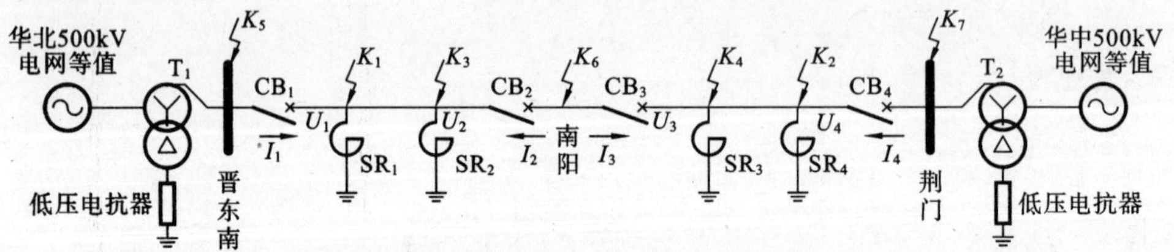

图 1 晋东南一荆门试验示范线路仿真模型示意图

为了全面考察特高压系统扰动的基本特征，本文针对图 1 所示特高压系统 K_1 到 K_7 各短路点，围绕各种运行工况进行了详细仿真。限于篇幅，本文在综合分析各种故障工况及其特征的基础上，重点针对继电保护影响最严重的工况，即南阳一荆门侧 K_4 点三相接地短路后三跳，重点考察晋东南一南阳线差动保护电流的暂态特性。仿真基本工况如下：故障时刻为 1.604 73 s，故障持续时间为 0.11 s。对于南阳右侧

① 本文发表于 2007 年二十三届电气及自动化专业年会。

K_4 点处三相接地短路，断路器 CB_3、CB_4 故障后 0.07 s(1.674 32 s 时)动作(断开)，断开后 CB_3、CB_4 均不重合闸。模型中断路器的合闸电阻是 600 Ω，旁路合闸电阻时间是 0.01 s。

2　故障切除暂态过程的仿真研究

在大量仿真中发现在 CB_3 跳闸后，由于 CB_3、CB_2 电流为零，晋东南一南阳线差动保护电流只剩下 CB_1 流入的暂态充电电流。这一电流的大小及其属性将影响差动保护的正确动作。对这一电流的大小及其属性的影响因素，主要考虑系统阻抗的大小、阻抗角、无功补偿设备，以及故障切除时刻等。

(1) 不同跳闸时刻的研究。

在 K_4 点 1.603 738 s 发生故障后 50～60 ms 模拟南阳一荆门侧保护动作，故障切除时间按照 5 ms 递减，晋东南一南阳线 A 相差流如图 2 至图 7 所示。

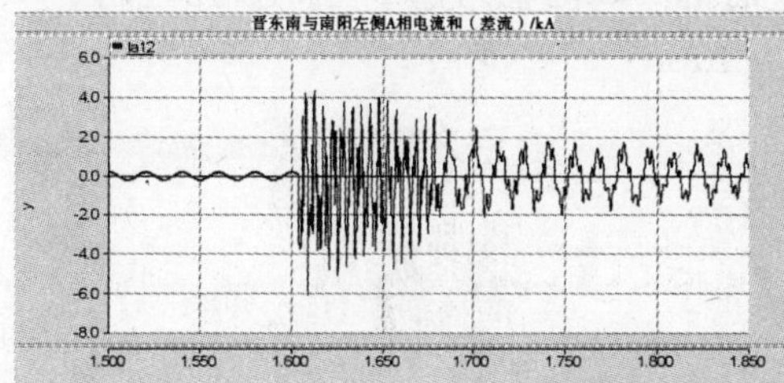

图 2　1.678 738 s 故障切除时晋东南一南阳 A 相差流

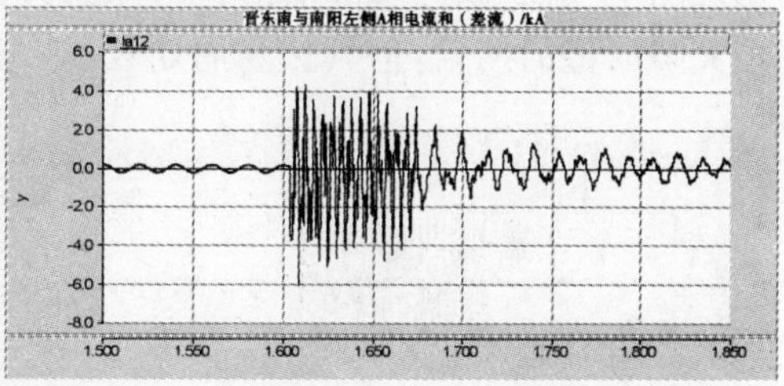

图 3　1.673 738 s 故障切除时晋东南一南阳 A 相差流

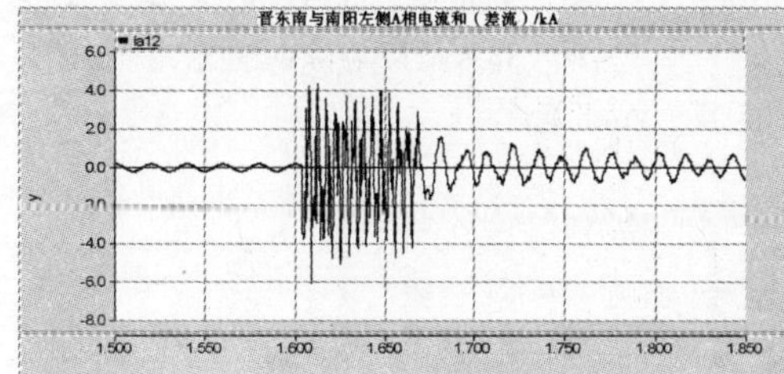

图 4　1.668 738 s 故障切除时晋东南一南阳 A 相差流

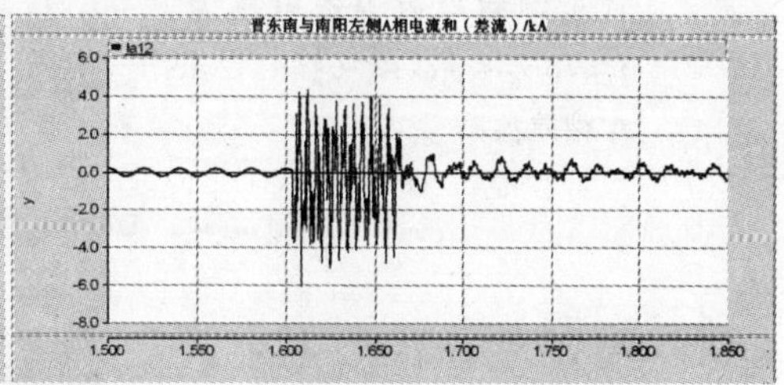

图 5　1.663 738 s 故障切除时晋东南一南阳 A 相差流

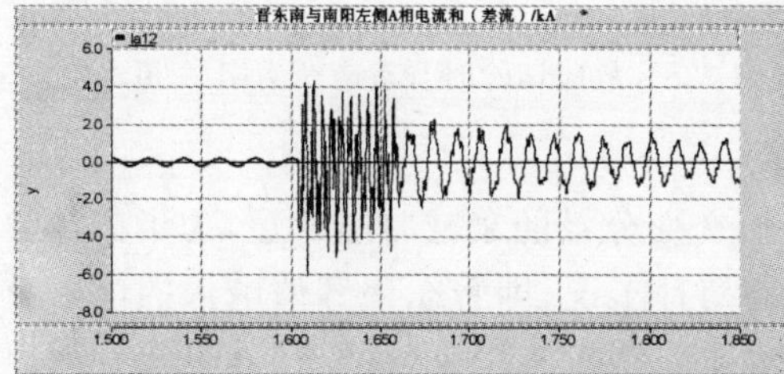

图 6　1.658 738 s 故障切除时晋东南一南阳 A 相差流

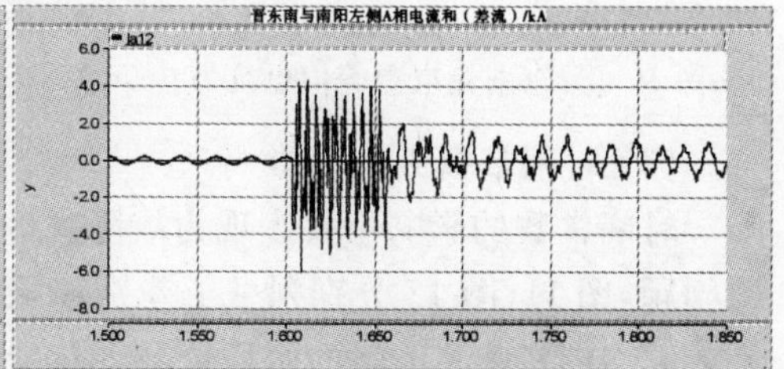

图 7　1.653 738 s 故障切除时晋东南一南阳 A 相差流

比较这些仿真曲线可以看出，故障切除时刻不同，其后的暂态自由分量差别很大。大的瞬时值超过 2 kA，小的只有 1 kA。其差别主要是受故障切除前短路电流瞬时值大小的影响。上述短路电流瞬时值是一次侧的值，二次侧的滤波对它没有作用。而故障切除前短路电流瞬时值的大小除受故障切除时刻影响外，还受故障发生时刻和系统参数的影响。其振荡周期在 15 ms 左右。

(2) 电源阻抗大小的影响。

图 2～图 7 所示的仿真中，晋东南侧电源等值电抗为 0.3 H，考虑系统运行方式变化，晋东南侧电源等值电抗改为 0.06 H，其余仿真系统参数维持不变。限于篇幅，仅取 1.678 738 s、1.670 738 s 以及 1.658 738 s 切除故障的情况做对比，如图 8～图 10 所示，从仿真结果可以看出，由于系统阻抗的减小，短路电流明显增大。由此，特别是图 10 所示故障切除后的自由振荡分量的最大瞬时值可达 3.5 kA，几近图 6 中最大瞬时值的两倍，但其振荡周期较短，小于 10 ms。

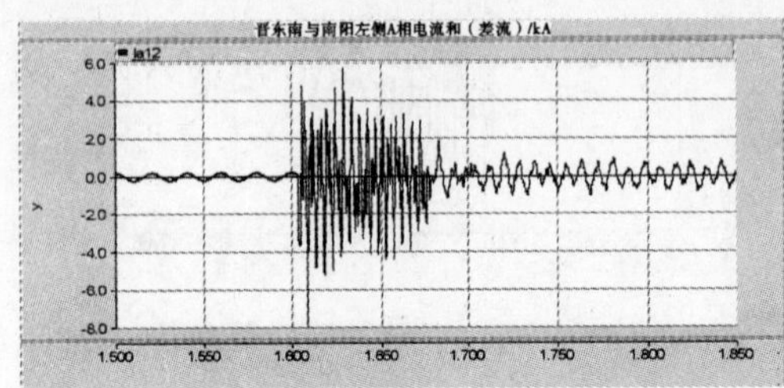

图 8　晋东南侧电源等值电抗为 0.06 H，1.678 738 s 故障切除时晋东南—南阳 A 相差流

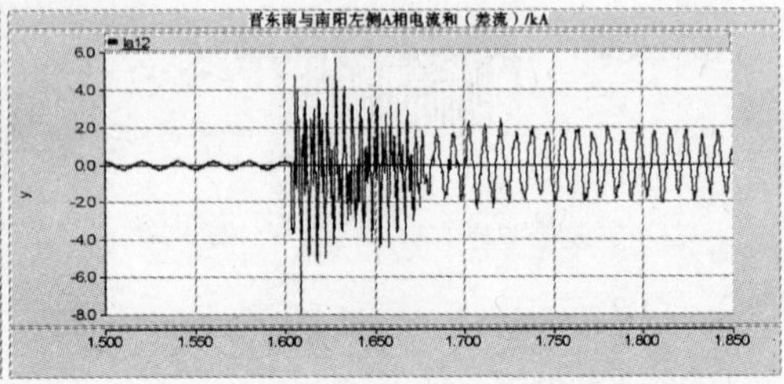

图 9　晋东南侧电源等值电抗为 0.06 H，1.670 738 s 故障切除时晋东南—南阳 A 相差流

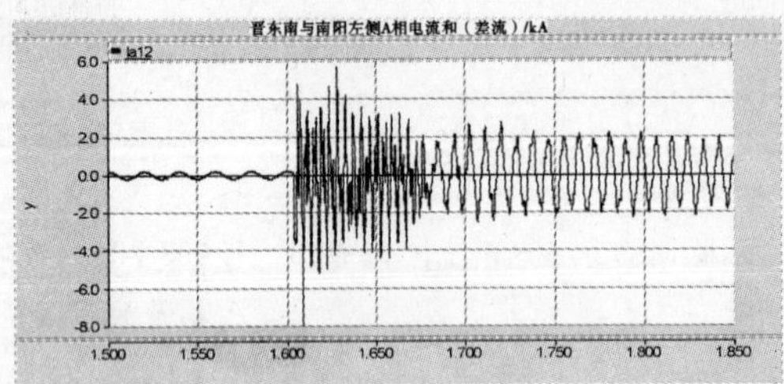

图 10　晋东南侧电源等值电抗为 0.06 H，1.658 738 s 故障切除时晋东南—南阳 A 相差流

(3) 时间常数大小的影响。

时间常数的影响主要表现为故障切除后交变分量的衰减时间长短，为了清楚说明问题，图 11、图 12 分别列举了差别明显的两种工况，即晋东南等值电源的电阻分别为 0.000 1 Ω 和 1 Ω 的两种情况。其余仿真系统参数与图 8～图 10 的相同。对比图 11、图 12，从图中我们可以看出晋东南等值电源电阻的差异，对故障切除的初始状态影响不大，但对故障切除后的交变自由振荡分量的衰减有较大的影响，当电源阻抗

角接近 90°时，如图 11 所示，交变自由振荡分量衰减很慢，而随着电源阻抗角的减小，如图 12 所示，交变自由振荡分量在较短的时间内就衰减得比较小了。

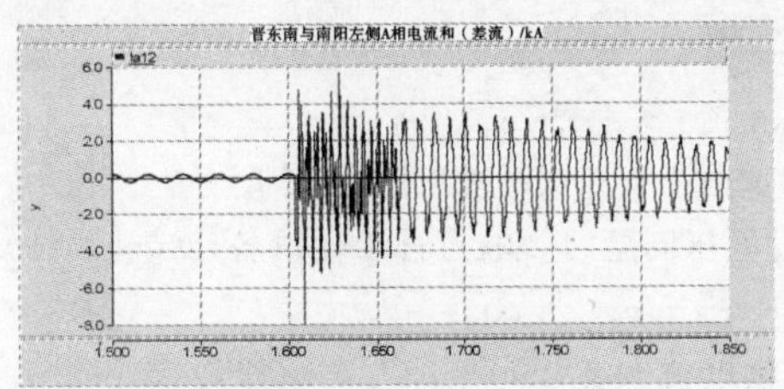

图 11 晋东南侧电源等值电阻为 $R=0.0001$ Ω，1.658 738 s 故障切除时晋东南—南阳 A 相差流

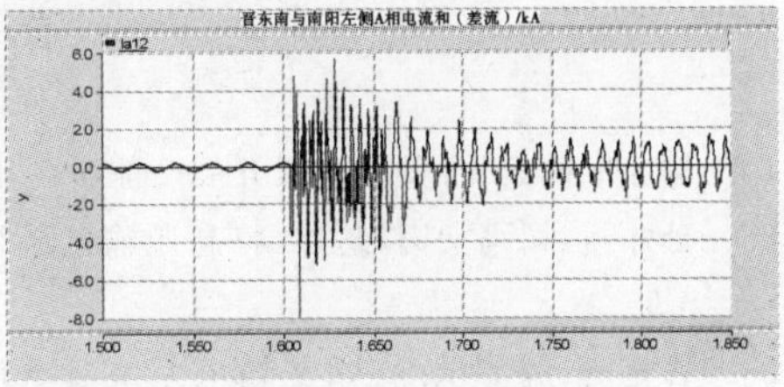

图 12 晋东南侧电源等值电阻为 $R=1$ Ω，1.658 738 s 故障切除时晋东南—南阳 A 相差流

(4) 自耦变压器处的无功补偿设备的影响。

装设于特高压自耦变低压侧的无功补偿设备对于维持系统稳定运行有重要作用。其投切对于故障切除的暂态过程也存在一定影响。

在其他仿真条件不变的情况下，对比特高压自耦变压器一次侧无功补偿设备的投、切两种工况下，切除时刻的暂态分量可以如图 13、图 14 所示，无功补偿设备退出时，A 相差流的暂态峰值近 5 kA，投入无功补偿后，暂态峰值仅 3 kA 左右，而且无功补偿退出的情况下，切除的暂态过程中还存在一定的低频振荡。

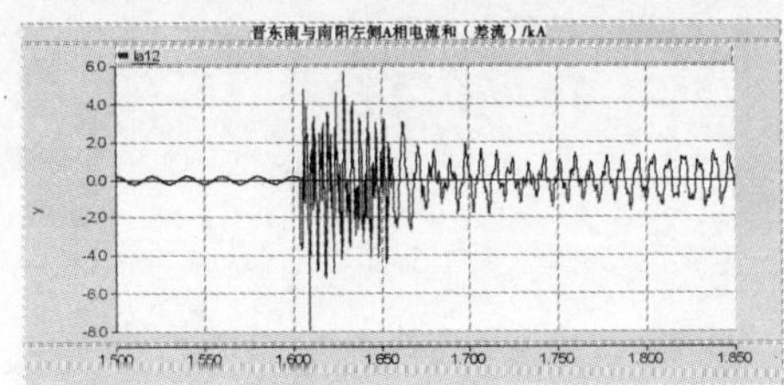

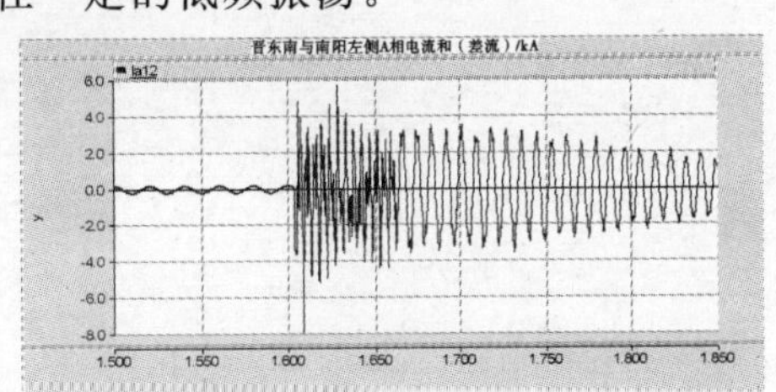

图 13 投入无功补偿时晋东南—南阳 A 相差流

图 14 无功补偿退出时晋东南—南阳 A 相差流

3 结束语

从上述仿真分析，我们可以得到一些启发。

① 由于特高压系统参数及结构的特殊性，其故障切除过程中暂态分量远高于超高压系统的。具体表现在高频分量大，衰减时间常数长，自由振荡分量幅值大、频率低、衰减慢。

② 故障暂态过程受诸多因素的影响，差别很大。在考核继电保护的动作行为时，须特别注意所检验的故障工况是否是最坏情况。

③ 从仿真看，试验示范线路在区外故障并切除时，健全线路的差动保护可能因差流过大而误动。但考虑实际切除故障时，通常是在电流较小时开关才能断弧，从而开断，此时的自由振荡分量电流不会太大。

④ 低压电抗器与低压电容器的投、退，对谐波电压、电流有一定的影响，对故障

切除时的过电压也有一定的影响。

参考文献

[1] 国家电网公司.关于抓紧开展交流特高压试验示范工程二次系统工作的通知.

[2] 孙才新,司马文霞,赵杰.特高压输电系统的过电压问题[J].电力自动化设备,2005,25(9):5-9.

[3] 谷定燮,周沛洪.特高压输电系统过电压、潜供电流和无功补偿[J].高电压技术,2005,31(11):21-25.

第 11 章　发电机保护报告

11.1　大型水轮发电机失励磁保护动模试验研究报告①

华中工学院

长江流域规划办公室

刘家峡水电站

龚咀水电站

阿城继电器厂

0　前言

1972 年 4 月，“330”工程控制技术会议上决定对大型水轮发电机的失励磁保护作进一步的试验研究。因为我国目前正在使用的失励磁保护出现过一些不正确动作的事例，要求对失励特性在理论上和试验方面进一步研究，对现有失励保护的特性作进一步的分析，提出更完善的失励保护方案。

1973 年 3 月底至 7 月初，由长江流域规划办公室、阿城继电器厂、刘家峡水电站、龚咀水电站以及华中工学院等单位按上述要求在华中工学院“电力系统动态模拟试验室”进行了这项试验研究任务。

根据毛主席的教导：“一个正确的认识，往往需要经过由物质到精神，由精神到物质，即由实践到认识，由认识到实践这样多次的反复，才能够完成”。经过反复的试验与分析，对有关问题的认识逐步深入，现已基本上完成了试验研究任务。

[按：

参加此项任务的主要有：

长江流域规划办公室：曹麟征

阿城继电器厂：杨顺义

刘家峡水电站

龚咀水电站：曾维强

华中工学院：陈德树、任 元、樊 俊、周太康]

---

① 本文发表于 1974 年《自动保护装置》。

1 概述

当与系统并列运行的一台大型发电机意外地失去励磁时，在某些情况下可能对电力系统造成较严重的后果。在失励前，发电机供给系统一定的无功功率，在失励后，不但这一部分无功功率要由其他电源负担，而且失励发电还要从系统吸收相当大的无功功率。其结果将引起系统各处电压下降。如果系统备用无功功率比较充足，而失励机组容量占系统总容量的比重不大，或本厂还有其他带强励的发电机组，则电压下降程度不严重，不会给系统造成威胁。如果情况相反，特别是大容量发电机经一定长度的输电线与较小系统相连时，如果机组失去励磁，则系统电压将严重下降，使某些馈电线因过电流跳闸，这导致系统运行条件进一步恶化，可能造成系统稳定破坏，或负荷稳定破坏的严重后果。

失去励磁对机组本身的有害影响主要发生在机组失步以后。如果失励前，发电机所带有功功率很轻，则失励后，由于反应转矩及剩磁的作用，发电机仍能维持同步运行。此时，对失励发电机不会有损害。当发电机组所带有功功率较大时，失励后发电机将转入异步运行。在异步运行时发电机转子线圈以及阻尼绕组中将感应交变电流，引起转子发热。汽轮发电机的异步转矩比较大，在失励后可以带较大的有功负荷，以较小的滑差运行，转子发热不严重，因而允许汽轮发电机无励磁运行一个稍长的时间。但水轮发电机，其异步转矩比较小，失励后不能带较多的有功负荷，滑差也比较大，转子发热比较厉害，时间稍长可能造成局部损伤。另外，机组失步后定子和转子将受到较大的应力。因此，水轮发电机不允许无励磁异步运行。

针对上述情况，对大型同步发电机，特别是对大型水轮发电机要求装设失励保护。最早采用的是反应转子电压或电流下降的继电器，这种保护的选择性比较差。1942 年出现了低压闭锁无功电流式失励保护方案[1]开始用定子电量作为失励的判据。1949 年又出现了在第三、四象限动作的方向阻抗继电器作为失励保护方案[2]。在这个时期，对发电机失励的物理过程，进行过一些分析和计算(用分段计算法)，对失励特性作过一些基本研究。以后，在 20 世纪 50 年代、60 年代，直至现在，国外仍多采用方向阻抗继电器作为失励保护。1967 年西德出现了一种所谓新型的失励保护[3]，它根据机组同步运行的稳定极限等条件动作，其动作特性也可以在阻抗复数平面上表示。保护装置做成两段式，第一段在发电机进相运行接近稳定极限时给出讯号，第二段当同时出现转子电压下降时就跳闸。

我国在 1966 年开始研制失励保护，用方向阻抗继电器作为测量元件。这一保护装置先后在国内一些水电站投入运行。在运行中，刘家峡水电站的失励保护曾三次拒绝动作，引起对侧电源的过电流保护(6.5″)跳闸。后来改为低电压及无功功率方向保护($U_{qd}=0.8U_{ed}$)，方向元件延时 1.5″，曾正确动作过几次。陆水电站 2 号机作为失励保护的无功功率保护(未加电压闭锁)，曾因可控硅励磁装置进行强减及机组间抢无功等情况误动作过。

国外有些报导表示，现有的失励保护动作时间过长，对电力系统本身造成威胁。

上述情况表明，现有的失励保护并不是完美无缺的，在运行中出现过一些问题，例如动作的时间太晚、在某些情况下拒绝动作或误动等。为了解决这些问题，在华中工学院“电力系统动态模拟实验室”进行了试验和分析，论证了机组在失励及其他特殊运行情况下的基本特性；分析了在阻抗复数平面上失励保护动作区的要求范围和在各种特殊运行情况下机组的测量阻抗变化轨迹；为评价已有失励保护和研制新型失励保护提供了理论根据；对现有阻抗型失励保护进行了分析和评价，提出了新的方案。下面分别叙述试验和分析的主要内容。

2 模拟与测试

失励保护动模试验的基本接线如图1所示。以一台合适的模型机组作为失励试验机组，把被试的失励继电器装在这台机组上，并安装其他必要的二次测量设备。试验时，以这台机组为主，根据每次试验的目的，组成一次系统接线。在不同的起始运行情况下，人为地失去励磁，观察有关电量变化规律及继电器动作情况。

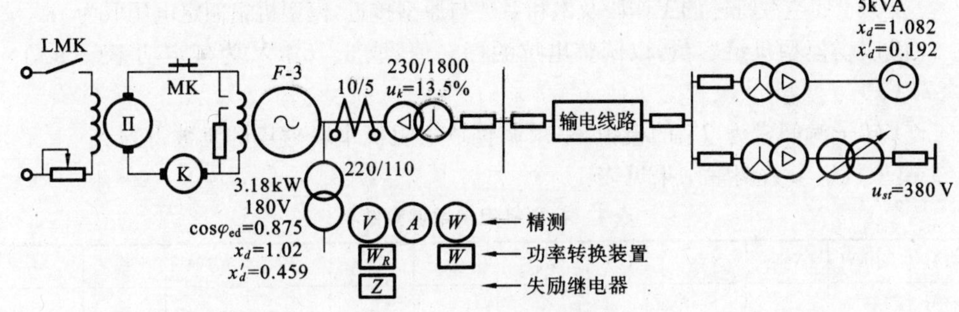

图1 动模试验系统图

人为失励磁采用以下几种方式。

① 断开励磁机灭磁开关 LMK(AΓB)。

② 断开转子回路灭磁开关 MK(AΓΠ)。

③ 模拟晶闸管励磁系统(半控桥)失励，办法是断开 MK 并使转子经续流二极管成回路。

④ 使转子开路。

此外还进行了其他特殊运行情况下继电器行为的试验。

1) 一次系统的模拟

(1) 简化系统。

进行动模试验，没有必要也不可能把实际电力系统全部模拟出来，只能根据研究问题的性质和要求，对实际系统进行简化，忽略次要部分，把主要部分较准确地予以模拟。

这次试验考虑下列两种简化后的系统接线方式。

① 一机对无穷大系统(不经线路与经线路)。

这是分析失励特性的基本接线方式，由此可得出机组失励的一些基本规律。同时也模拟电站中一机经线路向系统送电，或多机并联向系统送电的失励情况。

② 一机经线路与另一机并列，共同带负荷。

这是模拟我国西北某水电站 1969 年失励的一些问题，进行实验分析。

(2) 机组的模拟。

模型机组的参数选择对实验结果有比较大的影响，尤其是失励机组的参数模拟更为重要。本实验对失励机组的参数作了比较细致的分析和模拟，对其他模型机组的参数，因无具体原型参数，未作细致调整。对失励机组也不可能所有参数均与原型相等。根据这次试验的性质，使 X_d 的标幺值二者相等，照顾 X'_d，使 X''_d 彼此接近，T'_{d0} 基本相等。其他参数有一定出入。

在作一机对无穷大系统的试验，探讨失励基本规律时，失励机组按机组参数模拟，采取了下列措施。

① 选用适当的模型机组转子。

② 采用外串电抗的方法，以调整模型机组各直轴电抗间的比例。

③ 为了使空载特性的工作段及饱和系数与原型接近，模型机组额定电压取为 180 V。

④ 改变模型机组容量，以调整电抗的标幺值，取 3.18 kW 为额定功率($\cos\varphi_{ed}=0.875$)。

⑤ 转子时间常为 T'_{d0} 的模拟，采用调整负电阻机串联磁场的匝数得到。

模型机组参数调整结果见表 1。

表 1 模型机组参数调整结果

参数符号	P_{ed} kW	X_{d*}	X'_{d*}	X''_{d*}	X_{q*}	T'_{d0}	T''_{d0}	T'_d	T''_d	T_a	M
原型	170 000	1.02	0.438	0.309	0.745	5.7″	0.0755″	2.55″	0.0532″	0.095″	8.16″
模型	3.18	1.02	0.456	0.288	0.831	5.5″	0.06″	2.48″	0.038″	0.042″	10.57″
误差%		0%	+4.7%	−6.8%	+11.5%	−3.5%	−20.6%	−2.6%	−28.5%	−55.7%	+31.5%

注：模型机组惯性时间常数 M 的调整，是采用增减轴上附加的飞轮片实现的。由于同轴还带动了励磁机、测速发电机等辅机，本身的 M 较大，表 1 中的 M 是将飞轮片全部去掉后的数值。

在作西北某水电站失励模拟试验时，对试验机组的 X_d 与 T'_{d0} 调到与原型一致。

(3) 升压变压器模拟。

主要要使模型变压器的短路电压 U_k%与原型相等，调整结果见表 2。

表 2 模型变压器调整结果

	原型	模型
U_k%	13.5%	13.54%

(4) 输电线路模拟。

采用 Π 型三相链型电路模拟单回输电线路。每个 Π 型电路可模拟几十至一百千米的输电线路。这次试验，线路电压考虑用 330 kV。每 100 km 线路，原型及模型参数见表 3。

表3 模拟线路参数对照表

符号	330 kV，100 km 原型参数	模型参数
X	31 Ω	29 Ω
R	4.8 Ω	4.49 Ω
C	1.15 μF	1.26 μF

线路阻抗模拟比 m_z 由下列关系决定：

容量模拟比 $$m_P=\frac{P_{原}}{P_{模}}=\frac{170000}{3.18}=53.5\times10^3$$

电压模拟比 $$m_U=\frac{U_{原}}{U_{模}}=\frac{1.05\times330\times10^3}{1450}=238.9$$

故阻抗模拟比为 $$m_Z=\frac{m_U^2}{m_P}=\frac{(238.9)^2}{53.5\times10^3}=1.07$$

(5) 负荷模拟。

在作西北某水电站模拟系统实验时，需要投入模拟负荷。由于被试系统未提供具体负荷特性，故只能作近似模拟。线路首端的近区负荷较小，用灯负荷模拟。线路末端负荷较大，用异步电动机带动直流发电机模拟。在负荷模拟中，主要要求负荷的有功功率、无功功率符合实验规定，负荷的静态特性及动态参数未作模拟，故负荷模拟比较粗糙。在分析和计算中，以恒定阻抗代替负荷。

(6) 调速器模拟。

最初考虑在失励机组上加装调速器模拟。利用实验室的 DMJ-16B 型通用模拟计算机，组成调速器的模拟电路。输入信号由测速发电机电压与直流标准电压相差接得到，输出信号直接控制模拟机组辅机中的电机扩大机的激磁。实验表明，调速系统的模拟在闭环运行中是稳定的，特性满足要求。但由于在失去励磁到继电器动作这段时间内，机组加速度很小，转差小(＜0.1%)，调速器的作用不显著。根据动模试验的一般经验，当研究的动态过程中机组转差很小时，可以不进行调速器模拟。在这次实验中，为了使实验工作简化，在大部分实验项目中未投入调速器。

(7) 励磁系统模拟。

对失励机组不需要进行励磁系统特性模拟。当对侧系统用另一台模型机组模拟时，在该机上装了复式励磁、机械型电压校正器，以及继电强行励磁。

2) 二次测量装置

除了实验室中各控制盘上原有的仪表作为运行操作时监视用以外，对失励机组，在精密测量台上装有必要的精测仪表，供记录和示波器拍照之用(精测仪表不能装得太多，以免增加互感器负担)。在定子回路装有电压表、电流表、三相功率表，以及有功、无功转换器。在转子回路装有电流表。此外，考虑了测角及测转差装置。

测量装置的配置见图1，下面简述测量装置的几个问题。

(1) 定子电压、电流的测量。

接入0.5级交流电压表、电流表各一个,供测量和记录数据。当用示波器拍摄定子电压及电流时,为了与功率转换器的输出(直流,毫安)相一致,便于处理照片起见,把交流电压经二极管整流滤波电路,转变为直流量。交流电流先经电抗变压器转变为电压,再整流滤波为直流量。直流量与交流量间基本成线性关系。由于加了滤波电容,输出量的改变略有一点延时。但功率转换器输出端也有电容,输出量的变化也有一点延时,彼此延时比较接近(在0.08～0.12 s之间),对于失励过程的研究,不致引起显著误差。对于自同期并列、系统振荡等较快速的过程,示波图中各电量间变化的先后有一定误差。

(2) 有功、无功功率的测量。

分析失励特性,必须拍摄失励的有功功率、无功功率的变化曲线。通过实践采用了功率转换器方案。该装置是利用实验室原调频装置上的MДM型有功功率测量器。输出电流(毫安)与三相有功功率成正比。另外用一台MДM功率测量器,电压、电流间按90°接线以反应无功功率。输出电流(毫安)与三相无功功率成正比。经过机组带负荷校验,有功、无功转换装置的输入、输出关系是线性的(见图2)。由于失励过程比较慢,功率转换器本身的过渡过程不致引起显著误差。

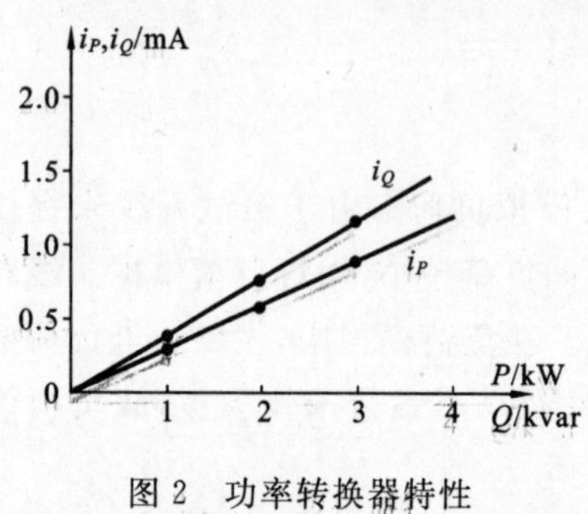

图2　功率转换器特性

功率转换装置的准确度,当电压线圈上的电压为额定值(105 V),电流线圈中的电流在规定值(2.5～5.5 A)以内时,误差不超过5%。当失励继电器接近动作时,电压已降低到额定值的50%左右,电流超过5.5 A,这里误差较大,可达7%～10%,另外由于有功功率转换器是用于反应相间电压及两相电流差的,当三相功率不平衡时,将在功率转换器引起电压、电流间的附加相角差,也会引起误差。

(3) 二次测量设备的功率消耗对一次过程的影响。

二次测量设备要消耗一定的有功功率,其中功率转换装置消耗功率较大,在机组送额定电流时,每台转换装置的有功消耗为20～40 W。二次测量设备消耗的有功功率,可在一次回路中用一等值电阻代替,这一电阻的引入,对一次回路的暂态过程是有影响的。但影响的大小与研究一次过程的任务有关,例如对研究短路的暂态过程影响较大,而对研究失励过程则影响较小,可把这一等值电阻归算到失励机组与系统的联系阻抗之中。基于这一考虑,我们使功率表及功率转换器的电压都取自机端电压(见图1),使它们不反应这一损耗(即把这一损耗划归联系阻抗之中)。实验表明,对二次测量设备的功率消耗作上述考虑和处理后,对失励过程的实验结果基本上是满足要求的。

(4) 测角及测转差装置。

为了测量模型机组转子相对角，除了用电子测角器外，还在机轴上装了闪光测转角装置，可以直观地看出转子相对角的变化。由于电子测角器工作不太稳定，示波图中未拍下角度 δ 的变化曲线。

测转差方面，除了机轴上的闪光测角装置外，还考虑了拍摄转差的电气装置，利用与模型机组同轴的测速发电机的输出电压与一直流电压相差而得到与转差成比例的输出电压。由于失励后到继电器动作这段时间内转差变化很小，为了保证拍摄主要电气量，示波图中未拍转差变化曲线。

经过一系列的试验证明，上述模拟与测试装置，基本上能满足实验要求。

3　失励特性的基本分析

1）分析交流侧电量的失励特性的必要性

当励磁系统或励磁调节系统发生某些故障时，励磁电压并不完全消失，而只是下降到某一个数值。自并励的励磁系统中的可控硅桥失控，就是发生上述故障的一个具体例子。

励磁电压的下降，是否会危害到水轮发电机本身，应根据机组是否能继续同步运行来加以判断。由两机系统的功角特性方程，可以导出能使机组继续保持同步状态的励磁电压，应满足如下不等式（近似式）：

$$U_{\mathrm{L}}>\frac{U_{\mathrm{L0}}}{U_{\mathrm{fed}}}\frac{P(X_{\mathrm{d}}+X_{\mathrm{st}})}{U_{\mathrm{st}}} \tag{1}$$

式中，U_{L}——励磁电压；

U_{L0}——空载时的励磁电压；

U_{fed}——发电机的额定电压；

P——发电机所发的功率；

U_{st}——系统等效电势；

X_{st}——发电机和系统等效电势间的联系阻抗。

由式(1)可以看出，对于不同的起始运行情况，满足机组同步运行条件的励磁电压的临界值是变化的。因此，如果只知道励磁电压的数值而不知道交流侧的有关电量，就无法判明机组是否有可能失步，也就无法确定失磁保护是否应该将机组从系统中断开。所以，也就必须研究在发电机失励后交流侧电量的变化规律。

2）同步发电机在失励后的有功特性

当同步发电机的励磁电压部分或全部消失，并且在其回路中，也可能接入了灭磁电阻，但它送出的有功功率在失步前的一段时间内变化很小。我们把发电机的有功功率在这一时间里基本上不变的性质，称为等有功特性。

关于这一特性，现分析如下。

机组的功率平衡方程为

$$P_T-\Delta P=P+\frac{MP_{\mathrm{ed}}}{\omega_{\mathrm{ed}}}\frac{\mathrm{d}^2\delta}{\mathrm{d}t^2} \tag{2}$$

式中，P_T——原动机功率，由原动机及其调速器所决定；

ΔP——机械及电磁损耗（在分析中忽略其变化）；

P——发电机的电磁功率；

M——机组惯性常数(s)；

ω_{ed}——额定电角速度；

P_{ed}——发电机额定功率。

由式(2)可知，电磁功率 P 的变化是由两个因素所造成的，其中之一是原动机功率的变化，另一个是加速度所消耗的功率。

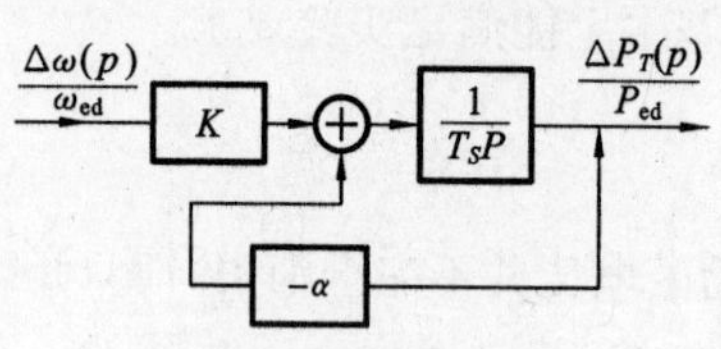

图 3　调速系统框图

关于原动机功率的变化，可以通过如图 3 所示的速度调节系统的骨架图来分析。

在水轮发电机组上所采用的调速器的参数，一般为如下数值。

K 为飞摆放大系数，约为 20。

T_s 为作用筒的时间常数，在 4 s 左右。

α 为残留不平衡机构的放大系数，约为 0.5。

由图 3 可以导出，角速度变化的相函数和原动机功率变化的相函数之间的关系为

$$\frac{\Delta P_T(p)}{P_{ed}}=\frac{\Delta\omega(p)}{\omega_{ed}}\frac{K/\alpha}{1+\dfrac{T_S}{\alpha}P} \tag{3}$$

而当 $\Delta\omega(t)$ 为阶跃函数时，$\Delta P_T(t)$ 可按式(4)求得。

$$\frac{\Delta P_T(t)}{P_{ed}}=\frac{\Delta\omega}{\omega_{ed}}\cdot\frac{K}{\alpha}(1-\mathrm{e}^{-\frac{t}{T_s/\alpha}}) \tag{4}$$

当转速变化而造成相对电角度变化 $\frac{\pi}{2}$ 时，原动机功率所变化的相对数值，以一般调速系统的参数代入式(4)，即可求得

$$\frac{\Delta P_T\left(\dfrac{\frac{\pi}{2}}{\Delta\omega}\right)}{P_{ed}}=\frac{\Delta\omega}{\omega_{ed}}\cdot 40(1-\mathrm{e}^{\frac{-\frac{\pi}{16}(\mathrm{s})}{\Delta\omega}}) \tag{5}$$

式(5)可以表示如图 4 所示。

由图 4 可以看出，在转子角相对于同步转速移动 $\frac{\pi}{2}$ 的电角度的时间内，原动机功率的变化小于额定功率的 3%。

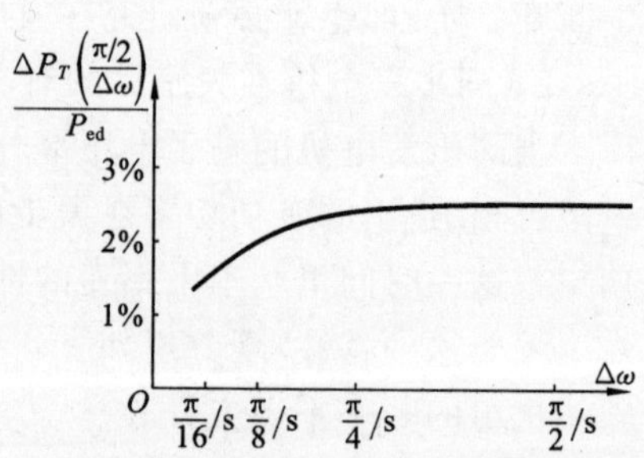

图 4　原动机功率-转速变化关系

由于机组的速度，有一部分功率将转变为机组的动能而被贮存起来，我们称它为加速度功率 $\left(P_{ed}\dfrac{M}{\omega_{ed}}\dfrac{\mathrm{d}^2\delta}{\mathrm{d}t^2}\right)$。由于在失励过程中，发电机的转

子角相对于系统的同步转速，有一个向前摇摆的总趋势，所以在此期间，机组的加速度功率的平均值为正值。但由于失励是一个突变过程，机组的加速度功率是一个波动的过程，要证明机组的加速度功率可以在失励过程中被忽略，必须同时证明两点：一是机组的加速度功率的平均值很小，二是机组的加速度功率的波动也很小。

关于机组的加速度功率的平均值的数量级可以用如下方法估计出来。

作为一次近似，假定发电机的电磁功率在失励过程中不变。于是，在全失励过程中若起始角从 δ 变化到 $\frac{\pi}{2}$ 所经历的时间 t 可以如下推导求得。

根据方程组（忽略 X_d 与 X_q 的不同）

$$\left.\begin{aligned} 0-E_d&=T'_{d0}\frac{R_L}{R_L+R_W}\frac{dE'_d}{dt}\\ P_e&=\frac{U_{st}E_d}{X_d+X_{st}}\sin\delta\\ P_e&=\frac{U_{st}+E'_d}{X_d+X_{st}}\sin\delta-\frac{U_{st}^2}{2}\frac{X_d-X'_d}{(X'_d+X_{st})(X_d+X_{st})}\sin(2\delta)\end{aligned}\right\}\tag{6}$$

即可求得

$$t=T'_{d0}\frac{R_L}{R_L+R_W}\cdot\frac{X'_d+X_{st}}{X_d+X_{st}}\left\{-\log\sin\delta_0+\frac{X_d-X'_d}{(X'_d+X_{st})(X_d+X_{st})}\cdot\frac{U_{st}^2}{P_e}\left[\frac{\pi}{4}-\frac{\delta_0}{2}+\frac{\sin(2\delta)}{4}\right]\right\}\tag{7}$$

设 $T'_{d0}=5.5\ \text{s},\quad R_W=0,\quad X_d=1.0,\quad X'_d=0.45,\quad X_{st}=1.3$

$$U_{st}=1,\quad P_e=0.875,\quad \delta_0=\frac{\pi}{6}$$

则
$$t=3.5\ \text{s}$$

设机组以等加速度作相对摆动，其数值为

$$\alpha=\frac{2\left(\frac{\pi}{2}-\delta_0\right)}{t^2}=\frac{2\left(\frac{\pi}{2}-\frac{\pi}{6}\right)}{(3.5\text{s})^2}=0.17/\text{s}^2$$

又令 $M=10\ \text{s}$，$\omega_{ed}=314/\text{s}$，则平均加速度所消耗的功率为

$$P=P_{ed}\frac{M}{\omega_{ed}}\cdot\alpha=P_{ed}\frac{M}{\omega_{ed}}\cdot 0.17/\text{s}^2=P_{ed}\cdot 0.54\%\tag{8}$$

其次，加速度功率还有一个波动的分量。其中最大的波动，一般发生在第一个周期，现将对这一波动数值的估计方法说明于后。

根据方程组式(6)，并作一定的简化，可以求得电磁功率在全失励开始时的动态方程为

$$\Delta P_e=P_{e0}\left(\frac{\Delta\delta}{\tan\delta_0}-\frac{\Delta t}{\frac{R_L}{R_L+R_W}\cdot T'_{d0}\frac{X'_d+X_{st}}{X_d+X_{st}}}\right)\tag{9}$$

$$-\Delta P_{e}=P_{e0}\left[\frac{\Delta t}{\frac{R_L}{R_L+R_W}\cdot T'_{d0}\frac{X'_d+X_{st}}{X_d+X_{st}}}-\frac{\Delta\delta}{\tan\delta_0}\right]=\frac{MP_{ed}}{\omega_{ed}}\frac{d\Delta\delta}{dt} \tag{10}$$

于是可以求得

$$\Delta P_e=P_{eM}\sin(\omega_b t)$$

$$\Delta P_{eM}=\frac{P_{e0}}{\frac{R_L}{R_L+R_W}\frac{X'_d+X_{st}}{X_d+X_{st}}\cdot T'_{d0}}\cdot\frac{1}{\omega_b}$$

$$\omega_b=\sqrt{\frac{\omega_{ed}\cdot P_{e0}}{M\cdot\tan\delta_0 P_{ed}}} \tag{11}$$

式中，ΔP_{eM}——波动的幅值；

ω_b——波动的角速度。

设 $P_{e0}=0.875P_{ed}$，$\tan\delta_0=\frac{1}{\sqrt{3}}$，其他参数设如前，则

$$\omega_b=\sqrt{47.5/s^2}=6.89/s$$

$$T_b=\frac{2\pi}{\omega_b}=0.91\ s$$

$$\Delta P_{eM}=\frac{1}{\frac{0.45+0.13}{1+0.13}\cdot 5.5s\cdot 6.89/s}\cdot P_0=5.1\%P_0$$

从代入具体参数的实例可知，在一般的失励过程中，如果转子回路的外接电阻不大，功率的波动和功率下降的平均值确实是比较小的，可以被忽略。前面所作的一次近似的计算也无须作进一步的修正了。但当不满足上述条件时，特别是在转子开路时，除了必须在分析中计及阻尼绕组的作用外，所得的忽略有功功率的变化的结论，也必须改为功率波动的结论，才不致造成理论和试验结果的严重脱节。

以上分析说明，在一般的失励过程中，原动机功率的减少，加速度功率的平均值以及加速度功率的波动都比较小，使得我们在分析失励过程中的阻抗变化轨迹时，有条件作出几种近似的假定，即发电机的有功功率在失励以后，至失步前一段时间里，基本上保持其失励前的数值不变。

3）一台发电机失励后其他发电机保持其端电压能力的分析

一台发电机失励后，其他发电机的端电压，可能发生以下两种情况。

① 发电机的端电压保持不变。

② 发电机强励到顶值后，转化为直轴同步电势 E_d 不变。

在一般情况下，发电机的强行励磁能力是比较大的。一台具有二倍强励顶值的同步发电机，在自己已经满负荷的情况下，除了可以接替另一台同型号的失励发电机所甩的全部无功负荷之外，还有能力供给失励发电机所吸收的无功负荷，直到失励发电机的转子角摇摆到90°为止。在系统中，除了失励发电机之外，一般还有比较多的其他发电机，所以即使发电机的强励顶值稍低一些，都不会造成强励需要到达顶值的

情况。但如果失励发电机在系统中所占比重特别大，或其他发电机的强励能力特别差，那么，就可能使个别的发电机强励到达顶值。

当其他发电机不发生强励到达顶值的情况，或者在强励到达顶值之前，其端电压一般来说是可以维持原来的数值的。这是因为在目前系统中运行的发电机，都带有电磁型或动作更快的晶闸管励磁调节器的缘故。关于这一点，现作证明如下。

用来进行分析的方程组包括下列方程。

(1) 调节器和励磁系统方程。

$$\Delta E_{de}=-\Delta U\frac{K}{1+T_{T}P} \tag{12}$$

(2) 电压损失的方程。

$$\Delta U\doteq\Delta E_{d}-\Delta I'_{Q}X_{d}\doteq\Delta E'_{d}-\Delta I_{Q}X'_{d} \tag{13}$$

(3) 发电机电磁方程。

$$\Delta E_{de}-\Delta E_{d}=T'_{do}P\,\Delta E'_{d} \tag{14}$$

式中，ΔE_{de}——直轴同步电势的强制分量的偏差量，随励磁电压变化而变化；

K——励磁调节系统放大倍数，等于 20～100；

T_{T}——调节系统的时间常数，为 0.01～2 s；

ΔU——发电机端电压的偏差量；

ΔE_{d}——正比于发电机转子电流的直轴同步电势的偏差量；

ΔI_{Q}——发电机无功电流的变化量；

P——算子，即$\frac{\mathrm{d}}{\mathrm{d}t}$。

由以上三个方程所得到的综合方程为

$$\Delta U(p)=-\Delta I_{Q}(p)\cdot\frac{(1+T_{T}P)\left(1+T'_{do}\dfrac{X'_{d}}{X_{d}}\cdot P\right)}{K+(1+T_{T}P)(1+T'_{do}P)}X_{d} \tag{15}$$

因为失励机组无功电流的变化，比一般短路过程要慢得多，所以由此产生的其他机组的端电压的变化和其所增加的无功电流的关系，接近稳态关系，即

$$\frac{\Delta U(t)}{\Delta I_{Q}(t)}\approx-\frac{X_{d}}{1+K}$$

由于这是一个很小的值，所以在分析中将电压的变化忽略而认为端电压不变，不致带来很大的误差。

当机组的强励到达顶值之后，可以认为其直轴同步电势保持这一数值不变，以作为分析的依据。

对于失励发电机以外的系统可以简化成一个等值机组。在简化时，其他机组的电路，应根据以下原则作出。

① 当发电机尚未强励到顶值时，其端电压作为电压源，其内阻抗为零。

② 当发电机强励到顶值之后，其直轴同步电势作为电压源考虑，其内阻抗以 jX_{d}

来代表。

在简化网络时，只需求得等效发电机的内阻抗即可，而其内电势，可以根据起始运行情况求出。从失励机组端点向系统方向所简化的等效发电机的内阻抗，在下面的分析中，我们把它称为失励机组与系统等效发电机的电压源之间的联系阻抗。由于电阻一般都相当小，所以往往只是以电抗来代表它。

4）发电机在失励过程中其测量阻抗变化轨迹的求出——近似的等功率圆

现将用来进行演算的各参量，表示在图 5 中，则成立如下等式。

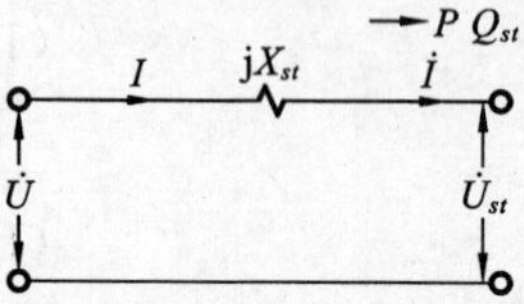

图 5　测量阻抗计算简图

$$
\begin{aligned}
\dot{Z} &= \frac{\dot{U}}{\sqrt{3}\dot{I}} = \frac{\dot{U}_{st} + \mathrm{j}\sqrt{3}X_{st}\dot{I}}{\sqrt{3}\dot{I}} = \frac{\dot{U}_{st}}{\sqrt{3}\dot{I}} + \mathrm{j}X_{st} = \frac{U_{st}^2}{P - \mathrm{j}Q_{st}} + \mathrm{j}X_{st} \\
&= \frac{U_{st}^2}{2P} \cdot \frac{2P}{P - \mathrm{j}Q_{st}} + \mathrm{j}X_{st} = \frac{U_{st}^2}{2P} \cdot \frac{P - \mathrm{j}Q_{st} + P + \mathrm{j}Q_{st}}{P - \mathrm{j}Q_{st}} + \mathrm{j}X_{st} \\
&= \frac{U_{st}^2}{2P} \cdot \left(1 + \frac{P + \mathrm{j}Q_{st}}{P - \mathrm{j}Q_{st}}\right) + \mathrm{j}X_{st} = \frac{U_{st}^2}{2P}\left(1 + \mathrm{e}^{\mathrm{j}2\arctan\frac{Q_{st}}{P}}\right) + \mathrm{j}X_{st}
\end{aligned}
\tag{16}
$$

式中，$\dot{Z}$——失励发电机端的测量阻抗；

$\dot{U}$——发电机端电压；

$\dot{I}$——发电机的电流；

$\dot{I}\,X_{st}$——发电机端至系统等效发电机的电压源间的联系阻抗；

$\dot{U}_{st}$——系统等效发电机的电压源数值；

P——失励机组送至系统等效发电机电压源的有功功率；

Q_{st}——失励机组送至系统等效发电机电压源的无功功率。

前面两节已经证明，在一般分析中可以假定 U_{st} 及 P 都为常量。于是，数值 $\frac{U_{st}^2}{2P}$ 也为常量。当 $\frac{U_{st}^2}{2P}$ 为常量（Q 为变量）时，式（16）表征了一个圆的方程。该圆的圆心坐标为 $\left(\frac{U_{st}^2}{2P}, \mathrm{j}X_{st}\right)$，其半径长度为 $\frac{U_{st}^2}{2P}$。我们把这一测量阻抗随无功功率变化而变化的近似轨迹，称为等有功功率圆，现将该圆表示如图 6 所示。

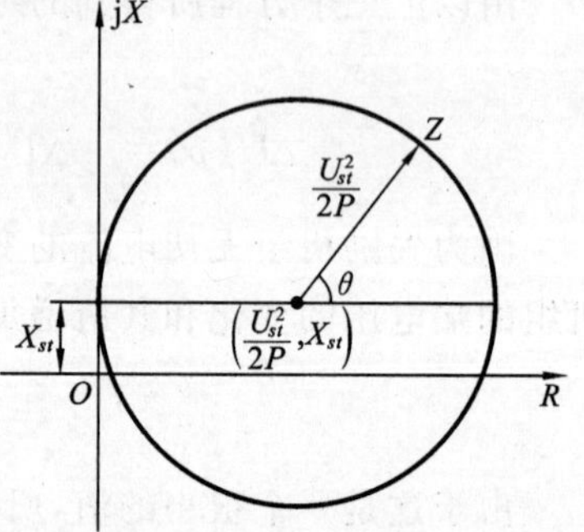

图 6　等有功功率圆

实际上，在失励过程中，U_{st} 和 P 都有少量的变动，必然使 $\frac{U_{st}^2}{2P}$ 这一数值在某一范围内变动。所以真正的测量阻抗的变化轨迹，只能相当接近于上述等有功功率圆而并不完全一致。虽然如此，用来分析失励保护的工作情况，上述近似结果已经足够准确了。

4　失励过程的差分计算法

在试验条件不具备的情况下，为了预见发电机失励后各个物理量的变化过程，或者需要用计算与试验结果对比，或者是分析失励事故，要求对失励过程进行计算，求得各个物理量随时间变化而变化的曲线。下面将介绍一个基于差分原理的计算方法。

计算所需要的参数包括 X_d、X_q、X'_d、T'_{do}、X_{st}、R_L、R_W 等，以及失励前的机端电压 U 和功率 P、Q 等。

计算的根据如下。

① 失励过程中，发电机的有功功率 P 假定保持失励前的数值不变。

② 失励过程中，系统可以用等效发电机原理化简，在联系阻抗 jX_{st} 后的电压 U_{st} 在失励过程中假定保持不变。

③ 在电路参数确定后，在 P 和 U_{st} 保持不变的情况下，可以根据参量 Q_{st} 求出 E_d、E'_d、U、I、δ 等各物理量，其方法为电势相量法。

④ 根据电磁方程，$E_{de}-E_d=T'_{do}\dfrac{dE'_d}{dt}$，可以用差分法求出先后两个相邻的不同状态所经历的时间。

根据这些参数和原理，现将计算方法的具体步骤说明如下。

(1) 系统等效发电机的电压源 U_{st} 的求出。

U_{st} 的相角定为 0°。

U_{st} 的幅值为

$$U_{st}=\sqrt{\left(U-\frac{Q}{\sqrt{3}U}X_{st}\right)^2+\left(\frac{P}{\sqrt{3}U}X_{st}\right)^2} \tag{17}$$

(2) 选定参变数 Q_{st} 的一系列数值。

我们把互相发生关系的很多电量中的 Q_{st} 作为参变量。从 Q_{st} 起始数值到负的 1.6 倍的额定容量的范围内，比较均匀地取 n 个 Q_{st} 的数值（n 一般取 7～15，太大则计算工作量大，太小则精度较差），则有 Q_{st1}，Q_{st2}，…，Q_{stK}，…，Q_{stN} 等数值。

(3)求出电流相量。

$$\dot{I}_K=\dot{I}_{PK}-j\,\dot{I}_{QK}=\frac{P}{\sqrt{3}U_{st}}-j\,\frac{Q_{stK}}{\sqrt{3}U_{st}}=I_K\angle\delta_{I_K} \tag{18}$$

(4) 求出下列电势相量。

发电机端电压为

$$\dot{U}_K=\dot{U}_{st}+j\sqrt{3}\dot{I}_KX_{st}=U_K\angle\delta_{U_K} \tag{19}$$

发电机暂态电势为

$$\dot{E}'_K=U_{st}+j\sqrt{3}\dot{I}_K(X_{st}+X'_d)=E'_K\angle\delta_{E'_K} \tag{20}$$

发电机等效电势为

$$\dot{E}'_{QK}=U_{st}+j\sqrt{3}\dot{I}_K(X_{st}+X_q)=E_{QK}\angle\delta$$

发电机同步电势为

$$\dot{E}_K=\dot{U}_{st}+\mathrm{j}\sqrt{3}\dot{I}_K(X_{st}+X_\mathrm{d})=E_K\angle\delta_{EK} \tag{21}$$

(5) 求出直轴的暂态电势和直轴的同步电势。

$$\dot{E}'_{\mathrm{d}K}=\dot{E}'_K\cos(\delta_K-\delta_{E'K})\angle\delta_K=\dot{E}'_{\mathrm{d}K}\angle\delta_K \tag{22}$$

$$\dot{E}_{\mathrm{d}K}=E_K\cos(\delta_{EK}-\delta_K)\angle\delta_K=E_{\mathrm{d}K}\angle\delta_K \tag{23}$$

(6) 求出第 K 组至 $K+1$ 组变量之间的时差。

$$\Delta t_K=\frac{\dfrac{R_L}{R_L+R_W}\cdot T'_{do}}{\dfrac{1}{2}[E_{\mathrm{d}K}+E_{\mathrm{d}(K+1)}]-E_{de}}\cdot[E'_{\mathrm{d}K}-E'_{\mathrm{d}(K+1)}] \tag{24}$$

E_{de} 是在失励之后发电机直轴同步电势的强制分量。它在全失励时数值很小,称为残压,其数值为空载电势的 3%～20%。

(7) 作出各变量随时间变化而变化的曲线。

(8) 计算发电机的测量阻抗 $\dot{Z}_K$,并在阻抗复数平面上表示其轨迹,且注明其到达所计算的各个轨迹点所需要的时间。测量阻抗 $\dot{Z}_K$ 为

$$\dot{Z}_K=\frac{\dot{U}_K}{\sqrt{3}\dot{I}}$$

以上解析式,均可用相应的作图法求出。在模拟机组上,曾作多次试验和计算方法进行对比,其结果基本上一致,这将在后面加以说明。

5 发电机和系统运行状态的阻抗表示方法

为了分析在一些特殊运行情况下失励保护的动作特性,需要用一定的方法使运行状态的表示和失励继电器的动作特性联系起来。我们采用了以下方法。

发电机在系统中的对称运行状态,一般可用电势相量图的形式表示出来。为了在阻抗复数平面上分析失励保护,对发电机的运行状态,也可用另一种方法——复数阻抗法表示出来。

现在由电势相量图法引申出复数阻抗法的基本原理,说明如下。

设所分析的电路可以简化成图 7 所示电路。图中系统已简化成一等效发电机,在稳态过程及缓慢变化的过程中,其端电压 U_{st} 接近于保持恒定,而在如振荡一类较快过程中,在其暂态阻抗 X' 后的电势 E'_{st} 接近于不变。

按照图 7,可以作出如图 8 所示的电势相量图。与这一相量图等效的解析式如下。

机端以外:

$$\dot{U}_g=\dot{U}-\mathrm{j}\,\dot{I}\,X_B \tag{25}$$

$$\dot{U}_{st}=\dot{U}_g-\mathrm{j}\,\dot{I}\,X_{st} \tag{26}$$

$$\dot{E}'_{st}=\dot{U}_{st}-\mathrm{j}\,\dot{I}\,X' \tag{27}$$

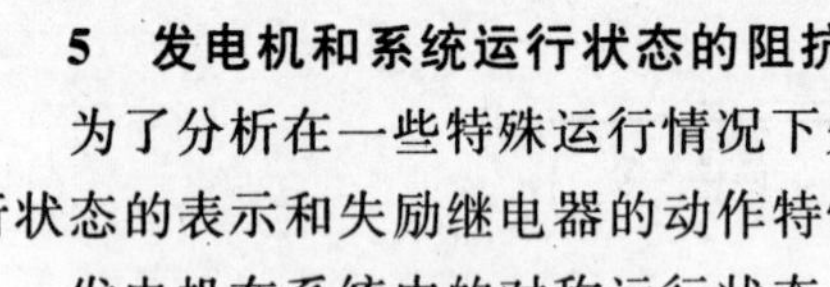

图 7 系统参数简图

机端以内:

$$\dot{E}'=\dot{U}+\mathrm{j}\,\dot{I}\,X'_\mathrm{d}=E'\angle\delta_{E'} \tag{28}$$

$$\dot{E}_Q=\dot{U}+\mathrm{j}\,\dot{I}\,X_q=E_Q\angle\delta \tag{29}$$

$$\dot{E}=\dot{U}+\mathrm{j}\,\dot{I}\,X_d=E\angle\delta_E \tag{30}$$

$$\dot{E}'_d=E'\cos(\delta-\delta_{E'})\angle\delta=E'_d\angle\delta \tag{31}$$

$$\dot{E}_d=E\cos(\delta_E-\delta)\angle\delta=E_d\angle\delta \tag{32}$$

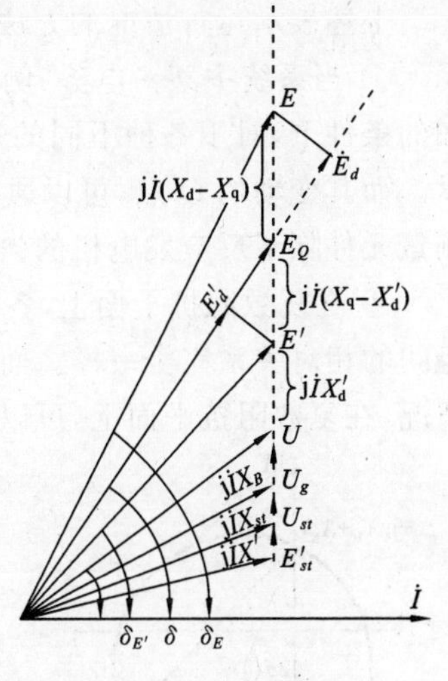

图8　电势相量图

如将式(25)～式(32)中的各项均除以相量$\dot{I}$，则可得以下阻抗表示式。

机端之外：

$$\dot{Z}_g=\dot{Z}-\mathrm{j}X_B \tag{33}$$

$$\dot{Z}_{st}=\dot{Z}_g-\mathrm{j}X_{st} \tag{34}$$

$$\dot{Z}'_{st}=\dot{Z}_{st}-\mathrm{j}X' \tag{35}$$

机端以内：

$$\dot{Z}'=\dot{Z}+\mathrm{j}X'_d=\dot{Z}_Q-\mathrm{j}(X_q-X'_d) \tag{36}$$

$$\dot{Z}_Q=\dot{Z}+\mathrm{j}X_q \tag{37}$$

$$\dot{Z}_E=\dot{Z}+\mathrm{j}X_d=\dot{Z}_Q+\mathrm{j}(X_d-X_q) \tag{38}$$

$$\dot{Z}_{E'_d}=\dot{Z}_Q-(X_q-X'_d)\sin(\delta-\delta_I)\angle(\delta-\delta_I) \tag{39}$$

$$\dot{Z}_{E_d}=\dot{Z}_Q+(X_d-X_q)\sin(\delta-\delta_I)\angle(\delta-\delta_I) \tag{40}$$

式中，$\dot{Z}=\dfrac{\dot{U}}{\dot{I}}$——机端测量阻抗；

$\dot{Z}_g=\dfrac{\dot{U}_g}{\dot{I}}$——高压侧测量阻抗；

$\dot{Z}_{st}=\dfrac{\dot{U}_{st}}{\dot{I}}$——系统等效机组机端的测量阻抗。

其他如 $\dot{Z}'=\dfrac{E'}{\dot{I}}$，$\dot{Z}_Q=\dfrac{\dot{E}_Q}{\dot{I}}$，$\dot{Z}_E=\dfrac{\dot{E}}{\dot{I}}$，$\dot{Z}_{E'_d}=\dfrac{E'_d}{\dot{I}}$ 及 $\dot{Z}_{E_d}=\dfrac{\dot{E}_d}{\dot{I}}$ 等，则并无直接测量的意义。

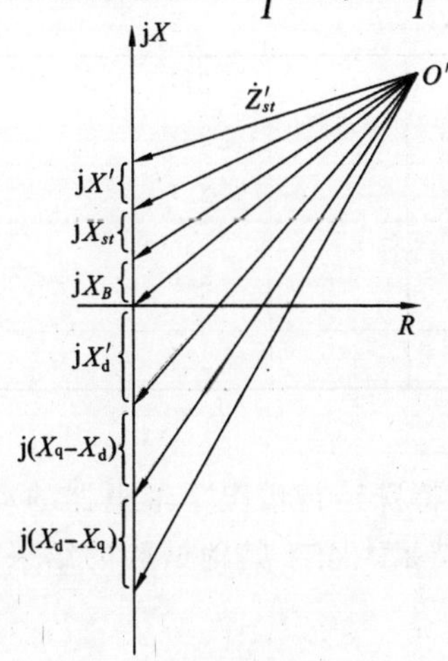

图9　系统阻抗图

根据式(33)～式(40)可以在阻抗复数平面上将它们表示出来，如图9所示。

对比式(25)～式(32)和式(33)～式(40)可得以下结论。

① 图8和图9是相似的。

② 按图8，随运行情况的变化，图形中除原点外，其他各点均将改变其位置，而按图9作图，随运行情况变化所作图形，只有O'一点位置变化。该点和原点O的相对位置，就是发电机端的测量阻抗。而O'对于其他虚轴上各点的相对位置，则表示了如式(33)～式(40)中各阻抗。

上述表示运行情况的方法，具有其理论上的价值。这可用如下两点加以说明。

① 当系统中某一电势(例如系统等效发电机的端电压或其暂态电势)的幅值已知的条件下，对于各种不同的运行情况，都可以用如图 9 中相对应的阻抗相量来表示。而其变动的 O'点，可以通过任一个测量阻抗来确定。因而，失励保护中的阻抗测量元件除了反应发电机的失励情况之外，还反应发电机在系统中的其他运行状态。

② 在复数阻抗平面上，各特征阻抗的相对关系，和在电势相量图中各个相应电势间的相对关系完全一样。而代表两个电势间保持一定夹角或一定比例的各种运行情况，在复数阻抗平面上，可以用一定的轨迹表示出来，这种轨迹多数是圆。

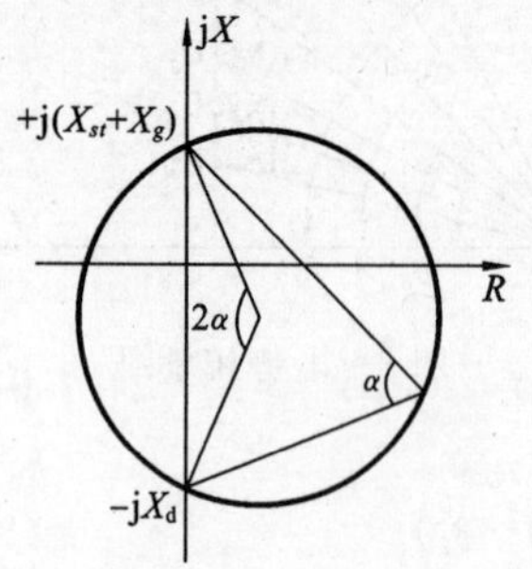

图 10　两电源夹角恒定的轨迹

例如，$\dot{Z}_{st}$ 和 $\dot{Z}_E$ 的夹角为 α 的轨迹，是一个圆，如图 10 所示。

根据以上所述，就可以在阻抗复数平面上作出发电机临界失步、振荡及系统中某一点电压下降到临界值等情况的轨迹。后面将应用这些轨迹来分析失励继电器的动作特性。

6　实验结果分析

为了研究机组失去励磁后有关电量的变化规律，对于单机对无穷大系统在各种不同的起始条件下，进行了多次失励试验。试验内容归纳如表 4 所示。

表 4　单机对无穷大系统失励试验内容

失励方式	起始条件							
	P=100%		P=50%			P=25%		
	低残压 3.3%	高残压 15.5%	低残压 3.3%	中残压 5%	高残压 20.5%	低残压 3.3%	中残压 5%	高残压 15.5%
	示波图编号							
断 LMK	#214		#212	#216	#221	#209	#217 #222	
断 MK	#208		#207	#220			#227	
断 MK 经续流二极管	#215		#213				#218	
转子开路							#224	

注：表中号码为实验序号。

此外还进行了模拟西北某水电站的失励试验，以及特殊运行情况下继电器的动作试验。本章主要分析单机对无穷大系统失励试验的结果。至于其他试验的结果，将在下面有关章节中结合理论叙述进行分析。

1）机组失励过程中的有功功率

前面曾经讨论了机组在失励过程中有功功率基本不变。多次实验的示波图表明，从失去励磁到继电器动作这段时间内，机组的有功功率在原来的功率值上下有一些波动（参看图 12 所示示波图）。对于断 LMK 的失励方式，波动值一般在 5%以内，有些情况在 10%以内。对于断 MK 的失励方式，过程进行很快，加速度功率较大，故波动比较大些。

有功功率波动的原因之一是实验时作为无穷大系统的电源频率和电压都不太稳定，模拟机的损耗也有一定影响，而波动中的主要成分来源于失励过程本身。由于加速度而造成的功率波动，其第一个峰值，试验结果与第 3 节中的计算结果比较接近。从试验的示波图还可以看出，以后的波动有比较快的衰减，在接近临界失步时，波动一般已比较小，因此，为分析失励保护动作特性而计算阻抗轨迹时，假定有功功率基本不变，对于外电阻 R_W 接近为零的失励情况（例如断开 LMK），还是可行的。但对于断 MK 的失励情况，由于功率波动较大，应适当考虑其影响。

2）失励过程中机端的测量阻抗轨迹

（1）前面曾经分析机组失励后机端测量阻抗轨迹基本上为等有功圆。图 11 表示用作图计算法得出的阻抗轨迹（等有功圆）与在同样条件下由实验方法得出的阻抗轨迹，除个别点外，二者比较接近。图 11 中的实验曲线是由#212 示波图得到的，示波图如图 12 所示。根据示波图处理和计算的数据见表 5。

表 5　根据#212 示波图处理及计算的部分数据

时间/s	0″	1″	2″	3″	4″	5″	6″	7″
P/W	1.61	1.65	1.61	1.54	1.48	1.39	1.37	1.3
Q/kvar	2.09	0.325	−0.81	−1.4	−1.97	−2.3	−2.64	−2.95
U/V	182.5	169.5	157.4	149.5	143.7	138.0	132.4	127.0
I/A	8.89	5.72	6.25	7.94	9.85	11.15	13.05	15.25
$R=\frac{U}{\sqrt{3}I}\cdot\frac{P}{\sqrt{P^2+Q^2}}\Big/\Omega$	7.20	16.8	13.0	8.05	5.08	3.68	2.71	1.85
$X=\frac{U}{\sqrt{3}I}\cdot\frac{Q}{\sqrt{P^2+Q^2}}\Big/\Omega$	9.35	3.31	−6.55	−7.32	−6.76	−6.13	−5.22	−4.18

图 11 中阻抗端点移动的速度，计算与实验略有出入，计算轨迹各端点移动的速度较慢，即时间较长。这可能是由于作图计算法中把机组的电抗及 T'_{do} 等参数作为常数，而实际上由于饱和等原因的影响，这些参数是有些变化的。另外，模拟机的参数测定也有一定误差。

若机组带不同的有功功率失励，则阻抗轨迹按不同的等有功圆变化。图 13 表示其他条件相同只是初始的有功功率 P 不同，由实验得出的三个阻抗轨迹。由于等有功圆的直径可表示为 $\frac{U_s^2}{P}$，有功功率大，则轨迹的直径小，当 P 小一半时，直径大 1 倍，由图 13 可以看出，这一关系基本上是符合的。

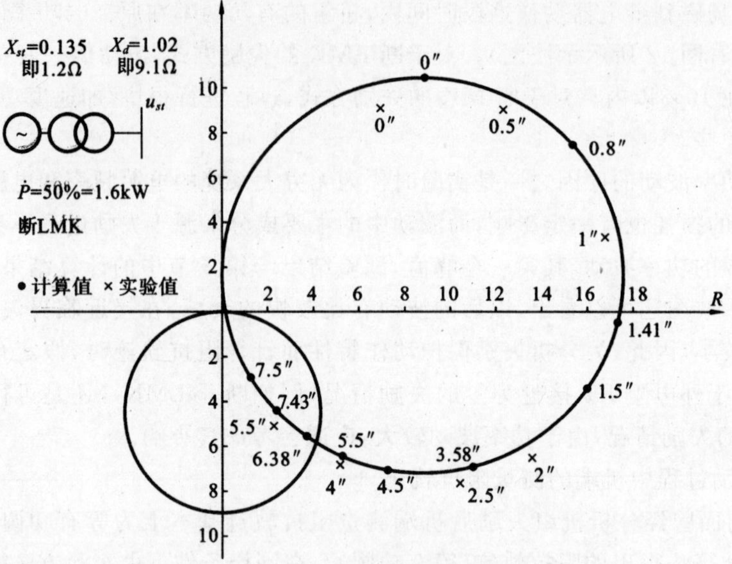

图 11　失励过程的阻抗变化

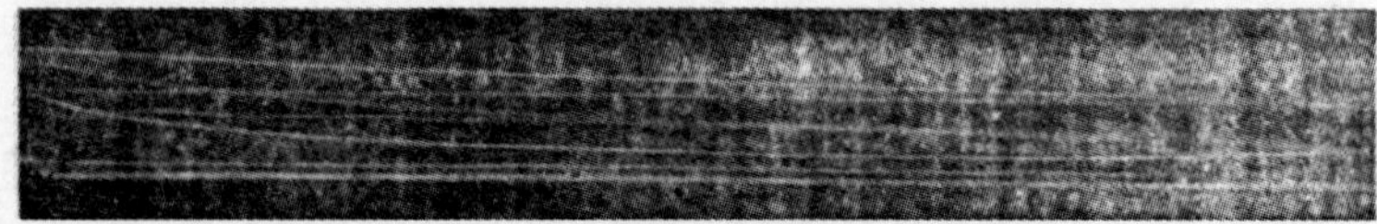

图 12　失励后有功功率等的变化

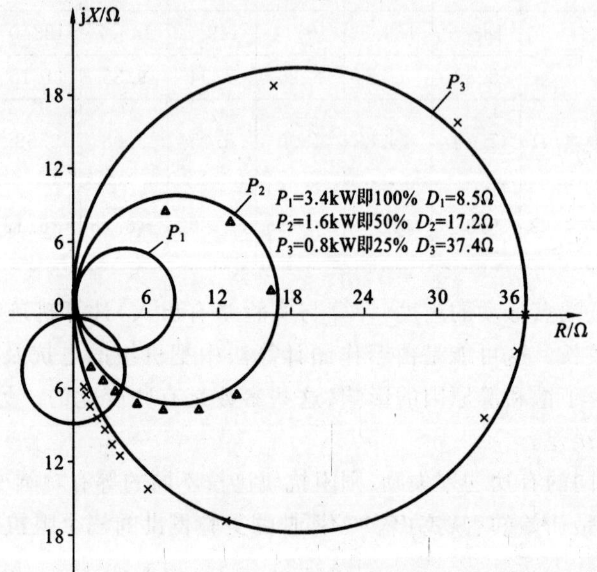

图 13　不同起始功率时的失励过程阻抗图

(2) 阻抗轨迹的理论圆的圆心坐标，与联系阻抗 X_{st} 等有关。如联系阻抗为零，则圆心在横轴上；如联系阻抗为 X_{st}，则圆心上移 X_{st}。图 11 中 $X_{st}=X_B+X_{\infty}\approx(1.2+0.2)\ \Omega=1.4\ \Omega$，实验得出的阻抗轨迹上移约为 1.4 Ω，与分析符合。当作一机经长线与另一模拟机并列的失励试验时，联系阻抗 X_{st} 更大，阻抗轨迹圆更上移（见下节）。对于大系统阻抗及大功率情况，阻抗轨迹圆与继电器动作特性圆可能不相交，继电器将不能在机组失步时及时动作。

(3) 阻抗轨迹圆的大小和位置，主要与有功功率 P、系统等效发电机电压 U_{st} 及联系阻抗 X_{st} 有关，而与失励方式关系不大。我们在 $P=50\%$，联系阻抗 X_{st} 为一定，U_{st} 为一定的条件下，进行如下不同失励方式的试验。

① 断 LMK。

② 断 MK 而接入续流二极管。

③ 断 MK。

实验结果表明，这三种失励方式所作出的阻抗轨迹基本上是重合的，如图 14 所示。其中断 LMK 及断 MK 而接入续流二极管两种失励方式，理论上看基本是相同的，实验得出二者的阻抗轨迹也重合较好。在断 MK 时，由于过程较快，有功功率波动比较大，重合较差，某些部分有比较大的出入。

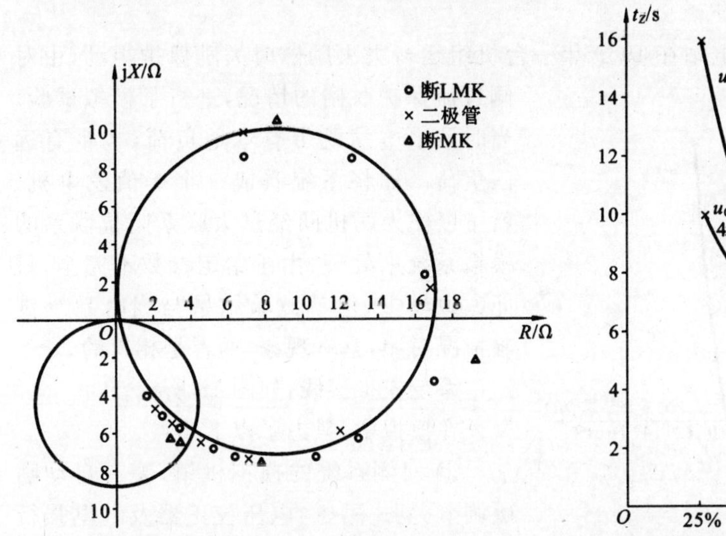

图 14　不同失励方式下的失励测量阻抗轨迹

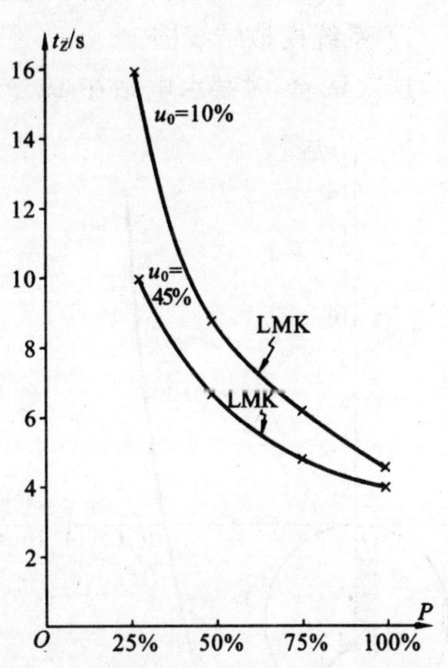

图15　继电器动作时间与有功功率的关系

3）继电器动作时间

从失励到阻抗元件动作所经历的时间 t_Z，主要与有功功率 P、T'_{do} 及发电机残压 U_0 有关。图 15 是在一定的残压 U_0 及一定的失磁方式（断 LMK）下，由实验得出的继电器动作时间 t_Z 与有功功率 P 的关系曲线。作图计算法及试验表明，动作时间 t_Z 与残压 U_0 关系较大，残压越高则动作时间越长，特别是有功功率较小时更为显著。

机组在失励磁前所带无功功率的大小，只决定由失励到进相这段时间的长短。实验及分析表明，这段时间是不长的（0.6～1.2 s），因此，机组在失励前所带无功功率的大小，对继电器动作时间 t_Z 影响不大。

4）转子开路时的测量阻抗轨迹

当失励方式为转子开路时，电磁功率的功角特性下降速度基本上取决于阻尼绕组的时间常数 T''_{do}，即以很快的速度下降，因为有功功率一开始就急剧下降，测量阻抗轨迹呈口袋状，见如图 16 所示示波图及处理后所得如图 17 所示阻抗轨迹图。实验表明，机组在稳定失步以后，测量阻抗轨迹在继电器动作特性圆内不断晃动，这是由于模拟机组在转子开路时纵、横轴参数不同的缘故。

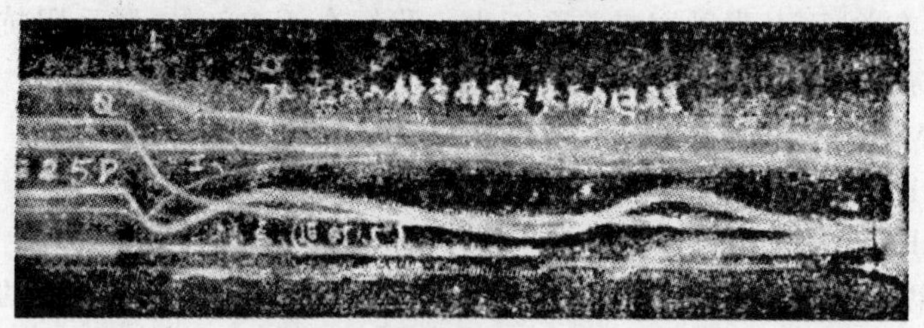

图 16　转子电路的失励过程

7　西北某水电站失励情况的模拟试验与分析

1）系统模拟结线图

这次试验，对某水电站在 1969 年一台机组运行失去励磁时失励保护拒动，由对侧过流保护跳闸的情况，进行了模拟试验。当时该水电站既带有本地负荷，也带有远区负荷。如将系统看成一个等值发电机，就可以作为两机间经过大联系阻抗联系的模拟系统来处理，由于给定参数不完全，只能大致模拟，但就试验结果与当时系统试验情况对照，基本现象，两者是相符的。

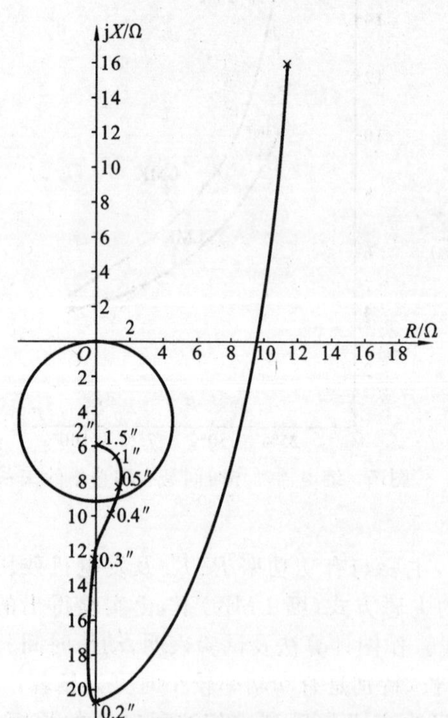

图 17　转子开路时的阻抗变化轨迹

系统模拟接线，如图 18 所示。

在模拟中，考虑了以下几点。

① 对侧系统的模拟机组，装有自动励磁调节（复式励磁、电压校正器及继电强行励磁）。

② 原型机组的 $T'_{do}=8.9\ \mathrm{s}$，$X_{d*}=0.874$，在模拟机上，对这两个数据进行了较准确的模拟，其他参数有一定出入。

③ 近区负荷 H_1 较小，用恒定电阻模拟。对侧负荷 H_2 用异步电动机与电阻并联模拟。$H_1=0.146$，$H_2=1.23\angle 32°$（标幺值），与原型系统数据接近。

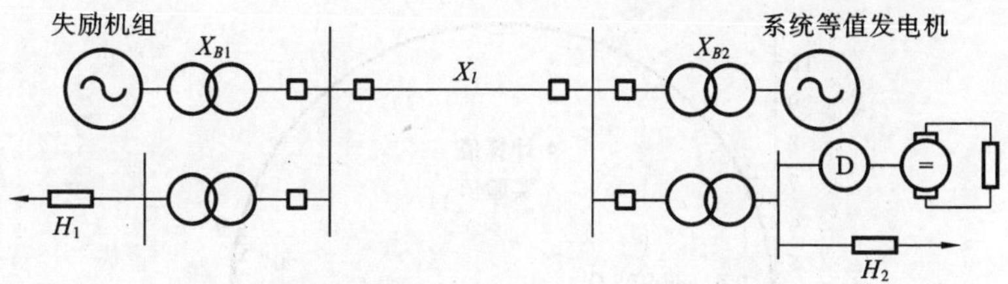

图18 某水电站机组失励时的模拟系统图

④ 原型系统中，线路加系统的电抗标幺值为0.36，模型系统中，线路加对侧变压器以及等值发电机电抗标幺值为0.352，两者是相当接近的。

在失励试验中，用示波器拍摄了失励机组的U、I、P、Q、U_L的波形图及继电器的接点动作情况和时标（把继电器接点1.5″延时闭合改为0″）。转子电压U_L用来判别什么时候开始失励。在失励试验中，也拍摄了对侧电流电压变化的情况。

试验时考虑了发电机剩磁的影响，一次是低残压，等于4.4%U_{ed}（见图19(a)）；另一次是高残压，等于18.4%U_{ed}（见图19(b)）。图19(a)数据处理后的结果见表6，其阻抗轨迹变化见图20。

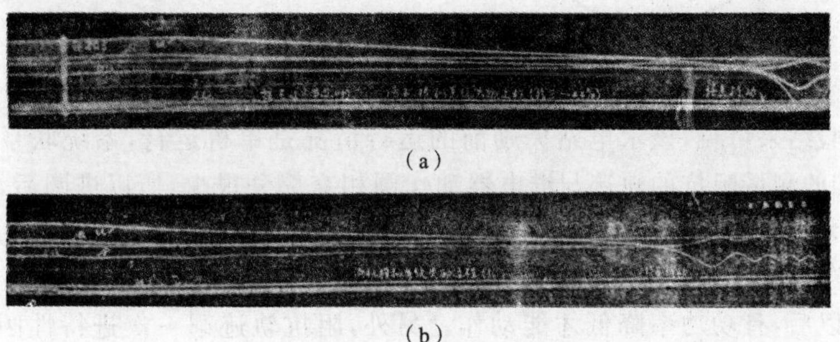

(a)

(b)

图19 某水电站失励过程模拟试验录波图

表6 图19(a)数据处理后的结果

t/s	0″	1″	2″	3″	4″	5″	6″	6.5″	7″
U/V	18.5	173	160	150	140	128	115	103.5	60
I/A	7.3	7.3	7.5	8.1	8.7	9.6	11.9	12.8	13.8
P/kW	2.0	1.98	1.93	2.0	2.0	2.11	2.22	2.05	0.62
Q/kvar	0.78	0.242	−0.109	−0.55	−0.78	−1.06	−1.407	−1.417	−0.81
$R=\dfrac{U^2P}{P^2+Q^2}/\Omega$	13.6	13.9	12.5	10.65	8.7	7.1	4.9	4.0	1.7
$X=\dfrac{U^2Q}{P^2+Q^2}/\Omega$	5.4	1.8	−0.7	−2.85	−3.3	−3.4	−3.0	−2.65	−2.2

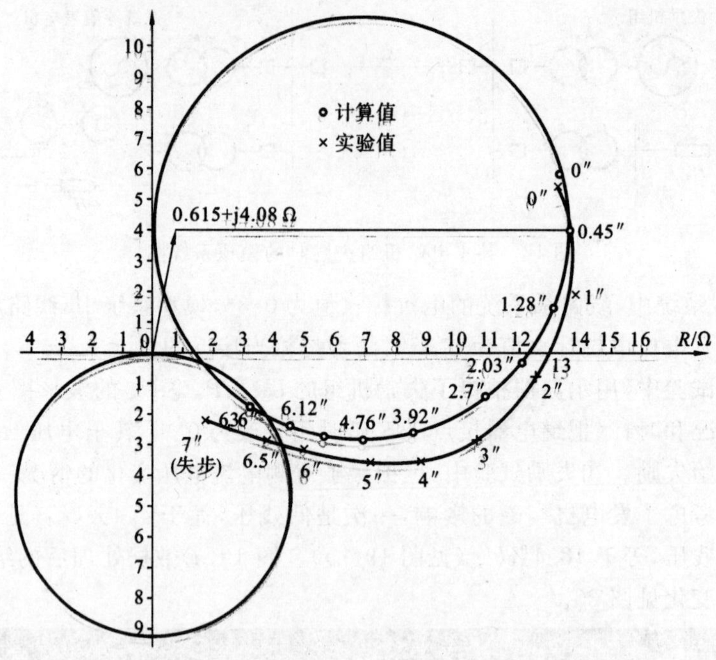

图 20 某水电站失励过程模拟的测量阻抗轨迹

从试验结果可见，该水电站失励前的运行情况是单机运行，系统联系阻抗比较大，故失励的测量阻抗的轨迹与继电器动作圆相交部分很少，所以进圆后，很快就会离开到圆外，直到第二次又重新进圆和重新离开。由于在圆内停留的时间只有0.1″～0.5″(见图 19(a)、(b))，如果继电器带延时在1″以上，则时间元件来不及动作，要到失步以后，有功功率降低才能动作。另外，阻抗轨迹第一次进特性圆的时间 t_z 为6.5″(低残压)～8.3″(高残压)，大大超过对侧过电流保护动作时间，对侧联络线上的电流将比失励前增加很多，也远远超过电流保护动作值，所以过流保护动作。以上分析说明，该水电站几次失励保护拒动，是由于失励继电器特性不满足系统大联系阻抗的情况而发生的，该站后来改为无功方向加低电压闭锁的保护方式以提前动作，是可行的。

2）两机模拟系统带有负荷支路时失励过程的计算

为了从理论上分析和计算某水电站两机模拟系统，并且以带有负荷支路为例来验证第 4 节的计算方法，对图 18 所示的模拟系统进行了计算。

由于带有负荷支路，当负荷点电压变动时负荷功率也随之而变，因此当发电机送出有功功率基本不变的情况下，送到系统电源点的有功功率不能保持不变，也就是说电源点的有功分量不是常数，故引用第 4 节所述的计算方法时，要进行一些修正。

在计算中，假定负荷阻抗恒定，再把系统用等效发电机及等效阻抗代替。然后找出在有串联电阻情况下无功电流与有功电流的关系，再在前述作图法的基础上进行修正，即可算出失励过程各电量随时间变化的变化情况。

计算步骤及过程如下。

(1) 作模拟系统的接线图，如图 21 所示。

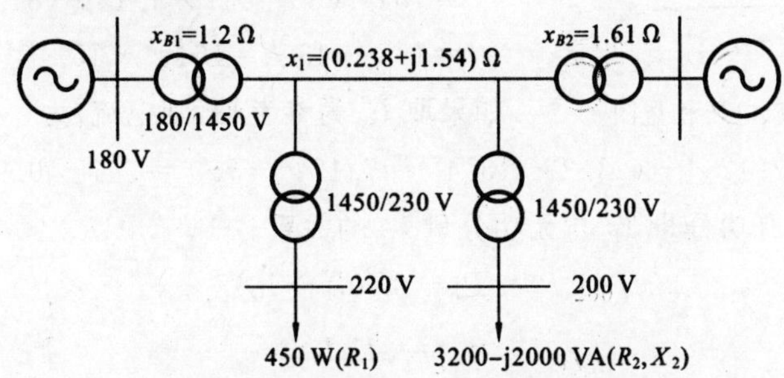

图 21　两机系统失励模拟试验接线图

(2) 计算等值负荷阻抗。

$$R_1=\frac{220^2}{450}\left(\frac{180}{230}\right)^2\ \Omega=66\ \Omega$$

$$R_2=\frac{200^2}{3200}\left(\frac{180}{230}\right)^2\ \Omega=7.64\ \Omega$$

$$X_2=\frac{200^2}{2000}\left(\frac{180}{230}\right)^2\ \Omega=12.2\ \Omega$$

(3) 作等值电路图(从模型机组机端往系统方向看)。

将图 22 简化归并后得出系统等效联系阻抗(见图 23)，即 U_F 与 E'_{st} 之间的联系阻抗为 $R_{st}+\mathrm{i}X_{st}=0.65+\mathrm{i}4.08=4.13\angle 8.15^\circ\ \Omega$。

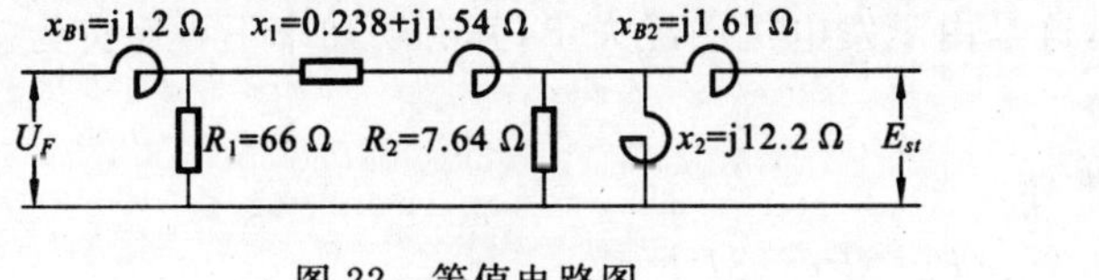

图 22　等值电路图

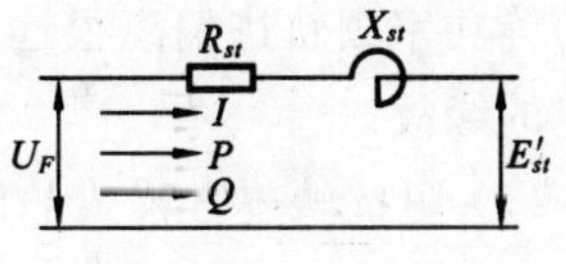

图 23　等效联系阻抗图

(4) 系统等效电势 E_{st} 的计算。

根据实测起始数据：

$$U_F=185\angle 0^\circ\ \mathrm{V},P=2.0\ \mathrm{kW},Q=0.78\ \mathrm{kvar}$$

$$W=(2.0-\mathrm{j}0.78)\ \mathrm{kVA}=2.14\angle -21.3^\circ\mathrm{kVA}$$

$$I=7.3\angle -21.3^\circ\mathrm{A}$$

可以计算 E'_{st}。但在实际计算时，选择了以另一组与实测值相近的数据，即

$$U_F=185\angle 0^\circ\ \mathrm{V},\quad P=2.1\ \mathrm{kW},\quad Q=0.9\ \mathrm{kvar}$$

$$W=2.28\angle -23.3^\circ\mathrm{kVA},\quad I=7.12\angle -23.3^\circ\mathrm{A}$$

之所以这样处理，是考虑到由于仪表及读数误差，根据实测数按 P、Q 求 W，以及按 $\sqrt{3}UI$ 求 W，两者不完全相等，而经过处理后的数据，两者是完全相等的(见图 24)。

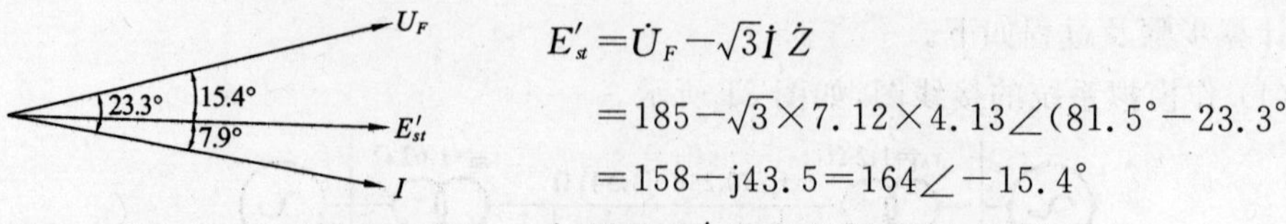

图 24　试验电流、电压相量图

$$E'_{st}=\dot{U}_F-\sqrt{3}\dot{I}\dot{Z}$$
$$=185-\sqrt{3}\times 7.12\times 4.13\angle(81.5°-23.3°)$$
$$=158-j43.5=164\angle-15.4°$$

如果取 E'_{st} 为参考轴，则电流 $\dot{I}$ 为

$$\dot{I}=7.12\angle-(23.3°-15.4°)=7.12\angle-7.9°=7.1-j0.975$$

(5) 电流的有功分量 I_P 与无功分量 I_Q 的关系。

因
$$P_{st}=P_F-3R(I_P^2+I_Q^2)$$
又
$$P_{st}=\sqrt{3}E'_{st}I_P$$
可得
$$I_Q^2=\frac{P_F}{3R}-\frac{E'_{st}}{\sqrt{3}R}I_p-I_P^2$$

因 P_F、E'_{st} 为常数，将试验参数代入，可得

$$I_Q^2=1135-154I_P-I_P^2$$

(6) 计算失励过程中各电量轨迹及时间特性。

用第 4 节介绍的方法计算和作图，但以前的 I_Q 轨迹是一条与 I_P 无关的垂直线，现在则按(5)所求得的 $I_Q=f(I_P)$ 关系式所得到的曲线替代后，仍可用同样方法计算和作图，得出的各电量特性见图 25。其阻抗轨迹图见图 20。在图上同时附有试验实测值。计算值与实测值是比较接近的，表明计算方法比较准确，也说明这次模拟试验是接近真实的。从图中还可以看到，当阻抗轨迹进入继电器特性圆后，试验值与理论上的等功率圆轨迹偏离很远，这是由于发电机已经失步，其有功功率不再保持为基本恒定的缘故。

(7) 阻抗轨迹方程式的推导。

因
$$P_{st}=P_F-3I^2R$$
$$\sqrt{3}U_{st}I_P=P_F-3I^2R$$
$$\sqrt{3}U_{st}\frac{I_P}{I}=\frac{P_F}{I}-3RI$$
$$\sqrt{3}U_{st}\cos\alpha=\frac{U_{st}}{\sqrt{3}I}\cdot\frac{\sqrt{3}}{U_{st}}P_F-\frac{\sqrt{3}I}{U_{st}}\cdot\frac{U_{st}}{\sqrt{3}}3R$$
$$\sqrt{3}U_{st}\cos\alpha=Z_{st}\frac{\sqrt{3}}{U_{st}}P_F-\frac{1}{Z_{st}}U_{st}\sqrt{3}R$$
$$\cos\alpha=Z_{st}\frac{P_F}{U_{st}^2}-\frac{R}{Z_{st}}=\frac{Z_{st}}{D}-\frac{R}{Z_{st}}\quad\left(\text{命 } D=\frac{U_{st}^2}{P_F}\right)$$
化简得
$$Z_{st}=D\cos\alpha+\frac{R\cdot D}{Z_{st}}\tag{41}$$

应用坐标变换法，将以上极坐标方程式的原点 O，在坐标轴上，向左平移一段距

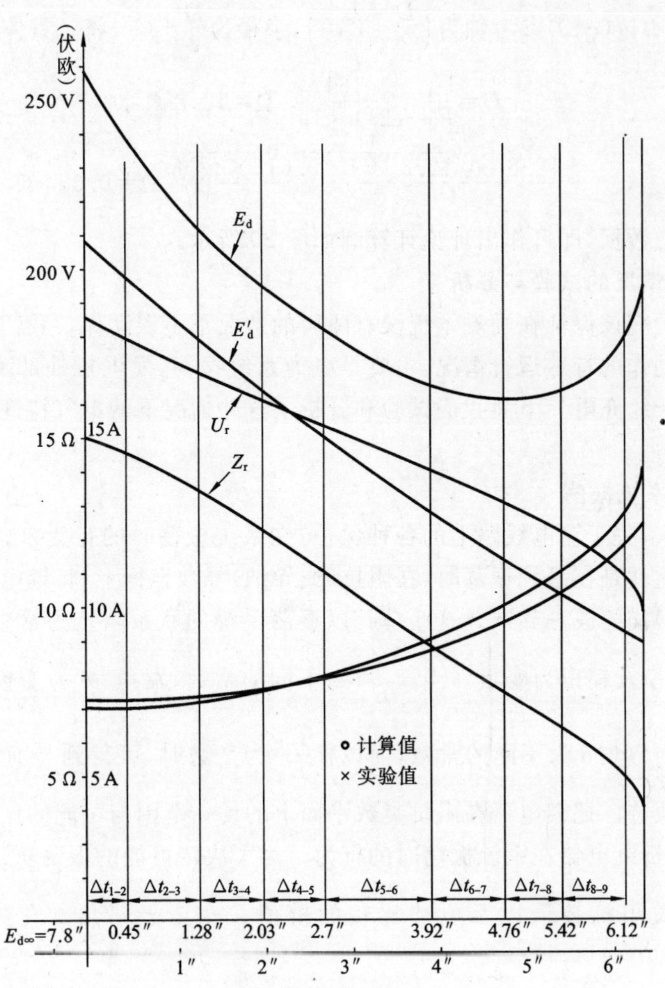

图 25　各电量特性

离 C 到 O'，按照图 26 所示关系，可将(Z_{st}，α)坐标系统转化为(φ、δ)坐标系统。

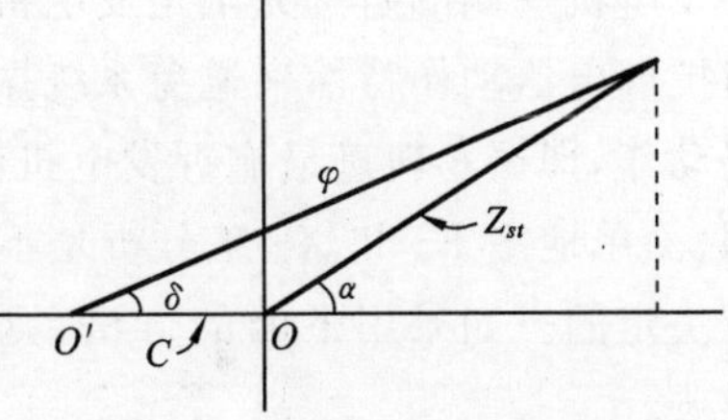

图 26　坐标平移关系图

其坐标转换关系式为

$$Z_{st}\sin\alpha=\varphi\sin\delta,\quad Z_{st}\cos\alpha=\varphi\cos\delta-C$$

经过化简后，可得出新方程式为

$$\varphi=(2C+D)\cos\delta+\frac{DR-C(C+D)}{\varphi} \tag{42}$$

在式(42)中命 $DR-C(C+D)=0$，求解得

$$C=\frac{-D\pm\sqrt{D^2+4RD}}{2} \tag{43}$$

即当原点按照式(43)平移距离 C 时，方程式(42)的轨迹明显的是一个圆，其直径为

$2C+D$,其圆心按(φ、δ)参考轴为$\left(\frac{D}{2}+C,0\right)$,半径为$\frac{D}{2}+C$。将各具体数值代入后得

$$D=\frac{U_{st}^2}{P_F}=\frac{164^2}{2.1\times10^3}\ \Omega=12.8\ \Omega$$

$$C=\frac{-12.8+\sqrt{12.8^2+4\times0.615\times12.8}}{2}\ \Omega=0.583\ \Omega$$

根据以上数据,即可作出理论计算圆如图 20 所示。

8 特殊情况的试验与分析

失励保护应该保证在励磁系统没有障碍的情况下不误动作。我们考虑了可能使失励保护误动作的特殊运行情况,主要是电力系统振荡、发电机外部不对称短路、自同期并列和长线充电。下面我们试验和分析了这些情况下的电气特性及失励保护的行为。

1) 电力系统振荡

几十年来,关于输电线路上的各种保护,在系统振荡时的行为,已有一套完整的分析方法。这就是在系统振荡时,在阻抗(或导纳)复数坐标上,将继电器端口上的测量阻抗(导纳)描绘成一族圆。这些“圆”以振荡系统的联系阻抗为常数,而以两端的电势比$\frac{\dot{E}_{\text{I}}}{\dot{E}_{\text{II}}}$的模及辐角为变量。当模$\frac{\dot{E}_{\text{I}}}{\dot{E}_{\text{II}}}$为不同的常数,辐角“$\theta$”为变数时,可得到一族圆轨迹。当辐角$\theta$为不同的常数,而以模$\frac{\dot{E}_{\text{I}}}{\dot{E}_{\text{II}}}$为变数时,可得到与前一族圆正交的另一族圆的轨迹。把继电器在阻抗复数平面上的动作范围与可能的振荡轨迹加以比较,就可以分析继电器在系统振荡时的行为。为了决定可能的振荡轨迹的范围,首先需要决定有关阻抗数值以及电势比较的模值$\frac{\dot{E}_{\text{I}}}{\dot{E}_{\text{II}}}$,至于辐角$\theta$在失步时则考虑0～360°变化。

在考虑上述方法用来分析失励保护时,由于继电器装在发电机端,这时振荡系统中发电机一侧的阻抗完全是发电机的阻抗,能否像过去一样用E'_{d}和X'_{d}分析?当用阻抗继电器动作特性来避免系统振荡误动作时,就需要深入考虑在最严重情况下不误动作,即振荡轨迹最靠近发电机侧时,阻抗继电器特性不与之相交。下面的分析表明,简单地用E'_{d}和X'_{d}来分析是不合适的,而且在振荡过程中,E'_{d}究竟多大,也是很难决定的。如果用下面的方法,则可以找到最严重的情况下比较接近实际的振荡轨迹。

机组在电力系统中振荡的情况主要有两种。

① 该机组与系统中其他机组之间发生失步,其他各机组保持同步。

② 该机组与系统中一部分机组(例如同一电厂中其他机组)保持同步,而与另一部分机组之间发生失步。

后一种情况,机组和系统间的等效联系阻抗大,振荡中心比较远,一般来说不致

造成失励保护的误动作。前一种情况，一般在机端附近发生三相短路等严重故障后才可能发生这种振荡。出现的可能性虽然不大，但因机组和系统等效电源之间联系阻抗小，失励保护误动作的可能性大。所以下面主要针对联系阻抗比较小的情况进行分析。分析方法是考虑机组异步运行，用重叠原理进行处理。

机组在电力系统中振荡，其转速与系统电源的同步转速不同，现在令其相对角速度为 ω_s。这时，发电机送往系统的电流 $\dot{I}$，从叠加原理来看，可以由两部分组成。

① 由系统的电源所产生的电流 $\dot{I}_{st}$。

② 由该机组励磁电压所产生的电流 $\dot{I}_{U_L}$。

这两部分电流的计算电路如图 27 所示。

电流的数值可由式(44)求得。

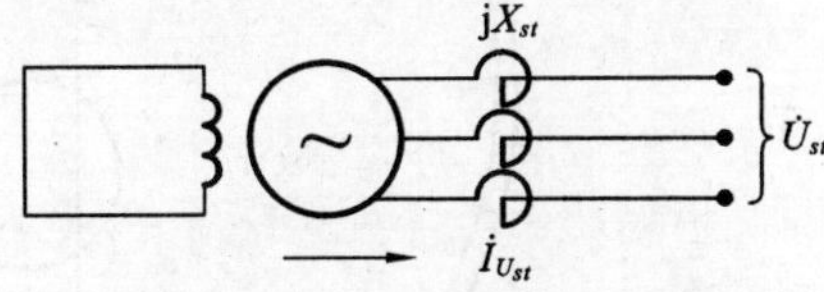

图 27　计算系统振荡的重叠原理

$$\dot{I}_{st}=-\dot{U}_{st}\left\{\frac{1}{2}\left(\frac{1}{Z_{\mathrm{d}}(\mathrm{j}\omega_s)}+\frac{1}{Z_{\mathrm{q}}(\mathrm{j}\omega_s)}\right)+\frac{1}{2}\hat{A}\mathrm{e}^{\mathrm{j}2\delta}\right\} \tag{44}$$

$$A=\frac{1}{Z_{\mathrm{q}}(\mathrm{j}\omega_s)}-\frac{1}{Z_{\mathrm{d}}(\mathrm{j}\omega_s)}$$

$$\dot{I}_{U_L}=\frac{E_{\mathrm{d}U_L}}{\mathrm{j}X_{\mathrm{d}}+\mathrm{j}X_{st}}\cdot \mathrm{e}^{\mathrm{j}\delta} \tag{45}$$

$$\dot{I}=\dot{I}_{st}+\dot{I}_{U_L} \tag{46}$$

式中

$$\frac{1}{Z_{\mathrm{d}}(\mathrm{j}\omega_s)}=\frac{1}{\mathrm{j}(X_{\mathrm{d}}+X_{st})}\cdot\frac{(1+\mathrm{j}\omega_s T'_{do})(1+\mathrm{j}\omega_s T''_{do})}{\left(1+\mathrm{j}\omega_s T'_{do}\dfrac{X'_{\mathrm{d}}+X_{st}}{X_{\mathrm{d}}+X_{st}}\right)\left(1+\mathrm{j}\omega_s T''_{do}\dfrac{X''_{\mathrm{d}}+X_{st}}{X'_{\mathrm{d}}+X_{st}}\right)}$$

$$\frac{1}{Z_{\mathrm{q}}(\mathrm{j}\omega_s)}=\frac{1}{\mathrm{j}(X_{\mathrm{q}}+X_{st})}\cdot\frac{1+\mathrm{j}\omega_s T'_{\mathrm{q}o}}{1+\mathrm{j}\omega_s T''_{\mathrm{q}o}\dfrac{X''_{\mathrm{q}}+X_{st}}{X'_{\mathrm{q}}+X_{st}}}$$

$$E_{\mathrm{d}U_L}=\frac{U_L}{U_{L0}}\cdot U_{\mathrm{ed}},\quad \delta=\arg(\dot{U}_{st}/\dot{E}_{\mathrm{d}U_L})$$

其中，U_{L0}——空载时的励磁机电压；

$E_{\mathrm{d}U_L}$——由励磁电压所产生的直轴同步电势。

由此可以求出在经联系阻抗 $\mathrm{j}X_{st}$ 后的测量导纳为

$$\dot{Y}_{st}=\frac{\dot{I}}{\dot{U}_{st}}=-\frac{1}{2}\left[\frac{1}{Z_{\mathrm{d}}(\mathrm{j}\omega_s)}+\frac{1}{Z_{\mathrm{q}}(\mathrm{j}\omega_s)}\right]-\frac{1}{2}\hat{A}\mathrm{e}^{\mathrm{j}2\delta}+\frac{U_L}{U_{L0}}\cdot\frac{U_{\mathrm{ed}}}{U_{st}}\cdot\frac{1}{\mathrm{j}(X_{\mathrm{d}}+X_{st})}\cdot \mathrm{e}^{\mathrm{j}\delta} \tag{47}$$

发电机的测量阻抗为

$$\dot{Z}=\mathrm{j}X_{st}+\frac{1}{\dot{Y}_{st}} \tag{48}$$

根据式(47)的第一、二项，对于一定的 ω_s 和不同的 δ 值，可以作出图 28 中的轨迹 a。根据式(47)的第一、三项，可以作出图 28 中的轨迹 c，三项相加则得到 $\dot{Y}_{st}$ 的轨迹 b。再由式(48)就可作出 $\dot{Z}$ 的轨迹 d。轨迹 d 是考虑了发电机交变电抗时的振荡

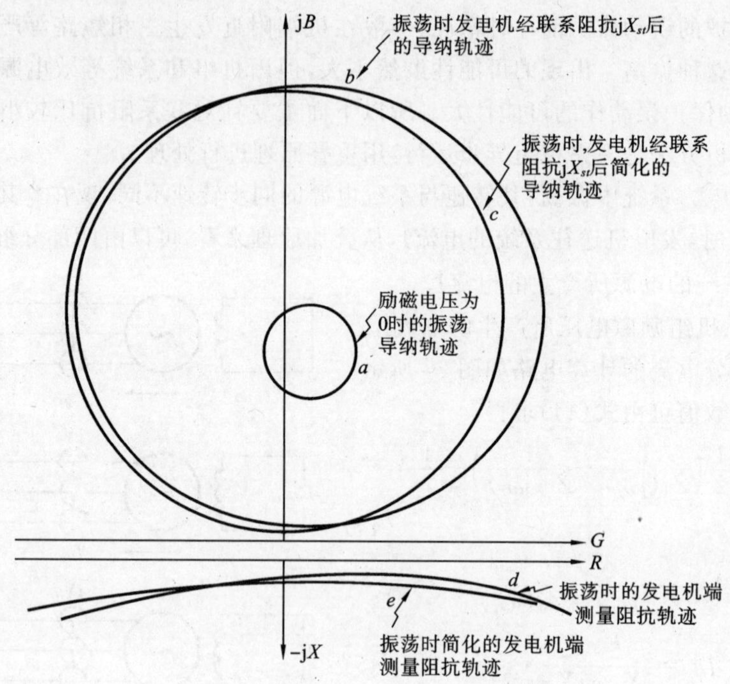

图 28　振荡时测量阻抗轨迹计算结果

轨迹。

如果按一般的处理，发电机阻抗以 X'_d 代替，即令 $\dot{I}_{st}=-\dot{U}_{st}/(jX_{st}+jX'_d)$，此时发电机端的测量阻抗为

$$\dot{Z}=\frac{-j(X'_d+X_{st})}{1-\frac{U_L}{U_{L0}}\cdot\frac{U_{ed}}{U_{st}}\cdot\frac{X'_d+X_{st}}{X_d+X_{st}}\cdot e^{j2\delta}}+jX_{st} \tag{49}$$

其迹轨如图 28 中曲线 e 所示，从式(49)可见，如果用这样的简化方法，即以 X'_d 代替发电机的交变电抗，再用一个电势

$$E'_d(d)=\frac{U_L}{U_{L0}}\cdot\frac{X'_d+X_{st}}{X_d+X_{st}}\cdot U_{ed} \tag{50}$$

作为 X'_d 后的等值电势，而不是用一般的 E'_d，则可用过去一般的分析振荡轨迹的方法来处理。

分析轨迹 d 和 e 可以得出以下结论。

① 比较轨迹 d 和轨迹 e，可以看出，二者是比较接近的，而且在第四象限这一主要区域中，轨迹 e 比轨迹 d 稍低。如果用轨迹 e 来代替轨迹 d 简化分析工作，可以用式(49)，即用 X'_d 和 E'_d 来分析系统振荡时继电器的行为。

② 轨迹 d 是在 $\omega_s=6.28$，即振荡周期为 1 s 时的情况，也是比较接近一般电力系统振荡的实际情况。实际应用而且要求细致考虑时，应该在实际可能的振荡周期范围内作具体分析来决定最低的振荡阻抗轨迹。

③ 轨迹 d 和 e 都是在假定的强励作用比较弱，即 K 值较低的情况下振荡的，如果实际强励作用较它强，则振荡轨迹将要往上移。

④ 轨迹 d 和 e 是假定在联系阻抗比较小的情况振荡的(相当于发电机变压器组高压侧电压恒定)。实际如果是其他发电机端电压保持不变，甚至还不能保持恒定，则振荡轨迹将更往上移。

⑤ 所以总的来说，图 28 中的轨迹 e 是系统振荡时测量阻抗轨迹接近最低的情况。

在模拟机组上进行过多次系统振荡试验。用上述方法分析这些试验时，基本是符合的。试验的主接线如图 29 所示。

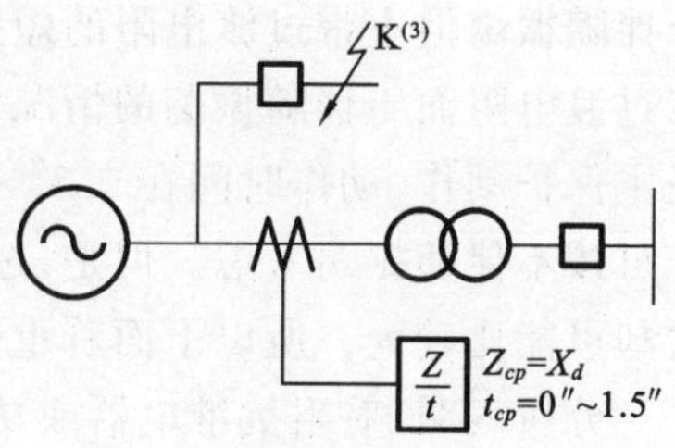

图 29　系统振荡试验接线图

下面是两个对比性试验的结果，试验时发电机带有功负荷 1.4 kW(0.44P_{ed})。第一个试验时将发电机调整到稍为进相，然后在机端作三相短路，发电机不强励，经过适当时间切除短路，发电机与系统发生振荡(失步)。此时在发电机上装设的 BZ-1 型继电器带 1.5″延时。试验表明(见图 30)，在振荡几周以后，继电器尽管带 1.5″延时，但仍然误动作。其原因是振荡时测量阻抗轨迹后来全部在继电器特性圆内。初步分析表明，用上述计算方法与试验数据处理所得的轨迹的范围是大致相符的。

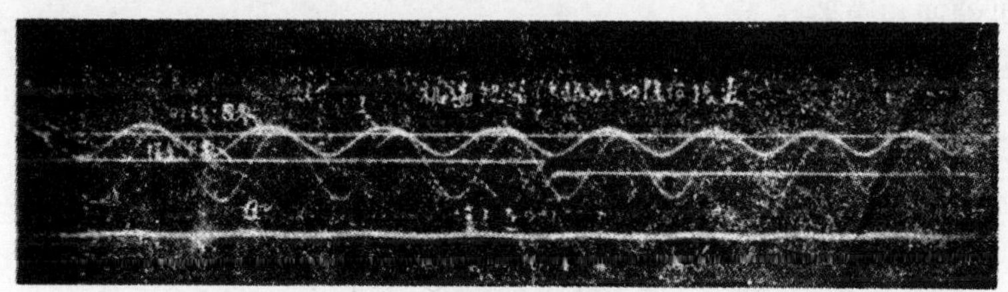

图 30　振荡试验一

第二个试验情况基本与第一个试验相同，差别是在短路后立即加上强行励磁，这时，继电器不误动作。由于强励作用使振荡阻抗轨迹不能长期停在圆内，用延时元件时，继电器的出口元件就来不及动作(见图 31)。

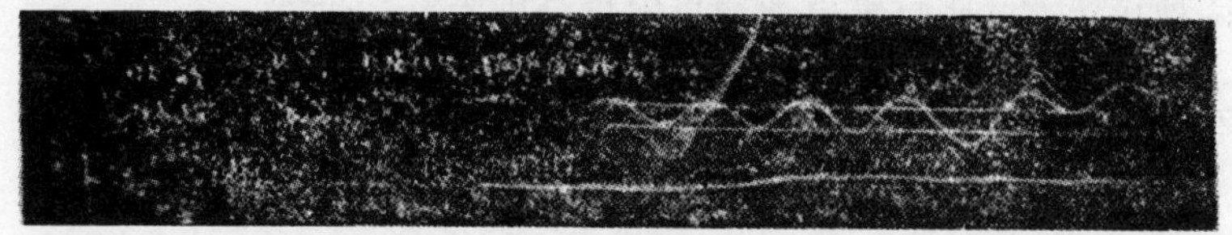

图 31　振荡试验二

应该说明，第一个试验是为了比较而特意造成不强励的情况的。在我国电力系统中的同步发电机都有自动调节励磁装置和强行励磁装置。这个情况在实际上是不存在的。实际上对 BZ-1 型保护来说，用 1.5″延时是可以躲开系统振荡的。但阻抗元件本身，因其动作特性通过坐标原点，所以是不能躲开振荡的。如果令动作特性圆上端离开坐标原点下偏$\frac{1}{2}X'_d$，则实际振荡的轨迹是不会通过它的。

2）外部短路

研究短路时测量阻抗轨迹可能达到的范围，其目的也是为了判定失励保护是否误动，所选阻抗元件特性是否合适，或者决定是否需要采取闭锁措施。

短路可能伴随振荡，也可能不伴随振荡。此外，还要考虑故障点的过渡电阻。关于伴随振荡但不带过渡电阻的短路的振荡轨迹已有文献分析[4]，但是最基本的还是带过渡电阻而不伴随振荡的情况，因为在发电机端或升压变压器高压侧短路时，首先是主保护动作，动作时间在0.5″～0.7″以内。此时，各发电机转子角摆开不大，基本上可按不伴随振荡考虑。但是，过渡电阻（特别是接地故障时，故障点的接地电阻）有时却可能比较大。所以下面着重分析在发电机近处短路带过渡电阻的情况。

分析表明，对阻抗继电器或功率方向继电器，危险最大的是变压器高压侧单相接地和机端两相短路。至于机端三相短路，带过渡电阻又带振荡时，振荡阻抗轨迹将会进入复数阻抗坐标的第三、四象限。这种情况对动作特性经过坐标原点的阻抗元件是可能要误动作的。但带延时跳闸则可与外部短路的主要保护配合。如果动作特性下移则由于故障很快切除，过渡电阻不会很大，测量阻抗不易进入继电器动作区。下面主要分析上述两种不对称短路情况。

(1) 机端两相短路。

在发生端 A、C 两相短路时，按 B 相所作的相序网路如图 32 所示。

其中，$I_{B1}=-I_{B2}$，$U_{B1}=\dot{I}_{B1}(R+jX_2)$，$U_{B2}=-\dot{I}_{B2}\cdot jX_2$。

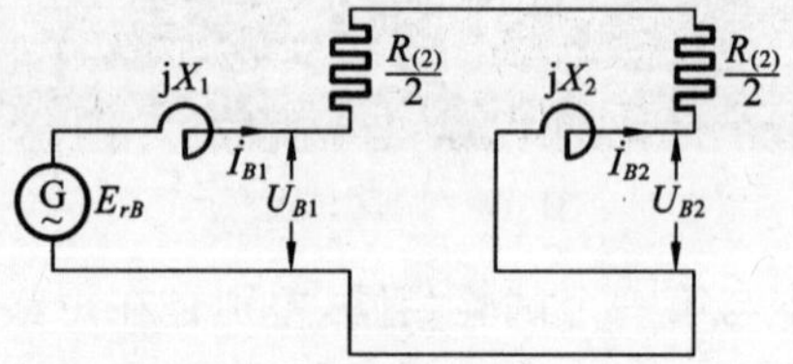

图 32 机端两相短路相序网络

上述两种接线方式阻抗继电器测量阻抗分别为

$$\dot{Z}_C=\frac{\dot{U}_C}{\dot{I}_C}=\frac{\dot{U}_{C_1}+\dot{U}_{C_2}}{\dot{I}_{C_1}+\dot{I}_{C_2}}=\frac{\dot{U}_{B_1}+a^2\dot{U}_{B_2}}{\dot{I}_{B_1}+a^2\dot{I}_{B_2}}=\frac{\dot{I}_{B_1}(R_{(2)}+jX_2)-a^2\dot{I}_{B_2}jX_2}{\dot{I}_{B_1}+a^2\dot{I}_{B_2}}$$

$$=\frac{1}{\sqrt{3}}X_2+\frac{1}{\sqrt{3}}R_{(2)}\angle-30^\circ \tag{51}$$

$$\dot{Z}_{CB}=\frac{\dot{U}_C-\dot{U}_B}{\dot{I}_C-\dot{I}_B}=\frac{\dot{U}_{B_1}-a\dot{U}_{B_2}}{\dot{I}_{B_1}-a\dot{I}_{B_2}}=\frac{\dot{I}_{B_1}(R_{(2)}+jX_2)-a\dot{I}_{B_2}jX_2}{\dot{I}_{B_1}+a\dot{I}_{B_2}}$$

$$=\sqrt{3}X_2+R_{(2)}\angle-60^\circ \tag{52}$$

(2) 变压器高压侧单相接地。

在接 Y/Δ-11 接线的变压器之后发生 A 相接地短路时，按 A 相所作相序网络如图 33 所示。

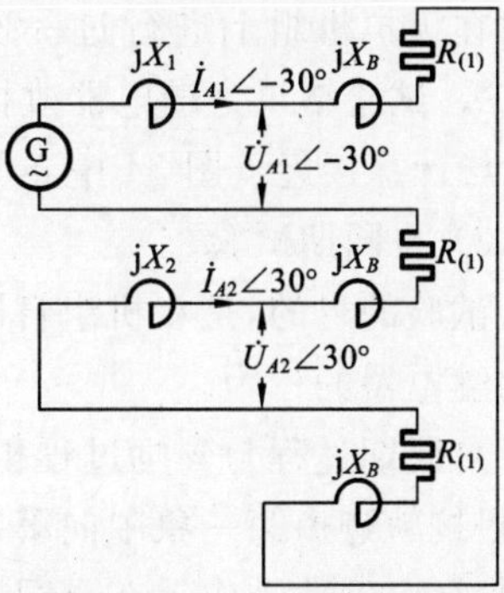

图 33　变压器 Y 侧 A 相接地序网图

其中

$$\dot{I}_{A1}\mathrm{e}^{\mathrm{j}-30^\circ}=\dot{I}_{A2}\mathrm{e}^{\mathrm{j}30^\circ}\quad 或 \quad \dot{I}_{A1}\mathrm{e}^{\mathrm{j}-60^\circ}=\dot{I}_{B2}$$

$$\dot{U}_{A1}=\dot{I}_{A1}\cdot[\mathrm{j}X_2+3(R_{(1)}+\mathrm{j}X_B)]$$

$$\dot{U}_{A2}=-\dot{I}_{A2}\cdot[\mathrm{j}X_2]$$

上述两种接线方式阻抗继电器的测量阻抗分别为

$$Z_C=\frac{U_C}{\dot{I}_C}=\frac{\dot{U}_{C_1}+\dot{U}_{C_2}}{\dot{I}_{C_1}+\dot{I}_{C_2}}=\frac{\dot{U}_{A1}+a\,\dot{U}_{A2}}{\dot{I}_{A1}+a\,\dot{I}_{A2}}$$

$$=\frac{\dot{I}_{A1}[\mathrm{j}X_2+3(R+\mathrm{j}X_B)-a\,\dot{I}_{A2}(\mathrm{j}X_2)]}{\dot{I}_{A1}+a\,\dot{I}_{A2}}$$

$$=\frac{1}{\sqrt{3}}X_2+\sqrt{3}\mathrm{j}X_B\angle-30^\circ+\sqrt{3}R_{(1)}\angle-30^\circ \tag{53}$$

$$Z_{CB}=\frac{\dot{U}_C-\dot{U}_B}{\dot{I}_C-\dot{I}_B}=\frac{\dot{U}_{A1}-\dot{U}_{A2}}{\dot{I}_{A1}-\dot{I}_{A2}}=\frac{\dot{I}_{A1}[\mathrm{j}X_2+3(R_{(1)}+\mathrm{j}X_B)+\dot{I}_{A2}(\mathrm{j}X_2)]}{\dot{I}_{A1}-\dot{I}_{A2}}$$

$$=\sqrt{3}X_2+\mathrm{j}3X_B\angle-60^\circ+3R_{(1)}\angle-60^\circ \tag{54}$$

图 34 是按模拟机组参数绘制的高压侧单相接地短路时测量阻抗轨迹，X_B 是变压器及高压线路正序阻抗，取 $X_0=X_B$，则 $\overline{O'R'}$ 为过渡电阻增加时接相电压、相电流的继电器测量阻抗的轨迹。$\overline{O'R''}$ 为接线电压及两相电流差的继电器测量阻抗轨迹。

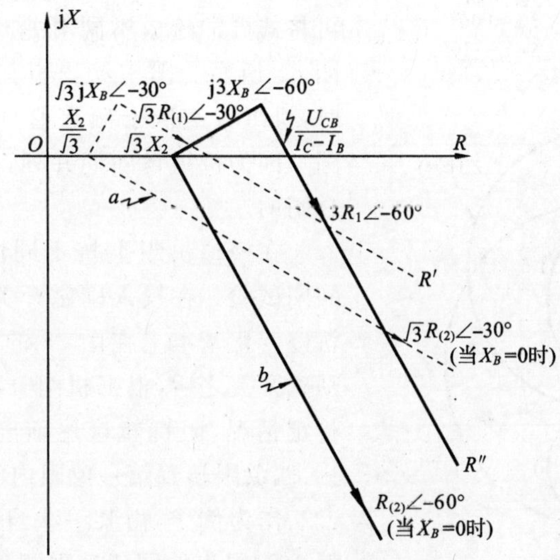

图 34　外部短路时测量阻抗

在模拟机组上进行过一次试验，过渡电阻用 $R^*=0.378$，计算角为电流超前29.5°。试验结果为继电器改接为无功方向时动作。由动态相角仪测得为电流超前28°，与计算接近。图 34 中 a 与 b 为机端两相短路时测量阻抗轨迹。

3）自同期试验

试验的目的，是在机组自同期并列过程中分析机端测量阻抗的变化轨迹，并观察失励继电器的行为。

自同期过程与失励过程相比较，机端测量阻抗的变化路径是相反的。在失励过程，阻抗轨迹由第一象限向第四象限逐渐变化，经过一定时间后进入继电器的动作特性圆，继电器才动作。在自同期过程，当合上机组主开关的瞬间，测量阻抗的值靠近 $-jX''_d$，已在继电器的动作特性圆内，继电器立即启动。经过一定时间后，阻抗轨迹渐渐退出特性圆，继电器才返回，最终达到机组的稳态运行点。

根据理论分析，在投入励磁之前，机端测量阻抗的复数值可表示为

$$\dot{Z}=-\frac{1}{2}[\dot{Z}_d(j\omega_s)+\dot{Z}_q(j\omega_s)]+\frac{1}{2}[\dot{Z}_d(j\omega_s)-\dot{Z}_q(j\omega_s)]e^{j\psi} \quad (55)$$

式中

$$\dot{Z}_d(j\omega_s)=\frac{jX_d(1+jT'_d\omega_s)\cdot(1+jT''_d\omega_s)}{(1+jT'_{do}\omega_s)(1+jT''_{do}\omega_s)}$$

$$\dot{Z}_q(j\omega_s)=\frac{jX_q(1+jT''_q\omega_s)}{1+jT''_{qo}\omega_s}$$

其中，ψ——与转子角有关的角度，视自同期合闸时刻的不同，其值为任一可能的角度；

ω_s——滑差角速度(rad/s)。

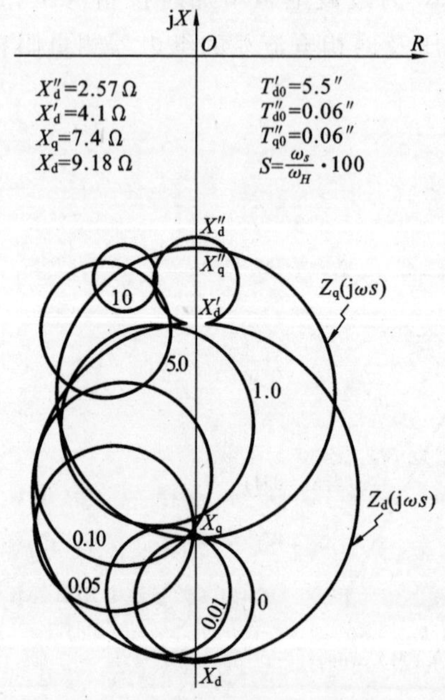

图 35　自同期不同滑差时阻抗轨迹

在水轮发电机的自同期过程中，$\frac{\omega_s}{\omega_{ed}}$一般在0%～10%的范围变化。根据机组一般参数，可将式(55)绘成不同滑差时的阻抗轨迹图，如图 35 所示。图中绘出滑差为正（自同期合闸时，机组转速低于额定值）时的一些阻抗轨迹圆。因为机组自同期并列，一般是在正滑差下合闸的。

在模拟机组上按不同情况进行了多次自同期试验。在投入励磁开关之前，测量阻抗的轨迹变化基本上在图 35 的范围之内。在投入励磁开关之后，根据机组开度逐渐增加和励磁整定情况，阻抗轨迹逐渐离开这一区域，经第三、四象限转到第一象限内的稳定运行点。

作为例子，由某一次自同期试验的示波图(#249)得出的同期过程测量阻抗变化曲线，如图 36 所示。曲线 a 为投入励磁前的阻抗轨迹，

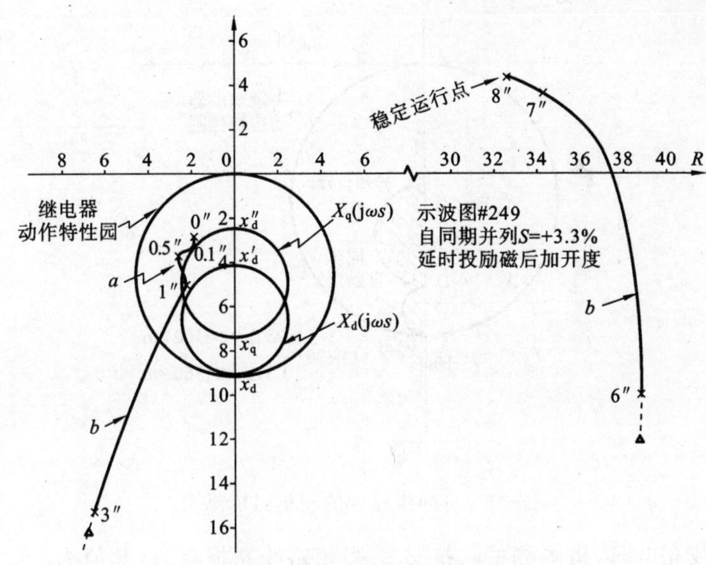

图 36　#249 次自同期试验

曲线 b 为投入励磁并拉入同步后的阻抗变化轨迹。试验结果与上面的分析相吻合。

对于按 X_d 整定的 BZ-1 型失励保护，多次不同情况下的试验表明，从合上机组主开关（继电器启动）到退出特性圆（继电器返回），这个时间至少在 2 s 以上，大于被试继电器的整定时间 1.5″。因此在同期过程中，本继电器总会误动作。一般而言，如果失励保护的阻抗元件的动作范围与图 35 中阻抗轨迹构成的区域相交，则自同期过程中，失励保护将误动作。

如果发电机需要采用自同期并列方式，为了避免误动作，可考虑采取下列措施。

① 在自同期过程中将失励保护闭锁。

② 使失励保护的阻抗元件的特性不包含上述区域。

③ 当失励保护的阻抗元件动作范围包含了部分或全部上述区域时，可使失励保护带适当延时，以躲开自同期过程。但如延时过长，则应考虑对其他方面的影响。

4）长线充电试验

在运行中，有时要求一台发电机对长线充电，或进行递升加压试验。这时，机端测量阻抗是电容性质的，线路越长阻抗就越小。如果测量阻抗进入失励继电器的动作特性圆，失励保护就要误动作。

长线充电问题是与发电机自励磁问题密切相关的。图 37 所示发电机自励磁区域，包括同步自励区（只发生在水轮发电机中）和异步自励区。在线路设计时，已考虑避开自励磁现象。对该线路空载充电时，测量阻抗不会进入自励磁区，因而也不会进入按 X_d 整定的失励继电器的动作特性圆，故失励保护不致误动作。如果动作特性圆的整定大于 X_d，即包含了 $-jX_d$ 至 $-j\infty$ 一段中的一部分，则长线充电时，失励保护可能误动作。

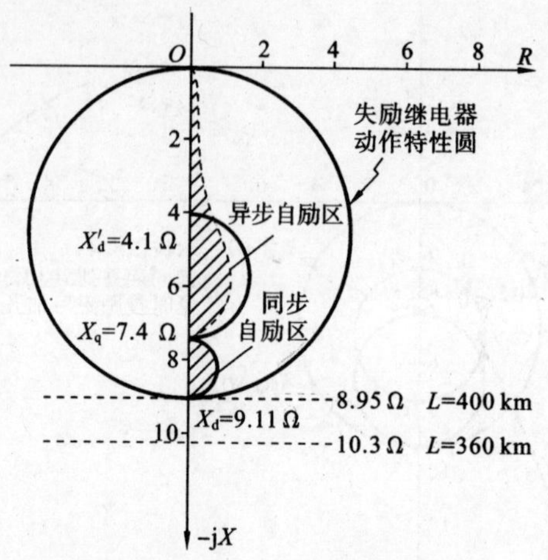

图 37　自同步过程的测量阻抗范围

长线空载充电时，机端测量阻抗 Z_c。当忽略线路损耗时，其值为

$$Z_c = -\mathrm{i}(Z_b \mathrm{ctan}\lambda - X_B) \tag{56}$$

式中，$Z_b = \sqrt{L_o/C_0}$——线路的波阻抗；

L_o、C_o——每千米线路的电感、电容；

X_B——升压变压器的漏抗；

$\lambda = \dfrac{\omega L}{v} \cdot \dfrac{180^\circ}{\pi} = \dfrac{100\pi L}{3\times 10^5} \cdot \dfrac{180^\circ}{\pi} = \dfrac{L}{100} \cdot 6^\circ$——导线的电的波长；

L——线路长度(km)。

根据模型机组及模拟系统的参数，按式(56)可算出不同线路长度的测量阻抗值(指模拟系统值)。

$$L = 400\ \text{km},\quad Z_c = 8.95\ \Omega$$

$$L = 360\ \text{km},\quad Z_c = 10.3\ \Omega$$

如果失励继电器的动作特性圆按 X_d 整定，当线路为 400 km 时，长线充电将进入自动励磁区(参看图 37)，失励保护将误动作；当线路为 360 km 时，不会发生自励磁，失励保护也不致误动作。但是，如果失励继电器的动作特性圆按 $1.2X_d$ 整定，当线路为 360 km 时，长线充电，虽然不会发生自励磁，但是失励保护将要误动作(参看图 37)。

总之，如果要求长线充电时失励保护不误动作，则保护的动作区不应包含 $-\mathrm{j}X_d$ 至 $-\mathrm{j}\infty$ 一段，否则应采取其他闭锁措施。

在动模试验中，试验结果和上述说明基本上是一致的。

9　失励保护装置的分析

前面的分析说明，研究失励保护必须考虑两方面的情况，一方面是失励情况，一方面是其他特殊运行情况。失励保护必须在发生失励而且其后果会危害发电机或者电力系统的情况下及时动作，断开发电机主开关，而在其他特殊运行情况下则不应动作。对于水轮发电机的不致于造成失步的部分失励，和汽轮发电机的短时异步进行，并不危害发生机本身。如果系统电压允许，失励保护可以不动作。

大多数运行情况的变化可以在阻抗复数平面上表示，而失励保护也大多采用阻抗型继电器作为测量元件。因此在阻抗复数平面上来分析和评价失励保护的动作是比较好的。图 38 在阻抗复数平面上同时绘出了失励和其他几种主要运行情况的轨迹。图中曲线 Z_1 是额定负载下失励时的测量阻抗轨迹；$Z_{0.5}$ 是半负载下失励时的测量阻抗轨迹；曲线 Z_t 为调相运行失励时的测量阻抗轨迹；曲线 C 是最大联系阻抗时，系统等值电压与失励发电机电势 E 之间相差 90°时的测量阻抗轨迹(临界失步圆)，它可作为发电机接近失步的临界条件；曲线 U 是失励后引起系统中某一监视点电压下降至临界值的测量阻抗轨迹(等电压圆)。作为举例在图上是用高压母线电压下降到原电压的 80%作为临界条件而绘出的。在实际分析中，须根据系统对电压的具体要求合理地定出监视点和所容许的电压。由轨迹 Z_1、Z_t、C、U 可定出失励继电器要求的动作区，如图中粗实线所示。还有下列条件是要求继电器不动作的：曲线 e 是发电机与系统(包括本厂机组)间振荡时最低的测量阻抗轨迹；曲线 d 是发电机外部某些不对称短路时经不同的等效过渡电阻的测量阻抗轨迹(假定短路时系统没有振荡)；L 是发电机空载对长线路充电或递升加压时测量阻抗在不同线路参数时的轨迹；对于自同期过程，一般采用闭锁措施，所以在图中未绘出它的测量阻抗的可能轨迹。

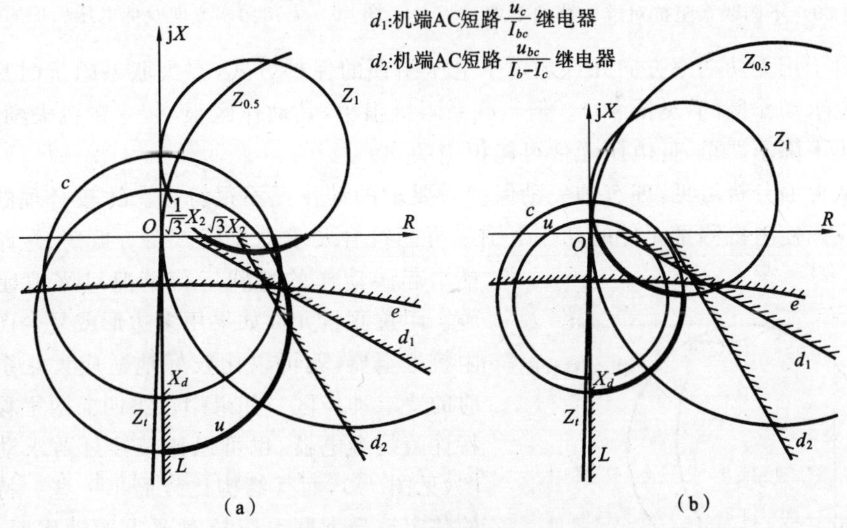

图 38　各种运行工况对失励继电器的要求

图 39 比较了几种不同系统联系阻抗时的要求动作区。曲线 1 是单机经大联系阻抗(令 $X_{st}=0.5X_d$)时的动作区，曲线 2 是在电厂中有两机运行的情况(令 $X_{st}=0.23X_d$)。比较这两条曲线可以看出，系统联系阻抗越大，要求动作区就越大，要求

继电器不动作的轨迹(e、d 等)就越容易穿过它。如果 e、d 等轨迹穿过要求的动作区,则需要采取闭锁措施。

BZ-1 型失励保护的动作区较上述要求动作区要小,特别是在大联系阻抗时,相差更大。再加上它又是利用 1.5″的延时躲振荡,使得在大联系阻抗及大功率的情况下发生失励时,不能及时动作,造成失步。一开始,测量阻抗的轨迹在其阻抗元件动作区内所停留时间很短,直到其轨迹逐渐缩小到全部在其动作区内后,才能跳闸。这可以导致系统崩溃,或使系统中其他保护装置误动作。在联系阻抗较小时,测量阻抗进入动作区后,停留时间较长,尚能及时动作。

这种继电器在系统振荡及外部不对称短路时,不会误动作。由于其所带延时不足以躲开自同期过程,所以仍须采取其他闭锁措施。

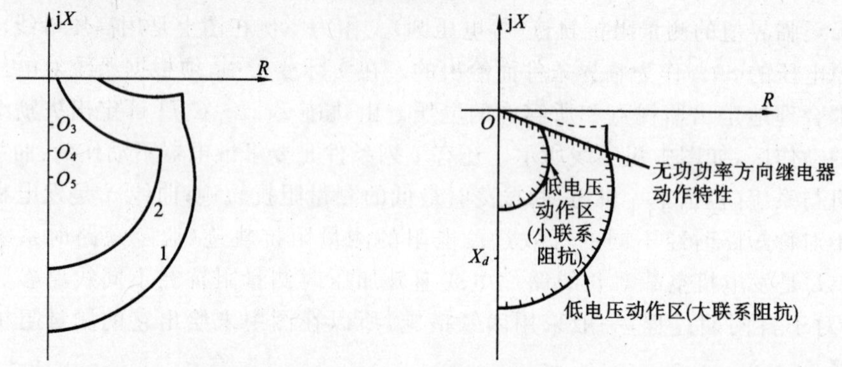

图 39 不同联系阻抗对继电器的要求　　图 40 无功功率方向及低电压保护的作用

对于用无功功率方向元件加定子电压闭锁的保护方式,在大联系阻抗时是比较符合要求动作区的(见图 40)。但当联系阻抗很小,其动作区很小,一台机失励后,机端电压下降不严重,低电压元件可能拒绝动作。

从上面分析可见,现有的失励保护对要求的动作区不很符合。比较合理的保护方案应该使阻抗测量元件的动作范围尽可能符合要求动作区。而对振荡、短路等可能引起误动作的特殊运行情况可采取闭锁措施。阻抗测量元件如果用多边形或复合图形的阻抗继电器,就可以比较好地适应大联系阻抗时的要求动作区。如果用往第四象限平移的圆特性阻抗继电器,也可以比较接近要求动作区图(见图 41),而其结构比较简单一些。特性圆的整定按最大联系阻抗时要求的动作区考虑。这样,在大联系阻抗额定负载下失励时保证阻抗轨迹有较长的时间停留在圆内,使继电器可靠而且及时地动作。但在小联系阻抗时,要求的动作区将缩小,继电器将稍微提前一些时间

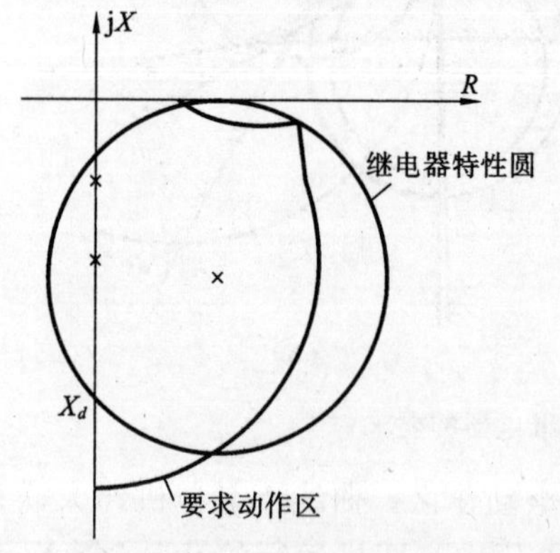

图 41 带偏移特性的阻抗继电器的作用

动作。

闭锁措施考虑了两个方案，一是用发电机负序电流闭锁，一是转子电压闭锁。

用负序电流闭锁时，可用图42所示的方框图。在系统短路、由短路引起振荡以及自同期操作时，发电机将有瞬时负序电流出现。此时，负序电流元件通过“固定6～8 s”回路将保护闭锁。如果由于电力系统的冲击引起励磁系统故障失励，则阻抗元件可经延时 t（躲开振荡用，并与外部故障的相应保护配合）跳主开关而不用等待6～8 s以后。

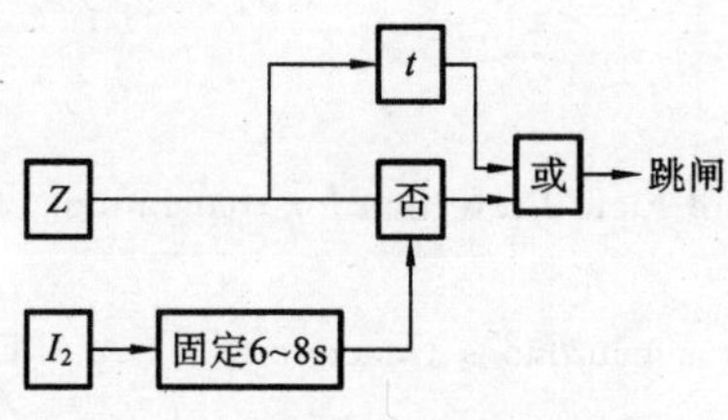

图42 负序电流闭锁方案

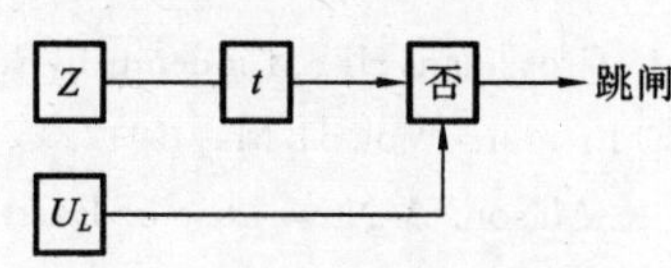

图43 励磁电压闭锁方案

在发生静态稳定破坏的情况时，负序闭锁不起作用。但静稳定的破坏都是在联系阻抗比较大的情况下发生，此时如图28中所测量的振荡轨迹比较高，阻抗元件不会动作。

用转子电压闭锁时，可采用图43所示的方框图，转子电压按下面的原则整定。

由于部分失励，U_L 下降到能使机组失步的数值时，转子电压元件不应闭锁。联系阻抗越大，负荷越重，则这一数值越大，U_L 的整定值应大于其最大值。

在系统振荡和外部不对称短路等情况下，U_L 将因强行励磁而上升，转子电压元件应能保证闭锁，但因强行励磁使 U_L 上升有一个过程，为保证闭锁，阻抗元件应带有一些延时。

当联系阻抗不大时，要求的动作区比较小，系统振荡和外部不对称短路时的测量阻抗的轨迹有可能不穿过它，也就有可能不采用闭锁而使装置简化。在图44中采用了往第四象限下偏的圆特性阻抗继电器，满足了这一要求。

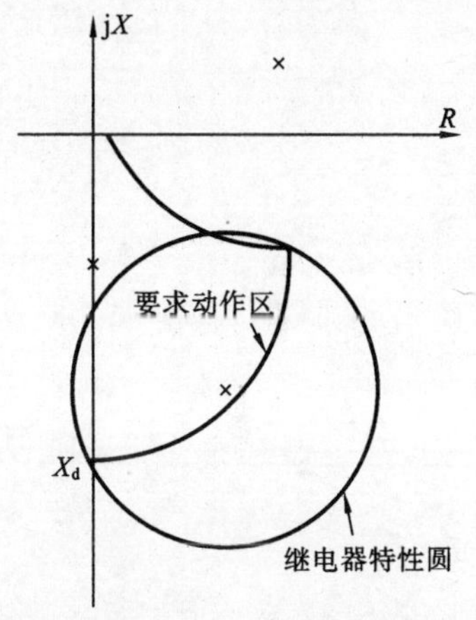

图44 下偏特性的阻抗继电器的应用

10 结论

① 在系统中运行的同步发电机失去励磁后，其测量阻抗的变化轨迹在失步前一段接近一个圆，圆心位置和半径仅与发电机失励前的有功功率、系统等效发电机端电压及联系阻抗有关，阻抗轨迹的时间特性主要与 T'_{do}、转子回路电阻及剩磁等因素有关，可用计算方法算得。

② 对水轮发电机失励保护要求动作的主要条件是,发电机临近失步或系统枢纽点电压降低至允许值。这些条件在阻抗复数平面上都是圆。

③ 根据最大联系阻抗下发额定有功功率时的等功率圆、临界失步圆和临界电压圆,就可以确定失励保护的要求动作区。

④ 特殊运行情况下,测量阻抗的变化轨迹如通过实际拟采用的失励保护阻抗元件动作区时,可采用不大的延时或其他特殊措施加以闭锁。

参 考 文 献

［1］ G. C. Crossman, H. F. Lindemuth, R. LWelb. Loss-of-Field Protection for Generators［J］. A. I. E. E. Trans. Vol. 61 May 1942.

［2］ C. R. Mason. A New Loss-of-Excitation Relay for synchronous Generators［J］. A. I. E. E. Transactions Vol. 68 Part II 1949.

［3］ Armin Fischer, Erwin Zurowski. A New Type of under-excitation Protection, Siemens review. Vol. XXXIV No. 4 April 1967.

［4］ 水利电力部继电保护学习班资料. 发电机失磁保护,华东电业管理局印,1973.